Micha Trachsel

Nischenstrategien und ihre Bedeutung für den Unternehmenserfolg

GABLER EDITION WISSENSCHAFT

Micha Trachsel

Nischenstrategien und ihre Bedeutung für den Unternehmenserfolg

Mit einem Geleitwort von Prof. Dr. Richard Kühn

Deutscher Universitäts-Verlag

Bibliografische Information Der Deutschen Nationalbibliothek
Die Deutsche Nationalbibliothek verzeichnet diese Publikation in der Deutschen Nationalbibliografie; detaillierte bibliografische Daten sind im Internet über <http://dnb.d-nb.de> abrufbar.

Dissertation Universität Bern, 2006

1. Auflage April 2007

Lektorat: Brigitte Siegel / Stefanie Brich

Der Deutsche Universitäts-Verlag ist ein Unternehmen von Springer Science+Business Media.
www.duv.de

Umschlaggestaltung: Regine Zimmer, Dipl.-Designerin, Frankfurt/Main
Gedruckt auf säurefreiem und chlorfrei gebleichtem Papier
Printed in Germany

ISBN 978-3-8350-0752-9

Geleitwort

Im Rahmen der Literatur zur strategischen Planung, insbesondere zur Wettbewerbsstrategie, werden Nischenstrategien seit langem als wichtige Form der strategischen Positionierung diskutiert. Ihre Bedeutung für die Unternehmenspraxis ist hoch und zwar sowohl für kleine Unternehmen, die ihre gesamten Aktivitäten auf Nischen konzentrieren, als auch für grössere Unternehmen, die häufig mit einzelnen Geschäftsbereichen Nischenstrategien realisieren. Die Tatsache, dass zahlreiche Märkte die Reife- oder die Sättigungsphase erreicht haben, erhöht zusätzlich die Bedeutung von Nischenstrategien als Ansatzpunkte zur – zumindest teilweisen – Umgehung des Wettbewerbsdrucks. Zudem werden die Möglichkeiten einer Konzentration auf Nischen auch im Rahmen von Markteintrittstrategien intensiv diskutiert. Die praktische Relevanz des von Micha Trachsel gewählten Dissertationsthemas ist somit unbestritten.

Auch aus wissenschaftlicher Sicht lohnt sich die Themenbehandlung, da die in der einschlägigen Literatur vorgeschlagenen Typologien die Vielfalt der in der Praxis eingesetzten Arten von Nischenstrategien nur ungenügend abbilden und empirische Studien zu deren Einsatz sowie insbesondere zum Zusammenhang zwischen Kontextmerkmalen, gewählten Nischenstrategiearten und Erfolg bisher weitgehend fehlen.

Ausgehend von dieser Forschungslücke erarbeitet Micha Trachsel auf der Basis einer breit angelegten empirischen Studie (schriftliche Befragung von 504 Unternehmen) eine Taxonomie praktisch relevanter Nischenstrategiearten und untersucht den Zusammenhang zwischen Nischenstrategiearten, Kontextfaktoren und Erfolg. Zur Bestimmung der Taxonomie werden Clusteranalysen eingesetzt. Die zur Analyse der Zusammenhänge zwischen Gestaltungs-, Kontext- und Erfolgsvariabeln formulierten Thesen werden im Wesentlichen auf der Basis von Mittelwertvergleichen statistisch überprüft.

Das von Micha Trachsel behandelte Thema stellt hohe intellektuelle Ansprüche an den Verfasser und betrifft in wesentlichen Teilen wissenschaftlich wenig bearbeitete Fragestellungen. Der Autor zeigt in seiner Arbeit, dass er den sich hieraus ergebenden hohen wissenschaftlichen Ansprüchen gewachsen ist. Seine Auseinandersetzung mit der Literatur ist systematisch und umfassend. Die empirische Untersuchung ist methodisch gut fundiert und nutzt in gekonnter Weise das verhaltenswissenschafltiche, statistische Instrumentarium. Die Untersuchungsresultate sind für die weitere wissenschaftliche Forschung zur Wettbewerbsstrategie, insbesondere zu Nischenstrategien, von grosser Bedeutung. Sie bieten auch wertvolle Ansatzpunkte zur Unterstützung der Wahl zweckmässiger Nischenstrategien in der Praxis.

Prof. Dr. Richard Kühn

Vorwort

Nischenstrategien – viele sprechen davon, nur wenige jedoch vom Gleichen. Die Nische – ein Mythos?

„Es gibt viele Marktnischen, nur sehen wir sie nicht, weil wir zu sehr am Zeitgeist kleben und nur das machen, was Usanz ist. Wir bewegen uns entlang einer Spur – ‚we are tracked'. Deshalb können wir die Möglichkeiten vor uns zwar sehen, wie alle Mitbewerber, nicht aber die neben uns, hinter den nächsten Hügeln.

Neue Möglichkeiten öffnen sich, wenn wir das Unmögliche denken, der Fantasie freien Lauf lassen und dann unsere Kraft und unser Wissen dazu einsetzen, einen Weg dorthin zu bauen. So öffnen sich neue Ziele und Wege, Möglichkeiten und Nischen."
(Kommentar eines anonymen Teilnehmers der schriftlichen Befragung)

Die Einen sind der Ansicht, jede Strategie sei irgendwie eine Nischenstrategie, Andere sehen Nischenstrategien als idealtypische Strategien, welche in der Realität nicht vorkommen. Häufig wird von „der Nischenstrategie" gesprochen, seltener werden verschiedene Nischenstrategie-Arten auseinander gehalten. Biologen betrachten Nischen als geschützte Bereiche einer Art, Betriebswirtschafter suchen nach Analogien zwischen ökologischen Nischen und Marktnischen. Eine Nischentheorie, welche diese Problematik umfasst und die Entstehung, die erfolgreiche Bearbeitung, das Wachstum sowie den Niedergang von Marktnischen erklären kann, fehlt jedoch in der Betriebswirtschaftslehre bis heute.

Die Tatsache, in der Nischenthematik eine Forschungslücke bzw. eine „Nische" entdeckt zu haben, war einerseits erfreulich, stellte sich jedoch bald einmal als grosse Herausforderung heraus. Ich hoffe, mit meiner Arbeit etwas Licht ins Dunkel aller Nischen gebracht zu haben.

Ohne die Unterstützung zahlreicher Personen wäre diese Arbeit wohl nicht entstanden. Ihnen allen gebührt grosser Dank!

In erster Linie fühle ich mich verpflichtet, meinem Doktorvater, Prof. Dr. Richard Kühn, zu danken. Er hat mir die Auseinandersetzung mit einer sehr interessanten Thematik in einem äusserst angenehmen Forschungs- und Arbeitsumfeld ermöglicht.

Seine konstruktiven und kritischen Anmerkungen waren für mich sehr wertvoll und haben die Erstellung der Arbeit entscheidend vorangetrieben. Für den gewährten forscherischen Freiraum und das mir entgegengebrachte Vertrauen möchte ich herzlich danken. Seine vielfältige Unterstützung war sowohl in fachlicher als auch in persönlicher Hinsicht eine grosse Bereicherung.

Prof. Dr. Harley Krohmer möchte ich für die Übernahme des zweiten Gutachtens und die konstruktiven Feedbacks danken.

Bei Dr. Bernd Kersten vom Institut für Psychologie der Universität Bern bedanke ich mich für die kompetente Beratung hinsichtlich der statistischen Belange.

Besonderer Dank gilt auch meinen Kollegen am Institut für Marketing, insbesondere Dr. Patric Vifian und Dr. Reto Kohler. Während mir Patric Vifian insbesondere den Arbeitseinstieg erleichtert hat, haben die vielfältigen Diskussionen mit Reto Kohler die Endphase meines Dissertationsprojektes aufgelockert.

Zu tiefstem Dank verpflichtet bin ich meiner Familie, welche mir während der gesamten Ausbildung in jeder Beziehung eine tragende Stütze war. Ich schätzte sowohl die Aufmunterungen als auch die kritischen Bemerkungen. Sie haben sich stets für meine Projekte interessiert und mich auf meinem Weg unterstützt – Danke für das entgegengebrachte Vertrauen!

Herzlichster Dank gebührt auch meiner Partnerin Karin Aschwanden. Neben zahlreichen inhaltlichen Inputs hat sie mich mit ihrer erfrischenden Art in jeglicher Hinsicht auf meinem Weg bestärkt und motiviert.

Micha Trachsel

Inhaltsverzeichnis

Abbildungsverzeichnis

Tabellenverzeichnis

Abkürzungsverzeichnis

α	Signifikanzniveau
Abb.	Abbildung
Abhäng.	Abhängigkeit
Angebotsvort.	Angebotsvorteil
ANOVA	Analysis of Variance
Anz.	Anzahl
BCG	Boston Consulting Group
Bd.	Band
BfS	Bundesamt für Statistik
bspw.	beispielsweise
bzgl.	bezüglich
bzw.	beziehungsweise
ca.	circa
Cat.	Category (Kategorie)
Cl.	Cluster
Clusterzug.	Clusterzugehörigkeit
df	Freiheitsgrade
Distr.	Distribution
DL	Dienstleistung
Dr.	Doktor
Diss.	Dissertation
eukl.	euklidisch
et al.	et alii
etc.	et cetera
f.	folgende
Fak.	Faktor
FEW	Forschungsinstitut für Empirische Ökonomie und Wirtschaftspolitik
ff.	fortfolgende

finanz.	finanziell
gegr.	gegründet
geogr.	geografisch
GG	geografisches Gebiet
GM	Gesamtmarkt(-anbieter)
H.	Hypothese
Habil.-Schr.	Habilitationsschrift
HR	Humanressourcen
Hrsg.	Herausgeber
Inform.	Information
IO	Industrial Organization
IT	Informationstechnologie
Jg.	Jahrgang
KB	Kundenbindung
KG	Kundengruppe
Komm.	Kommunikation
konj.	konjunkturell
KZ	Kundenzufriedenheit
Leist.	Leistung
MA	Mitarbeiter
Mgmt	Management
Mio.	Million[en]
MN	Marktnische
MW	Mittelwert
n	Anzahl Untersuchungseinheiten
N	Anzahl Untersuchungseinheiten
NA	Nischenanbieter
n.b.	nicht bekannt
NF	Nachfrage
Nr.	Nummer

n.s.	nicht signifikant
NS	Nischenstrategie
Org.	Organisation
o.S.	ohne Seitenangabe
o.V.	ohne Verfasserangabe
P	Produkt
p	Irrtumswahrscheinlichkeit
PaaV	Performance als abhängige Variable
PG	Produktgruppe
PIMS	Profit Impact of Market Strategy
Prof.	Professor
quadr.	quadriert
r	Korrelationskoeffizient
Ressourcenvort.	Ressourcenvorteil
R-Vorteil	Ressourcenvorteil
ROA	Return on Assets
ROI	Return on Investment
ROS	Return on Sales
S.	Seite
SA	Standardabweichung
Schwank.	Schwankungen
Sig.	Signifikanz
SPSS	Statistical Package for the Social Sciences
stagn.	Stagnierend
SWOT	Strength-Weakness-Opportunities-Threats
techn.	technologisch
u.	und
u.a.	unter anderem
U'grösse	Unternehmensgrösse
usw.	und so weiter

v.	von
vgl.	vergleiche
Vol.	Volumen
vs.	versus
W'intensität	Wettbewerbsintensität
W'position	Wettbewerbsposition
ZFP	Zeitschrift für Forschung und Praxis
z.B.	zum Beispiel
z.T.	zum Teil
zw.	zwischen

TEIL I: EINLEITUNG

1 Ausgangslage und Problemstellung

Im Rahmen dieses einführenden Kapitels wird zuerst die Bedeutung der Nischenthematik sowohl für die wissenschaftliche Literatur als auch für die Unternehmenspraxis diskutiert. Es folgen Ausführungen zum Begriff „Marktnische" und zu Nischenstrategie-Typen, woran konzeptionelle Unklarheiten aufgezeigt werden können. Abschliessend wird anhand von Studien dargelegt, dass der Messung der Erfolgsbedeutung von Nischenstrategien in der Literatur bislang zuwenig Beachtung geschenkt worden ist.

1.1 Bedeutung der Thematik

Die Bedeutung von Nischenstrategien hat sowohl in der Literatur als auch in der Praxis zugenommen und wird vermutlich weiter zunehmen. Eine Sichtung der Literatur zeigt, dass es sich bei der Nischenstrategie nicht nur um eine viel diskutierte, sondern auch um eine häufig empfohlene Wettbewerbsstrategie handelt.[1] Wie aus den nachfolgenden Ausführungen hervorgehen wird, lässt sich die Bedeutungszunahme einerseits anhand von Veränderungen aufzeigen, die mit einer Marktstagnation einhergehen. Dabei sind insbesondere die steigende Wettbewerbsintensität, das aus der zunehmenden Homogenisierung der Angebote hervorgehende Bedürfnis nach individuellen Produkten, die fortschreitende Arbeitsteilung sowie die Problematik der Gewinnung von Marktanteilen hervorzuheben. Andererseits ist die Nischenstrategie im Rahmen von Markteintrittsstrategien von Bedeutung. Schliesslich stellen Marktveränderungen, wie beispielsweise der technologische Fortschritt und die sich in immer kürzeren Abständen ändernden Kundenbedürfnisse, einen dritten Bereich dar, welcher auf eine Bedeutungszunahme der Nischenthematik hinweist. Im Folgenden wird auf die einzelnen Aspekte vertieft eingegangen.

Die zunehmende Bedeutung der Nischenstrategie ist zum einen auf die Stagnation zahlreicher Märkte zurückzuführen, welche durch eine **hohe Wettbewerbsintensität** gekennzeichnet ist. Vor diesem Hintergrund wird in der wissenschaftlichen Literatur

[1] Vgl. z.B. Porter, M.E. 1983, S. 67f.; Rupp, M. 1980, S. 275; Benkenstein, M. 1997, S. 154; Winterling, K. 1986, S. 328; Miller, A., Dess, G.G. 1996, S. 178; Dalgic, T.; Leeuw, M. 1994, S. 39.

vielfach die Nischenstrategie als Erfolg versprechende Wettbewerbsstrategie empfohlen.[2] Besonders für kleinere Unternehmen mit beschränkten Ressourcen, die dem harten Konkurrenzkampf im gesamten Markt nicht gewachsen sind, soll das Ausweichen in eine Nische, wo eine tiefere Wettbewerbsintensität herrscht, die Chance auf Erfolg erhöhen.[3]

Im Weiteren ist die zunehmende **Homogenisierung der Angebote** und der daraus resultierende Trend zur Individualisierung zu erwähnen,[4] was beides für die Verfolgung einer Nischenstrategie spricht.[5] Die gestiegene Austauschbarkeit der Produkte führt nachfrageseitig dazu, dass sich Konsumenten mit individuellen Produkten voneinander abgrenzen wollen.[6] Dadurch ist die Nachfrage nach individuellen Produkten entsprechend gestiegen. Ferner fördert die Homogenisierung des Angebotes einen Verdrängungswettbewerb, welcher zunehmend über den Preis geführt wird. Vor diesem Hintergrund kann eine Unternehmung alternativ zum Preiswettbewerb versuchen, den Massenmarkt tiefer gehend zu segmentieren und damit Nischen zu bearbeiten, in denen ein verminderter Konkurrenzdruck herrscht und spezifische Bedürfnisse befriedigt werden können.[7]

Zudem ist in stagnierenden Märkten in nahezu allen Branchen eine **fortschreitende Arbeitsteilung** festzustellen, wodurch sich die Anzahl der Nischen und damit die Anzahl möglicher Nischenstrategien erhöht.[8] Durch die fortschreitende Arbeitsteilung können sich einzelne Anbieter auf bestimmte Bereiche der Wertschöpfungskette konzentrieren und dadurch gegenüber Konkurrenten Spezialisierungsvorteile aufweisen.

Schliesslich ist es in stagnierenden Märkten besonders schwierig, **Marktanteilsgewinne** zu **erzielen.** Aufgrund des fehlenden Marktwachstums ist Unternehmenswachstum ausschliesslich über die Gewinnung von Marktanteilen auf Kosten der

[2] Vgl. z.B. Miller, A.; Dess, G.G. 1996, S. 178; Dalgic, T.; Leeuw, M. 1994, S. 39.
[3] Vgl. u.a. Nieschlag, R.; Dichtl, E.; Hörschgen, H. 2002, S. 208; Profeta, E. 2002, S. 23; o.V. 2001, S. 18; D'Aveni, R.A. 1995, S. 81; Sonderegger, R.A. 1990, S. 30; Bollmann, R. 1990, S. 26; Speringer, H.-P. 1990, S. 34ff.; Wright, P. 1987, S. 93; Winterling, K. 1986, S. 328; Rupp, M. 1983, S. 133f.; Rupp, M. 1980, S. 273ff.
Ähnliche Feststellungen machen u.a. Fiegenbaum, A.; Karnani, A. 1991, S. 101f.; Weinhold-Stünzi, H. 1990, S. 1; Cooper, A.C.; Willard, G.E.; Woo, C.Y. 1986, S. 248.
[4] Vgl. dazu auch Raynor, M.E. 1992, S. 29; Klages, H. 1984, S. 17ff.
[5] Vgl. Kreutzer, R.T. 1990, S. 38; McKenna, R. 1989, S. 92.
[6] Vgl. Rosenbaum, M.C. 1999, S. 7; McKenna, R. 1989, S. 92f.; Cornelssen, I. 1995, S. 31f.
[7] Vgl. Shani, D.; Chalasani, S. 1992, S. 35; Kara, A.; Kaynak, E. 1997, S. 876; Rosenbaum, M.C. 1999, S. 6.
[8] Vgl. Rosenbaum, M.C. 2000, S. 56; Sonderegger, R.A. 1990, S. 33.

Konkurrenz möglich. Dadurch werden für wachstumsorientierte Unternehmen insbesondere Nischenstrategien interessant, da es mit einer Gesamtmarktstrategie kaum gelingt, spezifische Bedürfnisse besser zu befriedigen als die Konkurrenz. Entsprechend beschränkt sind Marktanteilsgewinne, zumal spezialisierte Anbieter einzelne Markbereiche besetzen oder verteidigen können.[9]

Wie die vorangehenden Ausführungen gezeigt haben, werden Nischenstrategien vielfach in stagnierenden Märkten diskutiert. Trotzdem ist die Konzentration auf Marktnischen auch im Rahmen von Markteintrittsstrategien in neue Märkte von Bedeutung.[10] Die Zahl junger Märkte hat in den letzten Jahren zugenommen, nicht zuletzt aufgrund der Entwicklung der Informations- und Kommunikationstechnologien der letzten Jahre. In der älteren Literatur wird neuen Unternehmen für den Markteintritt generell die Verfolgung einer Nischenstrategie nahe gelegt, damit dem direkten Konkurrenzkampf mit grossen Firmen ausgewichen werden kann.[11] Dabei wird unter anderem eine Konzentration auf spezielle Produkte, geografische Marktbereiche und Marktsegmente empfohlen.[12] Der Eintritt in eine Nische hat besonders dann möglichst früh zu erfolgen, wenn eine allfällige Pionierunternehmung bereits eine starke Position in diesem Markt erreicht hat und die neu in den Markt eintretende Unternehmung gewisse Stärken in einem bestimmten Segment aufweist.[13]

Die Bedeutungszunahme der Nischenthematik ist schliesslich auch auf Marktveränderungen, wie beispielsweise den technologischen Fortschritt und die sich in immer kürzeren Abständen ändernden Kundenbedürfnisse, zurückzuführen. Unternehmensseitig hat der **technologische Fortschritt** die Kleinserienproduktion ermöglicht, welche zur Herstellung von Produkten zur Befriedigung spezifischer Bedürfnisse genutzt werden kann.[14] Dadurch spalten sich Märkte in immer spezifischere Nischen auf und werden wohl erst dann zum Stillstand kommen, wenn auf der Angebotsseite eine tiefer gehende Angebotsdifferenzierung ökonomisch nicht mehr sinnvoll ist.[15]

Eine weitere Marktveränderung stellen die sich **in immer kürzeren Abständen ändernden Kundenbedürfnisse** dar. Verändern sich die Bedürfnisse dahingehend,

[9] Vgl. Garda, R.A. 1981, S. 16.
[10] Vgl. dazu auch Smith, J. 1998, S. 860f.; Lieberman, M.B.; Montgomery, D.B. 1991, S. 28f.
[11] Vgl. dazu die Ausführungen von McDougall, P.; Robinson, R.B. 1990, S. 447f.
[12] Vgl. McDougall, P.; Robinson, R.B. 1990, S. 447f.; Hosmer, A.W. 1957, S. 119f.
[13] Vgl. Lieberman, M.B.; Montgomery, D.B. 1991, S. 28.
[14] Vgl. McKenna, R. 1989, S. 92.
[15] Vgl. Rosenbaum, M.C. 1999, S. 8.

dass sie von keinem der bestehenden Anbieter optimal befriedigt werden, entstehen neue Marktnischen. Die zunehmende Geschwindigkeit der Bedürfnisänderungen hat somit zur Folge, dass sich neue Marktnischen in immer kürzeren Abständen herausbilden.[16]

Zusammenfassend kann gesagt werden, dass die Nischenstrategie-Thematik vor dem Hintergrund stagnierender Märkte und gewisser Marktveränderungen an Bedeutung gewonnen hat. Diese in der Literatur diskutierte Bedeutungszunahme impliziert auch, dass aus theoretischer Sicht in bestimmten Marktsituationen Nischenstrategien besonders Erfolg versprechend sind.

Neben dieser theoretischen Begründung der Bedeutungszunahme lässt sich auch eine praktische anfügen. Die Bedeutung der Nischenthematik für die Unternehmenspraxis lässt sich bspw. anhand der Unternehmensstrukturdaten der Schweizer Wirtschaft begründen.[17] Da Nischenstrategien mehrheitlich kleinen Unternehmen mit beschränkten Ressourcen empfohlen werden,[18] scheint diese Wettbewerbsstrategie für die zahlreichen kleinen und mittleren Unternehmen der Schweiz eine wirtschaftlich interessante Strategie darzustellen. Zahlreiche Artikel in Praktikerzeitschriften über Schweizer Nischenanbieter stützen diese Vermutung.[19]

Diese praktisch wie theoretisch gestiegene Bedeutung der Nischenthematik führte zwar in jüngster Zeit zu neuen wissenschaftlichen Arbeiten,[20] trotzdem fehlt in der wirtschaftswissenschaftlichen Literatur eine fundierte und allgemein akzeptierte Nischentheorie.[21] Während zahlreiche Praxisbeiträge existieren, mangelt es insbesondere in der Lehrbuchliteratur an einer ausführlichen Behandlung der Thematik.[22] Das

---

[16] Vgl. Stahr, G.R. 1995, S. 37.
[17] Vgl. o.V. 2002b, S. 15.
[18] Vgl. bspw. D'Aveni, R.A. 1995, S. 81; Nieschlag, R.; Dichtl, E.; Hörschgen, H. 2002, S. 208; Böckem, S. 1993, S. 535; Wright, P. 1987, S. 93; Rupp, M. 1983, S. 133f.; Rupp, M. 1980, S.273ff.; Profeta, E. 2002, S. 23.
[19] Vgl. bspw. Hetzel, H. 2004, S. 33; De Saint-Seine, S. 2002, S. 23; Kachadourian, G.; Sedgwick, D. 2002, S. 32; Lima, E.P. 2002, S. 65f.; Buyck, C. 2001, S. 73ff.; Edmondson, G.; Reinhardt, A. 2001, S. 94; o.V. 2001, S. 18; Arroyo, A. 2000, S. 50ff.; Mathew, J. 2000, S. 18; Winter, D. 1999, S. 7; Hessler, A. 1998, S. 46f.; Halliday, J. 1997, S. 50; Taylor, J.H. 1991, S. 70.
[20] Vgl. u.a. Grasshoff, J. 2003; Danner, M. 2002; Rosenbaum, M.C. 1999; Stahr, G.R. 1995; Linnemann, R.E.; Stanton, J.L.j. 1992; Cavalloni, C. 1991.
[21] Vgl. Rosenbaum, M.C. 1999, S. 9.
[22] Vgl. bspw. Mintzberg, H. et al. 2003; Johnson, G.; Scholes, K. 2002; Parry, M.E. 2002; Nieschlag, R.; Dichtl, E.; Hörschgen, H. 2002; Dibb, S. et al. 2001; Thompson, J.L. 2001; Keuper, F. 2001; Besanko, D.; Dranove, D.; Shanley, M. 2000; Pearce, J.A.; Robinson, P.J. 2000; Thompson, A.A.; Strickland, A.J. 1999; Corsten, H. 1998; Meffert, H. 1998; Miller, A.; Dess, G.G. 1996; Hinterhuber, H.H. 1989; Meffert, H. 1988; Kreilkamp, E. 1987; Abell, D.F.; Hammond, J.S. 1979.

erste und vermutlich einzige betriebswirtschaftliche Nischentheoriekonzept entwickelte Rosenbaum.[23] Es entspricht einem evolutionstheoretischen Ansatz und lehnt sich an Erkenntnisse der Ökologie. Daneben existieren zwar verschiedene Veröffentlichungen zur Thematik; das dabei zu Grunde liegende Nischenverständnis variiert jedoch sehr stark.[24] Es bestehen demnach konzeptionelle Unklarheiten, welche die theoretische Relevanz einer vertieften Auseinandersetzung mit der Nischenthematik unterstreichen.

Wie zuvor bereits angedeutet wurde, werden Nischenstrategien in unterschiedlichen Marktsituationen diskutiert. So kann eine Nischenstrategie beispielsweise in einem neuen Markt als Markteintrittsstrategie oder in einem stagnierenden Markt als Ausweichstrategie[25] verfolgt werden. Dabei ist zu vermuten, dass abhängig von diesem Kontext andersartige Nischenstrategien resultieren. Mit anderen Worten lassen sich Nischenstrategie-Typen unterscheiden, wobei der jeweilige Strategietyp von der Situation abhängig ist.

Die in der Literatur anzutreffenden Typologisierungen fokussieren vielfach nicht spezifisch auf Nischenstrategien sondern sind der Ebene der Wettbewerbsstrategien zuzuordnen.[26] Solche Systematisierungen greifen insofern zu kurz, als häufig mehrere Wettbewerbsstrategien unterschieden werden, wobei nur eine davon als Nischenstrategie bezeichnet wird.[27] Die Identifikation von Nischenstrategie-Typen stellt demnach ein weiteres Problem dar, welches auf die theoretische Bedeutung der Nischenthematik hinweist.

Im Anschluss an die Typologisierung von Nischenstrategien stellt sich insbesondere für die Unternehmenspraxis die Frage, welcher Strategietyp unter welchen Bedingungen verfolgt werden soll. Es gilt zu ergründen, welche Nischenstrategie-Typen unter Berücksichtigung des Kontextes Erfolg versprechend sind. Vor dem Hinter-

23 Vgl. Rosenbaum, M.C. 1999.

24 Vgl. dazu die Ausführungen von Rosenbaum, M.C. 1999, S. 12f.

25 Von einer **Ausweichstrategie** wird gesprochen, wenn Unternehmungen versuchen, sich dem Wettbewerbsdruck durch innovative Verhaltensweisen zu entziehen und in Marktnischen auszuweichen, die einen gewissen Schutz vor Konkurrenten bieten. Vgl. Benkenstein, M. 1997, S. 154 und auch Miller, D.; Friesen, P.H. 1978, S. 929.

26 Vgl. dazu beispielsweise die Typologien von Porter, M.E. 1986; Aaker, D.A. 1988; Hooley, G.J.; Lynch, J.E.; Jobber, D. 1992; Hooley, G.J.; Beracs, J.; Kolos, K. 1993.

27 Vgl. dazu die Ausführungen in Abschnitt 1.2.2 und Unterkapitel 5.1.

grund der erwähnten konzeptionellen Unklarheiten erstaunt es kaum, dass empirische Studien zur Erfolgsbedeutung von Nischenstrategien weitgehend fehlen.[28]

Abschliessend lässt sich somit sagen, dass die Nischenstrategie-Thematik sowohl aus theoretischer wie auch aus praktischer Sicht von Bedeutung ist und eine intensivere Auseinandersetzung mit Arten von Nischenstrategien und ihren Erfolgsvoraussetzungen gerechtfertigt ist. Nachfolgend werden die konzeptionellen Unklarheiten vertieft diskutiert. Anschliessend soll die Betrachtung von Studien zur Erfolgsbedeutung von Nischenstrategien die Forschungslücken im Bereich der Nischenthematik darlegen.

1.2 Konzeptionelle Unklarheiten

Wie bereits angedeutet, spiegeln sich die konzeptionellen Unklarheiten in einem uneinheitlichen Begriffsverständnis sowie in unterschiedlichen Klassifizierungen[29] von Nischenstrategien wider. Im Folgenden wird zuerst die begriffliche Problematik kurz skizziert, bevor dann die Systematisierung von Porter, stellvertretend für sämtliche zu kurz greifenden Systematisierungen von Nischenstrategien, vorgestellt wird.[30]

1.2.1 Nische

Der aus der Biologie stammende Nischenbegriff hat in den letzten Dekaden vermehrt auch Eingang in die Wirtschaftswissenschaften gefunden. Anders als in der Biologie, herrscht in der wirtschaftswissenschaftlichen Literatur ein diffuses Begriffsverständnis.[31] Dies zeigt sich unter anderem anhand der geringen Anzahl präziser Definitionen und der vielfach knapp gehaltenen Erläuterungen.[32] Häufig ist zwar von Nischen die Rede, was darunter zu verstehen ist, bleibt jedoch unklar.[33] Dass diese geringe

[28] Vgl. dazu die Ausführungen in Unterkapitel 1.3 und Unterkapitel 5.3.

[29] Die Begriffe „Systematisierung" und „Klassifikation" werden im Folgenden synonym verwendet.

[30] Eine ausführliche Diskussion des Nischenverständnisses und der Arten von Nischenstrategien ist Gegenstand des zweiten Teils dieser Arbeit.

[31] Zum Nischenverständnis in der Biologie vergleiche Kapitel 4.

[32] Vgl. Dalgic, T.; Leeuw, M. 1994, S. 39. Benkenstein, M. 1997, S. 141 z.B. lehnt sich an Porter an und sieht eine vertiefte Diskussion über Nischen als erübrigt. Neben der in Unterkapitel 1.1 erwähnten Lehrbuchliteratur wird die Nischenstrategie-Thematik auch von folgenden Autoren eher knapp behandelt: Raynor, M.E. 1992, S. 29; Dirrheimer, M. 1986, S. 340; Winterling, K. 1986, S. 328; Rupp, M. 1983, S. 132f.; Rupp, M. 1980, S. 275.

[33] Vgl. weitere insb. praxisorienterte Artikel: Wehrle, F. 2004; Stippel, P. 2003; Przybiliski, M. 2002; De Saint-Seine, S. 2002; Lima, E.P. 2002; Ptacek, M. 2000;Klebnikov, P. 1997; Halliday, J. 1997; Jennings, S.L.; Levine, J. 1994; Fierman, J. 1993; Engelhardt, T. 1990; Bollmann, R. 1990; Streuli,

Beachtung der Begriffsbestimmung in der wissenschaftlichen Literatur zu einer vielfältigen Auslegung des Nischenbegriffs führt, überrascht daher kaum.

Cavalloni bewertet die vorhandenen Begriffsumschreibungen als ungenügend, da diese keine Angaben zu Wesensmerkmalen geben, anhand welcher festgestellt werden kann, ob es sich bei einem Segment um eine Nische handelt oder nicht. In der ohnehin schon überstrapazierten Begriffswelt verzichtet er auf eine weitere Definitionsgebung und beschränkt sich auf die Bestimmung von Wesensmerkmalen.[34]

Der Verzicht zahlreicher Autoren auf Definitionsgebungen mag damit zu tun haben, dass eine präzise Bestimmung von Marktnischen schwierig ist. In die gleiche Richtung zielt die Argumentation von Hünerberg, der die Schwierigkeit einer präzisen Begriffsbestimmung darin sieht, dass Nischen mehr oder weniger stark ausgeprägt sein können.[35] Diesem Verständnis liegt eine Kontinuumsbetrachtung zu Grunde, bei welcher der Übergang von Nischen zum Gesamtmarkt fliessend verläuft. Das bedeutet, dass in vielen Fällen nur von mehr oder weniger stark ausgeprägten Nischen gesprochen werden kann. Noch einen Schritt weiter gehen Mintzberg et al., die jeder Strategie – auch den Gesamtmarktstrategien – Nischeneigenschaften zusprechen: „In a sense, all strategies are in some sense niche, characterized as much by what they exclude as by what they include. No organization can be all things to all people."[36] Die unscharfe Abgrenzung von Gesamtmarkt- und Nischenstrategien ist insofern problematisch, als sie eine eindeutige Identifikation von Nischenstrategien und dadurch entsprechende Forschungsarbeiten erschwert.

Die Problematik des diffusen Begriffsverständnisses wird nachfolgend anhand ausgewählter Definitionen, Voraussetzungen und schliesslich Merkmalen von Nischen verdeutlicht.[37] Da in der Literatur Definitionen vielfach vermieden werden und Nischen entweder anhand von Voraussetzungen oder gar nur unter Beizug von Merkmalen beschrieben werden, ist es zweckmässig, diese drei Bereiche getrennt zu betrachten. Es sei an dieser Stelle erwähnt, dass im Gegensatz zu den Voraussetzungen, welche konstitutiven Charakter haben, Merkmale als typische, jedoch nicht notwendige Eigenschaften verstanden werden.

F. 1990; Belz, C. 1990 aber auch wissenschaftliche Artikel wie z.B. Smith, J. 1998; Garda, R.A. 1981.

[34] Vgl. Cavalloni, C. 1991, S. 9f.

[35] Vgl. Hünerberg, R. 1993, S. 667.

[36] Mintzberg, H. et al. 2003, S. 122.

[37] Eine ausführliche Begriffsdiskussion ist Gegenstand von Kapitel 4.

Die Betriebswirtschaftslehre hat bis heute keine allgemein anerkannte **Definition des Nischenbegriffes** zu bieten. Aus einer genaueren Betrachtung geht hervor, dass unterschiedliche Kriterien zur Definitionsgebung herangezogen werden. So wird die Marktnische vielfach über die Art der Marktbeschränkung, das Ausmass der Bedürfnisbefriedigung, die Wettbewerbsintensität bzw. den Schutz vor der Konkurrenz und über die Zahlungsbereitschaft definiert.[38] Dabei herrscht nicht nur betreffend der zu verwendenden Kriterien sondern auch über deren Ausprägungen Uneinigkeit.

Nicht nur in praxisorientierten Arbeiten sind Nischendefinitionen selten, auch in der wissenschaftlichen Literatur, insbesondere der Lehrbuchliteratur, wird vielfach auf eine präzise Definition verzichtet.[39] Häufig werden dagegen **Voraussetzungen** genannt, welche an eine Nische gestellt werden.[40] Eine erste Sichtung der Nischenstrategie-Literatur führt zur Erkenntnis, dass sowohl unternehmensseitige Voraussetzungen, wie beispielsweise die Fähigkeit zur Verteidigung der Nische,[41] als auch marktseitige Voraussetzungen, wie zum Beispiel die Existenz genügend grosser und damit rentabel bearbeitbarer Markbereiche,[42] berücksichtigt werden.

Die Betrachtung der Nischenvoraussetzungen zeigt, dass einerseits sehr unterschiedliche Anforderungen an Nischen gestellt werden und andererseits widersprüchliche Auffassungen vorliegen. Kontrovers diskutiert wird unter anderem das Wachstumspotential einer Nische. Während ein Teil der Wissenschaft Marktnischen das Potential zur Entwicklung zum Massenmarkt zuspricht und ein gewisses Wachstum voraussetzt, weisen andere Autoren auf beschränkte Wachstumsmöglichkeiten hin.[43]

Die erwähnten Definitionsschwierigkeiten und die unterschiedlichen Vorstellungen hinsichtlich der Nischenvoraussetzungen sind mit ein Grund, dass Nischen vielfach

[38] Vgl. dazu die Ausführungen in Abschnitt 4.1.1.

[39] Vgl. bspw. Mintzberg, H. et al. 2003; Johnson, G.; Scholes, K. 2002; Parry, M.E. 2002; Nieschlag, R.; Dichtl, E.; Hörschgen, H. 2002; Dibb, S. et al. 2001; Besanko, D.; Dranove, D.; Shanley, M. 2000; Pearce, J.A.; Robinson, P.J. 2000; Thompson, A.A.; Strickland, A.J. 1999; Corsten, H. 1998; Meffert, H. 1998; Miller, A.; Dess, G.G. 1996; Hinterhuber, H.H. 1989; Kreilkamp, E. 1987; Abell, D.F.; Hammond, J.S. 1979.

[40] Vgl. dazu die Ausführungen in Abschnitt 4.1.3.

[41] Vgl. Rupp, M. 1980, S. 275; Rupp, M. 1983, S. 132f.; Dirrheimer, M. 1986, S. 340; Profeta, E. 2002, S. 23.

[42] Vgl. Winterling, K. 1986, S. 328; Weinhold-Stünzi, H. 1990, S. 2; Profeta, E. 2002, S. 42.

[43] Vgl. Kotler, P.; Bliemel, F. 1999, S. 625f.; Kara, A.; Kaynak, E. 1997, S. 876; Hünerberg, R. 1993, S. 667; Hessler, A. 1998, S. 46; Sonderegger, R.A. 1990, S. 30; Speringer, H.-P. 1990, S. 34; Cavalloni, C. 1991, S. 24; McKenna, R. 1989, S. 95; Nieschlag, R.; Dichtl, E.; Hörschgen, H. 2002, S. 208; D'Aveni, R.A. 1995, S. 81.

anhand von **Merkmalen** beschrieben werden. Oftmals handelt es sich dabei nicht direkt um Merkmale von Marktnischen, sondern um Merkmale von Nischenunternehmungen. Die wohl meistgenannten Merkmale von Nischenanbietern betreffen die Unternehmensgrösse und die Unternehmensressourcen. Nischenanbieter werden diesbezüglich vorwiegend als kleine Unternehmen mit beschränkten finanziellen Ressourcen charakterisiert.[44] Gleichwohl stellt sich die Frage, ob Nischenstrategien nicht auch für grosse Unternehmen mit ausreichenden Ressourcen Erfolg versprechend sein können.[45] Es lässt sich in der Literatur feststellen, dass neben der Vielzahl verschiedener Merkmale auch die gegensätzlichen Ansichten über einzelne Merkmale ein uneinheitliches Nischenverständnis zur Folge haben.[46]

Die bisherigen Ausführungen zum Nischenbegriff dienten der Skizzierung des uneinheitlichen Begriffsverständnisses und damit eines Teils der konzeptionellen Unklarheiten der Thematik. Zum einen ist festzuhalten, dass in der wissenschaftlichen Literatur keine allgemein anerkannte Definition des Nischenbegriffes existiert. Darüber hinaus werden im Rahmen der Definitionsgebung nicht nur verschiedene Kriterien verwendet, teilweise herrscht auch über die Ausprägungen der einzelnen Kriterien Uneinigkeit. Zum anderen zeigt die Betrachtung der Nischenvoraussetzungen, dass sehr unterschiedliche Anforderungen an Nischen gestellt werden. Schliesslich vermögen auch die Beschreibungen von Nischen anhand von Merkmalen die Begriffsunklarheiten nicht aufzulösen. Neben der Vielzahl verschiedener Merkmale sind auch diesbezüglich widersprüchliche Auffassungen festzustellen.

1.2.2 Arten von Nischenstrategien

In Anbetracht der uneinheitlichen begrifflichen Basis überrascht es nicht, dass die Diskussion über Varianten von Nischenstrategien eher knapp und oberflächlich geführt wird. In der Literatur existieren zwar verschiedene Vorschläge, um Nischenstrategien zu klassifizieren. In der Mehrzahl der Fälle stellen diese Vorschläge jedoch Systematisierungen von Wettbewerbsstrategien und nicht speziell von Nischenstra-

---

44 Vgl. dazu bspw. Nieschlag, R.; Dichtl, E.; Hörschgen, H. 2002, S. 208; Profeta, E. 2002, S. 23; o.V. 2001, S. 18; D'Aveni, R.A. 1995, S. 81; Bollmann, R. 1990, S. 26; Sonderegger, R.A. 1990, S. 30; Speringer, H.-P. 1990, S. 34ff.; Wright, P. 1987, S. 93; Winterling, K. 1986, S. 328;Rupp, M. 1983, S. 133f.; Rupp, M. 1980, S.273ff.
Vgl. auch Abschnitt 4.1.1.

45 Vgl. dazu auch Rosenbaum, M.C. 1999, S. 13. Vgl. zudem Cavalloni, C.; Tschirky, H. 1991, S. 72 und Meyer, P.W. 1995, S. 45f., die Nischenstrategien auch für Grossunternehmen als Erfolg versprechende Strategie sehen.

46 Vgl. dazu auch die Ausführungen in Kapitel 5.

tegien dar.[47] Autoren, welche auf der Ebene der Wettbewerbsstrategien klassifizieren, unterscheiden vielfach mehrere Gesamtmarktstrategien und nur einen oder zwei Nischenstrategie-Typen. Dabei werden die Nischenstrategien hauptsächlich anhand des Kriteriums „Breite der Marktabdeckung“ von Gesamtmarktstrategien abgegrenzt. Die Beschränkung auf einen Marktausschnitt wird dann als Nischenstrategie bezeichnet. Darauf folgend kann der Wettbewerbsvorteil beispielsweise zur Unterscheidung einer Differenzierungs- und einer Kostenführer-Nischenstrategie herangezogen werden.[48] Noch undifferenzierter wird diese Thematik in der eher praxisorientierten Literatur betrachtet, die häufig sogar nur von „der Nischenstrategie“ spricht, obwohl die strategischen Ausprägungen kontextbedingt verschieden sind und damit die Differenzierung von Nischenstrategie-Typen angezeigt wäre.

Nachfolgend sollen anhand der wohl bekanntesten und meist zitierten Typologie von Wettbewerbsstrategien – jener von Porter – die Problembereiche von Nischenstrategie-Systematisierungen verdeutlicht werden. Der Fokus dieser Typologie liegt auf Wettbewerbsstrategien, weshalb eine eingehende Betrachtung von Nischenstrategien fehlt.[49]

Die **Systematisierung von Porter** entspricht einer Klassifikation von Wettbewerbsstrategien, die auf zwei Kriterien basiert.[50] Zum einen auf dem „Wettbewerbsvorteil“, welcher sich als Differenzierungs- oder Preisvorteil äussern kann und zum anderen auf der „Breite der Marktabdeckung“, die entweder dem Gesamtmarkt oder einem Marktausschnitt entspricht (vgl. Abbildung 1). Die beiden Strategietypen mit einer beschränkten Marktabdeckung (Fälle 3a und 3b) werden als Nischenstrategien bezeichnet. Je nach Wettbewerbsvorteil spricht Porter von der Differenzierungs-Nischenstrategie und der Kosten-Nischenstrategie.[51]

---

[47] Vgl. u.a. Porter, M.E. 1986; Aaker, D.A. 1988; Hooley, G.J.; Lynch, J.E.; Jobber, D. 1992; Hooley, G.J.; Beracs, J.; Kolos, K. 1993. Vgl. auch Kapitel 1.

[48] Wie dies bspw. auch bei Porter der Fall ist. Vgl. Porter, M.E. 1986, S. 35ff.

[49] Weitere Systematisierungen von Nischenstrategien sind Gegenstand von Kapitel 5.

[50] Vgl. Porter, M.E. 1986, S. 35ff.

[51] Konzentriert sich eine Unternehmung auf einen Schwerpunkt bzw. eine Nische, zieht Porter auch die Kombination von Differenzierungs- und Kostenführerschafts-Strategie in Betracht.

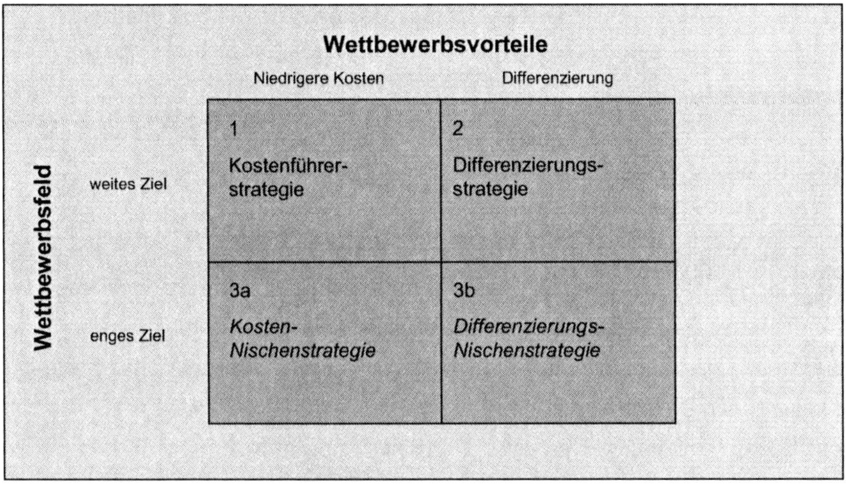

Abbildung 1: Typologie von Wettbewerbsstrategien nach Porter[52]

Die beschränkte Marktabdeckung stellt bei Porter folglich das konstitutive Merkmal von Nischenstrategien dar. Dabei nennt er drei Möglichkeiten, wie sich eine Unternehmung auf einen Marktausschnitt und damit auf die Bearbeitung einer Nische beschränken kann: Bearbeitung eines

- Teilmarktes,
- eines Segmentes oder
- eines beschränkten geografischen Bereiches.[53]

Diese drei Varianten der Konzentration auf einen Marktbereich werden jedoch nicht zur Differenzierung von Nischenstrategie-Typen herangezogen. Mit anderen Worten unterscheidet Porter nicht, ob eine Nischenstrategie auf der Bearbeitung eines Teilmarktes, eines Segmentes oder eines geografischen Bereiches basiert.[54] Die Unterscheidung von Nischenstrategie-Typen erfolgt einzig anhand des Wettbewerbsvorteils.

[52] In Anlehnung an Porter, M.E. 1983, S. 32.
[53] Vgl. Porter, M.E. 1983, S. 67.
[54] Anders Aaker, der diese drei Kriterien zur Unterscheidung von Nischenstrategien heranzieht. Vgl. Aaker, D.A. 1988, S. 224ff.

In diesem Zusammenhang stellt sich die Frage, ob nicht die Art der Marktbeschränkung oder andere Kriterien bei der Klassifikation berücksichtigt werden sollten.[55] Andere Autoren ziehen beispielsweise die strategische Ausrichtung des Nischenanbieters,[56] die Gründe für die Verfolgung einer Nischenstrategie oder das mit einer Nischenstrategie verfolgte Ziel zur Unterscheidung von Strategietypen heran.[57] Hinsichtlich der strategischen Ausrichtung ist etwa von Bedeutung, ob eine Nischenstrategie als Unternehmensstrategie verfolgt wird und entsprechend alle Prozesse danach ausgerichtet werden oder ob eine Nischenstrategie neben Gesamtmarktstrategien eine Wettbewerbsstrategie auf Geschäftsfeldebene darstellt.[58] Ferner spielt es auch eine Rolle, inwiefern die Nischenstrategie als Ausweichstrategie in einem gesättigten Markt gewählt wird oder als Markteintrittsstrategie den Eintritt in einen Wachstumsmarkt ermöglichen soll.[59] Diese Aspekte werden von Porter nicht explizit berücksichtigt.

Im Gegensatz zu aktuellen Arbeiten nennt Porter nur zwei Nischenstrategie-Typen.[60] Entweder hat die Nischenstrategie auf tiefen Kosten, die einen Preisvorteil ermöglichen, oder auf einem Differenzierungsvorteil zu basieren. Strategien dazwischen, wie beispielsweise das Vorhandensein sowohl von Preis- als auch von Differenzierungsvorteilen oder beide Merkmale nur schwach ausgeprägt, werden ausgeblendet. Auf die Betrachtung der einzelnen Merkmale als Kontinuum wird demnach verzichtet. Eine solche hätte zwar eine differenziertere Systematisierung zur Folge, würde jedoch dazu führen, dass jedes Merkmal (z.B. ein Preisvorteil) unendlich viele Ausprägungen annehmen könnte, woraus unzählige Kombinationsmöglichkeiten (z.B. mit Differenzierungsvorteilen) und damit unendlich viele Nischenstrategie-Typen resultieren würden.[61] Während Porter mit zwei Nischenstrategie-Typen relativ undifferenziert bleibt, führt die Kontinuumsbetrachtung zum Problem, aus den theoretisch denkbaren die praktisch relevanten und Erfolg versprechenden Nischenstrategien identifizieren zu müssen.

---

55 Sowohl Hünerberg, R. 1993 als auch Rosenbaum, M.C. 1999 verwenden zusätzliche Kriterien.
56 Vgl. dazu auch Wright, P. 1987, S. 94.
57 Vgl. Rosenbaum, M.C. 1999, S. 304ff.
58 Vgl. dazu Wright, P. 1987, S. 93f.; Sonderegger, R.A. 1990, S. 30.
59 Vgl. dazu die detaillierten Ausführungen von Rosenbaum, M.C. 1999, S. 317ff.
60 Vgl. insbesondere neuere Arbeiten wie Grasshoff, J. 2003, S. 209ff.; Danner, M. 2002, S. 57ff.; Rosenbaum, M.C. 1999, S. 304ff.; Hünerberg, R. 1993, S. 668ff. Vgl. dazu auch Unterkapitel 5.2.
61 Vgl. z.B. Aaker, D.A. 1988, S. 224ff.; Hünerberg, R. 1993, S. 668ff. Vgl. dazu auch Miller/Dess, die die Kontinuumsbetrachtung anhand der Typologie von Porter diskutieren (Miller, A.; Dess, G.G. 1993, S. 564ff.). Weitere Erläuterungen finden sich in Kapitel 5.

Die Analyse von Porters Systematisierung hat gezeigt, dass Nischenstrategien zu oberflächlich betrachtet werden. Einerseits wird nur ein Kriterium zur Bildung von Nischenstrategie-Typen herangezogen, andererseits besteht die Typologie aus zwei Typen. Ohne auf weitere in der Literatur anzutreffende Systematisierungen einzugehen, sei an dieser Stelle erwähnt, dass die an Porter gerichtete Kritik beispielhaft ist. Darüber hinaus basieren die vorhandenen Typologien auf unterschiedlichen Kriterien, was auf ein uneinheitliches Nischenstrategieverständnis hinweist.[62]

Vor diesem Hintergrund ist es nicht möglich, Nischenstrategien zu systematisieren. Wenn man bedenkt, dass in der Literatur der Nischenbegriff selbst umstritten ist, überrascht der fehlende Konsens betreffend Nischenstrategie-Typen kaum. Die Erkenntnis aus einer Studie von Dess/Davis, dass die Übereinstimmung betreffend 'was eine Nischenstrategie nicht ist', grösser war, als jene über 'was eine Nischenstrategie ist' erstaunt daher ebenfalls nicht.[63]

Dieses widersprüchliche Verständnis kommt unter anderem daher, dass Nischenstrategien seltener Forschungsgegenstand sind als gesamtmarktorientierte Wettbewerbsstrategien.[64] Zahlreiche Systematisierungen sind dementsprechend theoretisch hergeleitet und mangeln einer empirischen Fundierung. Es liegt deshalb die Vermutung nahe, dass keine der Systematisierungen alle in der Praxis existierenden Nischenstrategie-Typen erfasst. Zudem kann davon ausgegangen werden, dass je nach Kontext andersartige Nischenstrategien Erfolg versprechend sind. Eine differenzierte Betrachtung von Nischenstrategien und damit die Unterscheidung von Strategietypen sind für den Erfolg einer Nischenbearbeitung unerlässlich.[65] Sowohl aus praktischer als auch aus wissenschaftlicher Sicht ist es demzufolge von Bedeutung, Arten von Nischenstrategien empirisch zu identifizieren.

1.3 Erfolgsbedeutung von Nischenstrategien

Im Anschluss an die Identifikation von Nischenstrategie-Typen stellt sich insbesondere für die Unternehmenspraxis die Frage, welche Typen besonders Erfolg versprechend sind. Generell entspricht die Suche nach erfolgreichen Strategien sowie nach Faktoren, welche für den Unternehmenserfolg ausschlaggebend sind, einem zentra-

62 Vgl. dazu auch die Ausführungen in Unterkapitel 5.1.
63 Vgl. Dess, G.G.; Davis, P.S. 1984, S. 477. Vgl. dazu auch Mintzberg, H. et al. 2003, S. 122.
64 Vgl. dazu auch Parker, B.; Helms, M.M. 1992, S. 26.
65 Vgl. Rosenbaum, M.C. 1999, S. 304 und auch Dess, G.G.; Davis, P.S. 1984, S. 483.

len Forschungsgegenstand: „The effect that business-level strategy has on a firm's profitability is a central issue in the management literature".[66] Die Vermutung liegt jedoch nahe, dass aufgrund der konzeptionellen Problematik (man denke hier insbesondere an die unzureichenden Systematisierungen von Nischenstrategie-Typen) nur beschränkt spezifische Studien zum Erfolg von Nischenstrategien existieren. Bei den bestehenden Arbeiten ist zudem davon auszugehen, dass der Erfolg verschiedener Strategietypen nicht eingehend analysiert wurde.

Aufgrund der genannten Mängel in der Erforschung des Erfolges von Nischenstrategien, scheint es zweckmässig, die entsprechenden Informationen aus drei verschiedenen Forschungsrichtungen zu gewinnen.[67] Einerseits handelt es sich dabei um Studien zum Erfolg von Wettbewerbsstrategien und zum Erfolg von New-Venture-Strategien. Diese beiden Bereiche sollen unter anderem deshalb berücksichtigt werden, weil dazu im Rahmen der Erfolgsfaktorenforschung zahlreiche Arbeiten geschrieben worden sind. Hinzu kommt, dass derartige Studien vereinzelt Erkenntnisse zum Erfolg von Nischenstrategien enthalten. Andererseits sind natürlich Studien zu analysieren, welche die Nischenthematik als Schwerpunkt haben.

Die nachfolgenden Ausführungen zeigen auf, inwiefern diese drei Forschungsrichtungen Informationen zum Erfolg von Nischenstrategien liefern können. Eine eingehende Diskussion ist dann Gegenstand von Kapitel 5.

1.3.1 Studien zum Erfolg von Wettbewerbsstrategien

In der Strategieliteratur der achtziger Jahre finden sich etliche Studien zum Erfolg von Wettbewerbsstrategien.[68] Trotzdem herrscht bezüglich des Zusammenhangs zwischen Wettbewerbsstrategien und Unternehmenserfolg kein Konsens.[69] Obwohl Nischenstrategien nicht den Fokus dieser Arbeiten darstellen, wird häufig mindestens ein Strategietyp als Nischenstrategie identifiziert bzw. bezeichnet. Dabei kann als übereinstimmendes Nischenstrategieverständnis eine gewisse Konzentration auf einen Marktbereich festgestellt werden. Die Unterscheidung nur weniger Nischenstra-

---

66 Jones, G.R.; Butler, J.E. 1988, S. 202.

67 An dieser Stelle bleibt anzumerken, dass auch Porter, der mit seiner Typologie von Wettbewerbsstrategien die Strategiediskussion der letzten zwanzig Jahre stark geprägt hat, darauf verzichtet, die Nischenstrategie und deren Erfolgsvoraussetzungen eingehender zu untersuchen (vgl. Porter, M.E. 1986; Porter, M.E. 1983).

68 Vgl. Nicolai, A.; Kieser, A. 2002, S. 583 und die dort genannten Studien.

69 Vgl. Parnell, J.A. 1997, S. 175.

tegie-Typen hat jedoch zur Folge, dass mehrheitlich der Erfolg einer Nischenstrategie im Vergleich zu anderen Wettbewerbsstrategien untersucht wird und Erfolgsunterschiede zwischen Nischenstrategien unberücksichtigt bleiben.[70]

Es hat sich gezeigt, dass bezüglich des Erfolgs von Nischenstrategien widersprüchliche Erkenntnisse vorliegen.[71] Ein Grund liegt sicherlich in der Verwendung unterschiedlicher Erfolgskennzahlen.[72] Insbesondere zwischen den Kennzahlen Wachstum und Profitabilität einer Unternehmung konnte nämlich ein gewisser Trade-off nachgewiesen werden.[73] Ferner liegt die Vermutung nahe, dass neben den verwendeten Erfolgskennzahlen hauptsächlich die verschiedenen Nischenstrategie-Definitionen für die divergierenden Ergebnisse verantwortlich sind.[74]

1.3.2 Studien zum Erfolg von New-Venture-Strategien

Schliesslich existieren auch zahlreiche Studien, die New Ventures[75] als Betrachtungsobjekt haben und das Ziel verfolgen, Erfolg versprechende Strategien zu identifizieren.[76] Wenn man bedenkt, dass in den ersten fünf Jahren ihrer Existenz mehr als die Hälfte neu gegründeter Unternehmen ihre Tätigkeit wieder einstellen, überrascht die Bedeutungszunahme solcher Arbeiten nicht.[77]

Die Analyse von New-Venture-Studien zeigt, dass Nischenstrategien als Strategiealternative vielfach diskutiert werden. Wie bereits bei den Wettbewerbsstrategien festzustellen war, ist jedoch auch bei New-Venture-Strategien in den meisten Studien

---

[70] Vgl. dazu bspw. Galbraith, C.; Schendel, D. 1983, S. 169ff.

[71] Vgl. bspw. die Studie von Douglas, S.P.; Rhee, D.K. 1989, S. 452f., in der Nischenanbieter in den USA eine überdurchschnittliche Performance verzeichneten während diese in Europäischen Märkten unterdurchschnittlich war. Vgl. auch die Ausführungen in Abschnitt 5.3.2.

[72] Vgl. Galbraith, C.; Schendel, D. 1983, S. 169ff.; Hooley, G.J.; Lynch, J.E.; Jobber, D. 1992, S. 80ff.

[73] D.h., dass mit zunehmendem Wachstum die Profitabilität sinkt und umgekehrt (vgl. Dess, G.G.; Davis, P.S. 1984, S. 481ff.).

[74] So stellt bspw. die Nischenstrategie in der Studie von Hambrick, D.C. 1983a, S. 693ff. eine Marktaustrittsstrategie dar, bei der der langfristige Erfolg nicht von Interesse ist. Dess, G.G.; Davis, P.S. 1984, S. 481ff. weisen zudem daraufhin, dass die Nischenstrategie aufgrund der Existenz unterschiedlicher Arten nicht eindeutig identifiziert werden konnte.

[75] Unter **New Ventures** werden neu gegründete Unternehmen verstanden, die typischerweise einen beschränkten Zugang zu Kapital-, Beschaffungs- und Arbeitsmärkten aufweisen (vgl. Romanelli, E. 1989, S. 370) und jünger als acht Jahre sind (vgl. bspw. Li, H. 2001, S.183; McDougall, P. et al. 1994, S. 543). Im Folgenden wird synonym auch von neuen bzw. jungen Unternehmen gesprochen.

[76] Vgl. insb. die Studien von Carter, N.M. et al. 1994, S. 24f.; McDougall, P.; Robinson, R.B. 1990, S. 449f.; Hofer, C.W.; Sandberg, W.R. 1987, S. 14f. und die dort zitierte Literatur.

[77] So zeigen bspw. frühere Studien aus den USA, dass über 50% neu gegründeter Unternehmen in den ersten fünf Jahren die Geschäftstätigkeit wieder einstellen (Vgl. Broom, H.N.; Longenecker, J.G. 1971, S. 80ff.).

nur ein Nischenstrategie-Typ identifiziert worden. Entsprechend basieren Handlungsempfehlungen zur Strategiewahl auf Vergleichen zwischen der identifizierten Nischenstrategie und Gesamtmarktstrategien. An Gegenüberstellungen des Erfolges verschiedener Nischenstrategie-Typen mangelt es weitgehend.[78]

Wie die späteren Ausführungen zeigen werden, zeichnet sich hinsichtlich des Erfolges von Nischenstrategien in der wissenschaftlichen Literatur kein einheitliches Bild ab.[79] Im allgemeinen ist jedoch festzustellen, dass in der früheren Literatur jungen und damit kleinen Unternehmen häufig Nischenstrategien empfohlen werden, bei denen der direkten Konkurrenz durch grosse Unternehmen ausgewichen wird.[80] In jüngeren Studien hingegen wird eine aggressive Strategie mit breiter Marktabdeckung als Erfolg versprechender beurteilt.[81]

1.3.3 Spezifische Studien zum Erfolg von Nischenstrategien

Studien, welche auf Wettbewerbsstrategien oder New-Venture-Strategien fokussieren, können nur beschränkt empirische Erkenntnisse zum Erfolg von Nischenstrategien liefern. Wie zuvor angedeutet, fehlen bei solchen Studien vertiefte Analysen von Nischenstrategie-Typen und Messungen der Erfolgswirkung. Daraus resultiert die Notwendigkeit, wissenschaftliche Arbeiten, welche den Schwerpunkt auf die Nischenthematik setzen, zu analysieren.

Eine erste Sichtung der Literatur hat ergeben, dass auch Studien zu Nischenstrategien den Erfolg von verschiedenen Strategietypen vielfach vernachlässigen. Es existieren zwar einzelne umfassende Arbeiten, deren Erkenntnisse basieren jedoch grösstenteils auf theoretischen Überlegungen. Zudem resultieren aus den wenigen empirischen Daten mehrheitlich qualitative Erkenntnisse zum Erfolg von Nischenstrategien, was eine beschränkte Generalisierbarkeit mit sich bringt.[82]

---

[78] Vgl. dazu die Ausführungen in Abschnitt 5.3.3.

[79] Vgl. Carter, N.M. et al. 1994, S. 22f. und die Ausführungen in Kapitel 5.

[80] Vgl. bspw. Hosmer, A.W. 1957, 118ff.; Broom, H.N.; Longenecker, J.G. 1971, S. 396f.; Hanan, M. 1976, S. 139ff.; Van de Ven, A.H.; Hudson, R.; Schroeder, D.M. 1984, S. 105.

[81] Miller/Camp verstehen dabei unter einer breiten Marktabdeckung die Ansprache einer grossen Anzahl Kunden, mehrerer Kundentypen, verschieden grosser Kunden und dies mit einem breiten Produktsortiment (Vgl. Miller, A.; Camp, B. 1985, S. 99). Vgl. auch Biggadike, R. 1979, S. 108f.; MacMillan, I.C.; Day, D.L. 1987, S. 37; Cooper, A.C.; Willard, G.E.; Woo, C.Y. 1986, S. 249ff. Vgl. dazu auch McDougall, P. et al. 1994, S. 538f.; McDougall, P.; Robinson, R.B. 1990, S. 447f. und Carter, N.M. et al. 1994, S. 22 und die dort zitierte Literatur.

[82] Vgl. dazu die Ausführungen in Abschnitt 5.3.4.

1.4 Fazit

Abschliessend kann festgehalten werden, dass in der Wissenschaft die Unterscheidung von Nischenstrategie-Typen und deren Erfolgsmessung bisher nur beschränkt Beachtung gefunden haben. Dies, obwohl die Thematik auch für die Unternehmenspraxis von grosser Bedeutung ist. Es lohnt sich deshalb sowohl aus praktischer wie auch aus wissenschaftlicher Sicht, eine empirische Studie zum Thema „Arten von Nischenstrategien und ihre Erfolgsbedeutung“ durchzuführen.

2 Zielsetzung und forschungsleitende Fragen

Der Problemstellung entsprechend lässt sich folgende Zielsetzung dieser Dissertation ableiten:

Das Ziel der Dissertation ist die

- Identifikation von praktisch relevanten Nischenstrategie-Arten und die
- Untersuchung des Zusammenhangs zwischen Nischenstrategie-Arten und Erfolg unter Berücksichtigung des Einflusses von Kontextfaktoren.

Hinsichtlich der praktischen Relevanz der Nischenstrategie-Arten bleibt anzumerken, dass es sich bei den in der Literatur anzutreffenden Systematisierungen häufig um theoretisch hergeleitete Typologisierungen handelt.[83] Abhängig von der Anzahl Kriterien, die zur Unterscheidung von Strategietypen berücksichtigt wird sowie der Anzahl Ausprägungen, die jedes einzelne Kriterium aufweist, ergeben sich mehr oder weniger Kombinationsmöglichkeiten und damit Nischenstrategie-Typen. Werden beispielsweise die Unterscheidungskriterien als Kontinua betrachtet, resultieren daraus unzählige Kombinationsmöglichkeiten und entsprechend viele Nischenstrategie-Typen. Es liegt jedoch die Vermutung nahe, dass nicht alle theoretisch denkbaren Typen von praktischer Relevanz sind. Zumal die Unternehmenspraxis im Rahmen von strategischen Entscheiden eine beschränkte Zahl von Strategiealternativen verlangt, fokussiert die vorliegende Studie auf die Identifikation von praxis-relevanten Nischenstrategie-Arten.

Im Sinne einer praktisch-normativen Wissenschaft stellt sich im Anschluss an die Identifikation von Nischenstrategie-Arten die Frage nach dem Zusammenhang zwischen Strategietyp und Unternehmenserfolg. Das Ziel besteht darin, der Unternehmenspraxis kontextabhängige Handlungsempfehlungen bei der Wahl eines Nischenstrategie-Typen zu bieten, was die Kenntnis des Erfolges verschiedener Strategietypen bedingt.

---

[83] Vgl. dazu und im Folgenden die Ausführungen in Kapitel 5.

Der Zielsetzung entsprechend sollen der Konzeptualisierung drei forschungsleitende Fragen zu Grunde gelegt werden:

1. Anhand welcher Variablen strategischen Verhaltens lassen sich Arten von Nischenstrategien unterscheiden?
2. Welche Variablen beeinflussen den Erfolg von Nischenstrategie-Arten?
   a. Welcher Zusammenhang besteht zwischen Nischenstrategien und Erfolg?
   b. Welche Markt- und Unternehmensmerkmale beeinflussen den Zusammenhang zwischen Nischenstrategien und Erfolg?
3. Welche Markt- und Unternehmensmerkmale beeinflussen die Wahl von Nischenstrategie-Arten?

Die erste Forschungsfrage leitet sich aus dem ersten Teil der Zielsetzung ab, welche die Identifikation praxisrelevanter Nischenstrategie-Arten zum Gegenstand hat. Damit Strategietypen überhaupt identifiziert werden können, sind vorgängig strategische Variablen zu bestimmen, anhand derer verschiedene Typen von Strategien unterschieden werden sollen.

Die zweite Forschungsfrage ergibt sich aus dem zweiten Teil der Zielsetzung. Im Zentrum steht die Untersuchung des Zusammenhangs zwischen Strategietyp und Erfolg. Dabei soll der moderierende Einfluss von Kontextfaktoren auf diesen Zusammenhang untersucht werden, weshalb vorgängig die zu berücksichtigenden Kontextvariablen bestimmt werden müssen.

Bei der dritten Forschungsfrage mag der Bezug zur Zielsetzung auf den ersten Blick nicht offensichtlich sein. Aus forschungsmethodischen Gründen würde jedoch die alleinige Betrachtung des Einflusses von Kontextfaktoren auf den Zusammenhang zwischen Strategietyp und Erfolg zu kurz greifen. Zwei theoretische Ansätze zur Erklärung des Unternehmenserfolges stützen diese Behauptung: der Marktorientierte Ansatz und der Ressourcenorientierte Ansatz. Beiden Ansätzen liegt die Annahme zu Grunde, dass gewisse Faktoren, Branchencharakteristika beim Marktorientierten

Ansatz sowie Ressourcenmerkmale einer Unternehmung beim Ressourcenorientierten Ansatz, einen Einfluss auf die Strategiewahl einer Unternehmung haben.[84] Der Einfluss von Kontextfaktoren auf die Wahl des Strategietyps ist deshalb ebenfalls zu berücksichtigen.[85]

[84] Ausführungen zum Marktorientierten und zum Ressourcenorientierten Ansatz erfolgen in Abschnitt 5.3.1.

[85] Vgl. dazu die Ausführungen in Unterkapitel 3.2.

3 Konkretisierung des Forschungsansatzes und Aufbau der Arbeit

Zur Beantwortung der soeben aufgeführten forschungsleitenden Fragen bedarf es einer Konkretisierung des Forschungsansatzes. Im Rahmen der ersten forschungsleitenden Frage, welche sich mit der Identifikation von Nischenstrategie-Arten beschäftigt, sind der typologische und der taxonomische Klassifikationsansatz zu diskutieren (Unterkapitel 3.1). Darauf folgt eine Erörterung von Forschungsansätzen und Konzeptualisierungsvarianten (Unterkapitel 3.2), woraus sich anschliessend der konzeptionelle Rahmen und die entsprechenden Forschungshypothesen entwickeln lassen (Unterkapitel 3.3). Dabei orientieren sich der konzeptionelle Rahmen und die Forschungshypothesen insbesondere an der zweiten und dritten forschungsleitenden Frage. Abgeschlossen wird das Kapitel schliesslich mit der Darlegung des Aufbaus der Arbeit (Unterkapitel 3.4).

3.1 Typologien versus Taxonomien zur Klassifikation von Nischenstrategien

Einer der wohl wichtigsten und grundlegendsten Schritte der wissenschaftlichen Forschung stellt die Klassifikation bzw. die Gruppierung von Untersuchungsobjekten dar.[86] Das Ziel besteht darin, eine grosse Menge an Informationen über eine Vielzahl von Unternehmen in aggregierter Form zu veranschaulichen.[87] Die Beurteilung von Klassifikationen erfolgt denn auch anhand ihrer Brauchbarkeit und ihrer Fähigkeit, die Wirklichkeit abbilden zu können – und nicht anhand der Einfachheit der Gruppierung.[88] Die Aggregation von Informationen hat zur Folge, dass jeweils nur ausgewählte Aspekte von Untersuchungsobjekten in die Betrachtung einbezogen werden, was eine Ausblendung unwesentlicher Eigenschaften bedeutet.[89] Durch die Konzentration auf bestimmte Gesichtspunkte können grundlegende Strukturen von Objekten erkannt werden. Dies stellt eine der Grundvoraussetzungen für die Bildung von Theorien und die Überprüfung von Hypothesen dar.[90] In der Wissenschaft werden im

---

[86] Vgl. Carper, W.B.; Snizek, W.E. 1980, S. 65; Sanchez, J.C. 1993, S. 73; McKelvey, B. 1975, S. 523; Hunt, S.D. 2002, S. 222f.
[87] Vgl. auch Carper, W.B.; Snizek, W.E. 1980, S. 73; Rich, P. 1992, S. 758.
[88] Vgl. Rich, P. 1992, S. 760.
[89] Vgl. Hambrick, D.C. 1984, S. 27.
[90] Vgl. Rich, P. 1992, S. 758 und die dort zitierte Literatur.

Rahmen von Klassifikationen grundsätzlich typologische und taxonomische Methoden diskutiert, wobei unterschiedlichste Objekte als Untersuchungsgegenstand[91] in Frage kommen können.[92]

Die steigende Zahl von **Typologien** bestätigt die zunehmende Bedeutung solcher Klassifikationssysteme in der Wissenschaft.[93] Im Gegensatz zu Taxonomien stellen Typologien Klassifikationen dar, welche theoretisch hergeleitet werden.[94] Dabei handelt es sich um Gruppierungen von Unternehmen oder Umweltsituationen, welche anhand bestimmter Eigenschaften charakterisiert werden.[95] Dieses theoretisch deduktive Vorgehen setzt voraus, dass für das zu untersuchende Phänomen eine Theorie existiert. Bei einer Typologie handelt es sich folglich um eine a priori gebildete Klassifikation, in welche anschliessend die in der Wirklichkeit existierenden Untersuchungsobjekte eingeordnet werden.[96] Vielfach werden zur Unterscheidung von Idealtypen nur wenige Kriterien herangezogen, da der theoretischen Verarbeitung mehrerer Kriterien Grenzen gesetzt sind. Fehlende empirische Entscheidregeln zur Einordnung der Untersuchungsobjekte in die Gruppen führen zudem dazu, dass die Einteilung nicht immer eindeutig ist und eine gewisse subjektive Bewertung durch die Untersuchungsleitung nicht ausgeschlossen werden kann.[97]

Typologien haben den Vorteil, dass auch Typen identifiziert werden können, die in der Wirklichkeit nicht vorkommen, jedoch aus theoretischer Sicht Erfolg versprechend sein müssten. Die Ausrichtung der Unternehmenspraxis auf solche theoretischen Idealtypen eröffnet dann Möglichkeiten zur Effektivitätssteigerung. Typologien weisen demnach, im Vergleich zu Taxonomien, ein grösseres normatives Potential auf.[98] Anders sieht dies Hambrick, welcher Typologien aufgrund ihrer theoretischen Herleitung eine beschränkte Prognose- und Erklärungsfähigkeit zuspricht und deskriptive Zwecke in den Vordergrund stellt.[99] Aufgrund ihrer „Theorielastigkeit" wird in

---

[91] Da sowohl Typologien als auch Taxonomien als Methoden keinen Sachinhalt besitzen, sind diese auf unterschiedlichste Gegenstände anwendbar (vgl. Knoblich, H. 1972, S. 145).
Für weitere Anwendungsbereiche vgl. Sanchez, J.C. 1993, S. 73f.; Carper, W.B.; Snizek, W.E. 1980, S. 65; Bunn, M.D. 1993, S. 40 und die dort zitierte Literatur.

[92] Eine ausführliche Gegenüberstellung von Typologien und Taxonomien findet sich in Rich, P. 1992.

[93] Vgl. Galbraith, C.; Schendel, D. 1983, S. 153 und die dort aufgeführten Studien.

[94] Eine ausführliche Diskussion von Typologien findet sich in Doty, H.D.; Glick, W.H. 1994. Vgl. auch Rich, P. 1992, S. 761.

[95] Vgl. Harrigan, K.R. 1985, S. 58.

[96] Vgl. Sanchez, J.C. 1993, S. 75; Jenner, T. 1999, S. 34, Bunn, M.D. 1993, S. 39.

[97] Vgl. Sanchez, J.C. 1993, S. 75.

[98] Vgl. Doty, H.D.; Glick, W.H. 1994, S. 244f.; Jenner, T. 1999, S. 34.

[99] Vgl. Hambrick, D.C. 1984, S. 28.

der Literatur die Kritik der beschränkten Anwendbarkeit in der Unternehmenspraxis genannt.[100] Häufig wird zudem bemängelt, dass durch die Verwendung einiger weniger Unterscheidungskriterien die Komplexität von Unternehmen nur ungenügend berücksichtigt wird und deshalb zu stark simplifizierte Typologien resultieren.[101] Den genannten Kritikpunkten zum Trotz kann eine Typologie eine hohe Validität aufweisen, sofern die Klassifikation empirisch gestützt wird.[102]

Bereits im Rahmen der Problemstellung wurde festgestellt, dass eine allgemein anerkannte Nischentheorie in der Betriebswirtschaftslehre nicht existiert und unterschiedliche Klassifikationen von Nischenstrategien bestehen.[103] Dazu kommt, dass insbesondere Systematisierungen, deren Kriterien als Kontinua betrachtet werden, zahlreiche Strategietypen unterscheiden, wobei vermutlich nicht alle möglichen Nischenstrategien dann auch in der Praxis von Bedeutung sind. Die fehlende Nischentheorie einerseits, die Gefahr, für die Praxis irrelevante Strategietypen zu identifizieren anderseits, sprechen im Hinblick auf die Zielsetzung dieser Arbeit gegen den typologischen Ansatz.[104]

In der Strategieforschung entwickelte sich der taxonomische Ansatz zu einem wichtigen Forschungsansatz.[105] Anders als Typologien, stellen **Taxonomien** empirisch hergeleitete Gruppierungen dar.[106] In ihrer Grundform entspricht die Taxonomie einer induktiven Methode, bei welcher auf eine vorgängige theoretische Konzeptualisierung verzichtet wird und Gruppierungen anhand der erhobenen Daten vorgenommen werden.[107] Die empirische Erarbeitung einer Taxonomie führt dazu, dass eine neue Klassifikation entwickelt wird, welche aus theoretischen Überlegungen heraus wohl kaum hätte abgeleitet werden können. Trotzdem mangelt die Taxonomie nicht jeglicher theoretischer Fundierung. Insbesondere bei der Auswahl der Unterscheidungs-

---

100 Vgl. Carper, W.B.; Snizek, W.E. 1980, S. 67.
101 Vgl. Carper, W.B.; Snizek, W.E. 1980, S. 70.
102 Vgl. Galbraith, C.; Schendel, D. 1983, S. 155; Jenner, T. 1999, S. 36.
103 Vgl. dazu die Ausführungen in Kapitel 1.
104 Die Zielsetzung wird in Kapitel 2 vorgestellt.
105 Vgl. Hambrick, D.C. 1984, S. 27ff.; Cool, K.; Schendel, D. 1988, S. 221 und bspw. die Studien von Morrison, A.J.; Roth, K. 1992; Kim, L.; Lim, Y. 1988; McGee, J.; Thomas, H. 1986; Galbraith, C.; Schendel, D. 1983.
106 Vgl. Sanchez, J.C. 1993, S. 75; Rich, P. 1992, S. 761; Harrigan, K.R. 1985, S. 58; Homburg, C.; Workman, J.P.; Jensen, O. 2002, S. 39.
Für eine ausführliche Behandlung von Taxonomien vgl. Sanchez, J.C. 1993; Rich, P. 1992; Hambrick, D.C. 1984.
107 Vgl. dazu und im Folgenden die Ausführungen von Bunn, M.D. 1993, S. 40. Vgl. auch Hambrick, D.C. 1984, S. 40.

kriterien bedarf es theoretischer Begründungen.[108] Eine Taxonomie stellt letztlich die Suche nach Strukturen innerhalb von Untersuchungsobjekten dar, wobei Objekte mit ähnlichen Strukturen zu Gruppen zusammengefasst werden.[109]

In der wissenschaftlichen Literatur werden unterschiedliche Voraussetzungen an Taxonomien gestellt. Vielfach wird verlangt, dass Taxonomien hierarchisch strukturierte Zuordnungsregeln beinhalten,[110] dass die Klassifikation homogene, sich gegenseitig ausschliessende Gruppen umfasst sowie in ihrer Gesamtheit erschöpfend ist.[111] Als hierarchisch wird eine Taxonomie dann bezeichnet, wenn die Objekte aller Untergruppen jeweils in einer Gruppe höherer Hierarchieebenen enthalten sind. So wird bspw. bei Wettbewerbsstrategien auf der obersten Hierarchieebene unterschieden, ob eine gewisse Schwerpunktbildung bei der Strategie gesetzt wird oder nicht. Falls ja, stellt sich auf der nächsten Ebene die Frage, inwiefern Kosten-, Differenzierungs- oder Hybridschwerpunkte gesetzt werden. Auf der dritten Ebene schliesslich, könnte die Differenzierung nach breiter und schmaler Marktabdeckung erfolgen (vgl. Abbildung 2).[112]

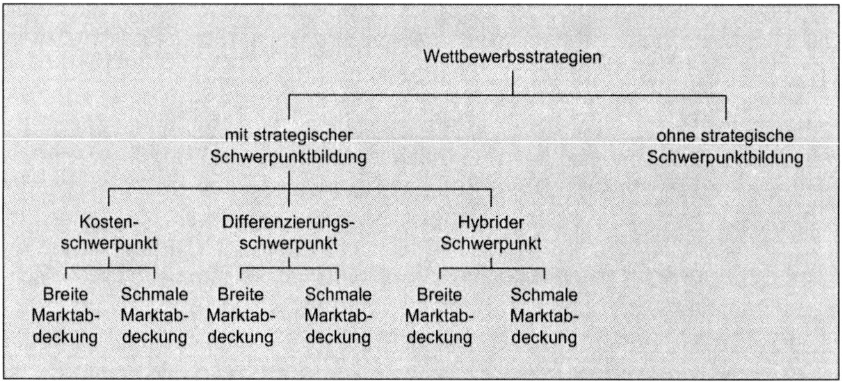

Abbildung 2: Hierarchische Struktur von Taxonomien am Beispiel von Wettbewerbsstrategien[113]

Der Hauptvorteil von Taxonomien ist in der auf empirischen Daten basierenden Realitätsnähe der Klassifikation zu sehen. Durch die empirische Vorgehensweise ist si-

[108] Vgl. Rich, P. 1992, S. 767.
[109] Vgl. Hambrick, D.C. 1984, S. 40.
[110] Vgl. dazu auch Rich, P. 1992, S. 761.
[111] Vgl. Chrisman, J.J.; Hofer, C.W.; Boulton, W.R. 1988, S. 416; Campbell-Hunt, C. 2000, S. 129.
[112] Vgl. Campbell-Hunt, C. 2000, S. 129.
[113] In Anlehnung an Campbell-Hunt, C. 2000, S. 130.

chergestellt, dass nur Gruppen identifiziert werden können, welche in der Realität auch tatsächlich existieren.[114] Vorteilhaft ist auch, dass Taxonomien weniger Kenntnisse über die Wirkungen der Untersuchungskriterien voraussetzen. Eine Auswahl einiger weniger Kriterien ist nicht notwendig, da der Ansatz in der Lage ist, eine grosse Zahl von Kriterien im Klassifikationsprozess zu berücksichtigen.[115]

Sowohl Typologien als auch Taxonomien weisen gemeinsame Schwachpunkte auf. So können beide Ansätze nicht alle Aspekte des strategischen Verhaltens von Unternehmungen abdecken. Unternehmen sind zu komplex und vielfach dynamischen Veränderungen unterworfen, was eine lückenlose Erfassung aller Merkmale verunmöglicht.[116] Die Beschränkung auf einzelne Merkmale hat zur Folge, dass der Auswahl der Unterscheidungskriterien grosse Bedeutung zukommt.[117] So warnt Sanchez davor, blind, undifferenziert und unbeachtet von Theorie oder vorgängiger Studien jegliche messbaren Kriterien zu berücksichtigen.[118]

Hinsichtlich der Erreichung der ersten Zielsetzung dieser Arbeit ist der taxonomische Ansatz besser geeignet als der typologische. Das Ziel, die in der Realität wichtigen Nischenstrategien zu identifizieren, bedarf einer auf empirischen Daten basierenden Klassifikation. Der taxonomische Ansatz soll demnach zur Identifikation von Nischenstrategie-Arten und damit zur Beantwortung der ersten Forschungsfrage herangezogen werden.

Abbildung 3 veranschaulicht, welche Schritte im Rahmen der Entwicklung einer Taxonomie im konkreten Fall anstehen. Zuerst sind die Kriterien, welche der Unterscheidung von Nischenstrategien dienen, nachfolgend Gestaltungsvariablen genannt, empirisch zu erfassen. In einem zweiten Schritt folgt anhand der Gestaltungsvariablen eine Gruppierung von Unternehmen. Häufig stellt dabei die Clusteranalyse ein geeignetes Gruppierungsverfahren dar. Je ähnlicher die Ausprägungen der Gestaltungsvariablen zweier Unternehmen sind, desto wahrscheinlicher ist eine Zuordnung in die gleiche Gruppe. Unternehmen einer bestimmten Gruppe verfolgen dem-

114 Vgl. Hunt, S.D. 2002, S. 229.
115 Vgl. Hunt, S.D. 2002, S. 227; Homburg, C.; Workman, J.P.; Jensen, O. 2002, S. 39.
116 Vgl. Jenner, T. 1999, S. 35f.; Miles, R.E. et al. 1978, S. 550; Knoblich, H. 1972, S. 143.
117 Vgl. Jenner, T. 1999, S. 36; Hambrick, D.C. 1984, S. 40; Knoblich, H. 1972, S. 143.
118 Vgl. Sanchez, J.C. 1993, S. 90.
Anders sieht dies McKelvey, B. 1975, S. 514ff., der für die Berücksichtigung möglichst vieler Kriterien plädiert, damit die Wahrscheinlichkeit der Vernachlässigung wichtiger Kriterien möglichst gering ist.

nach eine ähnliche Strategie, in der vorliegenden Untersuchung eine gleichartige Nischenstrategie. Das Resultat dieses taxonomischen Ansatzes ist dann eine empirisch hergeleitete Klassifikation von Nischenstrategien bzw. eine Taxonomie von Nischenstrategien.[119]

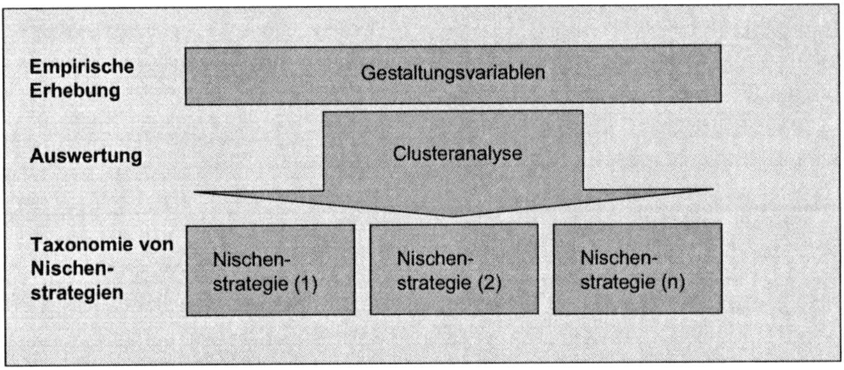

Abbildung 3: Taxonomischer Ansatz zur Klassifikation von Nischenstrategien[120]

Die Clusteranalyse gilt als Standardverfahren bei der Entwicklung von Taxonomien. Sowohl in einer Vielzahl von Studien zur Klassifikation von Wettbewerbsstrategien[121] als auch in anderen betriebswirtschaftlichen Forschungsbereichen[122] kommt diese Methode häufig zum Einsatz. Insbesondere auf der Suche nach ähnlichen Strukturen und Eigenschaften von Phänomenen, folglich mehrheitlich im Rahmen explorativer Studien, kommt der Clusteranalyse grosse Bedeutung zu.[123]

3.2 Forschungsansatz und Konzeptualisierung

Bevor der konzeptionelle Rahmen dieser Arbeit vorgestellt werden kann, bedarf es einer Diskussion möglicher Forschungsansätze (Abschnitt 3.2.1) und Konzeptualisierungsvarianten (Abschnitt 3.2.2). Zur Beantwortung der zweiten und dritten Forschungsfrage, welche sich mit der Erfolgswirkung der identifizierten Nischenstrate-

[119] Vgl. dazu auch der von Bunn, M.D. 1993, S. 40 beschriebene Prozess der Entwicklung einer Taxonomie.
[120] Eigene Darstellung.
[121] Vgl. insbesondere die Arbeit von Campbell-Hunt, C. 2000, S. 135ff., die 17 Studien identifiziert hat, bei denen Wettbewerbsstrategien anhand von Faktoren- und Clusteranalysen unterschieden wurden. Vgl. auch Parnell, J.A. 1997, S. 176.
[122] Vgl. Homburg, C.; Workman, J.P.; Jensen, O. 2002, S. 48.
[123] Weitere Anmerkungen zur Clusteranalyse erfolgen in Unterkapitel 10.1.

gie-Arten befassen, sind schliesslich der geeignete Forschungsansatz und die entsprechende Konzeptualisierungsvariante auszuwählen.

3.2.1 Forschungsansätze

Im Rahmen der Erfolgsfaktorenforschung stellt sich die grundlegende Frage, unter welchen Voraussetzungen Strategien überdurchschnittlich erfolgreich sind. In der wissenschaftlichen Literatur werden zur Beantwortung dieser Frage drei Forschungsansätze herangezogen: der universale, der situationsspezifische und der Kontingenz-Ansatz.[124] Während der universale Ansatz nach allgemeingültigen Erfolgsprinzipien strebt, steht beim situationsspezifischen die einzelne Unternehmung im Zentrum der Betrachtung. Der Kontingenzansatz liegt im bildlichen Sinne, wie in Abbildung 4 dargestellt, zwischen den beiden anderen Ansätzen.

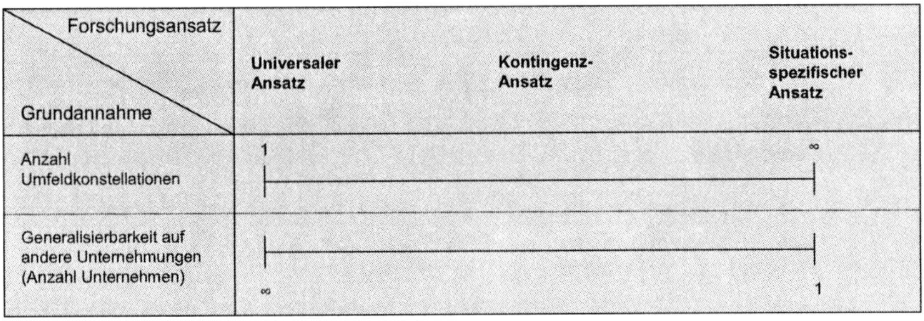

Abbildung 4: Forschungsansätze und ihre Grundannahmen[125]

3.2.1.1 Universaler Ansatz

In der älteren betriebswirtschaftlichen Forschung finden sich universale Ansätze, welche sich durch die Suche nach universalistischen Prinzipien charakterisieren lassen. Dabei stehen generelle Erfolgsfaktoren, d.h. branchenübergreifend gültige Faktoren, welche für den Unternehmenserfolg verantwortlich sind, im Zentrum.[126] Nicht nur die Branchenzugehörigkeit einer Unternehmung sondern Umweltfaktoren generell werden weitgehend ausgeblendet oder als Konstante angesehen. Die Grundannahme des universalen Ansatzes besteht demzufolge darin, dass es generelle Ge-

---

[124] Vgl. dazu und im Folgenden insbesondere Hambrick, D.C.; Lei, D. 1985, S. 764ff. und Jenner, T. 1999, S. 26ff. aber auch Hambrick, D.C. 1980, S. 568ff.

[125] Eigene Darstellung, in Anlehnung an Hambrick, D.C.; Lei, D. 1985, S. 764.

[126] Vgl. bspw. Buzzell, R.D.; Gale, B.T.; Sultan, R.G. 1975, S. 97ff., die den Marktanteil als generellen Erfolgsfaktor diskutieren.

setzmässigkeiten gibt, die unter allen denkbaren Bedingungen gültig sind.[127] Diese Generalisierung und die damit verbundene Vernachlässigung von Umweltfaktoren führen unweigerlich dazu, dass die dem zu untersuchenden Phänomen zu Grunde liegenden Kräfte nicht eingehend verstanden werden.[128] Mit anderen Worten werden Zusammenhänge zwischen einzelnen Faktoren und dem Unternehmenserfolg gesucht, ohne dass Einflussgrössen dieses Zusammenhanges berücksichtigt werden. Die jüngere Forschung hingegen betrachtet Unternehmen als offene Systeme und negiert den Einfluss der Umwelt kaum mehr.[129] Entsprechend sind Studien, die einen universalen Ansatz verfolgen, seltener geworden.

Die PIMS-Studien gehören wahrscheinlich zu den bekanntesten Arbeiten, welche universalistische Prinzipien erforschen.[130] Die Erkenntnisse dieser Studien sollen für alle Unternehmen Gültigkeit besitzen. So wurde bspw. eine positive Beziehung zwischen der Qualität oder des relativen Marktanteils und dem Unternehmenserfolg festgestellt, welche unabhängig von der jeweiligen Marktstruktur oder der Umwelt gilt. Auch die generischen Wettbewerbsstrategien von Porter sind dem universalen Ansatz zuzuordnen, da sie in allen Branchen Gültigkeit beanspruchen.[131] Zusammenfassend liegt dem universalen Ansatz somit die Annahme zu Grunde, dass unabhängig vom Marktumfeld eine allgemeingültige, Erfolg versprechende Strategie existiert.

3.2.1.2 Situationsspezifischer Ansatz

Der situationsspezifische Ansatz ist dem universellen gerade entgegengesetzt. Bei diesem Ansatz wird davon ausgegangen, dass jede Unternehmung einzeln in ihrem spezifischen Umfeld zu betrachten ist, um bspw. Aussagen über die Strategie zu machen. Damit einher geht die Annahme, dass sich jede Unternehmung einem andersartigen Wettbewerbsumfeld gegenüber sieht. Eine strategische Generalisierung bereits über die betrachtete Unternehmung hinaus wird als riskant erachtet, da sich zwei Unternehmen niemals in einer identischen Situation befinden. Die Beschrän-

---

127 Vgl. Hambrick, D.C.; Lei, D. 1985, S. 764.
128 Vgl. Harrigan, K.R. 1983, S. 398.
129 Vgl. Jenner, T. 1999, S. 26.
130 Vgl. Buzzell, R.D.; Gale, B.T.; Sultan, R.G. 1975, S. 97ff.; Hambrick, D.C.; Lei, D. 1985, S. 764f.
131 Vgl. Porter, M.E. 1986, S. 31ff.; Porter, M.E. 1983, S. 62ff.

kung auf eine einzelne Unternehmung als Untersuchungsobjekt führt dazu, dass hauptsächlich nur qualitative Beschreibungen von Strategien resultieren.[132]

Unter situationsspezifischen Studien sind demnach Fallstudien zu verstehen, bei denen Erkenntnisse gewonnen werden, welche nur auf den ausgewählten Fall zutreffen. Der Vorteil dieses Forschungsansatzes liegt sicherlich im Einbezug des Umfeldes, sprich des Kontextes. Die Berücksichtigung von Einflussfaktoren bspw. auf die Beziehung zwischen Strategie und Erfolg führt zu einem besseren Verständnis der grundlegenden Zusammenhänge des zu untersuchenden Phänomens.[133] Eine der wohl gewichtigsten Einschränkungen des situationsspezifischen Ansatzes ist, dass sich Erkenntnisse, die bei einer Unternehmung gewonnen wurden, nicht auf andere Unternehmen übertragbar sind.

3.2.1.3 Kontingenzansatz

Im Rahmen des Kontingenzansatzes wird davon ausgegangen, dass der Erfolg einer Handlungsempfehlung (bspw. einer Strategie) von den Kontextbedingungen abhängt. Zudem wird angenommen, dass keine Gestaltungsalternative existiert, welche für alle Unternehmen optimal ist.[134] Das Ziel des Kontingenzansatzes ist es, auf einem mittleren Abstraktionsniveau Aussagen über die Beziehung zwischen Situation und Verhalten zu treffen, um Handlungsempfehlungen abzuleiten, welche der jeweiligen Situation angemessen sind. Es sollen Erkenntnisse gewonnen werden, die für eine Mehrheit der Fälle – nicht für alle – zutreffen und somit einen höheren Generalisierungsgrad aufweisen, als dies beim situationsspezifischen Ansatz der Fall ist. Der Kontingenzansatz unterscheidet sich vom situativen Ansatz demnach dahingehend, dass davon ausgegangen wird, dass es Arten bzw. Konstellationen des Wettbewerbsumfeldes gibt, für die gewisse Generalisierungen gemacht werden können. Der Unterschied zum universalen Ansatz liegt in der Annahme, dass eine Strategie vom Wettbewerbsumfeld abhängig ist.[135] Demzufolge können Kontingenzansätze zwischen universellen und situationsspezifischen Ansätzen eingeordnet werden.

---

132 Vgl. Hambrick, D.C. 1980, S. 569.
133 Vgl. Harrigan, K.R. 1983, S. 398.
134 Vgl. dazu Dess, G.G.; Rasheed, A.M. 1992, S. 413; Hambrick, D.C. 1983b, S. 6 und die dort zitierte Literatur.
135 Vgl. Jenner, T. 1999, S. 27.

Trotzdem weist auch der Kontingenzansatz einige Schwächen auf. Annahme und zugleich Kritik des Ansatzes ist, dass die Wahl von Gestaltungsalternativen bzw. von Strategien jeweils in Abhängigkeit der Umweltsituation und damit zum Zwecke der Anpassung an die Umwelt erfolgt. Der Kontingenzansatz weist also einen deterministischen Charakter auf, indem angenommen wird, dass das optimale Verhalten von situativen Bedingungen bestimmt wird.[136] Weitere Kritikpunkte stellen die häufig unberücksichtigten Interdependenzen zwischen verschiedenen Kontextvariablen und die Unterstellung einer linearen Beziehung zwischen unabhängigen und abhängigen Variablen dar. Dazu kommt, dass vielfach unmittelbare Beziehungen zwischen Kontextvariablen und der abhängigen Variable vernachlässigt werden.[137]

Was den Kritikpunkt der Determiniertheit betrifft, kommt Miller zum Ergebnis, dass im Kontingenzansatz die Strategie nicht durch die Umwelt determiniert wird. Die Begründung liegt darin, dass in weitgehend vergleichbaren Situationen unterschiedliche Strukturen und Strategien erfolgreich sind.[138] Dass die Umfeldbedingungen einen gewissen Einfluss auf die Strategiewahl haben, wird aber auch von Miller nicht bestritten. Die Wirkung ist jedoch zu schwach, als dass von einer Determinierung gesprochen werden könnte.[139]

Trotz der erwähnten Kritik basiert die nachfolgende Konzeptualisierung auf dem Kontingenzansatz. Die Wissenschaft ist sich grundsätzlich einig, dass der Kontingenzansatz bei Studien zu Strategien am zweckmässigsten ist.[140] Die Mehrzahl der empirischen Studien der achtziger Jahre, welche die Identifikation von Wettbewerbsstrategie-Typologien als Untersuchungsgegenstand hatte, erfolgte denn auch nach diesem Ansatz. Vor dem Hintergrund der Zielsetzung dieser Arbeit, den Erfolg von Gruppen von Unternehmen zu messen, welche eine ähnliche Nischenstrategie verfolgen, kommt der situationsspezifische Ansatz nicht in Frage. Solche Ansätze verbieten die Betrachtung von Gruppen, da dabei über den Einzelfall hinaus generalisiert wird. Auch der universale Ansatz ist zur Beantwortung der Forschungsfragen ungeeignet, da dieser den Einfluss von Kontextfaktoren vernachlässigt oder konstant hält. Die Berücksichtigung von Kontextfaktoren wird jedoch durch die Forschungsfragen expli-

---

136 Vgl. Murray, A.I. 1988, S. 398.
137 Vgl. Jenner, T. 1999, S. 31.
138 Vgl. Miller, D.; Friesen, P.H. 1978, S. 921ff.; Miller, D. 1987, S. 62; Miller, D. 1986, S. 248; Jenner, T. 1999, S. 30.
139 Vgl. Boal, K.B.; Bryson, J.M. 1987, S. 225; Jenner, T. 1999, S. 29.
140 Vgl. Hofer, C.W. 1975, S. 786, Murray, A.I. 1988, S. 390f. und die dort zitierte Literatur, Hambrick, D.C.; Lei, D. 1985, S. 765.

zit gefordert. Der Kontingenzansatz ist demzufolge zur Erreichung der Zielsetzung der zweckmässigste Forschungsansatz.

3.2.2 Konzeptualisierungsvarianten

Im Rahmen eines auf der Marktorientierten Sichtweise beruhenden Kontingenzansatzes können unterschiedliche Konzeptualisierungsvarianten des Zusammenhangs „Industriestruktur-Strategie-Erfolg“ auseinander gehalten werden. In älteren Studien zu Wettbewerbsstrategien sind vielfach nur bivariate Zusammenhänge zwischen der Wahl der Strategie und des Unternehmenserfolges untersucht worden.[141] Später erkannten etliche Autoren, dass die Unternehmensumwelt, in der eine Unternehmung tätig ist, einen signifikanten Einfluss auf die Wahl der Strategie und damit auf den Unternehmenserfolg haben kann.[142] Auch wenn in der Wissenschaft seither kaum bestritten wurde, dass Variablen der Industriestruktur einen bedeutenden Einfluss auf die Strategiewahl und dadurch auf den Unternehmenserfolg haben können, bleibt weiterhin unklar, wie dieser Zusammenhang dargestellt werden kann.[143] Boal/Bryson unterscheiden vier Modelle zur Darstellung des Zusammenhangs zwischen Industriestruktur – Strategie – Erfolg (vgl. Abbildung 5).[144]

---

141 Vgl. Dess, G.G.; Rasheed, A.M. 1992, S. 413.

142 Vgl. Hambrick, D.C. 1983a, S. 706; Anderson, C.R.; Zeithaml, C.P. 1984, S. 21ff.; Kim, L.; Lim, Y. 1988, S. 822; Hooley, G.J.; Beracs, J.; Kolos, K. 1993, S. 99f.; vgl. auch Miller, D. 1986, S. 248.

143 Vgl. Prescott, J.E. 1986, S. 329; Dess, G.G.; Rasheed, A.M. 1992, S. 413.

144 Vgl. dazu und im Folgenden insbesondere Boal, K.B.; Bryson, J.M. 1987, S. 212ff.; Dess, G.G.; Rasheed, A.M. 1992, S. 411ff.

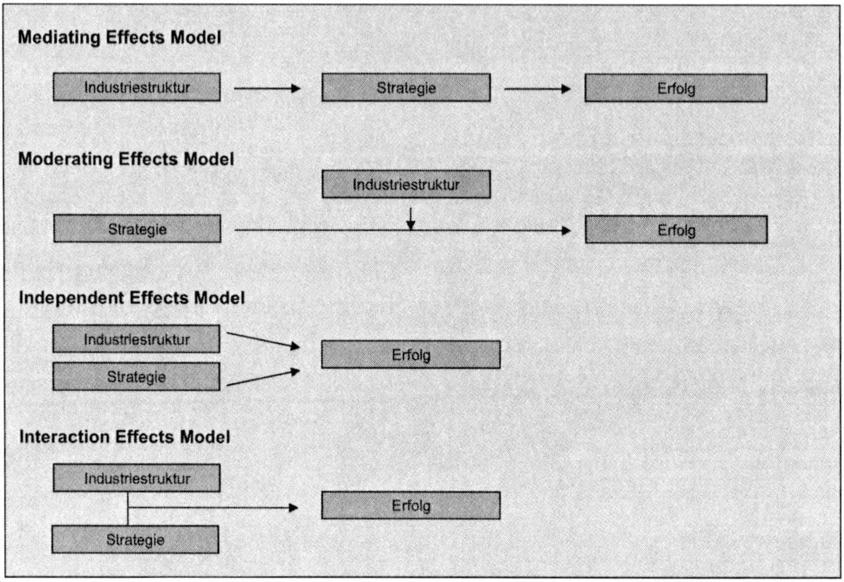

Abbildung 5: Konzeptualisierungsvarianten[145]

Beim **Mediating Effects Model** wird davon ausgegangen, dass die Strategie die Beziehung zwischen Struktur und Erfolg beeinflusst. Als Grundannahme dieses Modells gilt das dem Industrial Organization-Ansatz zu Grund liegende structure-conduct-performance Paradima: Die Struktur bestimmt die Strategie und diese bestimmt den Erfolg. Dazu kommt die Annahme, dass keine direkte Beziehung zwischen Struktur und Erfolg besteht. Porter's Typologie von Wettbewerbsstrategien kann als beispielhafte Anwendung des Mediating Effects Model aufgeführt werden. Die von Porter unterschiedenen Wettbewerbsstrategien werden durch die Industriestruktur determiniert und bestimmen dann selbst den Erfolg.[146]

Das Mediating Effects Model, bei dem die Struktur die Strategiewahl und damit den Erfolg bestimmt, findet in der wissenschaftlichen Literatur nur z.T. empirische Unterstützung. Die Annahme des Modells, dass keine direkte Beziehung zwischen den Kontextvariablen und dem Erfolg existiert, kann von verschiedenen empirischen Studien nicht bestätigt werden.[147] Auch in der Studie von Snow/Hrebiniak resultierte

[145] In Anlehnung an Boal, K.B.; Bryson, J.M. 1987, S. 213 und Dess, G.G.; Rasheed, A.M. 1992, S. 414.
[146] Vgl. Boal, K.B.; Bryson, J.M. 1987, S. 214.
[147] Vgl. Hansen, G.S.; Wernerfelt, B. 1989, S. 399ff.

nicht nur ein Zusammenhang zwischen Strategie und Erfolg, sondern auch einer zwischen der Industriestruktur und dem Erfolg.[148] Miller konnte zudem nachweisen, dass zum einen eine Strategie nicht aufgrund der Organisations- oder der Umfeldstruktur verfolgt wird und zum anderen eben so wenig in umgekehrter Richtung von einem Kausalzusammenhang gesprochen werden kann.[149] Ähnliche Schlussfolgerungen ziehen Hooley et al., die aufgrund ihrer Studie von einer Anwendung des structure-conduct-performance-Paradigmas abraten.[150]

Für die Gültigkeit des Mediating Effect Model spricht, dass Unternehmen auf eine grosse Veränderung des Umfeldes häufiger mit einem Strategiewechsel reagieren, als dass bei der zuvor verfolgten Strategie verblieben wird.[151] Dies zeigt, dass die Industriestruktur sehr wohl einen Einfluss auf die Strategiewahl hat. Was jedoch nicht bedeutet, dass ausschliesslich die Industriestruktur für die Strategiewahl verantwortlich ist bzw. diese determiniert. Wäre einzig die Industriestruktur für die Strategiewahl von Bedeutung, müsste logischerweise eine Unternehmung zur Beeinflussung des Erfolges versuchen, die Industriestruktur zu verändern – eine Anpassung der Strategie steht ja nicht zur Diskussion, da diese durch die Industriestruktur vorgegeben ist. Dieser in der Literatur als deterministischer Charakter des Mediating Effect Model diskutierte Aspekt stellt einen der gewichtigsten Kritikpunkte dar.[152]

Dem **Moderating Effects Model** liegt die Annahme zu Grunde, dass die Industriestruktur die Beziehung zwischen Strategie und Erfolg beeinflusst. Aufgrund andersartiger Strukturen wird eine systematische Variation der Stärke und der Form des Strategie-Erfolg-Zusammenhangs erwartet.[153] Eine beispielhafte Aussage dieses Modells könnte daher lauten: Je heterogener die Nachfrage (Industriestruktur), desto erfolgreicher (Erfolg) ist eine Differenzierungsnischenstrategie (Strategie).

In zahlreichen Studien haben Kontextfaktoren als moderierende Variablen der Strategie-Erfolg-Beziehung Eingang gefunden.[154] Robinson/Pearce konnten z.B. zeigen, dass das wissenschaftliche Niveau der strategischen Planung in einer Unterneh-

[148] Vgl. Snow, C.C.; Hrebiniak, L.G. 1980, S. 331.
[149] Vgl. Miller, D. 1987, S. 70.
[150] Vgl. Hooley, G.J.; Lynch, J.E.; Jobber, D. 1992, S. 88.
[151] Vgl. Zajac, E.J.; Shortell, S.M. 1989, S. 425.
[152] Vgl. Li, H. 2001, S. 184 und die dort zitierte Literatur.
[153] Vgl. Boal, K.B.; Bryson, J.M. 1987, S. 213f.
[154] Vgl. u.a. Anderson, C.R.; Zeithaml, C.P. 1984, S. 5ff.; Kim, L.; Lim, Y. 1988, S. 802ff.; Miller, D. 1992, S. 391ff.; Parker, B.; Helms, M.M. 1992, S. 23ff.; Prescott, J.E. 1986, S. 329ff.; White, R.E. 1986, S. 217ff.

mung den Zusammenhang zwischen Strategie und Erfolg signifikant beeinflusst.[155] Aus der Studie von Kim folgte, dass je nach Umfeld, unterschiedliche Wettbewerbsstrategien am Erfolg versprechendsten sind.[156] Auch Erkenntnisse der PIMS-Studien und Porter's Arbeiten weisen darauf hin, dass die Industriestruktur den Strategie-Erfolg-Zusammenhang moderiert.[157]

Schliesslich gilt es noch das Independent und das Interaction Effects Model zu unterscheiden. Das **Independent Effects Model** basiert auf der Annahme, dass keine Beziehung zwischen Struktur und Strategie besteht und beide Variablen unabhängig voneinander einen Teil des Unternehmenserfolgs erklären. Im **Interaction Effects Model** wird hingegen davon ausgegangen, dass die beiden unabhängigen Variablen Struktur und Strategie ihrerseits voneinander abhängig sind und gemeinsam den Erfolg bestimmen. Ferner unterliegt das Interaction Effects Model der Annahme, dass zwischen Kontext und Erfolg sowie zwischen Strategie und Erfolg kein direkter Zusammenhang besteht. Beispielhaft für letzteres Modell ist die Studie von White, in welcher der Einfluss des „Zusammenpassens" von Strategie und interner Organisation auf den Erfolg untersucht wurde.[158] Zudem konnte Sandberg in seiner Studie über New Ventures beweisen, dass der kombinierte Einfluss von Strategie und Industriestruktur auf den Erfolg grösser ist als die individuelle Wirkung der beiden Variablen.[159]

Wie aus den Ausführungen des letzten Abschnittes hervorging, herrscht auch in der Wissenschaft Unklarheit darüber, welcher Zusammenhang zwischen Struktur, Strategie und Erfolg existiert und in welcher Form dieser dargestellt werden soll. Die Wahl der geeigneten Konzeptualisierungsvariante ist denn auch nicht offensichtlich und bedarf gewisser Erläuterungen.

Im Rahmen dieser Arbeit kommt eine Kombination des Mediating und des Moderating Effect Model zur Anwendung (vgl. Abbildung 6). Zudem soll die den Konzeptualisierungsvarianten zu Grunde liegende Marktorientierte Sichtweise um eine Ressourcenorientierte Sichtweise ergänzt werden. Im Folgenden werden deshalb nicht mehr

---

[155] Vgl. Robinson, R.B.; Pearce, J.A. 1988, S. 58.
[156] Vgl. Kim, L.; Lim, Y. 1988, S. 822.
[157] Vgl. Prescott, J.E. 1986, S. 331.
[158] Vgl. White, R.E. 1986, S. 217ff.: Es bleibt darauf hinzuweisen, dass es sich bei der internen Organisation nicht um einen Aspekt der Industriestruktur handelt und deshalb die Studie nur beispielhaften Charakter eines generellen Interaction Effect Model geniesst.
[159] Vgl. Hofer, C.W.; Sandberg, W.R. 1987, S. 19; Sandberg, W.R. 1986, S. 131ff.

nur die Industriestruktur sondern Kontextfaktoren allgemein betrachtet. Entsprechend wird davon ausgegangen, dass der Kontext sowohl die Strategiewahl als auch den Strategie-Erfolg-Zusammenhang beeinflusst. Mit anderen Worten wird angenommen, dass eine Strategie stets unter Berücksichtigung des Kontextes gewählt wird und dass die gleiche Strategie, je nach Kontext, mehr oder weniger erfolgreich ist. Ein direkter Zusammenhang zwischen Kontext und Erfolg wird negiert.[160]

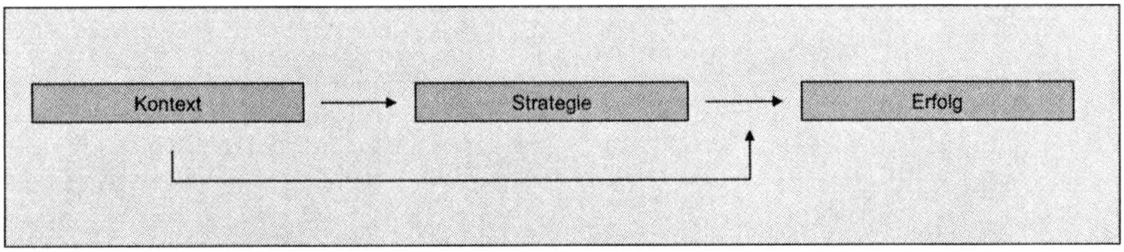

Abbildung 6: Konzeptualisierungsvariante: Kombination von Mediating und Moderating Effect Model[161]

Vor dem Hintergrund der Kritik des deterministischen Charakters des Mediating Effect Models, mag es überraschen, dass dieses Modell überhaupt berücksichtigt wird. Zumal von einer Determinierung der Strategie durch den Kontext aufgrund der genannten Studien nicht ausgegangen werden kann. Trotzdem darf daraus nicht geschlossen werden, dass die Strategiewahl völlig kontextunabhängig erfolgt (was auch die Studien von Zajac et. al. und Kim et. al. beweisen).[162] Im Rahmen dieser Arbeit wird deshalb davon ausgegangen, dass der Kontext die Strategiewahl beeinflusst, jedoch nicht determiniert. Mit anderen Worten kommt als Konzeptualisierungsvariante eine Kombination von Mediating und Moderating Effect Model zur Anwendung, wobei ersterem Modell eine nicht deterministische Interpretation zu Grunde liegt.

3.3 Konzeptioneller Rahmen und Forschungshypothesen

Der konzeptionelle Rahmen basiert auf dem kontingenztheoretischen Forschungsansatz, wobei eine Kombination des Mediating und des Moderating Effect Model zu Grunde gelegt wird. Während die erste Forschungsfrage, welche Nischenstrategie-Arten existieren, anhand einer Taxonomie beantwortet wird, sollen zur Beantwortung

[160] Vgl. dazu Prescott, J.E. 1986, S. 329. Die getroffenen Annahmen werden dann anhand der empirischen Daten überprüft.
[161] Quelle: Eigene Darstellung.
[162] Vgl. Zajac, E.J.; Shortell, S.M. 1989, S. 425f.; Kim, L.; Lim, Y. 1988, S. 822.

der Forschungsfragen zwei und drei, welche Nischenstrategie-Arten unter Berücksichtigung von Kontextfaktoren Erfolg versprechend sind, ad hoc Hypothesen[163] formuliert werden (vgl. Abbildung 7).[164]

Zur Beantwortung der zweiten Forschungsfrage: „Welche Variablen beeinflussen die Erfolgsbedeutung von Nischenstrategien", werden folgende Hypothesen formuliert:

- Hypothese 2a: Unternehmen, die eine ähnliche Nischenstrategie verfolgen, jedoch unterschiedliche Kontextfaktoren aufweisen, unterscheiden sich hinsichtlich ihres Erfolges signifikant voneinander.

- Hypothese 2b: Unternehmen, die unter ähnlichen Kontextfaktoren eine andersartige Nischenstrategie verfolgen, unterscheiden sich hinsichtlich ihres Erfolges signifikant voneinander.

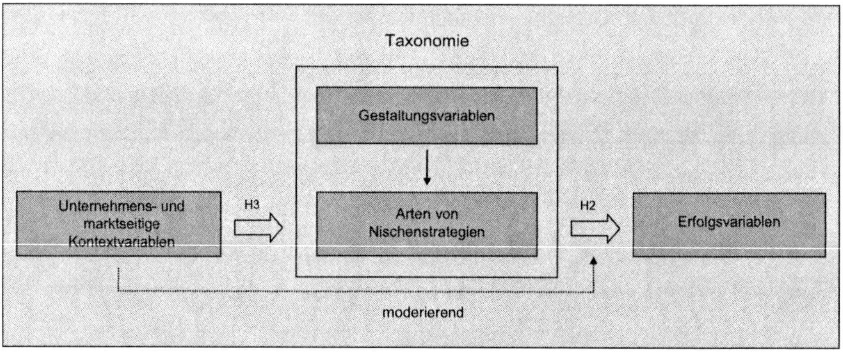

Abbildung 7: Konzeptioneller Rahmen[165]

Auch die Beantwortung der dritten Forschungsfrage: „Welche Variablen beeinflussen die Wahl von Nischenstrategie-Arten", erfordert Hypothesen. Hypothesen drei lauten entsprechend:

[163] Im Gegensatz zu Hypothesen, welche aus sachlogischen Überlegungen resultieren und den Anforderungen „empirische Untersuchbarkeit", „Generalisierbarkeit" und „Falsifizierbarkeit" genügen müssen (vgl. Backhaus, K. et al. 2003, S. 353; Bortz, J.; Döring, N. 2002, S. 7f.), stellen **ad hoc Hypothesen** auf Plausibilitätsüberlegungen basierende Annahmen dar, welche quantitativ überprüft werden können (vgl. Diekmann, A. 1997, S. 155).

[164] Es bleibt darauf hinzuweisen, dass die Bestimmung der Untersuchungsvariablen Gegenstand von Kapitel 6 ist.

[165] Quelle: Eigene Darstellung.

- Hypothese 3a: Unternehmen, die sich hinsichtlich der Ausprägung gewisser Kontextfaktoren signifikant voneinander unterscheiden, verfolgen unterschiedliche Nischenstrategien.

- Hypothese 3b: Unternehmen, deren Kontextfaktoren ähnlich ausgeprägt sind, verfolgen gleichartige Nischenstrategien.

Nach der Diskussion der Forschungsansätze und der Präsentation des konzeptionellen Rahmens mit seinen Hypothesen wird im nächsten Unterkapitel der Aufbau der Arbeit vorgestellt.

3.4 Aufbau der Arbeit

Die Arbeit besteht aus vier Teilen (vgl. Abbildung 8). Der erste Teil stellt die Einleitung dar und erläutert die Problemstellung, die Zielsetzung mit den forschungsleitenden Fragen, die Konkretisierung der Forschung und schliesslich den Aufbau der Arbeit.

Der zweite Teil der Arbeit ist den theoretischen Grundlagen gewidmet. In einem ersten Schritt wird eine Diskussion des Nischenbegriffes geführt. Anschliessend folgt eine Analyse bestehender Systematisierungen von Nischenstrategie-Arten. Die dabei betrachteten empirischen Studien werden gleichzeitig hinsichtlich des Erfolges von Nischenstrategien analysiert.

Im dritten Teil der Arbeit erfolgt die Planung der empirischen Studie. In einem ersten Schritt werden die Konzeptualisierung und die Operationalisierung der Untersuchungsvariablen vorgenommen. In einem zweiten Schritt folgen Ausführungen zum Forschungsdesign und zur konkreten Durchführung der empirischen Untersuchung.

TEIL I: EINLEITUNG

1. Ausgangslage und Problemstellung
2. Zielsetzung und forschungsleitende Fragen
3. Konkretisierung des Forschungsansatzes und Aufbau der Arbeit

TEIL II: THEORETISCHE GRUNDLAGEN

4. Begriffliche Grundlagen
5. Systematisierungen von Nischenstrategie-Arten

TEIL III: PLANUNG DER EMPIRISCHEN UNTERSUCHUNG

6. Konzeptualisierung und Operationalisierung der Untersuchungsvariablen
7. Detailplanung und Durchführung der empirischen Untersuchung

TEIL IV: FORSCHUNGSERGEBNISSE

8. Einleitende Bemerkungen zur Datenqualität
9. Analyse der Datenqualität
10. Entwicklung einer Taxonomie von Nischenstrategien
11. Analyse der Kontextfaktoren von Nischenstrategien
12. Ermittlung des Erfolges der Nischenstrategie-Typen
13. Schlussbetrachtungen

Abbildung 8: Aufbau der Arbeit[166]

Im vierten und letzten Teil der Arbeit werden die Forschungsergebnisse vorgestellt. Nach der Prüfung der Datenqualität liegt der Schwerpunkt auf der Präsentation der identifizierten Nischenstrategie-Typen. Nach der Darstellung der Taxonomie von Nischenstrategien gilt es, den Einfluss von Kontextfaktoren auf die Ausgestaltung von Nischenstrategien zu untersuchen. Anschliessend folgen die Ergebnisse der Erfolgsmessung der einzelnen Strategietypen. Zum Schluss der Arbeit werden im Rahmen der Schlussbetrachtungen die zentralen Erkenntnisse dargestellt, Implikationen für die Wissenschaft wie auch für die Praxis diskutiert sowie Limitationen der Forschungsergebnisse aufgezeigt.

[166] Eigene Darstellung.

TEIL II: THEORETISCHE GRUNDLAGEN

Der zweite Teil dieser Arbeit ist den theoretischen Grundlagen gewidmet. Im folgenden vierten Kapitel werden der Nischen- sowie der Nischenstrategiebegriff analysiert. Vor dem Hintergrund uneinheitlicher Begriffsverwendungen ist eine Begriffsdiskussion unerlässlich. Anschliessend folgt in Kapitel fünf eine Betrachtung unterschiedlicher Systematisierungen von Nischenstrategie-Typen. Diese soll aufzeigen, dass die vorhandenen Klassifikationen von Nischenstrategien allesamt zu kurz greifen. Zudem können anhand der Systematisierungen erste Variablen identifiziert werden, welche es bei der Entwicklung der Nischenstrategie-Taxonomie als Gestaltungs- oder Kontextvariablen zu berücksichtigen gilt. Das darauf folgende sechste Kapitel befasst sich mit der Analyse der Erfolgsbedeutung von Nischenstrategien. Ausgehend von der Erfolgsfaktorenforschung werden empirische Studien herangezogen, welche darlegen, dass bezüglich des Erfolges von Nischenstrategien widersprüchliche Erkenntnisse vorliegen. Die Studien liefern zusätzlich Anhaltspunkte zur Bestimmung der im Rahmen der empirischen Untersuchung benötigten Erfolgsvariablen.

4 Begriffliche Grundlagen

Der Nischenbegriff kommt in sehr unterschiedlichen Fachgebieten, wie zum Beispiel der Biologie, der Marktpsychologie oder dem strategischen Management zur Anwendung. Ausgangspunkt jeglicher nischentheoretischer Überlegungen in der Betriebswirtschaftslehre bildet jedoch die Biologie.[167] Hutchinson spricht beispielsweise dann von ökologischen Nischen,[168] wenn das eingeschränkte Spektrum von Umweltdimensionen (z.B. Temperatur, Luftfeuchtigkeit) und Ressourcen (z.B. Nahrung) die Existenz lebensfähiger Populationen auch in Anwesenheit von Konkurrenten erlaubt.[169] Mit anderen Worten decken sich in einer Nische die Eigenschaften und Anforderungen einer Art mit den entsprechenden Umwelt- und Ressourcenverhältnissen. Zudem findet die Art in ihrer Nische Schutz vor Feinden, wobei Letztere viel-

[167] Vgl. Spiegel, B. 1990, S. 3; Danner, M. 2002, S. 13.

[168] Begon et al. bezeichnen diese Nische als „Realnische", während „Fundamentalnischen" den Konkurrenzaspekt vernachlässigen (vgl. Begon, M.; Townsend, C.R.; Harper, J.L. 1998, S. 55f. und die dort zitierte Literatur).

[169] Vgl. Begon, M., Townsend, C.R.; Harper, J.L. 1998, S. 55f. und der dort zitierte Hutchinson, G.E. 1957.

leicht nur aufgrund einer einzigen Inkongruenz einer Artendimension in Bezug auf die Umwelt- oder Ressourcendimensionen nicht in diese Nische eindringen können. Demzufolge ist dann von einer Nische die Rede, wenn die Eigenschaften einer Art besser als jene der Feinde zu einem bestimmten Umfeld passen.[170]

Basierend auf den Erkenntnissen der Ökologie entwickelte Spiegel einen marktpsychologischen Ansatz zur Erklärung von Nischenstrukturen.[171] An die Stelle der biologischen Art tritt hier das Angebot; die Umweltdimension wird durch die potentiellen Käufer ersetzt. Von einer Nische spricht er dann, wenn ein Angebot die Bedürfnisse bestimmter Nachfrager bzw. einer Nachfragergruppe besser befriedigt, als dies die Konkurrenzangebote tun. Die Erklärung der Nischenentstehung erfolgt demnach anhand der beiden Parameter Angebot und Nachfrage, wobei die Einstellungen von Konsumenten zu unterschiedlichen Produkten herangezogen werden.[172] Spiegel überträgt folglich die Erkenntnisse der ökologischen Nische auf den Markt und kann als Vorreiter der Nischenbetrachtung aus marktpsychologischer Sicht bezeichnet werden.[173]

Wie bereits im Rahmen der Problemstellung im ersten Teil dieser Arbeit erwähnt wurde, ist in der Betriebswirtschaftslehre ein diffuses Nischenverständnis festzustellen. Gegenstand des ersten Unterkapitels (4.1) ist folglich die Diskussion des Begriffes „Marktnische“, bevor in Unterkapitel 4.2 der Begriff „Nischenstrategie“ betrachtet wird. Beide Unterkapitel werden jeweils mit einer für die Arbeit zweckmässigen Arbeitsdefinition abgeschlossen. Unterkapitel 4.3 schliesst die begrifflichen Grundlagen mit einem kurzen Fazit ab.

4.1 Zum Begriff „Marktnische“

Zur Veranschaulichung des diffusen Begriffsverständnisses werden nachfolgend zuerst ausgewählte Definitionen von Marktnischen (Abschnitt 4.1.1) diskutiert, bevor unterschiedliche Merkmale (Abschnitt 4.1.2) und schliesslich Voraussetzungen von Marktnischen (Abschnitt 4.1.3) vorgestellt werden. Anhand der Definitionen kann

---

[170] Vgl. Spiegel, B. 1990, S. 8.

[171] Vgl. dazu und im Folgenden Spiegel, 1990, S. 6ff.
Zur Nutzung der Erkenntnisse der biologischen Nischentheorie für die Entwicklung von Analogien zum Strategischen Management vgl. auch Danner, M. 2002, S. 13ff.; Rosenbaum, M.C. 1999, S. 27ff. und die dort verwendeten Quellen.

[172] Vgl. Danner, M. 2002, S. 20.

[173] Ferner stellen Sonderegger, R.A. 1990, S. 29; Dalgic, T.; Leeuw, M. 1994, S. 40; Mintzberg, H. et al. 2003, S. 122 einen Bezug zur Biologie bzw. Ökologie her.

dargelegt werden, dass grundsätzlich ein sehr weites Nischenverständnis vorherrscht. In der Literatur anzutreffende Definitionen sind vielfach breit und unpräzis gehalten, was dazu führt, dass diese in konkreten Fällen kaum zur Identifikation von Marktnischen herangezogen werden können. Dass das Nischenverständnis darüber hinaus noch uneinheitlich, z.T. sogar widersprüchlich ist, kann die Analyse der Nischenmerkmale zeigen. Im Anschluss dienen die zahlreichen unterschiedlichen Voraussetzungen, welche an Nischen gestellt werden, der Unterstreichung des uneinheitlichen Begriffsverständnisses. Abschliessend wird der Arbeit eine Definition des Begriffes „Marktnische“ zu Grunde gelegt (Abschnitt 4.1.4).

Die gesonderte Betrachtung von Definitionen, Voraussetzungen und Merkmalen entspricht keineswegs einer präzisen und überschneidungsfreien Triage. Aspekte, wie bspw. der Schutz vor Gesamtmarktanbietern, werden je nach Autor in die Definition integriert oder als Voraussetzungen oder Merkmale von Marktnischen diskutiert. Trotzdem soll an dieser Dreiteilung festgehalten werden, da diese die in der Literatur herrschenden Ungenauigkeiten aufzuzeigen vermag. An dieser Stelle sei erwähnt, dass im Unterschied zu den Merkmalen, welche in der Literatur für Nischen als typisch aber nicht notwendig erachtet werden, es sich bei den Voraussetzungen um einzelne konstitutive Elemente von Nischen handelt.[174] Im Gegensatz zu den Voraussetzungen stehen die Definitionen, welche sich dadurch auszeichnen, dass alle für eine eindeutige Bestimmung einer Marktnische notwendigen konstitutiven Elemente enthalten sind.

4.1.1 Definitionen des Nischenbegriffes

In der betriebswirtschaftlichen Literatur existiert keine allgemein anerkannte Definition des Nischenbegriffes. Aus einer genaueren Betrachtung geht hervor, dass gewisse Autoren mehrere Kriterien zur Definitionsgebung heranziehen:[175]

- Art der Marktbeschränkung
- Ausmass der Bedürfnisbefriedigung

[174] Es fällt vielleicht auf, dass einzelne Aspekte bereits im vorangehenden Abschnitt als Nischenmerkmale diskutiert worden sind. Dies rührt daher, dass je nach Autor ein Aspekt als typisches Merkmal klassiert oder eben als konstitutiv bezeichnet wird.

[175] Es handelt sich hier um keine abschliessende Aufzählung sondern um vier Kriterien, die in der Literatur grössere Beachtung gefunden haben.

- Schutz vor der Konkurrenz und Wettbewerbsintensität
- Zahlungsbereitschaft.

Was das Kriterium **„Art der Marktbeschränkung“** betrifft, herrscht in der Literatur nur im Grundsatz Konsens, dass eine Nische einen Marktausschnitt darstellt und entsprechend eine gewisse Marktbeschränkung vorliegen muss.[176] Auf welche Art und Weise sich dieser Marktbereich vom Gesamtmarkt abgrenzen lässt, darüber ist man sich in der Wissenschaft hingegen nicht einig. In der Mehrzahl der Fälle entspricht der Marktbereich einem Segment, d.h. einer Kundengruppe mit spezifischen Bedürfnissen.[177] So bezeichnen z.B. Kara/Kaynak die Nische als "a more narrowly defined group of customers"[178]. Bei dieser Auffassung wird jedes kleinere Segment als Nische bezeichnet. Einen Schritt weiter gehen Dalgic/Leeuw, die neben Segmenten auch einzelne Kunden als Nische betrachten.[179]

Andere Autoren bestimmen den Marktausschnitt nicht nur über Segmente, sondern auch über Produkttypen, sprich Teilmärkte.[180] Eine weitere Art der Marktbeschränkung – geografische Marktbereiche – berücksichtigen unter anderem Porter, Danner und Dirrheimer in ihren Begriffsdefinitionen.[181] Porter bezieht alle drei Arten der Marktbeschränkung in seine Definition ein. Demzufolge spricht er dann von einer Marktnische, wenn es sich um ein bestimmtes Kundensegment oder einen Teil des Produktmarktes oder einen geografisch abgegrenzten Teilmarkt handelt.[182]

Die diesbezüglich umfassendste Definition ist Hünerberg zuzuschreiben, der die Art der Marktbeschränkung nicht abschliessend bestimmt. Unter einer Nische versteht er die „Besetzung eines Marktausschnitts, zu dem (neue) Wettbewerber nicht ohne wei-

---

[176] Als Ausnahme können z.B. McDougall/Robinson herangezogen werden, die im Rahmen ihrer empirischen Studie ein anderes Nischenverständnis verwenden. Zum einen ordnen sie auch Gesamtmarktstrategien Nischen zu, zum anderen verstehen sie Nischenstrategien als Gegensatz eines aggressiven Wettbewerbsverhaltens. Vgl. McDougall, P.; Robinson, R.B. 1990, S. 464.

[177] Vgl. Kara, A.; Kaynak, E. 1997, S. 876; Böckem, S. 1993, S. 535; Kühn, R.; Jucken, H. 1990, S. 13; Wright, P. 1986, S. 23; Cooper, A.C.; Willard, G.E.; Woo, C.Y. 1986, S. 259; Harrigan, K.R. 1985, S. 56; Rosenbaum, M.C. 2000, S. 53.

[178] Kara, A.; Kaynak, E. 1997, S. 876. Ähnlich definiert Kotler, der unter einer Marktnische eine eng umrissene Gruppe von Käufern versteht. Vgl. Kotler, P.; Bliemel, F. 1995, S. 425.

[179] Vgl. Dalgic, T.; Leeuw, M. 1994, S. 40.

[180] Vgl. Hinterhuber, H.H. 1989, S. 149; Buzzell, R.D.; Gale, B.T. 1989, S. 163.

[181] Vgl. Porter, M.E. 1983, S. 67; Danner, M. 2002, S. 55; Dirrheimer, M. 1986, S. 340. Folgende Autoren lehnen sich an Porter an: Wright, P. 1987, S. 93; Hambrick, D.C. 1983a, S. 689; Sonderegger, R.A. 1990, S. 30; Danner, M. 2002, S. 55; Dirrheimer, M. 1986, S. 340.

[182] Vgl. Porter, M.E. 1983, S. 67.

teres Zugang haben."[183] Hünerberg spricht folglich auch von einem Marktbereich, äussert sich jedoch nicht zur Art der Marktbeschränkung. Einzig der beschränkte Zugang der Wettbewerber dient als zusätzliches Entscheidkriterium.

Abschliessend lässt sich festhalten, dass die Marktbeschränkung als konstitutives Kriterium von Nischen betrachtet wird, über die Art der Marktbeschränkung die Meinungen jedoch auseinander gehen. Neben dem soeben behandelten Grundverständnis sind drei weitere Kriterien von Bedeutung. Es handelt sich dabei um verschiedene Anforderungen, die an Marktausschnitte gestellt werden. Diese zusätzlichen Anforderungen führen zwar grundsätzlich zu einem engeren Begriffsverständnis und zu präziseren Definitionen, zeigen jedoch zugleich, dass auch bezüglich der Anforderungen Uneinigkeit herrscht.

Als erstes und zugleich umstrittenstes Kriterium ist das **Ausmass der Bedürfnisbefriedigung** innerhalb eines Marktausschnitts zu diskutieren. In der Literatur ist umstritten, in welchen Fällen von einer Nische zu sprechen ist, wenn es sich um einen Marktbereich handelt, bei welchem die Bedürfnisse der entsprechenden Nachfrager bisher nur ungenügend (Fall 1) oder gar nicht (Fall 2) befriedigt wurden. Kühn/Jucken sprechen zum Beispiel von einer Nische, wenn es sich um „(...) ein einstellungsbasiertes Marktsegment [handelt], für dessen spezifische Bedürfnisse kein spezielles Angebot existiert".[184] Dies bedeutet, dass gewisse Bedürfnisse mit dem Kauf existierender Angebote zwar gedeckt, jedoch nicht optimal befriedigt werden (Fall 1). Böckem dagegen spricht nur bei der Nichtbefriedigung existierender Bedürfnisse durch bestehende Angebote von Marktnischen (Fall 2).[185] Mit anderen Worten muss in einem Markt eine potentielle Kundengruppe vorhanden sein, die keine der angebotenen Produkte kauft, da die Angebote nicht ihren Bedürfnissen entsprechen.[186]

Ein weiter gefasstes Begriffsverständnis weist unter anderen Danner auf, der sowohl die suboptimale als auch die Nicht-Befriedigung existierender Bedürfnisse als Marktnische bezeichnet (Fall 1 und 2).[187] Dementsprechend definiert er die Nische als rentablen Teilmarkt, „(...) der entsteht, wenn sich ein Anbieter in einem segmentierten Markt auf bestimmte Kunden, Produkte oder Regionen konzentriert und dort Bedürf-

183 Hünerberg, R. 1993, S. 667.
184 Kühn, R.; Jucken, H. 1990, S. 13.
185 Vgl. Böckem, S. 1993, S. 535.
186 Vgl. Kühn, R.; Jucken, H. 1990, S. 13, die in diesem Fall von einer Marktlücke sprechen.
187 Vgl. Danner, M. 2002, S. 55. Vgl. dazu auch Rupp, M. 1983, S. 132f.; Rupp, M. 1980, S. 275.

nisse erstmalig erfüllt oder genauer befriedigt.“[188] Ein ähnliches Verständnis weist Rosenbaum auf, welcher dann von einer Nische spricht, wenn sich die Nachfrage der Nischenkonsumenten deutlich von jener der Massenmarktkonsumenten unterscheidet und ein spezifisches Bedürfnis existiert, das durch bestehende Angebote des Marktes nicht oder nur unzureichend gedeckt ist.[189] Etwas differenzierter die Betrachtung von Spiegel, welcher ebenfalls beide Fälle unterscheidet, jedoch im ersten Fall (ungenügende Bedürfnisbefriedigung) von latenten Nischen und im zweiten Fall (keine Befriedigung) von manifesten Nischen spricht.[190]

Eine weitere Anforderung an Nischen stellt der **Schutz vor der Konkurrenz** dar. Nach Hünerberg ist ein Marktbereich nur dann als Nische zu bezeichnen, wenn der Bereich vor dem Markteintritt vor Konkurrenten geschützt ist. Dementsprechend definiert Hünerberg die Nische als die „Besetzung eines Marktausschnitts, zu dem (neue) Wettbewerber nicht ohne weiteres Zugang haben.“[191] Mit dem Schutz vor Konkurrenten geht auch eine tiefere Wettbewerbsintensität einher. Diese resultiert zum einen aus dem erschwerten Zugang von Gesamtmarktanbietern zur Marktnische und zum anderen aus der unspezifischen Bearbeitung durch Gesamtmarktanbieter.[192] Der erschwerte Zugang zur Marktnische führt dazu, dass einzelne Gesamtmarktanbieter nur beschränkte finanzielle Mittel für die Bearbeitung dieses Marktbereiches aufwenden. Auf der anderen Seite ist die unspezifische Nischenbearbeitung durch Gesamtmarktanbieter zu erwähnen, welche zur Folge hat, dass ihr Angebot in diesem Marktbereich kaum konkurrenzfähig ist, und deshalb die Wettbewerbsintensität nur geringfügig erhöht wird.

Schliesslich wird gelegentlich die erhöhte **Zahlungsbereitschaft** bestimmter Nachfrager als weitere Anforderung an den Marktbereich diskutiert. Harrigan verlangt diesbezüglich in ihrer Definition, dass ein Marktausschnitt erst dann als Nische be-

---

[188] Danner, M. 2002, S. 55.

[189] Vgl. Rosenbaum, M.C. 1999, S. 25. Es bleibt anzumerken, dass Rosenbaum neben dieser Nachfragersicht auch die Anbieterperspektive berücksichtigt. Dementsprechend bezeichnet er ein Angebot dann als Nischenangebot, wenn sich das Gut oder die Dienstleistung in bestimmten konsumrelevanten Angebotseigenschaften deutlich von den übrigen Angeboten des Marktes unterscheidet. Vgl. Rosenbaum, M.C. 1999, S. 25. Ferner ist zu erwähnen, dass Rosenbaum Voraussetzungen eindeutiger Nischen nennt. Vgl. Rosenbaum, M.C. 1999, S. 220ff.; vgl. auch Rosenbaum, M.C. 2000, S. 56.

[190] Vgl. Spiegel, B. 1990, S. 7. Auch Kühn/Jucken unterscheiden diese beiden Fälle, bezeichnen jedoch nur die latente Nische als Marktnische und sprechen bei manifesten Nischen von Marktlücken. Vergleiche dazu Kühn, R.; Jucken, H. 1990, S. 13.

[191] Hünerberg, R. 1993, S. 667. Vgl. auch die Definitionen von Harrigan, K.R. 1985, S. 56 und Becker, J. 2000, S. 33.

[192] Vgl. dazu auch Miller, D.; Friesen, P.H. 1978, S. 929.

zeichnet wird, wenn es sich um „pockets of demand that possess a unique willingness to pay premium prices of certain product attributes (...)"[193] handelt.[194] Mit anderen Worten wird gefordert, dass eine Nische aus einer Nachfragergruppe besteht, welche für bestimmte Produkteigenschaften gewillt ist, einen Aufpreis zu bezahlen.

In der wissenschaftlichen Literatur finden sich noch weitere Kriterien, welche zur Definition von Nischen herangezogen werden. Hinterhuber fordert unter anderem, dass eine Nische mit begrenzten Ressourcen bearbeitbar ist.[195] Aufgrund der Tatsache, dass vielfach kleinere Unternehmen begrenzte Ressourcen aufweisen, überrascht es nicht, dass zahlreiche Autoren die Bearbeitung von Nischen kleineren Unternehmen zuschreiben.[196] Danner setzt ferner bei einer Marktnische voraus, dass es sich um einen rentablen Marktausschnitt handelt.[197] Und schliesslich haben Nischen nach Dirrheimer eine von der Gesamtnachfrage unabhängige Nachfragestruktur aufzuweisen.[198] Nachfrageschwankungen in der Marktnische und solche des Gesamtmarktes verlaufen Dirrheimer zufolge nicht parallel.

Die vorangehenden Ausführungen haben gezeigt, dass in der wissenschaftlichen Literatur keine allgemein anerkannte Definition des Begriffes „Nische" existiert. Darüber hinaus werden zur Definition von Nischen nicht nur verschiedene Kriterien verwendet, zum Teil herrscht bezüglich der Ausprägungen der einzelnen Kriterien ein Dissens.

4.1.2 Merkmale von Marktnischen

Aufgrund der bereits erwähnten Definitionsschwierigkeiten überrascht es kaum, dass zahlreiche Autoren auf eine Definition verzichten und Nischen anhand von typischen Merkmalen beschreiben. Aus einer genaueren Betrachtung der Nischenmerkmale resultiert die Erkenntnis, dass grundsätzlich drei Gruppen von Merkmalen unterschieden werden können. Dabei handelt es sich um Merkmale der Nischenunter-

---

[193] Harrigan, K.R. 1985, S. 56.
[194] Vgl. dazu auch Wright, P. 1986, S. 23.
[195] Vgl. Hinterhuber, H.H. 1989, S. 149.
[196] Vgl. bspw. Nieschlag, R.; Dichtl, E.; Hörschgen, H. 2002, S. 208; Profeta, E. 2002, S. 23; o.V. 2001, S. 18; D'Aveni, R.A. 1995, S. 81; Bollmann, R. 1990, S. 26; Sonderegger, R.A. 1990, S. 30; Speringer, H.-P. 1990, S. 34ff.; Wright, P. 1987, S. 93; Winterling, K. 1986, S. 328;Rupp, M. 1983, S. 133f.; Rupp, M. 1980, S.273ff. D'Aveni, R.A. 1995.
[197] Vgl. Danner, M. 2002, S. 55. Es bleibt anzumerken, dass der Rentabilitätsaspekt von anderen Autoren nicht explizit in deren Definitionen Eingang findet jedoch implizit zu Grunde gelegt wird.
[198] Vgl. Dirrheimer, M. 1986, S. 340.

nehmung, um Wettbewerbsaspekte sowie um marktbezogene Aspekte (vgl. Tabelle 1).

Merkmalsgruppe	Nischenmerkmal
Merkmale der Nischen-unternehmung	Beschränkte Unternehmensgrösse
	Beschränkte finanzielle Ressourcen
Wettbewerbsaspekte	Im Vergleich zum Gesamtmarkt tiefere Wettbewerbsintensität
	Unvermögen der Gesamtmarktanbieter, Nischen rentabel bearbeiten zu können oder Unkenntnis der Nische
	Enge Kundenbeziehungen als Wettbewerbsvorteil
	Erbitterte Verteidigung der Nische durch Nischenanbieter
	Spezifische Bedürfnisbefriedigung als Wettbewerbsvorteil
	Hohe Übernahmegefahr durch Gesamtmarktanbieter
	Hohe Substitutionsgefahr des Nischenangebotes
Nischenmarktbezogene Aspekte	Kleine und stabile Marktbereiche
	Tiefes Wachstumspotential*
	Langsame Erschliessung der Nische aufgrund der Bedürfnis-schaffung*
	Kein weltweites Absatzgebiet*
	Mundpropaganda als bedeutendes Kommunikationsinstrument
* in der Literatur widersprüchlich aufgefasstes Merkmal	

Tabelle 1: Nischenmerkmale[199]

Die erste Gruppe von Nischenmerkmalen bezieht sich auf Merkmale des Nischenanbieters. Es handelt sich dabei um Unternehmenseigenschaften, die im Rahmen der Nischenthematik für Nischenanbieter als typisch bezeichnet werden. Zum einen ist hier von der **Unternehmensgrösse**, zum anderen von den beschränkten finanziellen Ressourcen die Rede. Insbesondere kleinen Wettbewerbern wird die Fähigkeit zugesprochen, durch die Besetzung von Nischen gewinnbringend wirtschaften zu können.[200] Für grosse Unternehmen hingegen scheinen Marktnischen zu klein zu sein, um rentabel bearbeitet werden zu können.[201] Mit der Unternehmensgrösse gehen

[199] Eigene Darstellung.
[200] Vgl. bspw. D'Aveni, R.A. 1995, S. 81; Nieschlag, R.; Dichtl, E.; Hörschgen, H. 2002, S. 208.
[201] Vgl. auch Böckem, S. 1993, S. 535.

auch **beschränkte Ressourcen** einher. Profeta sieht deshalb Nischen hauptsächlich durch finanziell eingeschränkte Unternehmen besetzt.[202]

Die zweite Gruppe von Nischenmerkmalen fokussiert auf Wettbewerbsaspekte. Als vielgenanntes und wohl unbestrittenstes Merkmal ist die aus einer geringen Anzahl Konkurrenten resultierende **tiefe Wettbewerbsintensität** zu nennen.[203] Die Wettbewerbsintensität kann tief sein, weil die Marktnischen **für die Konkurrenz unattraktiv** sind, aufgrund tiefer Rentabilitätsaussichten oder weil die **Nische gar nicht bekannt** ist.[204] Entsprechend schwach ist der Konkurrenzdruck durch Markteinsteiger. Ferner gilt es zu bedenken, dass hohe Transportkosten, verglichen mit den Herstellkosten, eine regionale Beschränkung des Wettbewerbs bewirken können.[205] Schliesslich sind **enge Kundenbeziehungen** üblich, zum Beispiel aufgrund grosser Bestellhäufigkeit, umfassender Beratungs- und Serviceleistungen oder hoher Umstellkosten für den Abnehmer bei Lieferantenwechsel.[206] Ein weiteres Nischenmerkmal stellt die **erbitterte Verteidigung** der Marktnische gegenüber der Konkurrenz dar.[207] Diese konsequente Abwehrhaltung rührt daher, dass Nischenanbieter oftmals keine Ausweichmöglichkeiten in andere Geschäftsfelder haben. Darüber hinaus können Marktanteilsverluste in der ohnehin kleinen Nische nur schwer bewältigt werden. Ein weiteres Nischenmerkmal stellt der durch die Beschränkung auf einen Marktbereich mögliche Wettbewerbsvorteil dar. Die Bearbeitung einer Marktnische lässt eine Differenzierung der Angebote und damit eine **Feinabstimmung auf bestimmte Bedürfnisse** zu.[208] Diese Konzentration erfordert von den Nischenanbietern spezielle Fähigkeiten und führt dazu, dass vielfach nur kleine, homogene Lose zustande kommen.[209] Durch diese bestimmten Fähigkeiten der Nischenunternehmungen stehen Gesamtmarktanbieter vielfach vor der Wahl, auf eine spezifische Bearbeitung der Nische zu verzichten oder mittels Akquisition eines Nischenanbieters in den Markt einzutreten. Eine **erhöhte Übernahmegefahr** durch Gesamtmarktanbieter wird deshalb als weiteres Merkmal in der Literatur diskutiert.[210] Die erwähnte Spezialisierung des Nischenanbieters auf einen Marktbereich bringt zudem die **Gefahr einer unerwarteten**

[202] Vgl. Profeta, E. 2002, S. 23. Vgl. auch Nieschlag, R.; Dichtl, E.; Hörschgen, H. 2002, S. 208.
[203] Vgl. u.a. Böckem, S. 1993, S. 535; Albach, H. 1987, S. 648; Cavalloni, C. 1991, S. 24.
[204] Vgl. Weinhold-Stünzi, H. 1990, S. 2; Beare, N.V. 2003, S. 33.
[205] Vgl. Rupp, M. 1980, S. 275.
[206] Vgl. Rupp, M. 1980, S. 275.
[207] Vgl. Sonderegger, R.A. 1990, S. 30.
[208] Vgl. Linnemann, R.E.; Stanton, J.L.j. 1992, S. 17; Becker, J. 2000, S. 33.
[209] Vgl. Becker, J. 2000, S. 33; Cavalloni, C. 1991, S. 24.
[210] Vgl. Mller, A.; Dess, G.G. 1996, S. 166.

Substitution mit sich.[211] So kann beispielsweise eine auf einer bestimmten Technologie basierende Nische durch eine neue Technologie nahezu verdrängt werden.

Als dritte Gruppe können marktbezogene Merkmale unterschieden werden. Becker beschreibt Nischen als relativ **kleine** aber teilweise recht **stabile Marktbereiche**.[212] Obwohl die Substitutionsgefahr hoch ist, hemmt der tiefe Konkurrenzdruck die Marktdynamik und führt zu einer gewissen Stabilität. Als umstrittenes Merkmal ist das **Wachstumspotential** hervorzuheben. Mehrheitlich wird Marktnischen ein tiefes Wachstumspotential unterstellt.[213] Anderer Meinung ist McKenna, der gerade das Wachstumspotential als Merkmal von Nischen ansieht, indem er behauptet, dass die meisten grossen Märkte aus Nischen entstehen.[214] Ähnlich argumentiert D'Aveni auf Unternehmensebene. Er sieht für kleinere Wettbewerber die Möglichkeit, sich durch die Besetzung aller Lücken gewinnbringend sogar zum Gesamtmarktanbieter zu entwickeln.[215] Ein weiteres Merkmal, das es zu berücksichtigen gilt, ist die langsame **Erschliessung von Marktnischen**. Begründet wird dies damit, dass für Nischen zuerst ein Bedürfnis geschaffen werden muss.[216] Umstritten ist in der Literatur der **Internationalisierungsgrad** einer Nische. Profeta sieht Nischen hauptsächlich durch nicht global tätige Unternehmen besetzt.[217] Cavalloni widerspricht, denn er behauptet, dass Nischen mehrheitlich ein weltweites Absatzgebiet aufweisen.[218] Als letztes Merkmal wird die **Mundpropaganda** erwähnt, welcher in Nischenmärkten eine grössere Bedeutung beigemessen wird als in den entsprechenden Gesamtmärkten.[219]

Aus den vorangegangenen Ausführungen kann gefolgert werden, dass Marktnischen anhand zahlreicher, wenn auch unterschiedlicher, vereinzelt sogar widersprüchlicher Merkmale charakterisiert werden. Die Betrachtung der in der Literatur diskutierten Nischenmerkmale liefert keine eindeutige Beschreibung von Marktnischen.

---

[211] Vgl. Sonderegger, R.A. 1990, S. 30.
[212] Vgl. Becker, J. 2000, S. 33.
[213] Vgl. dazu u.a. Hünerberg, R. 1993, S. 667; Hessler, A. 1998, S. 46; Sonderegger, R.A. 1990, S. 30; Speringer, H.-P. 1990, S. 34; Cavalloni, C. 1991, S. 24.
[214] Vgl. McKenna, R. 1989, S. 95. Vgl. auch Nieschlag, R.; Dichtl, E.; Hörschgen, H. 2002, S. 208.
[215] Vgl. D'Aveni, R.A. 1995, S. 81.
[216] Vgl. Sonderegger, R.A. 1990, S. 30. Anders Raynor, der in Nischenprodukten die Befriedigung bereits vorhandener Bedürfnisse sieht. Vgl. Raynor, M.E. 1992, S. 29.
[217] Vgl. Profeta, E. 2002, S. 23.
[218] Vgl. Cavalloni, C. 1991, S. 24.
[219] Vgl. McKenna, R. 1989, S. 95. Weitere Merkmale von Nischen finden sich in der Liste von Danner, M. 2002, S. 12f.

4.1.3 Voraussetzungen von Marktnischen

Nicht nur in praxisorientierten Arbeiten sind Nischendefinitionen selten, auch in der gängigen Lehrbuchliteratur wird vielfach auf eine präzise Definition verzichtet.[220] Dagegen werden häufig Voraussetzungen genannt, die an eine Marktnische gestellt werden.[221] Eine Sichtung der Nischenstrategie-Literatur führt zur Erkenntnis, dass insbesondere folgende unternehmens- und marktseitigen Voraussetzungen betrachtet werden:

Marktseitige Voraussetzungen:
- Fragmentierte Märkte
- Mindestgrösse der Marktnische

Unternehmensseitige Voraussetzungen:
- Fähigkeiten, die spezifischen Anforderungen zu erfüllen
- Fähigkeit zur Verteidigung der Nische.

Als bedeutende **marktseitige Voraussetzung** wird vielfach das Vorhandensein fragmentierter Märkte angeführt.[222] Charakteristisch für fragmentierte bzw. zersplitterte Märkte ist die Existenz vieler kleiner Anbieter, welche sich jeweils nur in bestimmten Marktbereichen konkurrieren.[223] Auf der Nachfragerseite sind entsprechend heterogene Bedürfnisse und zahlreiche Segmente existent.[224] Zusätzlich wird gefordert, dass keine Synergien zwischen der Nische und anderen Segmenten bestehen. Solche Synergien würden dazu führen, dass Anbieter, welche mehrere Segmente bearbeiten, Synergien nutzen könnten, die insbesondere stärker fokussierten Unternehmungen verwehrt bleiben.[225] Als weitere wesentliche Voraussetzung wird

[220] Vgl. bspw. Mintzberg, H. et al. 2003; Johnson, G.; Scholes, K. 2002; Parry, M.E. 2002; Nieschlag, R.; Dichtl, E.; Hörschgen, H. 2002; Dibb, S. et al. 2001; Thompson, J.L. 2001; Keuper, F. 2001; Besanko, D.; Dranove, D.; Shanley, M. 2000; Pearce, J.A.; Robinson, P.J. 2000; Thompson, A.A.; Strickland, A.J. 1999; Corsten, H. 1998; Meffert, H. 1998; Miller, A.; Dess, G.G. 1996; Hinterhuber, H.H. 1989; Meffert, H. 1988; Kreilkamp, E. 1987; Abell, D.F.; Hammond, J.S. 1979.

[221] So lehnt sich z.B. Benkenstein, M. 1997, S. 141 an Porter an und sieht eine vertiefte Diskussion über Nischen als erübrigt. Folgende Autoren behandeln die Nischenthematik eher knapp: Miller, A.; Dess, G.G. 1996, 163ff.; Meffert, H. 1988, S. 43; Thompson, J.L. 2001, S. 304ff.; Pearce, J.A.; Robinson, P.J. 2000, S. 250f., 304f.; Hinterhuber, H.H. 1989, S. 15ff., S. 149.

[222] Vgl. Becker, J. 2000, S. 41. Vgl. auch Cavalloni, C. 1991, S. 24.

[223] Vgl. Nieschlag, R.; Dichtl, E.; Hörschgen, H. 2002, S. 199f.

[224] Vgl. Grünig, R.; Kühn, R. 2002, S. 273ff.; Murray, A.I. 1988, S. 392; Meffert, H. 1998, S. 102 und 918.

[225] Vgl. Murray, A.I. 1988, S. 392.

schliesslich eine gewisse Mindestgrösse der Nische genannt, die gegeben sein muss, damit die Nische überhaupt rentabel bearbeitet werden kann.[226]

Die wohl grundlegendste **unternehmensseitige Voraussetzung** liegt in der Fähigkeit eines Nischenanbieters, die spezifischen Anforderungen der Nische erfüllen zu können.[227] Mit anderen Worten muss eine Unternehmung fähig sein, die spezifischen Nischenbedürfnisse besser zu befriedigen als die Konkurrenz. Eine weitere zentrale Voraussetzung stellt die Verteidigbarkeit der Nische dar.[228] Die Verteidigung ist dabei nicht nur gegenüber den Konkurrenten innerhalb der Nische sondern auch gegenüber Gesamtmarktführern von Bedeutung.[229] Der Schutz vor Gesamtmarktanbietern mag zum einen auf der durch die Bearbeitung einer Marktnische möglichen Feinabstimmung auf bestimmte Bedürfnisse beruhen.[230] Zum anderen kann der Schutz auch darauf basieren, dass die Marktnischen für grössere Konkurrenten unattraktiv sind oder von diesen gar übersehen werden.[231] Die sich daraus ergebende tiefere Wettbewerbsintensität ermöglicht den Nischenunternehmen, ohne direkte Konkurrenz die Nische erfolgreich zu verteidigen.[232]

In der Literatur werden unter anderen noch folgende weiteren Voraussetzungen von Nischen diskutiert:

- Vorhandensein eines gewissen Wachstumspotentials[233]
- Hohe Kundentreue[234]
- Bereitschaft der Nischennachfrager, für das Nischenprodukt einen Aufpreis zu bezahlen[235]
- Wettbewerb findet über Qualität und innovative Problemlösungen und nicht über den Preis statt[236]
- Existenz von Markteintrittsbarrieren[237]

226 Vgl. Kotler, P.; Bliemel, F. 1999, S. 625f.; Winterling, K. 1986, S. 328; Fiegenbaum, A.; Karnani, A. 1991, S. 102.
227 Vgl. Grünig, R.; Kühn, R. 2002, S. 275; Kotler, P.; Bliemel, F. 1999, S. 625. Vgl. auch Danner, M. 2002, S. 12f.; Rupp, M. 1980, S. 275.
228 Vgl. u.a. Weinhold-Stünzi, H. 1990, S. 2; Profeta, E. 2002, S. 23; Rupp, M. 1983, S. 132f.; Rupp, M. 1980, S. 275.
229 Vgl. Dirrheimer, M. 1986, S. 340.
230 Vgl. Linnemann, R.E.; Stanton, J.L.j. 1992, S. 17; Becker, J. 2000, S. 33.
231 Vgl. Weinhold-Stünzi, H. 1990, S. 2; Beare, N.V. 2003, S. 33.
232 Vgl. Fiegenbaum, A.; Karnani, A. 1991, S. 102.
233 Vgl. Kotler, P.; Bliemel, F. 1999, S. 625f.; vgl. auch Kara, A.; Kaynak, E. 1997, S. 887.
234 Vgl. Dirrheimer, M. 1986, S. 340.
235 Vgl. Rupp, M. 1983, S. 132f.; Rupp, M. 1980, S. 275; Harrigan, K.R. 1989, S. 55ff.
236 Vgl. Rupp, M. 1983, S. 132f.; Rupp, M. 1980, S. 275.
237 Vgl. Benkenstein, M. 1997, S. 154. Vgl. auch Winterling, K. 1986, S. 328.

- Tiefe Nachfrage der Nischennachfrager nach Angeboten ausserhalb der Nische[238]
- Kein Wettbewerber mit gesamtmarktbezogenen Wettbewerbsstrategien nimmt in der Nische eine wesentliche Marktposition ein[239]

Die Betrachtung der Nischenvoraussetzungen legt dar, dass in der Literatur diesbezüglich kein Konsens herrscht. Kontrovers diskutiert werden unter anderen das Wachstumspotential einer Nische[240] oder die Art des Wettbewerbsvorteils. Während ein Teil der Wissenschaft Marktnischen das Potential zur Entwicklung zum Massenmarkt zuspricht und ein gewisses Wachstum voraussetzt, weisen andere Autoren auf beschränkte Wachstumsmöglichkeiten hin.[241] Was den Wettbewerbsvorteil betrifft, ist man sich in der Wissenschaft uneinig, inwiefern eine Marktnische mittels einer Differenzierungsstrategie über Qualität oder innovative Leistungen oder mittels einer Kostenführerstrategie über günstige Preise zu bearbeiten ist.[242]

4.1.4 Arbeitsdefinition des Begriffes „Marktnische“

Aufgrund des in der wissenschaftlichen Literatur herrschenden uneinheitlichen Begriffsverständnisses,[243] soll nachfolgend eine eindeutige Arbeitsdefinition erarbeitet werden. Eine präzise Begriffsbestimmung ist auch deshalb notwendig, da die Zielsetzung der empirischen Studie, die Identifikation und Erfolgsmessung unterschiedlicher Nischenstrategien, nicht ohne klare Abgrenzung des Untersuchungsgegenstandes „Marktnische“ erreicht werden kann.

Die zu erarbeitende Definition einer Marktnische basiert auf den im vorangegangenen Abschnitt gewonnenen Erkenntnissen. Dabei werden insbesondere die in der Literatur verwendeten Definitionen mit den entsprechenden Definitionskriterien be-

---

238 Vgl. Grünig, R.; Kühn, R. 2002, S. 265f.
239 Vgl. Grünig, R.; Kühn, R. 2002, S. 265f.
240 Vgl. Kotler, P.; Bliemel, F. 1999, S. 625f.; Kara, A.; Kaynak, E. 1997, S. 876; Hünerberg, R. 1993, S. 667; Hessler, A. 1998, S. 46; Sonderegger, R.A. 1990, S. 30; Speringer, H.-P. 1990, S. 34; Cavalloni, C. 1991, S. 24; McKenna, R. 1989, S. 95; Nieschlag, R.; Dichtl, E.; Hörschgen, H. 2002, S. 208; D'Aveni, R.A. 1995, S. 81.
241 Vgl. Kotler, P.; Bliemel, F. 1999, S. 625f.; Kara, A.; Kaynak, E. 1997, S. 876; Hünerberg, R. 1993, S. 667; Hessler, A. 1998, S. 46; Sonderegger, R.A. 1990, S. 30; Speringer, H.-P. 1990, S. 34; Cavalloni, C. 1991, S. 24; McKenna, R. 1989, S. 95; Nieschlag, R.; Dichtl, E.; Hörschgen, H. 2002, S. 208; D'Aveni, R.A. 1995, S. 81.
242 Vgl. z.B. Porter, M.E. 1986, S. 31f., der Differenzierungs- und Preisnischen unterscheidet. Anderer Meinung sind Rupp, M. 1983, S. 132f.; Rupp, M. 1980, S. 275, welche auf Preisvorteilen basierende Nischenstrategien nicht vorsehen.
243 Vgl. dazu die Ausführungen in Kapitel 4.

rücksichtigt. Anders als die bereits erläuterten Merkmale, welche einen beschreibenden und damit nicht konstitutiven Charakter aufweisen und deshalb ausgeblendet werden sollen. Was die in der Literatur diskutierten Nischen-Voraussetzungen betrifft, soll die nachfolgende Betrachtung darlegen, dass die wichtigsten Voraussetzungen durch die in den Definitionen enthaltenen Kriterien abgedeckt sein werden. Die anschliessenden Ausführungen verfolgen das Ziel, aufzuzeigen, inwiefern diese Kriterien in der Marktnischendefinition Eingang finden sollen.

Das wohl unbestrittenste Kriterium, welches im Rahmen von Definitionen verwendet wird, ist die **Marktbeschränkung**. Die Wissenschaft ist sich grundsätzlich einig, dass es sich bei einer Marktnische um einen beschränkten Marktbereich handelt.[244] In der Definition sollen in Anlehnung an Porter drei Möglichkeiten der Beschränkung auf einen Marktbereich unterschieden werden: Konzentration auf ein Marktsegment und/oder einen Teilmarkt und/oder ein geografisch abgrenzbares Gebiet.[245] Hierzu bleibt anzumerken, dass eine Kombination von Marktsegmenten, Teilmärkten und geografischen Gebieten insofern als Marktnische bezeichnet werden kann, solange der daraus entstehende Marktbereich als Einheit betrachtet und mit einer Wettbewerbsstrategie bearbeitet wird. Resultiert hingegen aus den drei Möglichkeiten der Beschränkung eine Kombination, welche mehrere unabhängige Marktbereiche hervorbringt, soll nicht generell von einer Marktnische gesprochen werden. Dieser Fall schliesst jedoch nicht aus, dass die einzelnen Marktbereiche bei gesonderter Betrachtung eine Marktnische darstellen können.

Als zweites Kriterium gilt es, das **Ausmass der Bedürfnisbefriedigung** in der Nischendefinition zu berücksichtigen. Im Einklang mit Danner soll dann von einer Marktnische gesprochen werden, wenn gewisse Bedürfnisse in einem bestimmten Marktbereich ungenügend oder gar nicht befriedigt werden und in diesem Bereich eine bessere Bedürfnisbefriedigung erreicht werden kann.[246] Diesem weiten Begriffsverständnis soll zusätzlich die Terminologie von Spiegel zu Grunde gelegt werden, welche den ersten Fall (ungenügende Bedürfnisbefriedigung) als latente Marktnische und den zweiten Fall (keine Bedürfnisbefriedigung) als manifeste Marktnische be-

---

[244] Vgl. Danner, M. 2002, S. 55; Rosenbaum, M.C. 2000, S. 53; Kara, A.; Kaynak, E. 1997, S. 876; Böckem, S. 1993, S. 535; Kühn, R.; Jucken, H. 1990, S. 13; Hinterhuber, H.H. 1989, S. 149; Buzzell, R.D.; Gale, B.T. 1989, S. 163; Wright, P. 1986, S. 23; Cooper, A.C.; Willard, G.E.; Woo, C.Y. 1986, S. 259; Dirrheimer, M. 1986, S. 340; Harrigan, K.R. 1985, S. 56; Porter, M.E. 1983, S. 67.

[245] Vgl. Porter, M.E. 1983, S. 67.

[246] Vgl. Danner, M. 2002, S. 55.

zeichnet.[247] Auch bei diesem Kriterium scheint eine auf ein weites Begriffsverständnis hinauslaufende Interpretation zweckmässig, damit die Gefahr eines frühzeitigen Ausschlusses möglicher Nischenstrategien reduziert werden kann.

Obwohl in der Literatur der **Schutz vor der Konkurrenz** sehr häufig mit Marktnischen in Verbindung gebracht wird, soll dieses Kriterium nicht zur Definition herangezogen werden. Zum einen resultiert der Schutz vor gewissen Konkurrenten aus der Beschränkung auf einen Marktausschnitt, was impliziert, dass auch nicht zu allen Wettbewerbern des Marktes Konkurrenzbeziehungen bestehen. Zum anderen führt die zuvor erwähnte Überlegenheit in der Bedürfnisbefriedigung dazu, dass gewisse Wettbewerber von der Bearbeitung der Marktnische absehen.

Auf das Kriterium der **erhöhten Zahlungsbereitschaft**[248] soll ebenfalls verzichtet werden, da ansonsten preisorientierte Marktnischen implizit ausgeschlossen würden. Existiert bspw. eine Marktnische, in welcher ein tiefer Preis als entscheidendes Kaufkriterium gilt, ist grundsätzlich eine tiefere Zahlungsbereitschaft vorhanden. Vor dem Hintergrund des Ziels der empirischen Studie, den Erfolg unterschiedlicher Nischenstrategie-Typen zu messen, sollen preisorientierte Nischenstrategien nicht vorgängig ausgeschlossen werden.

Weitere in der Literatur anzutreffende Kriterien, wie bspw. die Anforderung an Marktnischen, dass sie mit beschränkten Ressourcen bearbeitbar sind[249] oder dass eine von der Gesamtmarktnachfrage unabhängige Nachfrageentwicklung vorhanden sein muss,[250] werden in der Begriffsdefinition nicht berücksichtigt. Die Forderung der beschränkten Ressourcen ist insofern nicht haltbar, dass die Bearbeitung einer Marknische, bspw. im Falle eines Premium-Segmentes, sehr ressourcenintensiv sein kann und trotzdem häufig rentabel bearbeitbar ist. Schliesslich bleibt die Forderung nach einer unabhängigen Nachfrageentwicklung zu diskutieren, welche deshalb nicht berücksichtigt werden soll, da dieses Kriterium hauptsächlich im Hinblick auf stagnierende Märkte diskutiert wird. Die Fokussierung auf wachsende Marktbereiche scheint in solchen Märkten Erfolg versprechend zu sein. In einem wachsenden Markt dagegen, kann bzw. darf sich die Nachfrageentwicklung der Marktnische sehr wohl wachsend, also parallel zu jener des Gesamtmarktes entwickeln.

[247] Vgl. Spiegel, B. 1990, S. 7.
[248] Vgl. dazu bspw. Harrigan, K.R. 1985, S. 56.
[249] Vgl. Hinterhuber, H.H. 1989, S. 149.
[250] Vgl. Dirrheimer, M. 1986, S. 340.

Die im vorangehenden Abschnitt diskutierten Voraussetzungen, die in der Literatur an Marktnischen gestellt werden, sind ebenfalls daraufhin zu analysieren, inwiefern diese im Rahmen der Marktnischendefinition zu berücksichtigen sind. Die beiden **unternehmensseitigen Voraussetzungen,** zum einen die „Fähigkeit, spezifische Nischenanforderungen zu erfüllen“[251] und zum anderen die „Fähigkeit zur Verteidigung der Nische“,[252] können als zusätzliche Definitionskriterien vernachlässigt werden. Die Begründung liegt darin, dass die Nischendefinition keine unternehmensseitigen Voraussetzungen enthalten sollte, weil solche Voraussetzungen ausschliesslich Erfolg versprechende Nischenbearbeitungen implizieren. Eine von unternehmensseitigen Voraussetzungen losgelöste Definition hat den Vorteil, dass auch eine erfolglose Bearbeitung einer Marktnische möglich ist und trotzdem von einer Nischenstrategie gesprochen werden kann.

Die **marktseitige Voraussetzung**, dass fragmentierte Märkte gegeben sein müssen,[253] wird teilweise durch das Kriterium der Marktbeschränkung erfüllt. Letzteres setzt voraus, dass im Markt entweder Segmente, Teilmärkte oder geografisch abgrenzbare Bereiche unterschieden werden können, was eine gewisse Fragmentierung impliziert. Andererseits steht die marktseitige Voraussetzung zur Diskussion, wonach Marktnischen über eine gewisse Mindestgrösse verfügen müssen, damit eine rentable Bearbeitung überhaupt möglich ist.[254] Die Rentabilitätsforderung soll keinen Eingang in die Definition finden, da dadurch eine Beschränkung auf profitable Marktnischen und damit rentable Nischenstrategien erfolgen würde, was einem vorgängigen Ausschluss weniger Erfolg versprechender Nischenstrategie-Arten gleichkäme.[255]

Den Ausführungen entsprechend soll dieser Arbeit folgende Arbeitsdefinition zu Grunde liegen:

[251] Vgl. Grünig, R.; Kühn, R. 2002, S. 275; Kotler, P.; Bliemel, F. 1999, S. 625. Vgl. auch Danner, M. 2002, S. 12f.; Rupp, M. 1980, S. 275.

[252] Vgl. u.a. Weinhold-Stünzi, H. 1990, S. 2; Profeta, E. 2002, S. 23; Rupp, M. 1983, S. 132f.; Rupp, M. 1980, S. 275.

[253] Vgl. Becker, J. 2000, S. 41 aber auch Cavalloni, C. 1991, S. 24.

[254] Vgl. Kotler, P.; Bliemel, F. 1999, S. 625f.; Winterling, K. 1986, S. 328; Fiegenbaum, A.; Karnani, A. 1991, S. 102.

[255] Weitere in der Literatur anzutreffende Voraussetzungen werden in der Definition nicht explizit berücksichtigt, da diese entweder unbedeutend sind oder in der formulierten Definition implizit enthalten sind.

Bei einer **Marktnische** handelt es sich um einen beschränkten Marktbereich, welcher entweder ein bestimmtes Segment (Kundengruppe) und/ oder einen bestimmten Teilmarkt (Produktgruppe) und/oder ein geografisch abgrenzbares Gebiet umfasst, in dem die Möglichkeit besteht, ungenügend oder nicht befriedigte Bedürfnisse besser als dies durch die Konkurrenz geschieht, befriedigen zu können.

Es bleibt anzumerken, dass die erarbeitete Definition einer Marktnische keineswegs impliziert, dass die Marktnische erfolgreich bearbeitet werden kann. Die bessere Befriedigung ungenügend oder nicht befriedigter Bedürfnisse in einem Marktbereich ist kein Garant für Unternehmenserfolg, da die Marktnische bspw. für alle Wettbewerber zu klein sein kann, um rentabel bearbeitet werden zu können. Dieser Aspekt ist von Bedeutung, weil dadurch unrentable Nischenstrategien mitberücksichtigt werden, was die Relevanz der Erfolgsmessung von Strategietypen in der Hauptsache begründet.

4.2 Zum Begriff „Nischenstrategie"

Während der Begriff der Marktnische ausschliesslich zu klären versucht, um was für ein Objekt bzw. um was für einen Untersuchungsgegenstand es sich handelt, richtet sich der Fokus beim Begriff „Nischenstrategie" auf die Art und Weise, wie eine Marktnische bearbeitet werden kann. Diese Betrachtungsweise entspricht auch dem gängigen Strategieverständnis, welches unter einer Strategie ein zielgerichtetes Handeln versteht – im vorliegenden Fall hinsichtlich der Bearbeitung einer Marktnische.[256]

Damit dieser Arbeit ein klares Begriffsverständnis zu Grunde gelegt werden kann, ist es notwendig, die zentralen Einsatzbereiche von Nischenstrategien zu diskutieren und eine für diese Arbeit zweckmässige Abgrenzung vorzunehmen. Zum einen stehen Nischenstrategien als Wettbewerbsstrategien zur Diskussion, zum anderen stellen sie Marktbearbeitungsstrategien dar. Im Folgenden wird die Nischenstrategiethematik vor dem Hintergrund dieser beiden Bereiche beleuchtet.

---

[256] Vgl. Keuper, F. 2001, S. 2, S. 22. Eine etymologische Betrachtung des Strategiebegriffes findet sich in Müller-Stewens, G.; Lechner, C. 2001, S. 7ff., S. 17.

Abschnitt 4.2.1 betrachtet demzufolge Nischenstrategien als Wettbewerbsstrategien, wobei der Marktlebenszyklus zur Unterscheidung von Markteintrittsstrategien in junge Märkte und Strategien in stagnierenden und schrumpfenden Märkten dient. Abschnitt 4.2.2 ist Nischenstrategien als Marktbearbeitungsstrategien gewidmet. Im Folgenden werden diese beiden zentralen Anwendungsbereiche erörtert.[257]

4.2.1 Nischenstrategien als Wettbewerbsstrategien

Eine Wettbewerbs- bzw. Geschäftsstrategie[258] bestimmt für ein Geschäft die Erfolgspotentiale, die notwendig sind, um die in der Gesamtstrategie definierte Marktposition zu erreichen.[259] Bei Erfolgspotentialen handelt es sich um Merkmale der Unternehmenssituation, die für den langfristigen Erfolg verantwortlich sind. Dabei können attraktive Wettbewerbspositionen in spezifischen Absatzmärkten, dauerhafte marktwirksame Wettbewerbsvorteile im Angebot und dauerhafte angebotswirksame Wettbewerbsvorteile bei den Ressourcen unterschieden werden.[260] Wettbewerbsstrategien zielen demzufolge primär darauf ab, durch Wettbewerbsvorteile eine Abhebung von der Konkurrenz zu ermöglichen.[261]

Ähnlich argumentiert Porter, der in einer Geschäftsstrategie die Wahl von Massnahmen sieht, um den Wettbewerbskräften[262] bestmöglich gewachsen zu sein und dadurch eine bestimmte Marktposition erreichen zu können.[263] Verfügt nun eine Unternehmung in einem Marktausschnitt über gewisse Wettbewerbsvorteile und konzentriert sich auf die Bearbeitung dieses Marktbereiches, verfolgt sie eine nischenbezogene Geschäftsstrategie bzw. eine Nischenstrategie. Nischenstrategien stellen demnach Geschäftsstrategien dar, welche auf die Bearbeitung eines beschränkten Marktausschnittes zielen.

---

257 Die Wahl der beiden Anwendungsfälle lässt sich dadurch begründen, dass diese Fälle in der Literatur ausführlich diskutiert werden und andere Bereiche kaum Berücksichtigung gefunden haben.

258 Der Begriff Geschäftsstrategie wird dem Ausdruck Wettbewerbsstrategie vorgezogen, da die gewählte Strategie nicht nur das Wettbewerbsverhalten bezüglich der Angebote bestimmt, sondern auch die Ressourcenausstattung prägt (vgl. Grünig, R.; Kühn, R. 2005, S. 267).

259 Vgl. Grünig, R.; Kühn, R. 2005, S. 265.

260 Vgl. Grünig, R.; Kühn, R. 2005, S. 7.

261 Vgl. Kühn, R.; Vifian, P. 2003, S. 62.

262 Porter versteht unter den fünf Wettbewerbskräften die Rivalität unter den bestehenden Unternehmen, die Bedrohung durch neue Konkurrenten und durch Ersatzprodukte und die Verhandlungsmacht der Lieferanten und der Abnehmer (vgl. Porter, M.E. 1983, S. 26).

263 Vgl. Porter, M.E. 1983, S. 62. Vgl. auch Corsten, H. 1998, S. 10.

Dieses relativ breite Begriffsverständnis ermöglicht zahlreiche Varianten von Nischenstrategien. So sind beispielsweise nicht nur Geschäftsstrategien in allen Entwicklungsphasen des Marktlebenszyklus[264] zu diskutieren, sondern auch Nischenstrategien.[265] In der Literatur wird diesbezüglich vorwiegend zwischen Nischenstrategien als Markteintrittsstrategien in neue Märkte und Nischenstrategien in stagnierenden und schrumpfenden Märkten unterschieden. Die beiden nachfolgenden Unterabschnitte sollen skizzieren, inwiefern in der Literatur Nischenstrategien in diesen beiden Stadien des Marktlebenszyklus Berücksichtigung finden.

4.2.1.1 Nischenstrategien als Markteintrittsstrategien

Markteintrittsstrategien werden zum einen im Rahmen der Erschliessung neuer Produktmärkte diskutiert, zum anderen sind sie bei Expansionsvorhaben in zusätzliche Ländermärkte von Bedeutung.[266] Der Eintritt in neue Ländermärkte wird dabei vielfach in einem breiteren Zusammenhang unter Internationalisierungsgesichtspunkten und weniger unter wettbewerbsstrategischen Aspekten betrachtet.[267] Im Folgenden soll diese Thematik deshalb ausgeblendet und primär auf Eintritte in neue Produktmärkte fokussiert werden.

Der Eintritt in neue Produktmärkte hat in der Regel eine Verbreiterung des Angebotsprogramms zur Folge und wird als Diversifikationsstrategie vollzogen.[268] Dabei gilt es zu unterscheiden, ob eine Unternehmung als Pionier, das heisst als erste Unternehmung ein neues Produkt am Markt anbietet,[269] oder als Nachfolger in einen Markt eintritt. Ferner sind der Eintritt in einen neuen, noch zu entwickelnden Markt und jener, in einen stagnierenden Markt auseinander zu halten. Aus dieser Unterscheidung nach Markteintrittszeitpunkt und der Phase des Marktlebenszyklus resul-

---

264 Im Folgenden wird von einem vierstufigen Marktlebenszyklus ausgegangen, wobei die Phasen der „Marktentwicklung", des „Marktwachstums", der „Marktreife/-stagnation" und der „Marktschrumpfung" unterschieden werden (vgl. Dirrheimer, M. 1986, S. 331).

265 Vgl. dazu auch Kühn, R.; Vifian, P. 2003, S. 64.

266 Vgl. Jenner, T. 2000, S. 122.

267 Vgl. Otto, S.R. 1999, S. 21. Zur Markteintrittsthematik im Rahmen des Internationalen Marketing vgl. bspw. Backhaus, K.; Büschken, J.; Voeth, M. 2001, S. 115ff.; Jenner, T. 2000, S. 122ff.; Perlitz, M.; Seger, F. 2000, S. 89ff.; Berndt, R.; Altobelli, C.F.; Sander, M. 1999, S. 146ff.; Otto, S.R. 1999, S. 21ff.

268 Vgl. Jenner, T. 2000, S. 122. Ergänzend sei darauf hingewiesen, dass neben der Erweiterung (Diversifikation) auch die erstmalige Gestaltung eines Angebotsprogramms bei einer Unternehmensgründung denkbar ist (vgl. Kammel, A. 2000, S. 162).

269 Vgl. von der Oelsnitz, D. 2000, S. 139; Backhaus, K. 1999, S. 248.

tieren vier theoretisch denkbare Fälle des Markteintritts, wovon deren drei in der Realität von Bedeutung sind:[270]

Markteintrittszeitpunkt / Phase des Marktlebenszyklus	Pionier	Nachfolger
Wachstumsphase	1. Pionier in neuem Markt	3. Nachfolger in neuem Markt
Stagnationsphase	X	2. Nachfolger in stagnierendem Markt

Abbildung 9: Fälle des Markteintritts[271]

Der erste Fall entspricht dem Eintritt einer Pionierunternehmung in einen neuen Markt[272] und ist im Rahmen der Nischenstrategie-Thematik von geringerer Bedeutung. In neuen Märkten können zwar unter Umständen einzelne Marktnischen existieren. Trotzdem ist nicht davon auszugehen, dass in solchen monopolähnlichen Wettbewerbssituationen generell Nischenstrategien verfolgt werden. Empirische Studien haben diesbezüglich bestätigt, dass Pioniere überwiegend eine breite Marktabdeckung aufweisen und sich nur gelegentlich auf Marktnischen beschränken.[273] Gründe dafür liegen unter anderen in der Möglichkeit, Erfahrungskurveneffekte zu realisieren, Markteintrittsbarrieren gegenüber Folgeunternehmen aufzubauen sowie in der Erzielung höherer Marktanteile.[274] Anders verhält es sich bei Kleinunternehmen, welche aufgrund beschränkter Ressourcen vielfach auf eine Gesamtmarktbearbeitung verzichten, unter der Voraussetzung, dass bereits rentabel bearbeitbare Marktsegmente existieren.[275] Da Pionierunternehmen nur selten eine Nischenstrate-

[270] Der Fall „Pionier in einem stagnierenden Markt" ist theoretischer Natur, da in einem existierenden Markt bereits Anbieter vorhanden sind und deshalb der Einstieg nur als Nachfolger- und nicht als Pionierunternehmung möglich ist.

[271] Quelle: Eigene Darstellung.

[272] Unter neuen bzw. jungen Märkten werden neu- oder wiederformierte Branchen verstanden, die bspw. aus technologischen Innovationen oder aus veränderten Kundenbedürfnissen resultieren (vgl. Porter, M.E. 1983, S. 273).

[273] Vgl. Kamlage, K. 2001, S. 60 und die dort zitierten Studien.

[274] Vgl. Kamlage, K. 2001, S. 60. Vgl. auch Remmerbach, K.-U. 1988, S. 178.

[275] Vgl. Remmerbach, K.-U. 1988, S. 178ff. und die weiteren dort aufgeführten Voraussetzungen.

gie zum Eintritt in einen neuen Markt verfolgen, wird im Folgenden dieser Fall nicht weiter ausgeführt.[276]

Der Eintritt einer Nachfolgerunternehmung in einen stagnierenden Markt stellt den zweiten Fall dar. Hier gilt es hervorzuheben, dass aus wirtschaftlicher Sicht der Eintritt in einen stagnierenden Markt grundsätzlich von beschränktem Interesse ist. In der Regel sind solche Märkte durch einen intensiven Verdrängungswettbewerb gekennzeichnet, der sich nicht selten zu einem harten Preiskampf entwickelt. Daraus ergeben sich wiederum negative Auswirkungen auf die Rentabilität der ganzen Branche.[277] Dies widerspiegelt sich in der geringen Beachtung dieses Falls in der Literatur und die entsprechend selten anzutreffenden Erfolg versprechenden Strategieoptionen. Zudem existieren zahlreiche Beispiele in der Unternehmenspraxis, welche die Risiken einer solchen Diversifikationsstrategie belegen und auf einen Trend Richtung Konzentration auf Kerngeschäfte hinweisen.[278] Vor diesem Hintergrund überrascht es nicht, dass die Nischenstrategie zum Eintritt in einen stagnierenden Markt kaum diskutiert wird und wenig Erfolg versprechend zu sein scheint. Im Folgenden soll deshalb auch auf diese Variante des Markteintritts nicht weiter eingegangen werden.

Der dritte Fall befasst sich mit Nachfolgeunternehmungen, welche den Eintritt in einen neuen Markt wagen. Da sich neue Märkte gegenüber solchen, die sich in der Stagnationsphase befinden, grundsätzlich durch eine tiefere Wettbewerbsintensität und ein höheres Marktwachstum auszeichnen, scheint das Verfolgen einer Nischenstrategie eine interessante Strategiealternative zu sein.[279] Zum einen haben sich Pionierunternehmen bereits im Markt etabliert und gewisse Technologie- oder Qualitätsstandards gesetzt, was einen Eintritt mit breiter Marktabdeckung erschwert,[280] zum anderen sind häufig gewisse Marktbereiche unter diesen Gegebenheiten nur unzureichend abgedeckt und bieten eine Fokussierung auf eine Nische geradezu an;[281] zumal der strategische Freiraum zu keiner Zeit so gross ist, wie in der Entstehungsphase eines Marktes.[282] Zudem ist auf den Markteintritt des Nachfolgers kaum

[276] Vgl. dazu die Ausführungen in Kamlage, K. 2001, S. 55ff.
[277] Vgl. Kühn, R. 1980, S. 352.
[278] Vgl. Jenner, T. 2000, S. 122.
[279] Vgl. Grünig, R.; Kühn, R. 2005, S. 279f., welche eine tiefe Wettbewerbsintensität und ein gewisses Marktwachstum als Anforderungen an eine Erfolg versprechende Marktnische bezeichnen. Vgl. auch Porter, M.E. 1986, S. 330ff.
[280] Vgl. Lieberman, M.B.; Montgomery, D.B. 1991, S. 28; Backhaus, K. 1999, S. 251.
[281] Vgl. von der Oelsnitz, D. 2000, S. 145; Remmerbach, K.-U. 1988, S. 64.
[282] Vgl. Porter, M.E. 2000, S. 50f.; Porter, M.E. 1983, S. 290.

eine allzu starke Reaktion von Seiten der Konkurrenten zu erwarten.[283] Dies unter anderem deshalb, weil einerseits in einem wachsenden Markt der durch den verlorenen Marktbereich entstandene Marktanteilsverlust nicht zwingend eine Umsatzeinbusse mit sich bringt, und weil andererseits nicht der Gesamtmarkt, sondern nur eine Marktnische angegriffen wird. Dazu kommt, dass in jungen Märkten zuerst Bedürfnisse geschaffen und entsprechend Marktentwicklungsstrategien verfolgt werden müssen, was vielfach ein kooperatives Verhalten der Konkurrenten bedingt. Erst zu einem späteren Zeitpunkt werden dann Wettbewerbsstrategien zur Verteidigung oder Steigerung des Marktanteils hinzugezogen. Vor dem Hintergrund dieser Aspekte wird die Aufrechterhaltung eines monopolähnlichen Marktanteils bei einem schnellen Marktwachstum wohl in den seltensten Fällen rentabel sein.[284]

Abschliessend kann festgehalten werden, dass Nischenstrategien im Zusammenhang mit Markteintrittsstrategien hauptsächlich als Nachfolgerstrategien in jungen Märkten Berücksichtigung finden. In den anderen beiden Fällen ist die Bedeutung der Nischenstrategien beschränkt. Einerseits verfolgen Pionierunternehmen meist eine Gesamtmarktstrategie als Markteintrittsstrategie und andererseits sind in stagnierenden Märkten aufgrund des Wettbewerbsumfelds Markteintritte generell weniger interessant. Verständlich ist denn auch die Entwicklungsrichtung der wissenschaftlichen Forschung, welche in diesem Bereich durch eine Fokussierung auf New Ventures gekennzeichnet ist. Vermehrt sehen sich junge Unternehmungen einem Eintritt, meist in attraktive, junge Märkte gegenüber, wobei aufgrund bereits vorhandener Konkurrenten eine Nachfolgerstrategie gewählt wird. Eine ausführlichere Diskussion der New-Venture-Thematik, insbesondere die Erfolgsbedeutung von New Ventures, welche eine Nischenstrategie verfolgen, erfolgt in Abschnitt 5.3.3.

4.2.1.2 Nischenstrategien als Endspiel-Strategien

Lange Zeit fand das Management stagnierender und rückläufiger Märkte in der empirischen Forschung nur beschränkt Berücksichtigung.[285] Dies, obwohl sich eine steigende Anzahl Branchen, insbesondere im Konsumgüterbereich, in der Sättigungsphase[286] befindet.[287] Über drei Viertel aller Märkte in Westeuropa, Japan und den

283 Vgl. Lieberman, M.B.; Montgomery, D.B. 1991, S. 29.
284 Vgl. Porter, M.E. 1983, S. 290ff.
285 Vgl. Parker, B.; Helms, M.M. 1992, S. 23; Harrigan, K.R. 1989, S. 30.
286 Unter gesättigten Märkten werden im Folgenden Märkte verstanden, welche sich in einem fortgeschrittenen Entwicklungsstadium, entweder der Stagnation oder der Schrumpfung, befinden

USA weisen seit geraumer Zeit ein geringes oder gar kein Wachstum mehr auf.[288] Erst in den achtziger Jahren versuchten dann mehrere Autoren sich der Problematik des strategischen Verhaltens in stagnierenden Märkten empirisch zu nähern.[289]

Die Sättigungsphase ist abgesehen vom fehlenden Wachstum dadurch gekennzeichnet, dass die Intensität des Wettbewerbs zunimmt, die Margen entsprechend schrumpfen, Überkapazitäten auftreten und die Grösse der Marktnischen für neue Produktvarianten kontinuierlich abnimmt.[290] Wegen des stagnierenden Wachstums, der immer erfahrener werdenden Abnehmer und der gestiegenen technologischen Reife, wird der Wettbewerb zusehends über die Kosten und den Service geführt.[291] In schrumpfenden Märkten kommt verstärkt hinzu, dass Produkte an Konsumentenwertschätzung verlieren, Verkäufe und Zahl der Wettbewerber abnehmen und Ursprungsprodukte durch Substitutionsprodukte verdrängt werden.[292]

Vor diesem Hintergrund sind stagnierende Märkte vielfach als unattraktiv qualifiziert worden.[293] Die üblichen Analyseinstrumente, wie bspw. die Lückenplanung (Gap-Analyse), die Lebenszyklusplanung, die Diskontinuitätenplanung und die Portfolioplanung können jedoch nicht unbesehen auf die Situation stagnierender und rückläufiger Märkte angewendet werden.[294] So erteilen z.B. die klassischen Portfoliomodelle auf Unternehmensebene, insbesondere bei schrumpfenden Märkten, die Empfehlung, auf Investitionen zu verzichten und den maximalen Cashflow eines Geschäfts abzuschöpfen oder zu liquidieren.[295] Derartige Handlungsempfehlungen verallgemeinern relativ stark und werten die langfristigen Erfolgsaussichten als zu negativ,[296]

(vgl. dazu Kroeber-Riel, W. 1984, S. 210; Hinder, W.; Bartosch, S. 1987, S. 8ff.).Von Stagnation wird im Folgenden dann gesprochen, wenn sich die wert- bzw. mengenmässigen Umsätze eines Marktes langfristig nahezu konstant verhalten. Sind diese Werte über längere Zeit negativ, soll von Schrumpfung gesprochen werden (vgl. dazu die Ausführungen von Trummer, A. 1990, S. 28ff.).

287 Vgl. Kühn, R. 1980; S. 352; Meffert, H. 1984, S. 215; Kretschmer, H. 1983, S. 98.

288 Vgl. Harrigan, K.R. 1989, S. 23.

289 Vgl. dazu die umfassenden Ausführungen von Hinder, W. 1986, S. 219ff.

290 Vgl. Simon, H. 2000, S. 32; Kühn, R. 1980; S. 352 und auch Porter, M.E. 1983, S. 299ff.; Kroeber-Riel, W. 1984, S. 210; Harrigan, K.R. 1989, S. 27; Erfmann, M. 1988, S. 107f.; Hinder, W.; Bartosch, S. 1987, S. 11ff.; Meffert, H. 1980b, S. 90; Trummer, A. 1990, S. 59ff.

291 Vgl. Porter, M.E. 1983, S. 300. Ausführlichere Charakteristika stagnierender Märkte finden sich bspw. in Belz, C. 1986, S. 333ff.

292 Vgl. Dirrheimer, M. 1986, S. 332; Porter, M.E. 1983, S. 319.

293 Vgl. Kretschmer, H. 1983, S. 98.

294 Vgl. dazu Hinder, W. 1986, S. 191ff. Eine Diskussion der genannten Analyseinstrumente findet sich auch bei Meffert, H. 1980b, S. 89ff.; Meffert, H. 1980a, S. 54ff.

295 Vgl. auch Porter, M.E. 1983, S. 318f.; Hinder, W.; Bartosch, S. 1987, S. 32.

296 Vgl. dazu auch Trummer, A. 1990, S. 119ff., der die Anwendbarkeit von Portfoliomodellen in stagnierenden und schrumpfenden Märkten hinterfragt.

da auch in gesättigten Märkten erfolgreiche Unternehmen existieren.[297] Mit anderen Worten verdeutlichen solche Unternehmen, dass auch in fortgeschrittenen Phasen der Marktentwicklung Erfolg versprechende strategische Alternativen vorhanden sind.

Erfolgreiche Strategien in stagnierenden und rückläufigen Märkten beruhen vielfach darauf, dass eine Beschränkung auf einen lukrativen Marktbereich bzw. eine Marktnische erfolgt.[298] Die Zweckmässigkeit von Nischenstrategien in der fortgeschrittenen Phase des Marktlebenszyklus streicht auch Dirrheimer hervor. Er unterstellt dabei Nischen eine von der rückläufigen Gesamtmarktnachfrage unabhängige Nachfrageentwicklung.[299] Dirrheimer geht demzufolge davon aus, dass selbst in gesättigten Märkten wachsende Marktnischen existieren, deren Bearbeitung Erfolg versprechend sein kann. Auch Porter sieht in gesättigten Märkten Nischenstrategien als interessante strategische Alternative. Bei entsprechenden strukturellen Gegebenheiten könne die Bearbeitung von Marktnischen, deren Nachfrage stabil bleibt oder nur langsam schwindet, hohe Erträge einbringen.[300]

Empirische Unterstützung finden diese Ansichten beispielsweise in der Studie von Parker/Helms, in welcher Nischenstrategien zu den rentabelsten Strategien in rückläufigen Märkten gehören.[301] Ähnlich Hamermesh/Silk, die in ihrer Untersuchung über zwölf stagnierende amerikanische Branchen hinweg erkannten, dass sich die erfolgreichen Unternehmen mehrheitlich auf Wachstumssegmente konzentrieren.[302] Ferner konnten Thietart/Vivas zeigen, dass in stagnierenden Märkten auch Nischenstrategien, insbesondere in unattraktivem Branchenumfeld, Erfolg versprechende Strategiealternativen darstellen.[303]

Die Beschränkung auf einen Marktbereich muss dabei nicht zwingend langfristig sein, da eine erfolgreiche Nischenstrategie durchaus in eine Marktführerschaft münden kann.[304] Alternativ hat ein Nischenanbieter auch die Option, zu einem späteren

---

[297] Vgl. Kühn, R. 1980, S. 351f.; Porter, M.E. 1983, S. 319 u. S. 334ff. Vgl. auch die von Harrigan durchgeführte Studie Harrigan, K.R. 1989, S. 24 u. S. 191.

[298] Vgl. Meffert, H. 1984, S. 218; Harrigan, K.R. 1989, S. 55f.; Hamermesh, R.G.; Silk, S.B. 1979, S. 163.

[299] Vgl. Dirrheimer, M. 1986, S. 340.

[300] Vgl. Porter, M.E. 1983, S. 337.

[301] Vgl. Parker, B.; Helms, M.M. 1992, S. 36.

[302] Vgl. Hamermesh, R.G.; Silk, S.B. 1979, S. 163f.

[303] Vgl. Thietart, R.A.; Vivas, R. 1984, S. 1416ff. und Hinder, W. 1986, S. 233f.

[304] Vgl. Dirrheimer, M. 1986, S. 338.

Zeitpunkt eine Abschöpfungs- oder Liquidationsstrategie zu verfolgen.[305] In diesen Fällen stellen Nischenstrategien lediglich Übergangsstrategien dar.

Allein die Konzentration auf einen Marktausschnitt garantiert noch lange nicht Erfolg. In der Literatur werden diesbezüglich verschiedene Erfolgsvoraussetzungen diskutiert. Nischenstrategien gelten in stagnierenden Märkten insbesondere dann als Erfolg versprechend,

- wenn das Nachfragepotential in der Marktnische gross genug, langfristig stabil oder gar wachsend ist,[306]
- wenn bereits Wettbewerbsvorteile in der Marktnische aufgebaut werden konnten,[307]
- wenn Mobilitätsbarrieren bestehen, die den Eintritt von Konkurrenten erschweren,[308]
- wenn die Marktnischen vor Ersatzprodukten geschützt sind,[309]
- wenn die Zielgruppe eine geringe Verhandlungsstärke[310] besitzt und nicht preisempfindlich ist[311] und eine entsprechend hohe Kundentreue vorherrscht.[312]

Der Erfolg von Nischenstrategien in gesättigten Märkten hängt darüber hinaus davon ab, ob eine bestimmte Unternehmung bereits vor der Stagnation die Nische bearbeitet hat oder mit der Stagnation eine Umpositionierung in eine Marktnische vornimmt. Die Studie von Grant hat diesbezüglich gezeigt, dass Unternehmen, welche eine Umpositionierung in eine Marktnische wagten, aufgrund zu geringer Nischengrössen sowie vorhandener Mobilitätsbarrieren, tiefere Gewinne erzielten als bereits in der Nische etablierte Unternehmen.[313]

Probleme von Nischenstrategien in stagnierenden Märkten stellen sich dann, wenn sich aufgrund der verschärften Wettbewerbsintensität mehrere Konkurrenten in die

---

[305] Vgl. dazu auch die Ausführungen von Porter, M.E. 1983, S. 337.
[306] Vgl. Hamermesh, R.G.; Silk, S.B. 1979, S. 163; Harrigan, K.R. 1989, S. 57; Winterling, K. 1986, S. 328; Porter, M.E. 1983, S. 337; Trummer, A. 1990, S. 205.
[307] Vgl. Trummer, A. 1990, S. 205.
[308] Vgl. Grant, R.M. 1989, S. 66; Winterling, K. 1986, S. 328; Porter, M.E. 1983, S. 322f.; Erfmann, M. 1988, S. 121; Trummer, A. 1990, S. 205. Vgl. auch Dirrheimer, M. 1986, S. 340.
[309] Vgl. Porter, M.E. 1983, 322; Trummer, A. 1990, S. 206.
[310] Vgl. Trummer, A. 1990, S. 206.
[311] Vgl. Porter, M.E. 1983, S. 322; Erfmann, M. 1988, S. 121.
[312] Vgl. Dirrhoimor, M. 1986, S. 340.
[313] Vgl. Grant, R.M. 1989, S. 59ff.

gleiche Nische zurückziehen[314] und spezifische Stärken zur Verteidigung der Marktnische fehlen.[315] Überdies besteht die Gefahr, aufgrund der durch die Marktstagnation bzw. –schrumpfung entstehenden Überkapazitäten eine (Wieder-) Erweiterung des Abnehmerkreises vorzunehmen, was von einer konsequenten Nischenstrategie wegführt.[316]

Wie die Ausführungen gezeigt haben, existieren in stagnierenden und schrumpfenden Märkten neben den aus den klassischen Analysemethoden empfohlenen Desinvestitions- und Diversifizierungsstrategien noch weitere Strategieoptionen.[317] Dabei ist festzuhalten, dass je nach Markt- und Unternehmenssituation insbesondere Nischenstrategien Erfolg versprechende Strategien darstellen können.

4.2.2 Nischenstrategien als Marktbearbeitungsstrategien

Die Nischenstrategie-Thematik stellt sich auch im Rahmen von Marktbearbeitungsstrategie-Betrachtungen. In der Literatur werden grundsätzlich zwei Formen der Marktbearbeitung, die undifferenzierte und die differenzierte, unterschieden (vgl. Abbildung 10). Im Gegensatz zur undifferenzierten Marktbearbeitung, bei welcher versucht wird, mit standardisierten Angeboten die Bedürfnisse des Gesamtmarktes zu befriedigen, erfolgt die differenzierte Marktbearbeitung über eine Fokussierung auf Kundengruppen oder gar einzelne Kunden. Beide Formen erfordern daher Kenntnisse über Kundenbedürfnisse und Marktsegmente, weshalb vorgängig eine Marktsegmentierung vorzunehmen ist. Da die undifferenzierte Marktbearbeitung stets auf den Gesamtmarkt und nicht auf Segmente und Marktnischen ausgerichtet ist, kommt ihr im Rahmen der Nischenstrategie-Thematik geringe Bedeutung zu und soll im Folgenden nicht weiter ausgeführt werden.[318]

[314] Vgl. Trummer, A. 1990, S. 211.
[315] Vgl. Porter, M.E. 1983, S. 340f.
[316] Vgl. dazu und für weitere Problembereiche Trummer, A. 1990, S. 211. Vgl. auch Winterling, K. 1986, S. 327f.; Belz, C. 1986, S. 341.
[317] Vgl. Hinder, W. 1986, S. 239.
[318] Zur Marktsegmentierung und zu Strategien der Marktbearbeitung vgl. bspw. Kotler, P.; Bliemel, F. 1999, S. 426ff.; Meffert, H. 1998, S. 208ff.; Kara, A.; Kaynak, E. 1997, S. 873ff.; Freter, H. 1983, S. 109; Böhler, H. 1977, S. 11ff.

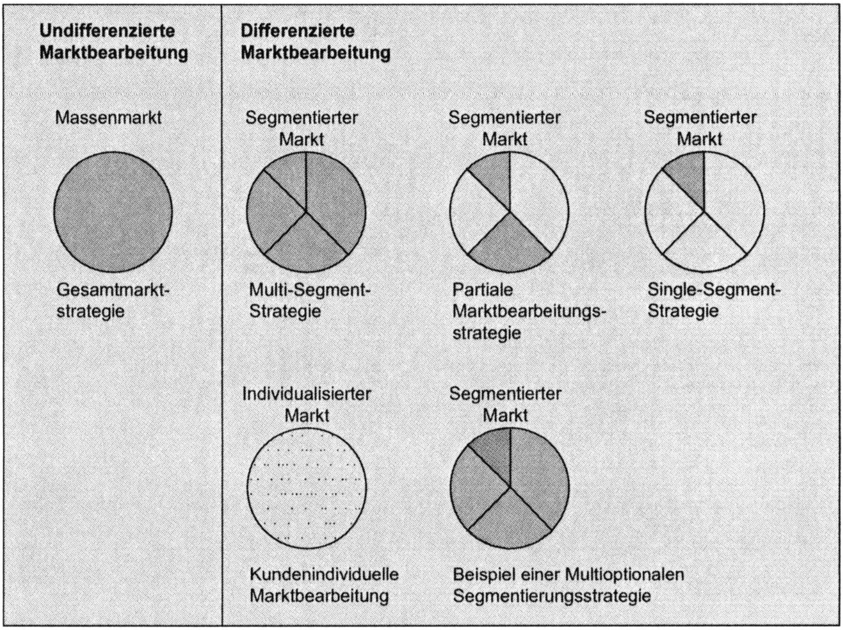

Abbildung 10: Marktbearbeitungsstrategien[319]

Was die differenzierte Marktbearbeitung betrifft, können die Multi-Segment-Strategie, die partiale Marktbearbeitungsstrategie, die Single-Segment-Strategie, die kundenindividuelle Marktbearbeitung sowie die Multi-optionale Segmentierungsstrategie unterschieden werden.[320]

Multi-Segment-Strategien liegt die Annahme zu Grunde, dass im betrachteten Markt Segmente existieren. Mit einer Multi-Segment-Strategie wird das Ziel verfolgt, den in Marktsegmente zerlegte Gesamtmarkt segmentspezifisch zu bearbeiten. Dementsprechend wird in jedem Segment eine spezifische Leistung angeboten.[321] Da bei einer Multi-Segment-Strategie alle Segmente eines Marktes bearbeitet werden und dadurch der gesamte Markt abgedeckt wird, handelt es sich um eine Gesamtmarktstrategie und nicht um eine Nischenstrategie.

Auch im Falle von **partialen Marktbearbeitungsstrategien** wird davon ausgegangen, dass ein bestimmter Markt in Marktsegmente aufgeteilt werden kann. Im Rah-

---

319 Eigene Darstellung, in Anlehnung an Kara, A.; Kaynak, E. 1997, S. 884.
320 Vgl. dazu und im Folgenden: Nieschlag, R., Dichtl, E., Hörschgen, H. 2002, S. 207ff.
321 Vgl. Nieschlag, R.; Dichtl, E.; Hörschgen, H. 2002, S. 207.

men dieser Strategie bearbeitet eine Unternehmung jedoch nicht alle Segmente des Gesamtmarktes, wie dies bei der Multi-Segment-Strategie der Fall ist, sondern konzentriert sich auf einige wenige Marktsegmente.[322] Partiale Marktbearbeitungsstrategien können nicht grundsätzlich als Nischenstrategien qualifiziert werden. Die Bearbeitung mehrerer Segmente kann nämlich dazu führen, dass praktisch der gesamte Markt abgedeckt wird, was nicht mit dem allgemein anerkannten Kriterium, dass eine Nische einen beschränkten Marktausschnitt darstellt, einhergeht. Betrachtet man jedoch die im Rahmen einer partialen Marktbearbeitungsstrategie bearbeiteten Marktsegmente als von einander unabhängige Geschäftsfelder, welche jeweils mit unterschiedlichen Strategien geführt werden, verhält es sich wie bei mehreren Single-Segment-Strategien, die den nachfolgenden Ausführungen entsprechend sehr wohl Nischenstrategien darstellen können.

Single-Segment-Strategien setzen ebenfalls die Existenz mehrerer Marksegmente voraus. Bei dieser Variante der Marktbearbeitung fokussiert der Anbieter auf ein einziges Marktsegment. Aufgrund der vielfach ausgeprägten Beschränkung auf einen Marktausschnitt, wird die Single-Segment-Strategie in der Literatur häufig mit einer Nischenstrategie gleichgesetzt.[323] Hier sei jedoch darauf hingewiesen, dass alleine die Tatsache, ein einzelnes Segment zu bearbeiten, nicht zwingend das Verfolgen einer Nischenstrategie mit sich bringt. Auch die Bearbeitung eines einzigen Segmentes kann beispielsweise bedeuten, dass praktisch der gesamte Markt abgedeckt wird, was wiederum der Grundidee einer Nische, die in einer Beschränkung auf einen Marktausschnitt besteht, widerspricht.

Im Gegensatz zu den vorangehenden Strategien, setzt die **kundenindividuelle Marktbearbeitung** keine Marktsegmente, sondern einen sehr heterogenen, individualisierten Markt voraus. Diese Marktbearbeitungsvariante basiert denn auch auf einer individuellen Bedürfnisbefriedigung. Insbesondere aufgrund der rasanten Entwicklung der Informationstechnologien ist es möglich, jeden einzelnen Kunden mit einem spezifischen Produkt zu befriedigen und ihn als eigenständiges Segment zu betrachten.[324] Trotz der Individualisierung führt diese Variante nicht zwangsläufig zu einer

[322] Vgl. Nieschlag, R.; Dichtl, E.; Hörschgen, H. 2002, S. 207f.
[323] Vgl. z.B. Nieschlag, R.; Dichtl, E.; Hörschgen, H. 2002, S. 208; Meffert, H. 1998, S. 208f.
[324] In diesem Zusammenhang wird auch von „Finer Segmentation" (Kara, A.; Kaynak, E. 1997, S. 883), „Segment-of-One-Approach" (Kühn, R.; Fasnacht, R. 2002, S. 79ff.), „Masscustomization" (Kreuzer, M. 2005, S. 42ff.) sowie „Individual-Marketing" (Kotler, P.; Bliemel, F. 1999, S. 430ff.) gesprochen.

Beschränkung auf einen Marktausschnitt und damit zu einer Nischenstrategie. Falls nämlich die individuellen Bedürfnisse jedes Kunden eines Marktes befriedigt werden, entspricht dies wieder einer Abdeckung des gesamten Marktes.[325]

Die multi-optionale Segmentierungsstrategie der Marktbearbeitung stellt eine Kombination der genannten Strategien dar. So kann beispielsweise eine Bank mit ihrem Basisangebot primär den Massenmarkt ansprechen und darüber hinaus für vermögende Kunden als Segment spezifische Leistungen erbringen.[326] Da es sich bei dieser Strategie um eine Kombination mehrerer Segmentierungsvarianten handelt, kann die Nischenstrategiefrage nicht generell beantwortet werden. Nur wenn mit der Kombination eine Beschränkung auf einen Marktbereich erfolgt, ist anschliessend zu prüfen, ob die weiteren Anforderungen gegeben sind, um von einer Nischenstrategie sprechen zu können.

Im Einklang mit der gewählten Definition einer Marktnische, sollen in dieser Arbeit nur Single-Segment-Strategien als Nischenstrategien bezeichnet werden. Diese Fokussierung mag auf den ersten Blick obigen Aussagen widersprechen, und soll deshalb an dieser Stelle kurz erläutert werden. Dass Segmentierungsstrategien, welche eine Gesamtmarktbearbeitung zur Folge haben, nicht als Nischenstrategien bezeichnet werden, ist wohl unbestritten. Weniger eindeutig ist es bei partialen Marktbearbeitungsstrategien und multi-optionalen Segmentierungsstrategien, welche in der Regel eine Beschränkung auf einen Marktbereich beinhalten. Diese Beschränkung erfolgt jedoch nicht auf ein Segment, sondern auf mehrere. Da in jedem Segment unterschiedliche Wettbewerbsstrategien verfolgt werden können, ist eine getrennte Betrachtung als unabhängiges Geschäftsfeld erforderlich. So macht es beispielsweise keinen Sinn, von einer einzigen Nischenstrategie zu sprechen, wenn im Rahmen einer partialen Marktbearbeitungsstrategie ein erstes Segment bspw. mit einer Preis- und ein zweites Segment mit einer Differenzierungsstrategie bearbeitet werden. Im Rahmen dieser Arbeit erscheint es zweckmässiger, jedes Segment und die dazugehörige Wettbewerbsstrategie einzeln zu betrachten. Im vorgängig skizzierten Zwei-

[325] Vgl. Kara, A.; Kaynak, E. 1997, S. 883.
[326] Vgl. Nieschlag, R.; Dichtl, E.; Hörschgen, H. 2002, S. 208f.

segmente-Fall würde demnach jedes Segment einzeln als Geschäftsfeld und entsprechend als Single-Segment-Strategie gehandhabt.[327]

4.2.3 Arbeitsdefinition des Begriffes „Nischenstrategie"

Basierend auf der Definition einer Marktnische und den vorangehenden Ausführungen soll unter einer Nischenstrategie eine Wettbewerbsstrategie verstanden werden, die auf die Bearbeitung einer Marktnische ausgerichtet ist. Dabei ist nochmals darauf hinzuweisen, dass der Fokus auf Single-Segment-Strategien gelegt werden soll. Im Falle der Bearbeitung eines Marktbereiches, der mehrere Segmente, Teilmärkte oder geografische Gebiete umfasst, soll jede Segment-Teilmarkt-Kombination in jedem geografischen Bereich als einzelne Marktnische mit einer unabhängigen Nischenstrategie betrachtet werden. Da dieser Aspekt bereits in der Definition der Marktnische enthalten ist, kann der Begriff „Nischenstrategie" relativ knapp, wie folgt definiert werden:

Nischenstrategien stellen Wettbewerbsstrategien dar, welche die Bearbeitung von Marktnischen zum Gegenstand haben.

4.3 Fazit

Die Ausführungen zu den begrifflichen Grundlagen haben gezeigt, dass in der Literatur vielfach unklare und stark divergierende Auffassungen über den Begriff „Marktnische" anzutreffen sind. Dies überrascht nicht, wenn man bedenkt, dass die Nische wie ein Modewort sowohl in der Wissenschaft wie auch in der Praxis sehr häufig verwendet wird. Die häufige und heterogene Verwendung des Nischenbegriffs mag dazu geführt haben, dass zahlreiche Autoren auf eine präzise Definition des Nischenbegriffes verzichteten. Deshalb war es besonders wichtig, das dieser Arbeit zu Grunde liegende Begriffsverständnis zu diskutieren und eine hinsichtlich der empirischen Studie zweckmässige Marktnischendefinition zu entwickeln. Um möglichst alle in der Realität vorkommenden Strategietypen identifizieren zu können, wurde eine

---

[327] Analog ist auch bei multi-optionalen Segmentierungsstrategien jedes Segment einzeln zu betrachten.

relativ weit gefasste Definition gewählt, welche sowohl erfolgreiche als auch erfolglose Nischenstrategien umfasst.

Die Unklarheiten des Nischenbegriffes widerspiegeln sich auch in den verschiedenen Anwendungsbereichen von Nischenstrategien. Die Ausführungen haben gezeigt, dass die Nischenstrategie-Thematik primär im Bereich der Wettbewerbsstrategien diskutiert wird. Sowohl im Rahmen von Markteintrittsstrategien als auch von Endspiel-Strategien spielen Nischenstrategien eine bedeutende Rolle. Einen zweiten Anwendungsbereich stellen Marktbearbeitungsstrategien dar. In diesem Bereich zeigte sich, dass Nischenstrategien nicht nur anhand der Marktbearbeitungsstrategie bzw. aufgrund der Marktabdeckung definiert werden können. Wie aus der Definition einer Marktnische hervorgeht, stellt die Beschränkung auf einen Marktausschnitt nicht zwingend eine Nischenstrategie dar.

Die folgenden Ausführungen sind dem Hauptanwendungsbereich: Nischenstrategien als Wettbewerbsstrategien, gewidmet. Basierend auf einer umfassenden Literaturanalyse werden verschiedene Systematisierungen von Nischenstrategien diskutiert.

5 Systematisierungen und Erfolgsbedeutungen von Nischenstrategie-Arten

Der in der Literatur anzutreffende Dissens bezüglich des Nischen(-strategie-)begriffes bringt es mit sich, dass auch die Diskussion über Typen von Nischenstrategien kontrovers geführt wird. Wie bereits im Rahmen der Problemstellung erwähnt wurde, wird bei genauerer Betrachtung ersichtlich, dass viele verschiedene Vorschläge existieren, um Nischenstrategie-Typen zu unterscheiden. In der Mehrzahl der Fälle basieren diese Vorschläge auf Systematisierungen von Wettbewerbsstrategien, welche Nischenstrategien nicht ins Zentrum der Betrachtung setzen.[328] Autoren, die auf der Ebene der Wettbewerbsstrategien klassifizieren, berücksichtigen dabei vielfach nur einen Nischenstrategie-Typen, der sich von Gesamtmarktstrategien anhand des Kriteriums „Breite der Marktabdeckung" abgrenzt. Ebenfalls häufig wird unter Berücksichtigung des Wettbewerbsvorteils zwischen Differenzierungs- und Kostenführer-Nischenstrategien unterschieden. Solche Klassifikationen von Wettbewerbsstrategien betrachten jedoch Nischenstrategien auf einer zu hohen Aggregationsebene.[329] Unterschiede weiterer strategischer Eigenschaften bleiben dabei unberücksichtigt. Wie die folgenden Ausführungen zeigen, kann dagegen in der jüngeren Literatur festgestellt werden, dass zunehmend mehrere Nischenstrategie-Typen auseinander gehalten werden.

Nachfolgend werden die wichtigsten Systematisierungen von Nischenstrategien kurz dargestellt, anhand derer unter anderem ihre Vielfalt und ihr hoher Aggregationsgrad veranschaulicht werden kann. Ausserdem sollen die unterschiedlichen Kriterien diskutiert werden, die bei der Typologisierung von Strategien zur Anwendung kommen. Da auf diese im Rahmen der Auswahl der Gestaltungsvariablen in Kapitel 6 zurückgegriffen wird, ist es zudem zweckmässig, die Unterscheidungskriterien noch genauer auszuführen.

Die in der Literatur existierenden Systematisierungen können in zwei Gruppen eingeteilt werden. Eine erste Gruppe betrachtet primär Wettbewerbsstrategien und nur

---

[328] Vgl. u.a. Porter, M.E. 1986; Aaker, D.A. 1988; Hooley, G.J.; Lynch, J.E.; Jobber, D. 1992; Hooley, G.J.; Beracs, J.; Kolos, K. 1993.

[329] Nischenstrategien stellen eine Variante von Wettbewerbsstrategien dar und sind demnach bei einer klassifikatorischen Betrachtung eine Ebene unterhalb der Wettbewerbsstrategien anzusiedeln. Klassifikationen von Wettbewerbsstrategien betrachten Nischenstrategien folglich auf einer zu hohen Aggregationsebene um deren Spezifika gerecht zu werden.

sekundär Nischenstrategien. Die zweite Gruppe hingegen hat nicht Wettbewerbsstrategien, sondern Nischenstrategien als Untersuchungsgegenstand. Erwartungsgemäss fallen die Systematisierungen der zweiten Gruppe differenzierter aus. Nachfolgend wird zuerst die wohl meist zitierte Typologie von Wettbewerbsstrategien, jene von Porter, nochmals aufgegriffen. Darauf folgt die Systematisierung von Aaker, welche Ähnlichkeiten mit der Porter'schen aufweist. Aus der zweiten Gruppe werden dann die Systematisierungen von Hünerberg und Rosenbaum vorgestellt.[330]

Im Anschluss an die grundsätzlich theoretisch hergeleiteten Systematisierungen (Unterkapitel 5.1 und 5.2) wird der Fokus auf empirische Studien (Unterkapitel 5.3) gerichtet, welche Nischenstrategie-Typen identifiziert haben oder Klassifikationen von Nischenstrategien enthalten. Gleichzeitig sollen die Arbeiten auf allfällige Erfolgsmessungen von Nischenstrategien untersucht werden.

5.1 Nischenstrategien als Bestandteil von Systematisierungen von Wettbewerbsstrategien

5.1.1 Systematisierung nach Porter

Die bereits erwähnte und wohl bekannteste Systematisierung von Wettbewerbsstrategien ist jene von Porter, welche hier nochmals kurz vorgestellt werden soll.[331] Er unterscheidet anhand der Kriterien „Art des Wettbewerbsvorteils" und „Breite der Marktabdeckung" vier Wettbewerbsstrategie-Typen (vgl. Abbildung 11). Die beiden Strategietypen mit einer beschränkten Marktabdeckung bezeichnet er als Nischenstrategien. Je nach Wettbewerbsvorteil kann von der Differenzierungs-Nischenstrategie und der Kosten-Nischenstrategie gesprochen werden.[332] Porter nennt dabei drei Möglichkeiten, wie sich eine Unternehmung auf einen Marktausschnitt und damit auf die Bearbeitung einer Nische beschränken kann: Bearbeitung eines Teilmarktes, eines Segmentes oder eines beschränkten geografischen Bereiches. Diese drei Varianten der Konzentration auf einen Marktbereich werden jedoch

---

[330] An dieser Stelle sei auch noch auf die viel beachtete Typologie von Miles et al. hingewiesen. Da es sich bei dieser Typologie um eine Systematisierung von unternehmerischem Verhalten handelt und ein entsprechend weit gefasstes Strategieverständnis zu Grunde gelegt wird, soll auf eine detaillierte Diskussion verzichtet werden. Aus wettbewerbsstrategischer Sicht ist jedoch festzuhalten, dass der „Defender"-Typ am ehesten mit einer Nischenstrategie in Verbindung gebracht werden kann (vgl. Miles, R.E. et al. 1978, S. 550ff.).

[331] Vgl. Porter, M.E. 1986, S. 35ff. und die Ausführungen in Abschnitt 1.2.2.

[332] Konzentriert sich eine Unternehmung auf einen Schwerpunkt bzw. eine Nische, zieht Porter auch die Kombination von Differenzierungs- und Kostenführerschafts-Strategie in Betracht.

nicht zur Unterscheidung von Nischenstrategie-Arten herangezogen. Mit anderen Worten differenziert Porter nicht, ob eine Nischenstrategie auf der Bearbeitung eines Teilmarktes, eines Segmentes oder eines geografischen Bereiches basiert. Die Unterscheidung der beiden Nischenstrategie-Typen erfolgt einzig anhand des Wettbewerbsvorteils.

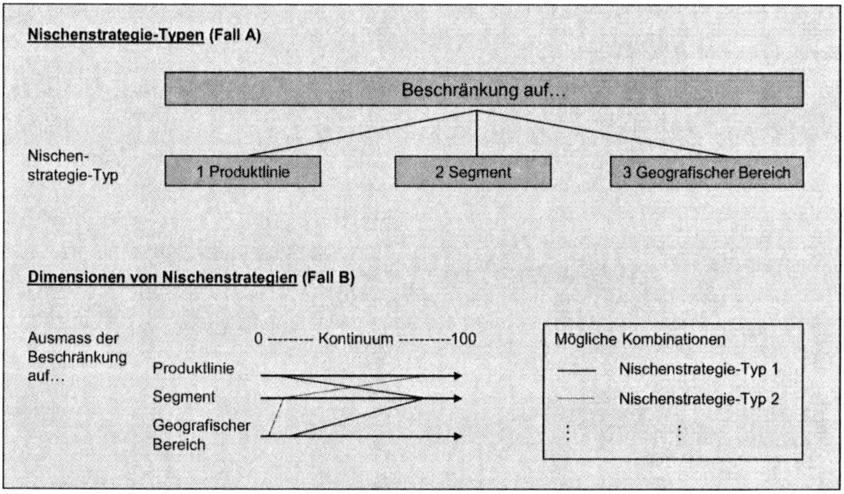

Abbildung 11: Typologie von Wettbewerbsstrategien nach Porter[333]

5.1.2 Systematisierung nach Aaker

Aaker systematisiert Nischenstrategien anhand des Kriteriums „Art der Marktabdeckung".[334] Die Beschränkung einer Unternehmung auf einen Marktausschnitt kann dabei mittels Fokussierung auf eine Produktlinie bzw. einen Teilmarkt, auf ein Segment oder auf ein geografisches Gebiet erfolgen. Zusätzlich spricht Aaker von einer Beschränkung auf einen Marktausschnitt, in welchem die Fokussierung entweder in der Konzentration auf einen, zwar von dem Marktleader bearbeiteten, hoch rentablen Marktbereich besteht, oder auf einen von der Konkurrenz bisher vernachlässigten Marktbereich gerichtet ist. Inwieweit es sich dabei um einen zusätzlichen Nischen-

[333] In Anlehnung an Porter, M.E. 1983, S. 32.
[334] Vgl. Aaker, D.A. 1988, S. 224ff.

strategie-Typen oder nur um eine Untervariante der drei zuvor genannten Arten der Marktabdeckung handelt, wird nicht diskutiert.[335]

Während Porter Nischenstrategie-Typen anhand der Wettbewerbsvorteile unterscheidet und die Art der Marktabdeckung beschreibend integriert, systematisiert Aaker in umgekehrter Weise. Die Art der Marktabdeckung dient als Klassifikationskriterium und die Wettbewerbsvorteile Differenzierung und/oder Kostenführerschaft sind unabhängig vom Strategietypen anzustreben.

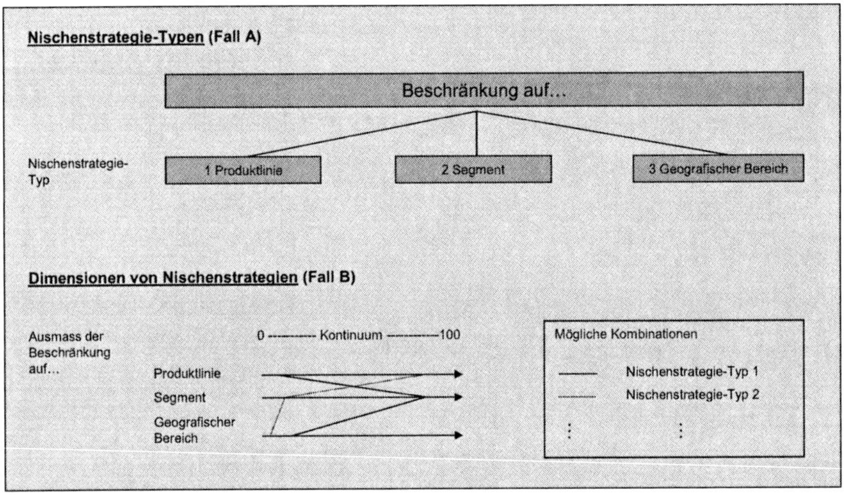

Abbildung 12: Systematisierung von Nischenstrategien nach Aaker[336]

Im Vergleich mit Porter bleibt ferner festzuhalten, dass letzterer eindeutig zwei Nischenstrategie-Typen unterscheidet, während bei Aaker unklar bleibt, ob die Varianten der Beschränkung auf einen Marktausschnitt einzelnen Nischenstrategie-Typen entsprechen (vgl. Abbildung 12, Fall A) oder kombinierbare Dimensionen darstellen (vgl. Abbildung 12, Fall B).[337] Im zweiten Fall, wo die einzelnen Merkmale auf einem Kontinuum unendlich viele Ausprägungen annehmen können, sind unzählige Kombinationsmöglichkeiten zwischen den Dimensionen denkbar und damit unendlich viele Nischenstrategie-Typen unterscheidbar.

---

[335] Der Einfachheit halber werden im Folgenden nur die Beschränkung auf eine Produktlinie, ein Segment oder ein geografisches Gebiet zur Unterscheidung von Nischenstrategie-Arten herangezogen (vgl. Abbildung 12).

[336] Eigene Darstellung, in Anlehnung an Aaker, D.A. 1988, S. 226ff.

[337] Vgl. zur Problematik der Kombinationsmöglichkeiten von Unterscheidungskriterien die Ausführungen von Miller, A.; Dess, G.G. 1993.

Die beiden Systematisierungen von Porter und Aaker dienen primär der Veranschaulichung der mehrheitlich undifferenzierten Betrachtung von Nischenstrategien im Rahmen von Wettbewerbsstrategie-Typologien. Porters Typologie greift zu kurz, da mit nur einem Kriterium, dem Wettbewerbsvorteil, nur gerade zwei Nischenstrategie-Typen unterschieden werden. Auch Aaker berücksichtigt mit der Art der Marktbeschränkung nur ein einziges Kriterium zur Typenbildung. Darüber hinaus bleibt unklar, inwiefern die verschiedenen Varianten der Marktbeschränkung kombiniert werden können. Weitere in der Literatur anzutreffenden Systematisierungen, insbesondere Erweiterungen der Porter'schen Klassifikation, liefern hinsichtlich der Nischenstrategie-Arten kaum nennenswert neue Erkenntnisse, weshalb auf deren Darstellung verzichtet werden soll.[338]

In Bezug auf den geringen zusätzlichen Erkenntnisgewinn weiterer Systematisierungen weisen die Resultate von Campbell-Hunt's Meta-Analyse in die gleiche Richtung.[339] Basierend auf 13 Studien, welche Typen von Wettbewerbsstrategien anhand von Clusteranalysen identifiziert haben, werden sechs Cluster von Wettbewerbsstrategien gebildet. Drei davon verzeichnen eine Beschränkung auf einen Teilmarkt bzw. auf ein Marktsegment und weisen demnach Eigenschaften von Nischenstrategien auf. Im Einklang mit der Typologie von Porter identifizierte Campbell-Hunt einen „Focused quality economy"-Typ, welcher sich durch einen tiefen Preis auszeichnet (Kostennischenstrategie) sowie einen „Focused quality leadership"-Typ, welcher die Qualitätsführerschaft in einem Marktbereich anstrebt. Als neue Feststellung kann lediglich ein dritter Nischenstrategie-Typ, der „Sales leadership"-Typ qualifiziert werden, welcher sich durch eine intensive Marktbearbeitung mit innovativen Produkten in einem Marktausschnitt durchsetzt.[340]

Aus den vorangehenden Ausführungen resultiert die Erkenntnis, dass die beiden Kriterien „Wettbewerbsvorteil" und „Art der Marktbeschränkung" als unbestrittene Unterscheidungskriterien zu qualifizieren sind. Zusätzlich hat die Meta-Analyse von Campbell-Hunt gezeigt, dass neben Qualitäts- und Preisvorteilen auch Innovationsvorteile von Bedeutung sein können. Diese Aspekte sind bei der anstehenden Kon-

[338] Miller/Dess erweitern die Systematisierung von Porter dahingehend, dass die Kombination der Unterscheidungskriterien explizit berücksichtigt wird (vgl. Miller, A.; Dess, G.G. 1993). Ähnlich Chrisman et al., welche Kosten-, Kosten-/Differenzierungs-, Differenzierungs-, Stuck-in-the-middle-Nischenstrategien unterscheiden (vgl. Chrisman, J.J.; Hofer, C.W.; Boulton, W.R. 1988).

[339] Vgl. Campbell-Hunt, C. 2000, S. 143ff.

[340] Vgl. Campbell-Hunt, C. 2000, S. 140ff.

zeptualisierung, insbesondere im Rahmen der Bestimmung der Gestaltungsvariablen, zu berücksichtigen (vgl. Kapitel 6).

Aufgrund der Feststellung, dass Studien über Wettbewerbsstrategien die Nischenstrategie-Thematik zu oberflächlich betrachten, soll nun der Fokus auf Systematisierungen gerichtet werden, bei denen Nischenstrategien im Zentrum stehen.

5.2 Spezifische Systematisierungen von Nischenstrategien

5.2.1 Systematisierung nach Hünerberg

Die Arbeit von Hünerberg hat Nischenstrategien im Europäischen Marketing zum Gegenstand. Der Autor nennt sechs Merkmale, welche zur Unterscheidung von Nischenstrategie-Typen herangezogen werden können.[341] Während Porter anhand des Kriteriums Wettbewerbsvorteil und Aaker anhand der Art der Marktabdeckung Strategietypen unterscheiden, berücksichtigt Hünerberg beide Kriterien. Das Kriterium Art der Marktabdeckung wird durch das Merkmal Raum abgedeckt. Ein auf diesem Merkmal basierender Nischenstrategie-Typ konzentriert sich auf die Bearbeitung eines beschränkten geografischen Marktes. Die Merkmale Vertragsbedingungen, Kommunikation, Produktprogramm, Marktpartner und Zeit hingegen repräsentieren das Kriterium Wettbewerbsvorteil. Eine „zeitliche Nischenstrategie" basiert auf dem Wettbewerbsvorteil Zeit, was sich bspw. in der Geschwindigkeit der Auftragserledigung niederschlagen kann. Während bei einer „Angebots-Nischenstrategie" ein Wettbewerbsvorteil aus der Leistung, z.B. der Produktqualität, resultiert, heben sich Unternehmen im Rahmen „kommunikativer Nischenstrategien" mit Massnahmen der Kommunikation, wie bspw. der Werbung, von der Konkurrenz ab. Aus der Konzentration auf bestimmte Kooperationspartner, man denke insbesondere an Exklusivhändler, können „Marktpartner-Nischenstrategien" entspringen. Bei einer „Kontraktgestaltungs-Nischenstrategie" schliesslich basiert der Wettbewerbsvorteil auf der Vertragsgestaltung, die z.B. spezielle Zahlungs- und Finanzierungsbedingungen umfassen kann.

---

[341] Die folgenden Ausführungen basieren auf Hünerberg, R. 1993, S. 668ff.

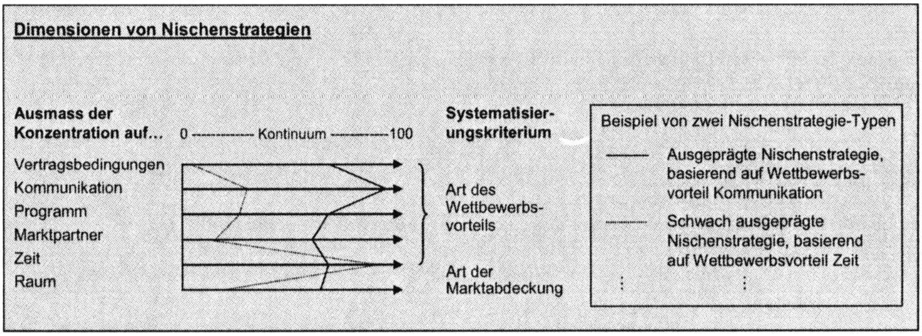

Abbildung 13: Sytematisierung von Nischenstrategien nach Hünerberg[342]

Wie aus Abbildung 13 hervorgeht, entsprechen die sechs Merkmale kombinierbaren Dimensionen, welche als Kontinuum betrachtet mehr oder weniger stark ausgeprägt sein können. Da diese Systematisierung auf kombinierbaren Dimensionen basiert, sind unendlich viele Nischenstrategie-Typen denkbar. Zwei mögliche Strategietypen sind in der Abbildung dargestellt. Der erste Typ stellt eine ausgeprägte Nischenstrategie, basierend auf einem Kommunikationsvorteil dar. Der zweite Typ entspricht einer schwach ausgeprägten Nischenstrategie mit dem Wettbewerbsvorteil Zeit.

5.2.2 Systematisierung nach Rosenbaum

Die Systematisierung nach Rosenbaum basiert auf einem evolutionstheoretischen Ansatz zur Entwicklung einer eigenständigen Nischentheorie. Als Grundlage dienen Analogien zwischen dem Ökosystem der Biologie und dem Marktsystem der Betriebswirtschaftslehre. Zur Erarbeitung von Nischenstrategie-Typen werden drei Kriterien herangezogen:[343]

- Gründe für die Verfolgung einer Nischenstrategie
- Strategische Ausrichtung der Unternehmung
- Ziele einer Nischenstrategie

Die Unterteilung der Gründe für die Verfolgung einer Nischenstrategie erfolgt anhand der Freiwilligkeit. Das heisst, dass eine Unternehmung mehr oder weniger frei ent-

[342] Eigene Darstellung, in Anlehnung an Hünerberg, R. 1993, S. 668ff.
[343] Vgl. Rosenbaum, M.C. 1999, S. 304ff.

scheiden kann, sich auf eine Nische zu beschränken.[344] Als unfreiwillig bezeichnet Rosenbaum eine Nischenstrategie in Fällen, in denen der Nischenanbieter gar nicht den Gesamtmarkt bearbeiten kann, z.B. mangels Kapazitäten, oder denen die Konkurrenz den Nischenanbieter aus dem Gesamtmarkt gedrängt hat oder im Falle eines sich in der Schrumpfungsphase befindenden Marktes. Als freiwillig wird eine Nischenstrategie dann bezeichnet, wenn die Strategie entweder reaktiv, d.h. als Reaktion auf das Verhalten der Konkurrenz, oder aktiv, ohne jeglichen Zwang – auch nicht als Reaktion auf die Konkurrenz – verfolgt wird.

Was die strategische Ausrichtung der Unternehmen betrifft, unterscheidet Rosenbaum reine Nischenanbieter und Mehrstrategienanbieter.[345] Als reine Nischenanbieter werden Unternehmen bezeichnet, welche ausschliesslich Nischenstrategien verfolgen, während ein Mehrstrategien-Anbieter neben Nischenstrategien auch Gesamtmarktstrategien verfolgt. Bei diesem Kriterium steht demnach nicht die einzelne Nischenstrategie, sondern die Unternehmung, welche eine oder mehrere Geschäftsstrategien verfolgt, im Zentrum der Betrachtung.

Schliesslich berücksichtigt Rosenbaum das mit einer Nischenstrategie verfolgte Ziel. Es werden Nischenstrategien unterschieden, bei denen monetäre Ziele – sprich eine hohe Rendite – angestrebt werden und Nischenstrategien, bei denen nicht-monetäre Ziele im Vordergrund stehen. Nicht-monetäre Ziele sind etwa der Aufbau einer vorherrschenden Stellung in einem Marktausschnitt oder das Ausweichen oder Abwehren von Konkurrenten.

Ausgehend von diesen drei Kriterien leitet Rosenbaum vor dem Hintergrund der gesamtunternehmerischen Ausrichtung und der Marktentwicklung sieben Nischenstrategie-Typen ab (vgl. Abbildung 14). Innerhalb der Unternehmenspolitik kann die Nischenstrategie die Funktion einer Grundstrategie wahrnehmen und damit als Strategie der ganzen Unternehmung und nicht nur als Geschäftsstrategie bezeichnet werden. Ferner kann mittels einer Nischenstrategie der Eintritt in einen Markt erfolgen. Letztlich ist es auch möglich, neben Gesamtmarktstrategien eine Nische im Rahmen einer Ergänzungsstrategie zu bearbeiten. Was die Marktentwicklung betrifft, kann die

344 Vgl. dazu auch Aaker, D.A. 1988, S. 225; Becker, J. 2000, S. 41. Letzterer weist darauf hin, dass immer häufiger Unternehmen aufgrund der Wettbewerbsintensität auch Nischen bearbeiten müssen.

345 Vgl. dazu auch Wright, P. 1987, S. 94.

Nischenstrategie entweder zum Zwecke der Marktweiterentwicklung oder als Rückzugs-, Ausweich- oder Abwehrstrategie verfolgt werden.[346]

Funktion innerhalb der Unternehmenspolitik – Nischenstrategie als...	Funktion innerhalb der dynamischen Marktentwicklung – Nischenstrategie als...			
	Marktweiter-entwicklung	Rückzugsstrategie Marktbehauptungs-strategie	Ausweich-strategie	Abwehr-strategie
Grundstrategie	Typ 1	Typ 2	Typ 3	-
Markteintritts-strategie	Typ 4	-	-	-
Neben-/ Ergänzungs-strategie	Typ 5	Typ 6	-	Typ 7

Abbildung 14: Systematisierung von Nischenstrategien nach Rosenbaum[347]

Ohne auf die einzelnen Strategietypen näher eingehen zu wollen, bleibt bei der Systematisierung von Rosenbaum anzumerken, dass anhand der zwei kombinierbaren Dimensionen „Funktion innerhalb der Marktentwicklung" und „Funktion innerhalb der Unternehmenspolitik" zwölf Strategietypen resultieren. Nicht aus allen möglichen Kombinationen lassen sich jedoch sinnvolle Nischenstrategie-Typen ableiten. So ist es beispielsweise unmöglich, gleichzeitig eine Nischenstrategie als Markteintritts- und als Rückzugsstrategie zu verfolgen.[348]

Anhand der vorgestellten Systematisierungen kann aufgezeigt werden, dass unterschiedliche Kriterien – Art der Marktposition, Art des Wettbewerbsvorteils, Funktion innerhalb der Unternehmenspolitik und die Funktion innerhalb der dynamischen Marktentwicklung – zur Bildung von Nischenstrategie-Typen verwendet werden.[349] Dazu kommt, dass die Kombinationsmöglichkeiten der Unterscheidungskriterien uneinheitlich berücksichtigt werden. So basieren die Systematisierungen von Porter und Aaker auf nur einem Kriterium. Die Kombinationsmöglichkeiten der darunter fallenden Dimensionen – bei Aaker die verschiedenen Arten der Beschränkung auf einen Marktbereich – werden nicht explizit diskutiert. Anders Hünerberg und Rosen-

---

346 Vgl. dazu die detaillierten Ausführungen von Rosenbaum, M.C. 1999, S. 317ff.

347 Quelle: In Anlehnung an Rosenbaum, M.C. 1999, S. 316.

348 Vgl. Rosenbaum, M.C. 1999, S. 316.

349 In der Literatur finden sich weitere Systematisierungen mit ähnlichen, z.T. aber auch neuartigen Kriterien. Vgl. z.B. Biermann, T. 2000, S. 319ff.; Cavalloni, C. 1991, S. 83ff.; Chrisman, J.J.; Hofer, C.W.; Boulton, W.R. 1988, S. 420ff.; Danner, M. 2002, S. 153ff.; Meffert, H. 1985, S. 482f.

baum, welche zwei Kriterien zur Systematisierung verwenden und somit Kombinationsmöglichkeiten zur Typenbildung ausdrücklich miteinbeziehen.[350]

Neben den Studien von Porter und Aaker sollen auch jene von Hünerberg und Rosenbaum im Rahmen der Konzeptualisierung Berücksichtigung finden (vgl. Kapitel 6). Während die Arbeit von Hünerberg die Bedeutung der Kriterien „Wettbewerbsvorteil" und „Art der Marktbeschränkung" zur Unterscheidung von Nischenstrategie-Arten unterstreicht, zeigt Rosenbaums Studie weitere Aspekte auf, welche bei der Charakterisierung von Nischenstrategien eine Rolle spielen.

Vor dem Hintergrund dieser uneinheitlichen Nischenstrategie-Systematisierungen ist es unmöglich, Nischenstrategien zu konzeptualisieren – es fehlt in der Literatur an einem allgemeinen Konsens betreffend Nischenstrategie-Typen. Gründe dafür mögen einerseits in den uneinheitlichen Begriffsverständnissen liegen, andererseits aber auch darin, dass die genannten Studien theoretisch hergeleitet sind und es ihnen an einer empirischen Bestätigung mangelt. Es wird deshalb vermutet, dass keine der Systematisierungen alle in der Praxis existierenden Nischenstrategie-Typen erfassen kann. Im folgenden Unterkapitel sollen deshalb Nischenstrategie-Typen diskutiert werden, welche im Rahmen empirischer Studien identifiziert worden sind. Gleichzeitig werden die Studien auf allfällige Erkenntnisse hinsichtlich des Erfolges von Nischenstrategien untersucht.

5.3 Empirisch identifizierte Arten von Nischenstrategien und ihre Erfolgsbedeutung

Bedenkt man die praktische Relevanz der Nischenthematik, welche sich nicht zuletzt in etlichen Praxisbeiträgen niederschlägt, mag die geringe Beachtung von Nischenstrategien als Forschungsobjekt der Betriebswirtschaftslehre überraschen. Empirische Studien, welche als primäres Ziel die Identifikation von Nischenstrategien haben, sind relativ selten. Entsprechend rar sind denn auch Arbeiten, welche den Erfolg von Nischenstrategien untersuchen.[351] Die folgenden Ausführungen zielen denn auch darauf ab, aus einem breiten Spektrum von Studien Anhaltspunkte zur Unter-

[350] Vgl. dazu auch Miller, A.; Dess, G.G. 1993, S. 557f., welche die Problematik der Kombinierbarkeit der Unterscheidungskriterien anhand der Systematisierung von Porter diskutieren.

[351] Vgl. Parker, B.; Helms, M.M. 1992, S. 26; Mintzberg, H.; Ahlstrand, B.; Lampel, J. 2002, S. 135. White, R.E. 1986 unterlässt es z.B. ganz, bei der Erfolgsmessung von Wettbewerbsstrategien Nischenstrategien zu berücksichtigen.

scheidung von Nischenstrategien sowie zur Definition des Erfolges der Strategien zu gewinnen. Deshalb sollen zusätzlich Studien über Wettbewerbsstrategien und New-Venture-Strategien[352] miteinbezogen werden. Auch in diesen beiden Forschungsbereichen sind Nischenstrategien von Bedeutung, was dazu führt, dass in bestimmten empirischen Studien ein oder mehrere Nischenstrategie-Typ/-en identifiziert worden sind. Einschränkend ist jedoch anzumerken, dass häufig unklar bleibt, ob es sich in solchen Studien tatsächlich um im Rahmen dieser Arbeit definierte Nischenstrategien handelt. Der Einfachheit halber werden im Folgenden auch Strategien berücksichtigt, welche in der Literatur nicht explizit als Nischenstrategien bezeichnet werden, bei denen aber eine gewisse Beschränkung auf einen Marktbereich festzustellen ist.[353] Dies gilt insbesondere für die nachfolgend aufgeführten Studien über Wettbewerbs- und New-Venture-Strategien, bei denen die Nischenstrategie-Thematik nicht im Zentrum der Betrachtung steht.

Da bei den nachfolgenden Studien auch allfällige Erkenntnisse zum Erfolg von Nischenstrategien interessieren, soll in einem ersten Schritt (Abschnitt 5.3.1) ein kurzer Exkurs in die Erfolgsfaktorenforschung erfolgen. Dabei stehen insbesondere die beiden im Rahmen der Erfolgsfaktorenforschung bedeutenden wissenschaftlichen Ansätze, der Marktorientierte Ansatz und der Ressourcenorientierte Ansatz,[354] im Zentrum der Betrachtung. Im Anschluss werden Studien zu Wettbewerbsstrategien (Abschnitt 5.3.2) und zu New-Venture-Strategien (Abschnitt 5.3.3) untersucht, bevor empirische Arbeiten analysiert werden, welche die Nischenstrategie-Thematik zum Gegenstand haben (Abschnitt 5.3.4).

5.3.1 Exkurs: Einführung in die Erfolgsfaktorenforschung

Im Sinne eines praktisch normativen Wissenschaftsverständnisses stellt sich im Anschluss an die Identifikation von Strategietypen die Frage, welche Typen am Erfolg

[352] Unter **New Ventures** werden neu gegründete Unternehmen verstanden, die typischerweise einen beschränkten Zugang zu Kapital-, Beschaffungs- und Arbeitsmärkten aufweisen (vgl. Romanelli, E. 1989, S. 370). In empirischen Studien wird häufig eine Existenz von weniger als acht Jahren, vgl. bspw. Li, H. 2001, S.183; McDougall, P. et al. 1994, S. 543 oder durchschnittlich acht Jahren, vgl. bspw. Miller, A.; Camp, B. 1985, S. 89, vorausgesetzt. Der Einfachheit halber wird auf eine weitergehende Unterscheidung von selbständigen jungen Unternehmen und Firmen, welche im Besitz grösserer Unternehmen sind, verzichtet.

[353] Mit anderen Worten werden im Folgenden auch Fälle betrachtet, bei denen nur die Grundvoraussetzung einer Nischenstrategie, nämlich die Beschränkung auf einen Marktbereich erfüllt ist.

[354] Im angelsächsischen Sprachraum wird von Market-based und Ressource-based View gesprochen (vgl. Kühn, R.; Grünig, R. 2000, S. 119 u. S. 247; Rühli, E. 1994, S. 31ff.

versprechendsten sind.[355] Erst die Kenntnis der erfolgreichen Strategien erlaubt es der Wissenschaft, Normstrategien und Handlungsempfehlungen für die Unternehmenspraxis abzuleiten. Die Suche nach Erfolg versprechenden Strategien und damit nach den Ursachen des Unternehmenserfolges, stellt schon seit geraumer Zeit einen zentralen Forschungsbereich der Betriebswirtschaftslehre dar.[356] Die Ursprünge der Erfolgsfaktorenforschung finden sich jedoch in der Praxis, welche sich der Messung der Erfolgswirkung bestimmter Einflussfaktoren oder Massnahmen des Managements und der anschliessenden Ableitung von Handlungsempfehlungen für die Unternehmensführung bereits in den frühen 60er Jahren widmete.[357] So erkannte Daniel im Rahmen seiner Beratungstätigkeit im Zusammenhang mit der Ausgestaltung von Informationssystemen, dass der langfristige Erfolg einer Unternehmung von drei bis sechs Faktoren abhängt.[358] Leidecker/Bruno stellten einen Bezug des Konzeptes der Erfolgsfaktoren und der strategischen Planung her und haben dann als erste explizit darauf hingewiesen, dass der strategische Erfolg trotz der Multikausalität auf wenigen grundlegenden Einflussgrössen basiert.[359]

Während bis Ende der 70er Jahre die Strategieforschung auf die Unternehmensebene fokussiert war und sich hauptsächlich mit Fragen der Diversifikation befasste, verlagerte sich der Forschungsschwerpunkt in den 80er Jahren auf die Geschäftsfeldebene.[360] Immer häufiger stand dann der Erfolg einzelner Geschäftsfelder und damit die Erfolgsfaktorenforschung – auch „Performance als abhängige Variable"-

[355] Im Sinne eines praktisch normativen Wissenschaftsverständnisses liegt die Aufgabe der Betriebswirtschaftslehre in der Unterbreitung von Handlungsempfehlungen für die Unternehmenspraxis (vgl. Grünig, R.; Kühn, R. 2004, S. 47ff.; o.V. 1997, S. 2789). Bezogen auf die vorliegende Arbeit bedeutet dies, dass die reine Identifikation von Strategietypen primär im Rahmen der Entwicklung einer Nischenstrategie-Theorie von Interesse ist, während für die Praxis Kenntnisse über den Erfolg der einzelnen Typen von strategischer Bedeutung sind. Im Zentrum der Arbeit steht jedoch nicht die Entwicklung von Entscheidungsverfahren, wie dies eine strenge Interpretation des praktischen Normativismus verlangen würde, sondern die Identifikation Erfolg versprechender Nischenstrategie-Typen, was in der Praxis zur Entscheidungsunterstützung beitragen kann.

[356] Eine Klassifizierung empirischer Erfolgsfaktorenstudien findet sich bei Grünig, R.; Heckner, F.; Zeus, A. 1996, S. 8. Vgl. auch Fritz, W. 1990, der 40 Untersuchungen der empirischen Erfolgsfaktorenforschung analysierte.

[357] Vgl. Nicolai, A.; Kieser, A. 2002, S. 580.

[358] Vgl. Daniel, R.D. 1961, S. 116. Vgl. auch Leidecker, J.K.; Bruno, A.V. 1984, S. 23; Grünig, R.; Heckner, F.; Zeus, A. 1996, S. 3; Grünig, R.; Kühn, R. 2002, S. 119; Nicolai, A.; Kieser, A. 2002, S. 580.

[359] Vgl. Leidecker, J.K.; Bruno, A.V. 1984, S. 23ff. Vgl. auch Rockart, J.F. 1979, S. 85f.; Grünig, R.; Heckner, F.; Zeus, A. 1996, S. 4; Haedrich, G.; Jenner, T. 1996, S. 15.

[360] Vgl. Jenner, T. 1999, S. 130. Die Differenzierung zwischen drei Strategieebenen hat sich in der Literatur weitgehend durchgesetzt. Dabei werden Strategien auf Unternehmensebene, Geschäftsfeldebene und Funktionsbereichsebene unterschieden. Diese Systematisierung geht zurück auf Hofer, C.W.; Schendel, D.E. 1978, S. 27ff. Vgl. dazu auch Buzzell, R.D.; Gale, B.T. 1989, S. 18 und Grünig, R.; Kühn, R. 2002, S. 35ff.

Forschung (PaaV) genannt – im Zentrum des Strategischen Managements.[361] In jüngster Zeit jedoch, ist dieser Forschungsansatz, insbesondere aufgrund methodischer Mängel, zunehmender Kritik ausgesetzt.[362]

Das Ziel der Erfolgsfaktorenforschung ist die empirische Ermittlung der wesentlichen, langfristigen Determinanten des Unternehmenserfolges.[363] Dies impliziert die Grundannahme dieses Forschungsbereiches, dass einzelne Unternehmungen langfristig überdurchschnittliche Gewinne erzielen können.[364] Die Erfolgsfaktorenforschung wird vielfach gerade damit begründet, dass in der Praxis zahlreiche Unternehmen existieren, welche über einen grösseren Zeitraum hinweg zu den erfolgreichsten Unternehmen zählen, da diese in gewissen Faktoren, den Erfolgsfaktoren, besser sind.[365]

Von Erfolgsfaktoren wird dann gesprochen, wenn Variablen einen massgeblichen Einfluss auf den langfristigen Erfolg ausüben.[366] In diesem Zusammenhang gilt es zu präzisieren, dass es sich um „Generelle Erfolgsfaktoren“ handelt, welche markt- respektive branchenunabhängig gültig sind und sich über die Zeit nicht verändern.[367] Diese andauernde Allgemeingültigkeit hat zur Folge, dass die Faktoren für alle Unternehmen von Interesse sind und deshalb deren Identifikation von praktischer Bedeutung ist. Die Relevanz der Erfolgsfaktorenforschung für die Unternehmenspraxis wird in der Literatur auch deshalb als hoch eingeschätzt, weil davon ausgegangen wird, dass der langfristige Erfolg von Unternehmen von einigen wenigen Variablen abhängt, und somit die Kenntnis dieser Erfolgsfaktoren zur Ableitung von Handlungsempfehlungen von strategischer Bedeutung ist.[368]

Einen grundlegenden Beitrag zur Erfolgsfaktorenforschung haben insbesondere die Studien von Peters/Waterman und das PIMS-Forschungsprojekt (vgl. Anhang 1) geleistet.[369] Im Rahmen der vorliegenden Arbeit sind weniger diese Studien, als die da-

[361] Vgl. Jones, G.R.; Butler, J.E. 1988, S. 202; Nicolai, A.; Kieser, A. 2002, S. 581 und die dort aufgeführten Studien zur PaaV-Forschung.

[362] Zur Kritik vergleiche insbesondere Nicolai, A.; Kieser, A. 2002, S. 584ff. und Fritz, W. 1990, S. 91ff., die darauf hinweisen, dass die empirische Erfolgsfaktorenforschung grosse methodische Defizite aufweist und sich in einem wenig ausgereiften Entwicklungsstadium befindet.

[363] Vgl. Fritz, W. 1990, S. 92.

[364] Vgl. Spanos, Y.E.; Lioukas, S. 2001, S. 911.

[365] Vgl. Fritz, W. 1990, S. 93.

[366] Vgl. Grünig, R.; Heckner, F.; Zeus, A. 1996, S. 4; Grünig, R.; Kühn, R. 2005, S. 128.

[367] Vgl. Grünig, R.; Kühn, R. 2002, S. 118f.

[368] Vgl. Grünig, R.; Heckner, F.; Zeus, A. 1996, S. 3; Haedrich, G.; Jenner, T. 1996, S. 13ff.; Jenner, T. 1999, S. 233.

[369] Vgl. Fritz, W. 1990, S. 92; Peters, T.J.; Waterman, R.H. 1982, S.13ff. (und kritisch dazu: Byrne, J.A. 2001, S. 46).

hinter stehenden theoretischen Ansätze zur Erklärung des Unternehmenserfolges von Bedeutung. Deshalb werden nachfolgend die beiden grundlegenden Ansätze des Strategischen Managements zur Erklärung des langfristigen Unternehmenserfolges, der Marktorientierte und der Ressourcenorientierte Ansatz, diskutiert. Diese Ausführungen dienen der theoretischen Grundlegung sowie der Bestimmung der Untersuchungsvariablen, worauf im empirischen Teil der Arbeit zurückgegriffen wird.

5.3.1.1 Marktorientierter Ansatz

Die Mehrzahl der Forschungen zum Inhalt von Strategien ist dem **Marktorientierten Ansatz** (= Market-based View)[370] zuzuordnen. Diesem wissenschaftlichen Ansatz zur Erklärung des langfristigen Unternehmenserfolges liegt das den Industrial Organization (IO)-Ansatz[371] prägende „Structure-Conduct-Performance-Paradigma“ zu Grunde.[372] Jede Branche ist durch eine bestimmte Marktstruktur (Structure) gekennzeichnet, die einen starken Einfluss auf das Wettbewerbsverhalten (Conduct) der Anbieter ausübt. Dieses Verhalten wiederum determiniert schliesslich den wirtschaftlichen Erfolg (Performance).[373] (Vgl. Abbildung 15).

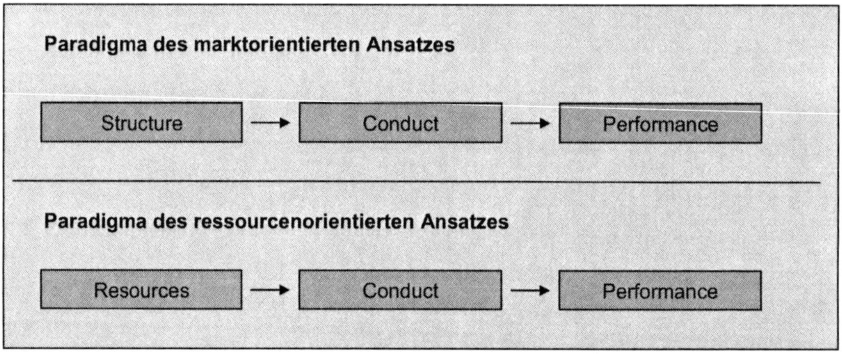

Abbildung 15: Paradigmen des Marktorientierten und des Ressourcenorientierten Ansatzes[374]

[370] Vgl. Kühn, R.; Grünig, R. 2000, S. 119.
[371] Ausführungen zum Industrial Organization-Ansatz finden sich bspw. bei Caves, R.E. 1980; Oberender, P. 1994; Jenner, T. 1999, S. 58ff.
[372] Vgl. Grünig, R.; Kühn, R. 2005, S. 176, S. 410; Kühn, R.; Grünig, R. 2000, S. 119ff; Jenner, T. 1999, S. 58.
[373] Das Structure-Conduct-Performance Paradigma ist von Chamberlin und Mason entwickelt und von Bain weiterentwickelt worden. Vgl. Chamberlin, E.H. 1939; Mason, E.S. 1949; Bain, J.S. 1959. Vgl. dazu auch Jenner, T. 1999, S. 58.
[374] Eigene Darstellung in Anlehnung an Grünig, R.; Kühn, R. 2002, S. 235.

Im Rahmen der klassischen IO-Literatur wird angenommen, dass eine Unternehmung weder die Industriestruktur noch den Unternehmenserfolg beeinflussen kann. Begründet wird diese Annahme damit, dass die Strategie einer Unternehmung nicht frei gewählt werden kann, sondern durch die Industriestruktur determiniert wird.[375] Vielfach wurde dieser Zusammenhang sogar auf einen Struktur-Ergebnis-Schluss reduziert, indem die Beziehung zwischen einem Strukturmerkmal und einer Erfolgsgrösse untersucht worden ist.

Zahlreiche Studien erforschten beispielsweise den Einfluss der Anbieterkonzentration (Struktur) auf das Marktergebnis (Ergebnis) oder auf die Effizienz.[376] Dabei liegt vielen Arbeiten die Hypothese zu Grunde, dass eine Zunahme der Anbieterkonzentration die Rentabilität einer Branche aufgrund vereinfachter Absprachen erhöht.[377] Zahlreiche empirische Studien untersuchten auch noch weitere Zusammenhänge zwischen Variablen der Marktstruktur und den Erfolgsindikatoren, wodurch hauptsächlich der Einfluss der Anbieterkonzentration und der Höhe der Markteintrittsbarrieren auf die Branchenrentabilität nachgewiesen werden konnte.[378]

Auf dem Marktorientierten Ansatz basierende Aussagen fokussieren primär auf Branchen- und Marktstrukturen, da diese letztlich den Erfolg bestimmen. Diesbezüglich prägende Arbeiten sind jene von Porter, in welchen die Branchenstruktur zur Erklärung der Wettbewerbssituation und der Rentabilität einer Branche (Fünf-Kräfte-Modell)[379] herangezogen wird. Damit folgt Porter dem Structure-Conduct-Performance-Paradigma des IO-Ansatzes, indem er von einer Beziehung zwischen Branchenstruktur und Erfolg ausgeht. Mit anderen Worten wird angenommen, dass die Varianz der Rentabilität von Branchen zumindest teilweise durch die Branchenstruktur erklärt werden kann. Rumelt's Einwand, dass die Varianz der Rentabilität zwischen Branchen geringer sei als innerhalb einer Branche,[380] scheint Porter's Annahme zu widersprechen. Ein im Rahmen der bracheninternen Strukturanalyse entwickelter Ansatz von Porter kann jedoch diesem Einwand teilweise gerecht werden: Zur Erklärung verschiedener Wettbewerbspositionen der Anbieter innerhalb ei-

[375] Vgl. Spanos, Y.E.; Lioukas, S. 2001, S. 908.
[376] Vgl. Oberender, P. 1994, S. 67.
[377] Vgl. Schmalensee, R. 1985, S. 342.
[378] Vgl. dazu Jenner, T. 1999, S. 61.
[379] Vgl. zur Branchenstrukturanalyse anhand des Fünf-Kräfte-Modells Porter, M.E. 1986, S. 22ff.
[380] Vgl. Rumelt, R.P. 1991, S. 178f.

ner Branche verwendet Porter dafür das Modell der strategischen Gruppen und richtet seinen Fokus auf Gruppen von Unternehmungen einer Branche.[381]

Das dem Marktorientierten Ansatz zu Grunde liegende Structure-Conduct-Performance-Paradigma steht einerseits in Kritik, weil normative Aussagen zur Branchenstruktur gemacht werden.[382] Die Existenz optimaler Branchenstrukturen impliziert dabei, dass Unternehmen aus der Branchenstruktur einen Wettbewerbsvorteil generieren können. Investitionen von Unternehmen in Branchen mit attraktiven Strukturen bergen jedoch die Gefahr in sich, dass Optionen zur Erreichung von Wettbewerbsvorteilen, basierend auf spezifischen Ressourcen, nur ungenügend wahrgenommen werden.[383] Andererseits kann der Fokus von Unternehmen auf die Industriestruktur zu unrentablen Investitionen führen, da die Beeinflussung der Struktur Vorteile bringt, von denen auch die Konkurrenz profitiert. Ein weiterer Kritikpunkt bezieht sich auf die Annahme des IO-Ansatzes, dass Unternehmen einer Branche identische strategische Ressourcen aufweisen. Dies setzt eine hohe Mobilität der Ressourcen voraus, damit eine allfällige Heterogenität der Ressourcenausstattung auch nur kurzfristig anhalten kann.[384] Schliesslich wird eine zu statische Betrachtung des Zusammenhangs zwischen Struktur und Performance bemängelt, welche von einer langfristig konstanten Existenz optimaler Branchenstrukturen ausgeht.[385]

Kritik an den Grundlagen des Ansatzes ist zudem durch mehrere empirische Studien vorgebracht worden. Wie bereits erwähnt, entdeckte beispielsweise Rumelt, dass die Varianz der Rentabilität innerhalb einer Branche bedeutend höher ist als die Varianz zwischen den Branchen.[386] Dies widerspricht der Prämisse des IO-Ansatzes, dass die Unternehmensrentabilität durch die Branchenstruktur bestimmt wird. Jacobsen konnte darüber hinaus empirisch beweisen, dass die beiden zentralen Faktoren der Branchenstruktur – Branchenkonzentration und Markteintrittsbarrieren – keinen bzw. einen sehr geringen Einfluss auf die Profitabilität ausüben.[387] Schliesslich zeigte die

---

[381] Zum Modell der strategischen Gruppen als brancheninterne Strukturanalyse vgl. Porter, M.E. 1983, S. 173ff. Vgl. auch Grünig, R.; Kühn, R. 2005, S. 189ff.; Kühn, R.; Grünig, R. 2000, S. 133ff.
[382] Vgl. dazu Oberender, P. 1994, S. 67.
[383] Vgl. Rasche, C.; Wolfrum, B. 1994; 501.
[384] Vgl. Barney, J. 1991, S. 100.
[385] Vgl. McWilliams, A. 1993, S. 66ff.
[386] Vgl. Rumelt, R.P. 1991, S. 178f.
[387] Vgl. Jacobsen, R. 1988, S. 428 aber auch Hill, C.W.; Deeds, D.L. 1996, S. 447.

Studie von Schmalensee, dass Branchenfaktoren „nur" 19.46% der Varianz der Unternehmensrentabilität erklären.[388]

Dieser Kritik zum Trotz bleibt einzuwenden, dass auch auf industrieökonomischen Überlegungen aufbauende Ansätze Aspekte einer ressourcenorientierten Sichtweise nicht völlig unberücksichtigt bleiben. Die Verkündung eines Paradigmenwechsels vom Marktorientierten hin zum Ressourcenorientierten Ansatz sollte dementsprechend nicht voreilig vorgenommen werden.[389] Im Folgenden wird der zweite grundlegende Ansatz der Erfolgsfaktorenforschung, der Ressourcenorientierte Ansatz, diskutiert.

5.3.1.2 Ressourcenorientierter Ansatz

Der Industrial Organization-Ansatz allein ist nicht in der Lage, den in der Unternehmenspraxis feststellbaren, dauerhaft überdurchschnittlichen Erfolg einzelner Unternehmen zu begründen. Da in verschiedenen Branchen Anbieter existieren, welche unter gleichen Marktbedingungen bzw. in identischen Branchenstrukturen erfolgreicher sind als die Konkurrenz, liegt auf der Hand, Erfolgsunterschiede in den Eigenschaften von Unternehmen zu suchen.[390] Obwohl die genaue Stärke des Einflusses von Unternehmenseigenschaften umstritten ist, konnte in mehreren empirischen Studien nachgewiesen werden, dass von einem bedeutenden Effekt auszugehen ist.[391]

Als Gegenposition zu der bis dato dominierenden marktorientierten Sichtweise entwickelte sich in den 90er Jahren der Ressourcenorientierte Ansatz. Unter diesem Ansatz werden sämtliche Modelle zusammengefasst, welche den Unternehmenserfolg über die Existenz einzigartiger Ressourcen zu erklären versuchen.[392] Stigler und Demsetz gehören zu den ersten, die argumentierten, dass nicht Industriestrukturen, sondern Unterschiede zwischen Unternehmen die Performance bestimmen.[393] Demnach sind bereits in früheren Arbeiten Aspekte der Ressourcenorientierung diskutiert

[388] Vgl. Schmalensee, R. 1985, S. 341ff. aber auch Hill, C.W.; Deeds, D.L. 1996, S. 448 und die Studien von Henderson, R.; Cockburn, I. 1994; Hansen, G.S.; Wernerfelt, B. 1989. Weitere Studien mit ähnlichen Erkenntnissen finden sich bei Peteraf, M.A. 1993, S. 186.

[389] Vgl. Rasche, C.; Wolfrum, B. 1994, S. 513; Foss, N.J. 1996, S. 4.

[390] Vgl. Barnett, W.P.; Greve, H.R.; Park, D.Y. 1994, S.11; Jenner, T. 1999, S. 81; Peteraf, M.A. 1993, S. 186.

[391] Vgl. Peteraf, M.A. 1993, S. 186 und die Studien von Hansen, G.S.; Wernerfelt, B. 1989; Rumelt, R.P. 1991.

[392] Vgl. Rasche, C.; Wolfrum, B. 1994, S. 502.

[393] Vgl. Stigler, G.L. 1968; Demsetz, H. 1973 aber auch Hill, C.W.; Deeds, D.L. 1996, S. 431.

worden, wodurch die späteren Studien von Wernerfelt eine Art Wiederentdeckung des Ressourcenorientierten Ansatzes darstellen.[394] Eine wachsende Zahl von Arbeiten wendete sich in der Folge der Analyse unternehmensbezogener Faktoren zu.

Dem Ressourcenorientierten Ansatz liegt das „Resources-Conduct-Performance-Paradigma“ zu Grunde, bei welchem Ressourcen die Basis langfristigen Unternehmenserfolges bilden (vgl. Abbildung 15). Als grundlegende Annahme gilt denn auch die Heterogenität der Ressourcenausstattung von Unternehmen, welche Profitabilitätsunterschiede zwischen Unternehmen derselben Branche erklärt.[395] Diese Annahme spielt eine entsprechende Rolle wie die Strukturmerkmale Eintritts- und Mobilitätsbarrieren von Branchen innerhalb des Industrial-Organization-Ansatzes.[396] Die Ressourcenheterogenität impliziert, dass Faktormärkte, auf denen Ressourcen frei gehandelt werden können, nicht funktionieren bzw. nicht existieren.[397] Die Nutzung von Ressourcenvorteilen ermöglicht einer Unternehmung die Herstellung von Produkten, welche sich von der Konkurrenz abheben. Erfolgsunterschiede im Markt resultieren somit aus der Nutzung einzigartiger Ressourcen zur Herstellung bedürfnisgerechter Angebote.[398] In der Literatur ist man sich grundsätzlich einig, dass langfristige Ressourcenvorteile nur erzielt werden können, wenn es sich um strategisch bedeutende, das heisst um knappe bzw. seltene, nicht imitierbare, nicht substituierbare und für die Kunden Nutzen stiftende, Ressourcen handelt.[399]

Im Vergleich zur marktorientierten Sichtweise bleibt festzuhalten, dass im Rahmen des Ressourcenorientierten Ansatzes oder einer Synthese der beiden Ansätze weniger intensiv geforscht wurde. Erst in jüngerer Zeit sind vermehrt wissenschaftliche Arbeiten dieser Thematik gewidmet.[400] Obwohl bereits zahlreiche konzeptionelle Studien existieren, welche unter anderem wertvolle Ressourcen abhandeln,[401] wer-

---

394 Vgl. Wernerfelt, B. 1984, S. 171ff.; Jenner, T. 1999, S. 85; Henderson, R.; Cockburn, I. 1994, S. 63.

395 Vgl. Barney, J. 1991, S. 101; Collis, D.J. 1991, S. 50; Rasche, C.; Wolfrum, B. 1994, S. 503; Hill, C.W.; Deeds, D.L. 1996, S. 432f.; Spanos, Y.E.; Lioukas, S. 2001, S. 909.

396 Vgl. Jenner, T. 1999, S. 88. Weitere Analogie-Betrachtungen zwischen der Ressourcenorientierung und dem Fünf-Kräfte-Modell des IO-Ansatzes werden in Wernerfelt, B. 1984, S. 172ff. behandelt.

397 Vgl. Rasche, C.; Wolfrum, B. 1994, S. 503; Spanos, Y.E.; Lioukas, S. 2001, S. 909.

398 Vgl. Grünig, R.; Kühn, R. 2002, S. 233ff.

399 Vgl. Barney, J. 1991, S. 105ff.; Rasche, C.; Wolfrum, B. 1994, S. 503ff.; Black, J.A.; Boal, K.B. 1994b, S. 132f.; vgl. auch Peteraf, M.A. 1993, S. 180ff, Henderson, R.; Cockburn, I. 1994, S. 64f.

400 Vgl. Jenner, T. 1999, S. 92; Barney, J.B. 1996, S. 469; McGrath, R.G.; MacMillan, I.C.; Venkataraman, S. 1995, S. 251; Henderson, R.; Cockburn, I. 1994, S. 63. Die Thematik findet vermehrt in jüngerer Literatur Eingang, wie bspw. die konzeptionellen Arbeiten von Barney, J. 1991; Rasche, C.; Wolfrum, B. 1994; Foss, N.J. 1996 verdeutlichen.

401 Vgl. Black, J.A.; Boal, K.B. 1994b; Peteraf, M.A. 1993.

den empirische Studien erst seit wenigen Jahren systematisch durchgeführt.[402] In einer entsprechend frühen Phase der Entwicklung befindet sich somit dieser Ansatz.[403] So verfolgt die Arbeit von Miller/Shamsie aus den späten 90er Jahren das Ziel, den Ressourcenorientierten Ansatz von einer Sichtweise zu einer Theorie überzuführen und so von einer deskriptiven Ebene zu überprüfbaren Hypothesen zu gelangen.[404] Folge dieser Vernachlässigung ressourcenorientierter Forschungen sind unter anderen mangelhafte Kenntnisse über die Erfolgswirkung von Ressourcen[405] und im generellen ein mangelhafter Ressourcenbezug der Strategieliteratur.[406]

Wie der Marktorientierte weist auch der Ressourcenorientierte Ansatz gewisse Unzulänglichkeiten auf. So herrscht weitgehend Uneinigkeit über die Bezeichnung und die Abgrenzung des Betrachtungsobjektes. Sowohl im angelsächsischen als auch im deutschsprachigen Raum werden Begriffe, wie bspw. Ressourcen (resources), Kompetenzen (competences) und Kernkompetenzen (core competences) unterschiedlich verwendet. Neben diesen terminologischen Problemen werden auch die Auswahl, die Operationalisierung und die Aussagefähigkeit der Anforderungskriterien erfolgsbedeutender Ressourcen bemängelt.[407]

Die Ausführungen zu den beiden Ansätzen der Erfolgsfaktorenforschung zeigen, dass eine allgemein anerkannte Theorie des Strategischen Managements fehlt, welche die Ursachen des Unternehmenserfolges zu erklären vermag.[408] In der wissenschaftlichen Literatur wird deshalb immer häufiger verlangt, dass sowohl die Marktorientierte als auch die Ressourcenorientierte Perspektive berücksichtigt werden muss. So kommen beispielsweise Spanos/Lioukas in ihrer empirischen Arbeit zum Schluss, dass beide Perspektiven berücksichtigt werden müssen.[409] Je nach Umwelt- und Unternehmenssituation kann dabei die interne (Ressourcen) oder die externe (Branchenstruktur) Orientierung dominieren.[410] Barnett et al. sprechen von einem Trade-off und argumentieren, dass Strategien zur Erreichung eines Positionie-

[402] Vgl.Miller, D.; Shamsie, J. 1996, S. 519 und die Studien von Spanos, Y.E.; Lioukas, S. 2001; McGrath, R.G.; MacMillan, I.C.; Venkataraman, S. 1995; Henderson, R.; Cockburn, I. 1994; Collis, D.J. 1991; Rumelt, R.P. 1991.
[403] Vgl. Peteraf, M.A. 1993, S. 179.
[404] Vgl. Miller, D.; Shamsie, J. 1996, S. 519.
[405] Vgl. Miller, D.; Shamsie, J. 1996, S. 519.
[406] Vgl. Miller, D.; Shamsie, J. 1996, S. 539.
[407] Vgl. Rasche, C.; Wolfrum, B. 1994, S. 511ff.
[408] Vgl. Rasche, C.; Wolfrum, B. 1994, S. 501.
[409] Vgl. Spanos, Y.E.; Lioukas, S. 2001, S. 920.
[410] Vgl. Rasche, C.; Wolfrum, B. 1994, S. 513.

rungsvorteils im Markt jenen zur Entwicklung einzigartiger Ressourcen entgegenwirken.[411] Foss hingegen sieht in der ressourcenorientierten Sichtweise den Stärken- und Schwächenbereich der SWOT-Analyse (Strength-Weakness and Opportunities-Threats) abgedeckt, während die marktorientierte Analyse den Chancen- und Gefahrenbereich umfasst.[412] McGrath et al. sind schliesslich der Auffassung, dass die Branchenstruktur die Bandbreite der Profitabilität der Unternehmungen einer Branche bestimmt, die einzigartigen Ressourcen jedoch jeweils für die Position innerhalb dieser Bandbreite verantwortlich sind.[413] Auch wenn in der Wissenschaft noch kein Konsens über die genauen Zusammenhänge zwischen den beiden Ansätzen und dem Erfolg herrscht, so kann zumindest festgestellt werden, dass die markt- und ressourcenorientierten Sichtweisen sich in der Erklärung des Unternehmenserfolges ergänzen.[414] In der vorliegenden Arbeit wird davon ausgegangen, dass sowohl die Branchenstruktur als auch die Unternehmensressourcen einen Einfluss auf die Strategiewahl haben, weshalb bei der Bestimmung der Untersuchungsvariablen beide Sichtweisen einbezogen werden.[415]

Sowohl der marktorientierte Ansatz, bei welchem die Branchenstruktur die Möglichkeiten der Erfolgserzielung definiert, als auch die ressourcenorientierte Sichtweise, bei welcher Wettbewerbsvorteile auf spezifischen Ressourcen basieren, bedürfen zur Umsetzung der Vorteile und damit zur Erzielung einer überdurchschnittlichen Rentabilität angemessener Strategien (vgl. Abbildung 15). Nachdem der Fokus bisher auf die Konstrukte Branchenstruktur und Ressourcen gerichtet war, soll im Folgenden die Strategie in den Vordergrund gerückt werden. Die Zielsetzung der vorliegenden Arbeit, den Erfolg verschiedener Nischenstrategien zu messen, verlangt eine vorgängige Sekundäranalyse bestehender empirischer Studien zum Erfolg von Nischenstrategien. Ziel dabei ist es, aus der Literatur bereits existierende empirische Ergebnisse zum Erfolg von Nischenstrategien zu erfassen und in der eigenen Untersuchung zu berücksichtigen.

---

411 Vgl. Barnett, W.P.; Greve, H.R.; Park, D.Y. 1994, S. 11.
412 Vgl. Foss, N.J. 1996, S. 19.
413 Vgl. McGrath, R.G.; MacMillan, I.C.; Venkataraman, S. 1995, S. 252.
414 Vgl. Spanos, Y.E.; Lioukas, S. 2001, S. 911.
415 Vgl. Kapitel 6.

5.3.2 Nischenstrategien in Studien zu Wettbewerbsstrategien

In der Strategieliteratur der 80iger Jahre finden sich zahlreiche Studien zum Erfolg von Wettbewerbsstrategien. Wie bereits in Kapitel 1.2.2 erwähnt, werden Nischenstrategien in Studien über Wettbewerbsstrategien gar nicht oder meist nur oberflächlich und in sehr unterschiedlichen Ausprägungsformen diskutiert.[416] Im Folgenden werden nur diejenigen empirischen Studien zu Wettbewerbsstrategien berücksichtigt, welche mindestens einen Strategietypen mit beschränkter Marktbearbeitung identifiziert haben. Da der Schwerpunkt dieser Studien auf Wettbewerbsstrategien liegt, wird fast ausschliesslich der Erfolg einer Nischenstrategie im Vergleich zu Gesamtstrategien untersucht, während Erfolgsunterschiede verschiedener Typen von Nischenstrategien unberücksichtigt bleiben. Einen zusammenfassenden Überblick über die betrachteten Studien gibt die am Ende dieses Abschnitts präsentierte Tabelle 2.

Obwohl die Arbeiten von Porter grundsätzlich konzeptioneller Natur sind, soll an dieser Stelle nochmals kurz auf seine Systematisierung Bezug genommen werden. Es ist unbestritten, dass Porter mit seiner Typologie von Wettbewerbsstrategien die Strategiediskussion der letzten zwanzig Jahre stark mitgeprägt hat.[417] Ausserdem bildet sie die Grundlage zahlreicher empirischer Studien. Porter selbst hat es jedoch unterlassen, die Nischenstrategie eingehender zu untersuchen. Auch was die Erfolgsvoraussetzungen dieses Strategietyps betrifft, fehlen ausführliche Aussagen. Als marktseitige Erfolgsvoraussetzung nennt er einzig schrumpfende Märkte.[418]

Im Folgenden werden Studien zu Wettbewerbsstrategien analysiert, welche im Rahmen der empirischen Entwicklung einer Systematisierung von Wettbewerbsstrategien mindestens einen Strategietypen als Nischenstrategie bezeichnen. In den Arbeiten von Miller/Friesen, Galbraith/Schendel, Hambrick, Dess/Davis, Douglas/Rhee, Morrison/Roth und Alsem et al. wurde jeweils nur ein Nischenstrategie-Typ identifiziert.[419]

Die Studie von Miller/Friesen gehört wohl zu den ersten empirischen Studien, welche die Typisierung von Wettbewerbsstrategien zum Ziel hatte. Anhand von Fallstudien

[416] White, R.E. 1986 unterlässt es z.B. ganz, bei der Erfolgsmessung von Wettbewerbsstrategien Nischenstrategien zu berücksichtigen.
[417] Vgl. Rasche, C.; Wolfrum, B. 1994, S. 502.
[418] Vgl. Porter, M.E. 1998, S. 269; Porter, M.E. 1996, S. 61; Porter, M.E. 1983, S. 337.
[419] Vgl. Miller, D.; Friesen, P.H. 1978; Galbraith, C.; Schendel, D. 1983; Hambrick, D.C. 1983a; Dess, G.G.; Davis, P.S. 1984; Douglas, S.P.; Rhee, D.K. 1989; Morrison, A.J.; Roth, K. 1992; Alsem, K.J.; Hoekstra, J.C.; van der Heide, B. 1996.

bildeten die Autoren zehn Archetypen der Strategieformulierung.[420] Einer der Strategietypen wird dabei als „Innovator" bezeichnet und soll den Autoren zufolge eine Nischenstrategie darstellen. Dieser Typ ist dadurch gekennzeichnet, dass mittels Innovationen und proaktivem Handeln versucht wird, in Marktbereichen erfolgreich zu sein, welche relativ schwach bearbeitet werden. Der Einsatz von Ressourcen zur Analyse des Marktumfeldes und zur Anpassung an veränderte Marktbedingungen ist gering. Was die Beurteilung des Erfolges betrifft, unterscheiden Miller/Friesen generell nur erfolgreiche und nicht erfolgreiche Strategietypen. In der Studie erwies sich die Nischenstrategie insofern als erfolgreich, als die von Nischenunternehmen selbst gesetzten Ziele erreicht wurden. Einschränkend muss darauf hingewiesen werden, dass nur gerade vier Unternehmen diesem Strategietypen zugeordnet sind.[421]

Als weitere Studie ist jene von Galbraith/Schendel zu nennen. Diese basiert auf der PIMS-Datenbank und untersucht Typen von Wettbewerbsstrategien in Konsum- und Industriegütermärkten. In beiden Bereichen wurde jeweils nur ein Nischenstrategie-Typ identifiziert, welcher sich weniger über die Breite der Marktabdeckung als über die Fokussierung auf hohe Qualität, schmale Sortimentsbreite und hohe Preise definiert. Dabei ist zu präzisieren, dass jeweils Strategietypen mit einer noch stärkeren Konzentration auf Produktlinien bzw. Kundensegmente resultierten, welche jedoch nicht als Nischenstrategien bezeichnet werden. Während in Industriegütermärkten Cashflow und ROI der Nischenanbieter durchschnittliche Werte aufweisen, fielen in Konsumgütermärkten die Cashflows unterdurchschnittlich aus. Nischenanbieter in Konsumgütermärkten mit einer schwachen Marktstellung zeigten jedoch einen überdurchschnittlichen, jene in einer starken Stellung einen unterdurchschnittlichen Return on Investment.[422] Der Marktstellung des Nischenanbieters kommt demnach eine grosse Bedeutung in Bezug auf den Erfolg von Nischenstrategien zu. Diesem Umstand soll bei der Bestimmung der Untersuchungsvariablen in Kapitel 6 Rechnung getragen werden.[423]

---

420 Die Studie basiert auf einer Stichprobe von 81 Unternehmen der USA.

421 Vgl. Miller, D.; Friesen, P.H. 1978, S. 921ff.

422 Vgl. Galbraith, C.; Schendel, D. 1983, S. 169ff. Es wird zudem darauf hingewiesen, dass zwischen den Erfolgskennzahlen Cashflow, ROI und Marktanteil ein Trade-off existiert.

423 Vgl. Galbraith, C.; Schendel, D. 1983, S. 153ff. Es bleibt anzumerken, dass sowohl in den Konsum- wie auch in den Industriegütermärkten jeweils 9% der Unternehmen dem Nischenstrategie-Typen zuzuordnen sind. Zum Zeitpunkt der Untersuchung umfasste die PIMS-Datenbank über 1'200 Geschäftsfelder von ungefähr 100 Unternehmen (vgl. Galbraith, C.; Schendel, D. 1983, 157f.).

Hambrick analysierte anhand der PIMS-Datenbank die Profitabilität von Strategien in gesättigten Industriegütermärkten.[424] Einer der rentablen Strategietypen konzentriert sich auf die Bearbeitung kleiner Segmente und kann deshalb am ehesten als Nischenstrategie bezeichnet werden. Dieser Strategietyp verfügt über keine konsistenten Differenzierungsvorteile, bearbeitet die einzelnen Segmente auf mehrere unspezifische Arten und zeichnet sich zudem durch seine tiefe Investitions- und Innovationsintensität aus.[425] Als Erfolgskriterium wurde der 4-Jahresdurchschnitt des Return on Investment herangezogen. Da die langfristigen Aussichten dieses Strategietypen als gering eingestuft werden, sieht Hambrick dessen Eignung primär im Rahmen einer Abschöpfungsstrategie.[426]

In der Studie von Dess/Davis wurden Unternehmen der US-Farbindustrie befragt.[427] Anhand einer Cluster Analyse wurden Strategietypen unterschieden, welche der Typologie von Porter weitgehend entsprechen. Demzufolge kann ein Strategietyp als Fokus- bzw. Nischenstrategie bezeichnet werden. Die Autoren weisen jedoch darauf hin, dass es aufgrund der Existenz unterschiedlicher Nischenstrategie-Arten und der Tatsache, dass nur drei Unternehmen dem Nischenstrategie-Typen zugeordnet sind, nicht möglich war, diesen Strategietypen klar zu identifizieren. Deshalb fehlt eine detaillierte Charakterisierung dieses Strategietyps. Die darauf folgende Erfolgsmessung zeigte, dass Unternehmen, welche eine Nischenstrategie verfolgten, das höchste jährliche Umsatzwachstum, jedoch den tiefsten Return on total Assets erreichten. Dess/Davis sehen durch dieses Ergebnis einen Trade-off zwischen Wachstum und Rentabilität bestätigt.[428]

Douglas/Rhee untersuchten anhand der PIMS-Datenbank Typen von Wettbewerbsstrategien und ihre Erfolgsbedeutung in US-Amerikanischen und Europäischen Industriegütermärkten.[429] In beiden Ländern wurden 6 Strategietypen unterschieden,

---

[424] Die Studie basiert auf einer Stichprobe von 164 Unternehmen (vgl. Hambrick, D.C. 1983a, S. 692f.).

[425] Es bleibt anzumerken, dass nur gerade zehn Unternehmen diesem Strategietypen zugeordnet sind (vgl. Hambrick, D.C. 1983a, S. 698).

[426] Eine Abschöpfungsstrategie zeichnet sich dadurch aus, dass in einem bestimmten Geschäftsbereich auf Investitionen verzichtet wird und das Geschäft nur solange weitergeführt wird, wie ein positiver Cashflow generiert werden kann (vgl. Hambrick, D.C. 1983a, S. 696ff.).

[427] Es handelt sich dabei um eine schriftliche Befragung von 19 Unternehmen (vgl. Dess, G.G.; Davis, P.S. 1984, S. 477ff.).

[428] Vgl. Dess, G.G.; Davis, P.S. 1984, S. 481ff.

[429] Im Rahmen dieser Studie sind 250 Unternehmen, mit Hauptsitz und Verkaufsgebiet in den USA und 187 Unternehmen, welche den europäischen Markt bearbeiten (120 mit Sitz in Europa, 67 in den USA) befragt worden (vgl. Douglas, S.P.; Rhee, D.K. 1989, S. 442).

wobei jeweils einer davon eine Nischenstrategie darstellt. Der Nischenstrategie-Typ zeichnet sich durch eine Fokussierung auf eine kleine Kundengruppe in einem Premium Segment aus, welche mittels einer schmalen, jedoch qualitativ hoch stehenden Produktlinie bearbeitet wird. Zudem sind sowohl die vertikale Integration als auch die Marketingaktivitäten entlang der Wertschöpfungskette von geringer Bedeutung. Die Eigenschaften dieses Nischenstrategie-Typen sind insofern von beschränkter Aussagekraft, als nur gerade sechzehn amerikanische und sieben europäische Unternehmen diesem Typen zugeordnet sind. Während in den USA die Nischenanbieter eine überdurchschnittliche Performance verzeichneten, fielen in den Europäischen Märkten Return on Investment, Return on Sales und Cashflow unterdurchschnittlich aus.[430]

In der quantitativen Studie von Morrison/Roth wurden global ausgerichtete Branchen der USA untersucht.[431] Eine Clusteranalyse lieferte vier Strategietypen, wobei einer davon eine regional beschränkte Spezialisierungsstrategie darstellt und als Nischenstrategie bezeichnet wird. Dieser Typ zeichnet sich durch eine Produktspezialisierung in regionalen Bereichen aus, wobei auf eine innovative und effiziente Produktion geachtet wird. Mit anderen Worten verfolgt dieser Strategietyp das Ziel, Nischenprodukte auf eine effiziente Art und Weise zu produzieren.[432] Die Erfolgsmessung zeigte, dass der Nischenstrategie-Typ im Vergleich zu den anderen drei Typen einen signifikant tieferen ROA aufweist und tendenziell tiefere ROI und Umsatzwachstum verzeichnet. Erklärt wird diese schlechtere Performance mit dem Umstand, dass eine regionale Strategie in global tätigen Branchen aufgrund der hohen Wettbewerbsintensität unvorteilhaft ist.[433]

Alsem et al. identifizierten in mehreren niederländischen Branchen mittels einer quantitativen Befragung und einer Clusteranalyse zur Datenauswertung vier Strategietypen, wobei einer davon eine Konzentration auf ein spezifisches Segment aufweist.[434] Dieser am ehesten als Nischenstrategie zu qualifizierende Strategietyp ver-

---

[430] Vgl. Douglas, S.P.; Rhee, D.K. 1989, S. 437ff.

[431] Die Studie basiert auf einer Stichprobe von 306 Unternehmen, welche schriftlich befragt wurden (vgl. Morrison, A.J.; Roth, K. 1992, S. 403).

[432] Es bleibt anzumerken, dass aufgrund der Tatsache, dass die Breite der Marktabdeckung nicht erhoben wurde, eine präzisere Bestimmung bzw. Analyse von Nischenstrategien verunmöglicht ist. Dazu kommt, dass auch in dieser Studie nur wenige Unternehmen, in diesem Fall deren zehn, dem Nischenstrategie-Typen zugeordnet sind.

[433] Vgl. Morrison, A.J.; Roth, K. 1992, S. 399ff.

[434] Die Studie basiert auf einer Stichprobe von 550 Unternehmen (vgl. Alsem, K.J.; Hoekstra, J.C.; van der Heide, B. 1996, S. 1353).

folgt ein starkes Umsatzwachstum und setzt den Schwerpunkt auf hohe Qualität zu durchschnittlichen Preisen. Abgesehen von der Qualität verfügt dieser Typ über Wettbewerbsvorteile in den Bereichen Serviceleistungen und Marke. Hervorzuheben ist schliesslich der auf neu entstehende Marktsegmente gerichtete Fokus.[435] Die anhand mehrerer Indikatoren[436] durchgeführte Erfolgsmessung zeigte, dass der Nischenstrategie-Typ gute Erfolgskennzahlen liefert und im Vergleich zur Konkurrenz der zweit erfolgreichste Strategietyp darstellt.[437]

Neben diesen Studien zu Wettbewerbsstrategien, welche jeweils nur einen Nischenstrategie-Typen unterscheiden und verschiedene, zum Teil unpräzise Bezeichnungen der Nischenstrategien enthalten, identifizierten Hooley et al. und Miller/Dess in ihren Studien mehrere Typen von Nischenstrategien.

Hooley/Lynch/Jobber führten in England eine quantitative Studie zur Identifikation von Wettbewerbsstrategien durch.[438] Zwei der fünf mittels Clusteranalyse identifizierten Strategietypen weisen den Autoren nach Ähnlichkeiten mit Porters Differenzierungsnischenstrategie auf. Während der eine Strategietyp mit hoher Qualität und hohen Preisen ein kontinuierliches Umsatzwachstum anstrebt, versucht der zweite Typ, hohe Qualität zu durchschnittlichen Preisen anzubieten. Ferner gleicht ein dritter Typ Porters Kostenführer-Nischenstrategie und ein weiterer Porters „Stuck-in-the-middle"-Nischenstrategie. Mittels Kostensenkungsmassnahmen und Produktivitätssteigerungen soll bei Kostenführer-Nischenstrategien gute Qualität zu durchschnittlichen Preisen angeboten werden. Als letztes wird die „Stuck-in-the-middle"-Nischenstrategie genannt, welche sowohl im Preis als auch bei der Qualität durchschnittlich ist. Hinsichtlich der Identifikation von Nischenstrategie-Typen ist die Studie von Hooley et al. nicht in der Lage, über die Systematisierung von Porter hinausgehende Erkenntnisse zu bieten. In Bezug auf die Erfolgskennzahlen Umsatz, Marktan-

---

435 Vgl. Alsem, K.J.; Hoekstra, J.C.; van der Heide, B. 1996, S. 1351ff. Es bleibt anzumerken, dass es sich mit 206 Unternehmen (37.5%) um den meist verfolgten Strategietypen handelt.

436 Gewinn, Umsatzwachstum, Marktanteil, ROI und Cashflow sind relativ zu den selbst gesetzten Zielen, relativ zum Vorjahr als auch relativ zu den grössten Konkurrenten erhoben worden (vgl. Alsem, K.J.; Hoekstra, J.C.; van der Heide, B. 1996, S. 1356).

437 Vgl. Alsem, K.J.; Hoekstra, J.C.; van der Heide, B. 1996, S. 1351ff.

438 Die Studie basiert auf einer schriftlichen Befragung bei einer Stichprobe von 616 Unternehmen, welche in einem Geschäftsfeld tätig sind und ihren Sitz in Grossbritannien haben (vgl. Hooley, G.J.; Lynch, J.E.; Jobber, D. 1992, S. 76).

teil und Gewinn weist die Kostenführer-Nischenstrategie jeweils das schlechteste Ergebnis auf.[439]

Eine weitere Studie von Hooley, zusammen mit Beracs/Kolos, hatte zum Ziel, Typen von Wettbewerbsstrategien in Ungarn zu identifizieren.[440] Anhand einer branchenübergreifenden, quantitativen Untersuchung konnten wiederum fünf Strategietypen unterschieden werden, wovon deren zwei Differenzierungs-Nischenstrategien nach Porter darstellen und je ein weiterer Typ Ähnlichkeiten mit der Kostenführer- und der „Stuck-in-the-middle"-Nischenstrategie aufweisen.[441] In Bezug auf die Erfolgskennzahlen Umsatz, Marktanteil, Gewinn und ROI liefert die „Stuck-in-the-middle"-Nischenstrategie die schlechtesten Resultate, während die restlichen Strategietypen vergleichbare Ergebnisse aufweisen. Die auf Qualität setzende Nischenstrategie stellt sogar über alle Kriterien die am Erfolg versprechendste Strategie dar.[442]

Schliesslich ist die Studie von Miller/Dess zu diskutieren, in welcher anhand der PIMS-Datenbank die Gültigkeit der Porter'schen Systematisierung von Wettbewerbsstrategien überprüft wurde.[443] Aufgrund der Resultate plädieren die Autoren für eine erweiterte Form von Porters Typologie. Anstelle der Betrachtung der Systematisierung als vier eigenständige Strategien, werden die Kriterien als kombinierbare Dimensionen – relative Kostenvorteile, relative Differenzierungsvorteile und relative Fokussierung – berücksichtigt. Aus den daraus resultierenden sieben Wettbewerbsstrategien werden deren drei als Nischenstrategien bezeichnet. Die Nischenstrategie mit Differenzierungs- und Kostenvorteilen zeichnet sich durch ihre Wachstumsorientierung aus, was Investitionen und damit ein konsequentes Debitorenmangement erfordert. Die Nischenstrategie mit Differenzierungsvorteil weist eine hohe Innovationsintensität auf und setzt auf spezielle und qualitativ hochwertige Produkte. Dieser Strategietyp wird häufig von Pionierunternehmen verfolgt, welche überdurchschnittlich stark in die Forschung und Entwicklung investieren. Schliesslich ist die Nischenstrategie mit Kostenvorteil zu nennen, bei welcher Kostenvorteile entweder durch die Produktion von Produkten tieferer Qualität oder durch Economies of Scale erzielt

---

[439] Vgl. Hooley, G.J.; Lynch, J.E.; Jobber, D. 1992, S. 79ff.

[440] Die Studie basiert auf einer schriftlichen Befragung bei einer Stichprobe von 576 ungarischen Unternehmen (vgl. Hooley, G.J.; Beracs, J.; Kolos, K. 1993, S. 84f.).

[441] Da die Resultate mit jenen von Hooley, G.J.; Lynch, J.E.; Jobber, D. 1992 vergleichbar sind, wird auf weitergehende Ausführungen verzichtet (vgl. Hooley, G.J.; Beracs, J.; Kolos, K. 1993, S. 80ff.).

[442] Vgl. Hooley, G.J.; Beracs, J.; Kolos, K. 1993, S. 93ff.

[443] Zum Zeitpunkt der Untersuchung umfasste die PIMS-Datenbank ungefähr 2'000 Geschäftsfelder von rund 200 Unternehmen (vgl. Miller, A.; Dess, G.G. 1993, S. 561).

werden können. Auch diese Studie orientiert sich stark an Porter und unterscheidet Nischenstrategie-Typen hauptsächlich anhand des Wettbewerbsvorteils. Die Erfolgsmessung ergab, dass die drei Nischenstrategien einen tieferen durchschnittlichen ROI (21.5%) aufweisen als die Gesamtmarktstrategien (32.8%). Die Differenzierungsnischenstrategie weist darüber hinaus die tiefste Rentabilität aus. Die auf einem Differenzierungs- und Kostenvorteil basierende Nischenstrategie dagegen verfügt über eine beachtliche Profitabilität (31%) und ein bemerkenswertes Wachstum.[444]

Die aufgeführten Studien auf der Ebene der Wettbewerbsstrategien zeigen, dass Nischenstrategien vielfach eher oberflächlich betrachtet werden. So wird häufig nur ein Nischenstrategie-Typ herausgearbeitet, welcher aufgrund der beschränkten Marktbearbeitung als solcher bezeichnet wird. Weitere strategische Merkmale, wie beispielsweise die Art der Marktbeschränkung, der Wettbewerbsvorteil oder die Innovationsintensität unterscheiden sich je nach Studie. Daraus wird ersichtlich, dass sich aus diesen Studien keine einheitlichen Nischenstrategie-Typen herausbilden lassen und somit keine zusätzlichen Erkenntnisse zu Systematisierungen von Nischenstrategien daraus gewonnen werden können. Einzig ein auf der Systematisierung von Porter basierender „Qualitäts-Typ“, welcher sich durch den Wettbewerbsvorteil Qualität auszeichnet, wurde vermehrt identifiziert. Überdies fällt auf, dass sich zahlreiche Studien an der Systematisierung von Porter orientieren und entsprechende Strategietypen erkannt haben.

Ferner kann aus den dargestellten Studien die Erkenntnis gewonnen werden, dass der Wettbewerbsvorteil ein zentrales Kriterium zur Unterscheidung von Nischenstrategien darstellt. Dabei wurden insbesondere Qualitäts-, Preis- und Innovationsvorteile bei Nischenstrategien vermehrt festgestellt. Diese Aspekte gilt es bei der Bestimmung der Gestaltungsvariablen, anhand welcher die Taxonomie von Nischenstrategien entwickelt werden soll, zu berücksichtigen.[445]

In die gleiche Richtung weisen die Resultate von Campbell-Hunt's Meta-Analyse. Basierend auf 13 Studien, welche Typen von Wettbewerbsstrategien anhand von Clusteranalysen identifizierten, werden sechs Cluster von Wettbewerbsstrategien gebildet. Deren drei verzeichnen eine Beschränkung auf einen Teilmarkt bzw. auf ein

---

[444] Vgl. Miller, A.; Dess, G.G. 1993, S. 561ff.
[445] Vgl. Kapitel 6.

Marktsegment und weisen demnach Eigenschaften von Nischenstrategien auf. Der „Focused quality economy"-Typ zeichnet sich durch einen tiefen Preis aus (Kostennischenstrategie), während der „Focused quality leadership"-Typ die Qualitätsführerschaft in einem Marktbereich anstrebt. Der dritte Nischenstrategie-Typ, der „Sales leadership"-Typ, setzt sich durch eine intensive Marktbearbeitung mit innovativen Produkten in einem Marktausschnitt durch.[446]

Was den Erfolg von Nischenstrategien betrifft, gehen die Ergebnisse der genannten Studien auseinander. Dies mag unter anderem damit zu tun haben, dass je nach Studie sehr unterschiedliche Nischenstrategie-Typen analysiert werden und sich zudem keine einheitliche Messung des Erfolges durchgesetzt hat. Diese beiden Aspekte erschweren einen Vergleich der einzelnen Studien und lassen keine generellen Aussagen über den Erfolg von Nischenstrategien zu. In die gleiche Richtung gehen die Erkenntnisse der Meta-Analyse von Campbell-Hunt, wonach mit praktisch jedem Strategietypen überdurchschnittliche Erfolge erzielbar sind.[447]

Die Feststellung, dass in den Studien unterschiedliche Erfolgskriterien verwendet werden, welche darüber hinaus nicht auf die Spezifika der Erfolgsmessung von Marktnischen ausgerichtet sind, bringt mit sich, dass im Rahmen der Bestimmung der Erfolgsvariablen für die vorliegende Untersuchung (vgl. Unterkapitel 6.1) die diskutierten Studien nur von beschränktem Nutzen sind.

Tabelle 2 stellt eine zusammenfassende Gegenüberstellung der genannten empirischen Studien zum Erfolg von Wettbewerbsstrategien dar und beinhaltet zusätzliche Angaben zu den jeweiligen Methoden der Datenauswertung.

[446] Vgl. Campbell-Hunt, C. 2000, S. 140ff.
[447] Vgl. Campbell-Hunt, C. 2000, S. 147.

Autor	Jahr	Studiendesign und Methoden der Datenauswertung	Nischenstrategie-Typen und ihre Charakteristika	Erfolgsbedeutung	Bemerkungen
Miller/ Friesen	1978	Qualitative Fallstudien (81 Unternehmen) (Auswertung mittels Faktorenanalyse)	"Innovator" als einziger Nischenstrategie-Typ. Zeichnet sich durch Innovationsfähigkeit und proaktives Handeln in einem von der Konkurrenz schwach bearbeiteten Marktbereich aus.	Erfolgreich	Erfolgsbedeutung anhand der Erreichung selbst gesetzter Ziele gemessen. Unterscheidung erfolgreicher und nicht erfolgreicher Typen.
Galbraith/ Schendel	1983	Quantitative Analyse von Konsumgüter- und Industriegütermärkten, basierend auf der PIMS-Datenbank. (Auswertung mittels Faktoren- und Clusteranalyse)	Sowohl in Konsumgüter- als auch Industriegütermärkten ein Nischenstrategie-Typ identifiziert.	Konsumgütermarkt: Cashflow unterdurchschnittlich, ROI bei schwacher Marktstellung über- bei starker unterdurchschnittlich. Industriegütermarkt: Cashflow und ROI durchschnittlich	Nischenstrategie über hohe Qualität, schmale Sortimentsbreite und hohe Produktpreise und nicht über die Breite der Marktabdeckung definiert.
Hambrick	1983a	Quantitative Analyse zweier Industriegütermärkte, basierend auf der PIMS-Datenbank. (Auswertung mittels multivariater Regressionen und Clusteranalyse)	"Asset-concious focuser" bearbeitet als Nischenanbieter kleinere Segmente und weist eine hohe Kapazitätsauslastung auf.	Rentabel (positiver ROI)	Nischenstrategie als Marktaustritts- bzw. Abschöpfungsstrategie nur kurzfristig rentabel.
Dess/ Davis	1984	Quantitative Befragung von Führungskräften und Experten (Auswertung mittels Faktoren- und Clusteranalyse)	Ein nicht eindeutig abgrenzbarer Nischenstrategietyp identifiziert, der sich auf die Bearbeitung spezifischer Marktsegmente konzentriert.	Hohes Umsatzwachstum Tiefer Return on total Assets	Autoren weisen auf die Existenz unterschiedlicher Nischenstrategie-Typen hin, die eine eindeutige Identifikation eines Nischenstrategie-Typen verunmöglicht.
Douglas/ Rhee	1989	Quantitative Analyse US-Amerikanischer und Europäischer Industriegütermärkte, basierend auf der PIMS-Datenbank. (Auswertung mittels Faktoren- und Clusteranalyse)	Ein Nischenstrategie-Typ mit Fokus auf qualitative Produkte sowohl in den USA als auch in Europäischen Märkten	ROI, ROS und Cashflow in USA: überdurchschnittlich Europa: unterdurchschnittlich	Zwei weitere Strategietypen, "The Low Quality" und "The Synergist" bearbeiten einen beschränkten Marktbereich, werden jedoch nicht als Nischenstrategie bezeichnet.
Morrison/ Roth	1992	Quantitative Analyse mehrerer global tätiger Branchen in den USA (Auswertung mittels Faktoren- und Clusteranalyse)	Ein Nischenstrategie-Typ mit Fokus auf Produktspezialisierung in regional beschränktem Gebiet	ROA (signifikant), ROI und Umsatzwachstum tiefer als Gesamtmarktstrategien	Präzise Bestimmung von Nischenstrategie-Typen nicht möglich, da die Breite der Marktabdeckung nicht berücksichtigt wird.

Tabelle 2: Empirische Studien zu Wettbewerbsstrategien im Überblick (Teil 1)

(Quelle: Eigene Darstellung)

Autor	Jahr	Studiendesign und Methoden der Datenauswertung	Nischenstrategie-Typen und ihre Charakteristika	Erfolgsbedeutung	Bemerkungen
Hooley/ Lynch/ Jobber	1992	Quantitative Befragung von Unternehmen in England, die nur einen Geschäftsbereich aufweisen. (Auswertung mittels Clusteranalyse)	Zwei Strategietypen stellen Differenzierungsnischenstrategien nach Porter dar und je ein Typ gleicht einer Kostenführer- und einer "Stuck-in-the-middle"-Nischenstrategie.	In Bezug auf Umsatz, Marktanteil und Gewinn liegt die Gesamtmarktstrategie vor den vier Nischenstrategie-Typen. Das schlechteste Resultat lieferte die Kostenführer-Nischenstrategie.	Aufgrund der Untersuchungsanordnung sind überproportional viele kleine und mittlere Unternehmen in der Grundgesamtheit vertreten.
Hooley/ Beracs/ Kolos	1993	Quantitative Befragung in Ungarn über alle Branchen hinweg. (Auswertung mittels Clusteranalyse)	Zwei Strategietypen stellen Differenzierungsnischenstrategien nach Porter dar, und je ein Typ gleicht einer Kostenführer- und einer "Stuck-in-the-middle"-Nischenstrategie.	In Bezug auf Umsatz, Marktanteil, Gewinn und ROI liefert die Stuck-in-the-middle-Nischenstrategie die schlechtesten Resultate während die restlichen Strategietypen vergleichbare Ergebnisse aufweisen.	Performance wird anhand der Errreichung selbstgesetzter Ziele, relativ zum Vorjahr und relativ zur Konkurrenz gemessen.
Miller/ Dess	1993	Quantitative Analyse von Unternehmungen der PIMS-Datenbank (Auswertung mittels Varianzanalyse (ANOVA) und Clusteranalyse)	Drei Nischenstrategietypen: I. Differenzierungs- und Kostenführerstrategie in Nische, II. Differenzierungsstrategie in Nische, III. Kostenführerstrategie in Nische	Die drei Nischenstrategien weisen einen tieferen durchschnittlichen ROI auf als die Gesamtmarktstrategien. Differenzierungsnischenstrategie weist tiefsten ROI auf.	–
Alsem/ Hoekstra/ -van der Heide	1996	Quantitative Befragung mehrerer Branchen in den Niederlanden. (Auswertung mittels Clusteranalyse)	Ein Nischenstrategie-Typ mit Fokus auf Qualität, Service und Marke zu durchschnittlichem Preis.	Nischenstrategie-Typ weist gute Erfolgskennzahlen auf und stellt den zweit erfolgreichsten Strategietyp (von vier Typen) dar.	Erfolgsmessung relativ zu selbstgesetzten Zielen, zum Vorjahr und zu grössten Konkurrenten. Erfolgskennzahlen: Gewinn, Umsatz, Marktanteil, ROI, Cashflow
Campbell/ Hunt	2000	Meta-Analyse basierend auf 13 Studien. (Auswertung mittels Faktoren- und Clusteranalyse)	Drei der sechs Strategietypen sind Nischenstrategie-Typen: I. Preisführer-Nischenstrategie II. Qualitätsführer-Nischenstrategie III: Verkaufsführer-Nischenstrategie	Mit Ausnahme eines Gesamtmarktstrategie-Typs ist es bei jedem Strategietypen möglich, einen überdurchschnittlichen Erfolg zu erzielen.	Erfolgsmessung erfolgt anhand der Unterscheidung überdurchschnittlich/ durchschnittlich/ unterdurchschnittlich erfolgreicher Strategien.

Tabelle 2: Empirische Studien zu Wettbewerbsstrategien im Überblick (Teil 2)

(Quelle: Eigene Darstellung)

5.3.3 Nischenstrategien in Studien zu New-Venture-Strategien

Es existieren zahlreiche Studien zu New-Venture-Unternehmen,[448] in denen Nischenstrategien identifiziert wurden oder die Erfolgsmessung von Strategien im Vordergrund stand. Die steigende Bedeutung solcher Arbeiten überrascht kaum, wenn man die hohe Misserfolgsrate junger Unternehmen[449] in den ersten Jahren ihrer Geschäftstätigkeit bedenkt.[450] Dazu kommt, dass in älteren Studien jungen und damit kleinen Unternehmen häufig Nischenstrategien empfohlen werden, bei denen der direkten Konkurrenz mit grossen Unternehmen ausgewichen wird.[451] Da der Fokus solcher Studien nicht auf Nischenstrategien liegt, wird vielfach nur ein einziger Nischenstrategie-Typ definiert.[452] Überdies mangelt es häufig an präzisen Ausführungen über diesen Strategietypen. Im Folgenden soll deshalb auf die Darstellung von Studien, welche nur einen Nischenstrategie-Typen bestimmen oder die identifizierten Typen eher knapp beschrieben werden, verzichtet werden. Die nachfolgenden Studien sollen aufzeigen, inwiefern Nischenstrategien im Rahmen von New-Venture-Strategien von Unternehmen verfolgt werden und welche Erfolgsbedeutung ihnen beigemessen wird.[453]

Hofer/Sandberg untersuchten in ihrer Studie Determinanten des Erfolges von New Ventures in den USA.[454] Die Faktoren Industriestruktur, Wettbewerbsstrategie und Eigenschaften des Unternehmers werden nach erfolgter Literaturanalyse als substantielle Einflussgrössen des Erfolges von New Ventures identifiziert. Basierend auf früheren Arbeiten von Sandberg werden betreffend Erfolg von Nischenstrategien fol-

[448] Obwohl die Begriffe „junge Unternehmen", „neue Unternehmen" und New Ventures nicht deckungsgleich sind, sollen aus Gründen des Leseflusses und in Analogie zum vorherrschenden wissenschaftlichen Verständnis die Ausdrücke synonym verwendet werden.

[449] An dieser Stelle sei nochmals erwähnt, dass unter New Ventures neu gegründete Unternehmen verstanden werden, die typischerweise einen beschränkten Zugang zu Kapital-, Beschaffungs- und Arbeitsmärkten aufweisen (vgl. Romanelli, E. 1989, S. 370). In empirischen Studien wird häufig eine Existenz von weniger als acht Jahren, vgl. bspw. Li, H. 2001, S.183; McDougall, P. et al. 1994, S. 543 oder durchschnittlich acht Jahren, vgl. bspw. Miller, A.; Camp, B. 1985, S. 89, vorausgesetzt.

[450] So zeigen bspw. frühere Studien aus den USA, dass über 50% der neu gegründeten Unternehmen in den ersten fünf Jahren ihre Geschäftstätigkeit wieder einstellen (Vgl. Broom, H.N.; Longenecker, J.G. 1971, S. 80ff.).

[451] Vgl. bspw. Hosmer, A.W. 1957, 118ff.; Broom, H.N.; Longenecker, J.G. 1971, S. 396f.; Hanan, M. 1976, S. 139ff.; Van de Ven, A.H.; Hudson, R.; Schroeder, D.M. 1984, S. 105.

[452] Vgl. bspw. Li, H. 2001; McDougall, P. et al. 1994; Lieberman, M.B.; Montgomery, D.B. 1991; Romanelli, E. 1989; Hofer, C.W.; Sandberg, W.R. 1987; Sandberg, W.R. 1986; McDougall, P. et al. 1994. Vgl. zudem die in Carter, N.M. et al. 1994, S. 24f. aufgeführten Studien.

[453] Einen zusammenfassenden Überblick über die diskutierten Studien gibt **Fehler! Verweisquelle konnte nicht gefunden werden.** am Ende des Abschnitts.

[454] Es bleibt darauf hinzuweisen, dass die Studie auf einer Stichprobe von lediglich 17 Unternehmen basiert (vgl. Sandberg, W.R. 1986, S. 100f.; Hofer, C.W.; Sandberg, W.R. 1987, S. 14).

gende Erkenntnisse präsentiert: New Ventures, welche eine Differenzierungsstrategie verfolgen, sind bedeutend erfolgreicher als solche, die kostenorientierte Strategien oder Nischenstrategien aufweisen.[455] Mit anderen Worten ist eine gesamtmarktorientierte Differenzierungsstrategie grundsätzlich Erfolg versprechender als eine Nischenstrategie. Als Kontextfaktor berücksichtigte Sandberg den Marktlebenszyklus. Es zeigte sich, dass Nischenstrategien in einem fortgeschrittenen Entwicklungsstadium einer Branche erfolgreicher sind als Gesamtmarktstrategien.[456] Zudem stellte sich heraus, dass alle New Ventures mit Gesamtmarktstrategien einen signifikanten Verlust verzeichneten. Die Begründung dafür finden Hofer/Sandberg in einer verstärkten Wettbewerbsintensität, welche von Markteinsteigern eine Fokussierung der Ressourcen auf eine Nische voraussetzt.[457] Hernach ist der Markteintritt einer neuen Unternehmung mit einer Nischenstrategie besonders dann Erfolg versprechend, wenn sich der Markt in der Sättigungsphase befindet.

In der Studie von Romanelli wurde der Einfluss von Marktveränderungen und Strategiewahl auf den Erfolg von jungen Unternehmen der US-Computerindustrie untersucht.[458] Als Kontextfaktoren finden die Anbieterkonzentration und die Nachfragesituation Berücksichtigung. Wie die Ergebnisse zeigen, sind spezialisierte Unternehmen, welche sich auf einen Marktbereich beschränken, der von grösseren Konkurrenten nicht bearbeitet wird, in den ersten Jahren des Markteinstiegs erfolgreicher als Unternehmen, welche auf den Gesamtmarkt abzielen. Einzig in Märkten mit steigender Nachfrage und sinkender Anbieterkonzentration erzielten Gesamtmarktstrategien bessere Resultate als Nischenstrategien. Auch diese Studie bestätigt, dass unter gewissen Bedingungen mit Nischenstrategien Erfolg erzielt werden kann.

In der von McDougall/Robinson durchgeführten quantitativen Befragung von New Ventures der US IT-Industrie, wurden mittels Clusteranalyse acht Strategietypen identifiziert.[459] Dabei weisen zwei Strategietypen eine Fokussierung auf einen Marktbereich auf. Zum einen handelt es sich dabei um eine aggressive Wachstumsstrategie mit Spezialprodukten, bei welcher Kosten- und Preiskontrollen im Vordergrund stehen und entsprechend kostenoptimierende Rückwärtsintegrationen geprüft wer-

---

455 Vgl. Sandberg, W.R. 1986, S. 109ff.; Hofer, C.W.; Sandberg, W.R. 1987, S. 17.
456 Vgl. Sandberg, W.R. 1986, S. 123. Es wird darauf hingewiesen, dass dieses Ergebnis nicht statistisch signifikant ist. Vgl. auch Hofer, C.W.; Sandberg, W.R. 1987, S. 19.
457 Vgl. Hofer, C.W.; Sandberg, W.R. 1987, S. 11ff.
458 Die Studie basiert auf einer Stichprobe von 108 Unternehmen (vgl. Romanelli, E. 1989, S. 376ff.).
459 Die Studie basiert auf einer Stichprobe von 247 Unternehmen, welche acht oder weniger Jahre alt sind (vgl. McDougall, P.; Robinson, R.B. 1990, S. 451f.).

den. Was die Kostenorientierung betrifft, sind beschränkte Investitionen in Qualitätsverbesserungen, Kundenservice und Kommunikationsmassnahmen hervorzuheben. Der zweite Nischenstrategie-Typ stellt eine beschränkte Wachstumsstrategie mit qualitativ überlegenen Produkten und gutem Kundenservice dar. Auf Kommunikationsmassnahmen und auf eine intensive Distribution wird verzichtet. Gleichzeitig sind Vorwärts- und Rückwärtsintegrationen entlang der Wertkette von geringer Priorität.[460] Erfolgsunterschiede zwischen den einzelnen Strategietypen wurden nicht untersucht. Trotzdem kann anhand der Studie gezeigt werden, dass gewisse neue Unternehmen mittels Nischenstrategien den Markteintritt in einem beschränkten Marktbereich versuchen.[461]

Lieberman/Montgomery unterstreichen ebenfalls die Bedeutung von Nischenstrategien als Markteintrittsstrategien, wobei der Marktlebenszyklus als Kontextfaktor Berücksichtigung findet.[462] Unter dem Beizug von Fallbeispielen argumentieren die Autoren, dass beispielsweise in einem Markt, in welchem ein starker Pionier existiert, bei Vorhandensein spezifischer Vorteile in gewissen Segmenten, der Markteintritt über eine Marktnische Erfolg versprechend sein kann.[463] Da die Wettbewerbsintensität zu diesem Zeitpunkt noch nicht hoch ist, besteht die Möglichkeit, dass die Pionier-Unternehmung auf Gegenmassnahmen verzichtet.[464] Obwohl Lieberman/Montgomery die Erfolgsbedeutung der Nischenstrategien von New Ventures nicht untersuchten, kann davon ausgegangen werden, dass in der genannten Empfehlung eine Einschätzung der Erfolgsbedeutung enthalten ist. Mit anderen Worten implizieren die Autoren, dass unter gewissen Umständen eine Nischenstrategie Erfolg versprechend ist.

McDougall et al. untersuchten in einer späteren Studie den Einfluss des Branchenwachstums und der Breite der Marktabdeckung von New-Venture-Strategien auf den

---

460 Vgl. McDougall, P.; Robinson, R.B. 1990, S. 447ff. Vgl. zudem die auf der gleichen Studie basierenden Anmerkungen von Robinson, R.B.; McDougall, P.; Herron, L. 1988, S. 74ff., welche auf eine detaillierte Charakterisierung der vier Strategietypen mit beschränkter Marktabdeckung verzichtet haben.

461 Vgl. McDougall, P.; Robinson, R.B. 1990, S. 447ff.

462 Hier bleibt anzumerken, dass sich die Aussagen nicht explizit auf neue Unternehmungen beziehen. Da es sich bei neu in einen Markt eintretenden Unternehmungen jedoch vielfach um neue, z.T. rechtlich selbständige Geschäftsfelder handelt, soll auch diese Arbeit berücksichtigt werden.

463 Bei den Fallbeispielen handelt es sich mehrheitlich um international tätige Konzerne. Präzise Ausführungen zur Untersuchung fehlen jedoch weitgehend.

464 Vgl. Lieberman, M.B.; Montgomery, D.B. 1991, S. 28f. Auf eine vertiefte Behandlung von Folgerstrategien als Variante von Markteintrittsstrategien soll verzichtet werden.

Erfolg.[465] Basierend auf einer Stichprobe von rund 123 neuen Unternehmen der IT-Industrie der USA konnte gezeigt werden, dass Nischenanbieter einen Schwerpunkt auf die Herstellung von Spezialprodukten setzen und weniger auf tiefe Kosten achten. Weder ein besserer Kundenservice noch höhere Preise gehen jedoch besonders mit der Nischenstrategie einher. Hinsichtlich des Erfolges bestätigte sich die Hypothese, dass Gesamtmarktstrategien in Bezug auf Return on Sales (ROS) und Umsatzwachstum bessere Resultate liefern als Nischenstrategien nicht. Im Weiteren berücksichtigten McDougall et al. den Marktlebenszyklus als Kontextfaktor. Die dabei festgestellte gute Performance (ROS) von Nischenstrategien in gesättigten Märkten bestätigt die Ergebnisse von Hofer/Sandberg.[466] Die Studie zeigt somit auf, dass mit einer Nischenstrategie keineswegs eine schlechtere Performance einhergeht.

Die quantitative Studie von Carter et al. erstreckt sich über mehrere Branchen der USA und unterscheidet sechs mittels Clusteranalyse identifizierte Strategietypen.[467] Zwei dieser Strategietypen weisen eine Fokussierung auf einen Marktbereich auf. Zum einen handelt es sich um den „Niche Purveyors"-Typen, welcher sich auf ein spezifisches Kundensegment konzentriert. Mit attraktiven Gebäuden an gut gelegenen Standorten sollen einzigartige Produkte zu kompetitiven Preisen angeboten werden. Aufgrund der Tatsache, dass der Verkaufsort ebenso wichtig ist wie das zu verkaufende Produkt, ist die Reaktionsfähigkeit auf sich verändernde Bedürfnisse an das geografische Umfeld gebunden und entsprechend beschränkt. Der zweite Nischenstrategie-Typ stellt der „Quality Proponents"-Typ dar, bei dem eine Konzentration auf einen kaum bearbeiteten Teilmarkt erfolgt. Dieser Strategietyp fokussiert nicht auf einen geografischen Bereich sondern verstärkt auf die Einzigartigkeit des Angebotes, gute Serviceleistungen und hohe technologische Standards.[468] Leider wurde auch hier auf eine Analyse der Erfolgsunterschiede verzichtet. Trotzdem wird offensichtlich, dass Nischenstrategien als Markteintrittsstrategien in der Unternehmenspraxis verfolgt werden und entsprechend von Bedeutung sind.[469]

[465] Vgl. McDougall, P. et al. 1994.
[466] Vgl. McDougall, P. et al. 1994, S. 546.
[467] Die Studie basiert auf einer Stichprobe von 2'578 ein- bis sechsjährigen Unternehmen aus sechs verschiedenen Branchen (vgl. Carter, N.M. et al. 1994, S. 26f.).
[468] Vgl. Carter, N.M. et al. 1994, S. 21ff.
[469] Vgl. Carter, N.M. et al. 1994, S. 33.

Ausserdem bleibt die Studie von Smith zu erwähnen, welche den Strategiebildungsprozess junger Unternehmen[470] zum Gegenstand hat. Mittels qualitativer Befragung wurden 17 Fallstudien erarbeitet, welche anhand einer Clusteranalyse in Bezug auf die Erfolgswirkungen ausgewertet wurden. Dabei zeigte sich, dass Nischenstrategien für einen bedeutenden Teil der Stichprobe relevant sind. Einzelne Nischenanbieter versuchen beispielsweise, über Qualität einzigartige Produkte anzubieten und dadurch einen spezifischen Nischenmarkt zu bearbeiten. Andere Nischenanbieter beschränken sich bewusst auf regionale Gebiete. Mit anderen Worten unterscheidet Smith zwei Nischenstrategie-Typen: Eine Differenzierungsnischenstrategie über einzigartige Qualitätsprodukte und eine geografische Nischenstrategie. Hinsichtlich des Erfolges von Nischenstrategien verdeutlichte Smith, dass 30% der Unternehmen mit einer hohen Rentabilität überzeugt sind, eine neue Nische identifiziert zu haben.[471] Demnach verfolgt eine beachtliche Anzahl rentabler Unternehmen eine Nischenstrategie.

In der Studie von Li wurde unter anderem der Einfluss der Breite der Marktabdeckung auf die Umwelt-Erfolg-Beziehung in der High-Tech-Industrie von China untersucht.[472] Als Umweltfaktoren dienten das Marktwachstum und die Wettbewerbsintensität. Li kommt zur Erkenntnis, dass die Breite der Marktabdeckung im Rahmen von Markteintrittsstrategien neuer Unternehmen sowohl den Zusammenhang zwischen Marktwachstum und Erfolg als auch zwischen Wettbewerbsintensität und Erfolg nicht mediiert. Zudem wird der positive Zusammenhang zwischen Marktwachstum und Erfolg durch eine Markteintrittsstrategie mit breiter Marktabdeckung nicht stärker. Jedoch schwächt eine breite Marktabdeckung den negativen Zusammenhang zwischen Wettbewerbsintensität und Erfolg ab. Mit anderen Worten besteht einzig eine moderierende Wirkung der „Breite der Marktabdeckung" auf den negativen Zusammenhang zwischen der „Wettbewerbsintensität des Umfeldes" und dem Erfolg.[473] Bei hoher Wettbewerbsintensität scheint eine Nischenstrategie weniger Erfolg versprechend zu sein als eine Gesamtmarktstrategie.

Die Analyse der diskutierten Studien ergibt, dass Nischenstrategien im Rahmen von New-Venture-Strategien verfolgt werden und entsprechend von praktischer Relevanz

[470] Smith spricht in diesem Zusammenhang von Start-Ups und versteht darunter Unternehmen, die weniger als drei Jahre alt sind (vgl. Smith, J. 1998, S. 858).
[471] Vgl. Smith, J. 1998, S. 857ff.
[472] Die Studie basiert auf einer Stichprobe von 184 Unternehmen (vgl. Li, H. 2001, S. 191f.).
[473] Vgl. Li, H. 2001, S. 188ff.

sind. Dabei ist festzustellen, dass in den meisten Studien von der „Nischenstrategie" ausgegangen wird, und auf eine Unterscheidung mehrerer Nischenstrategie-Typen bzw. auf Systematisierungen verzichtet wird. Überdies ist zu konstatieren, dass je nach Studie unterschiedliche Typen identifiziert wurden, welche zum Teil Ähnlichkeiten mit den von Porter entwickelten Typen aufweisen. Dabei sind insbesondere der Wettbewerbsvorteil, die Wachstumsorientierung und die Art der Marktbeschränkung bei der Unterscheidung von Nischenstrategien von Bedeutung. Diese Erkenntnisse sollen bei der Bestimmung der Gestaltungsvariablen Berücksichtigung finden. Hinsichtlich des Erfolges von Nischenstrategien zeichnet sich kein einheitliches Bild ab.[474] Einerseits weisen empirische Studien darauf hin, dass in gewissen Situationen – wie bspw. in gesättigten Märkten – Nischenstrategien für New Ventures Erfolg versprechend sind.[475] Andererseits ist bspw. Biggadike der Ansicht,[476] dass aggressive Strategien mit breiter Marktabdeckung Erfolg versprechender sind.[477]

Die nachfolgende Tabelle soll einen Überblick über die diskutierten Studien geben und die zentralen Aspekte in verkürzter Form wiedergeben (vgl. Tabelle 3).[478]

---

[474] Vgl. Carter, N.M. et al. 1994, S. 22f.

[475] Vgl. die Studien von McDougall, P. et al. 1994, S. 537ff.; Romanelli, E. 1989, S. 369ff.; Hofer, C.W.; Sandberg, W.R. 1987, S. 11ff. Vgl. dazu bspw. auch Cooper, A.C.; Willard, G.E.; Woo, C.Y. 1986, S. 249ff.

[476] Vgl. Biggadike, R. 1979, S. 108f. Es bleibt anzumerken, dass sich die Studie auf Corporate Ventures bezieht. Entsprechend stellen bestehende Unternehmen, welche im Rahmen einer Wachstumsstrategie in neue Märkte diversifizieren, das Untersuchungsobjekt dar.

[477] Miller/Camp verstehen dabei unter einer breiten Marktabdeckung die Ansprache einer grossen Anzahl Kunden, mehrerer Kundentypen, verschieden grosser Kunden und dies mit einem breiten Produktsortiment (vgl. Miller, A.; Camp, B. 1985, S. 99). Vgl. auch MacMillan, I.C.; Day, D.L. 1987, S. 37; Cooper, A.C.; Willard, G.E.; Woo, C.Y. 1986, S. 249ff. Vgl. dazu auch McDougall, P. et al. 1994, S. 538f.; McDougall, P.; Robinson, R.B. 1990, S. 447f. und Carter, N.M. et al. 1994, S. 22 und die dort zitierte Literatur.

[478] Weitere Studien finden sich bei Carter, N.M. et al. 1994, S. 24f.; McDougall, P.; Robinson, R.B. 1990, S. 449f.; Hofer, C.W.; Sandberg, W.R. 1987, S. 14f. Auf deren Darstellung wurde verzichtet, da die Nischenstrategie-Thematik nicht oder nur sehr oberflächlich behandelt wird und der Erkenntnisgewinn entsprechend gering wäre.

Autor	Jahr	Untersuchungsobjekt	Studiendesign und Methoden der Datenauswertung	Nischenstrategie-Typen und ihre Charakteristika	Kontextfaktoren	Erfolgsbedeutung	Erkenntnisse / Bemerkungen
Sandberg Hofer/ Sandberg	1986 1987	Start-ups verschiedener Branchen der USA (n = 17)	Basierend auf der Arbeit von Sandberg (1986) Qualitative Längsschnittstudie (Auswertung mittels Korrelationsanalyse)	Keine Unterscheidung von Nischenstrategietypen.	Marktlebenszyklus	Nischenstrategie grundsätzlich weniger Erfolg versprechend als Differenzierungsstrategie, ausser in gesättigten Märkten.	Nischenstrategien in gesättigten Märkten sind Erfolg versprechend.
Romanelli	1989	New Ventures (gegr. zw. 1957-1981) der US-Computer-Industrie (Vollerhebung: 108)	Sekundäranalyse (Korrelations- und Regressionsanalyse)	Keine Unterscheidung von Nischenstrategietypen.	Anbieter-konzentration Nachfrage-situation	Nischenstrategien in den ersten Jahren grundsätzlich erfolgreicher als Gesamt-marktstrategien. Ausnahme, in Märkten mit steigender Nachfrage und sinkender Anbieterkonzentration.	Nischenstrategien grundsätzlich erfolgreicher als Gesamtmarktstrategien.
McDougall/ Robinson	1990	New Ventures (< 8 Jahre) der US IT-Industrie (Vollerhebung 2'552, n = 247)	Quantitative Befragung (Auswertung mittels Faktoren- und Clusteranalyse)	Zwei der acht identifizierten Strategietypen weisen Charakteristika von Nischen-strategien auf. 1. Aggressive Wachstumsstrategie mit Spezialprodukten (5%) 2. Beschränkte Wachstums-strategie mit überlegenen Produkten und Kundenservice (14%)	Keine berücksichtigt.	Keine Aussagen.	Nischenstrategien werden von neuen Unternehmen verfolgt.
Lieberman/ Montgomery	1991	Corporate Ventures: International tätige Unternehmen, die in einen neuen Markt eingetreten sind	Qualitative Analyse einzelner Fallbeispiele	Keine Unterscheidung von Nischenstrategietypen.	Marktlebenszyklus	Keine Aussagen.	Markteintritt über Nische bei Vorhandensein spezifischer Vorteile in gewissen Segmenten und der Existenz eines starken Pioniers.

Tabelle 3: Empirische Studien zu New-Venture-Strategien im Überblick (Teil 1)

(Quelle: Eigene Darstellung)

Autor	Jahr	Untersuchungsobjekt	Studiendesign und Methoden der Datenauswertung	Nischenstrategie-Typen und ihre Charakteristika	Kontextfaktoren	Erfolgsbedeutung	Erkenntnisse / Bemerkungen
McDougall et al.	1994	New Ventures (< 8 Jahre) der US IT-Industrie (Vollerhebung = 2'552, n = 123)	Quantitative Befragung (Auswertung mittels Clusteranalyse und Regressionsanalysen)	Keine Unterscheidung von Nischenstrategietypen.	Marktlebenszyklus	Generell sind Nischenstrategien nicht weniger Erfolg versprechend als Gesamtmarktstrategien. Gute Performance von Nischenstrategien in gesättigten Märkten.	Nischenstrategien in gesättigten Märkten sind Erfolg versprechend.
Carter et al.	1994	New Ventures (< 6 Jahre) aus sechs verschiedenen Branchen der USA (Stichprobe 2'653, n = 2'275)	Quantitative Befragung (Auswertung mittels Faktoren- und Clusteranalyse)	Zwei der sechs identifizierten Strategietypen weisen Charakteristika von Nischenstrategien auf. 1. Niche Purveyors: Konzentration auf spezifisches Segment 2. Quality Proponents: Konzentration auf kaum bearbeiteten Teilmarkt	Position in der Wertkette	Keine Aussagen.	Nischenstrategien werden insb. von neuen Unternehmen, die sich am Ende der Wertkette befinden, verfolgt.
Smith	1998	Start-ups (< 3 Jahre) verschiedener Branchen aus Schottland	Qualitative Fallstudien (n = 17) und quantitative Längsschnittstudie (n = 150) (Auswertung mittels Clusteranalyse)	Implizite Unterscheidung der Differenzierungs- und der geografischen Nischenstrategie	Keine berücksichtigt.	30% der sehr rentablen Unternehmen verfolgen Nischenstrategien.	Nischenstrategien können hohe Rentabilität bewirken.
Li	2001	New Ventures (< 8 Jahre) der High-Tech-Industrie in China (Vollerhebung = 300, n = 184)	Quantitative Befragung (Auswertung mittels Korrelations- und Regressionsanalyse)	Keine Unterscheidung von Nischenstrategietypen.	Marktwachstum Wettbewerbs-intensität	Marktabdeckung mediiert Zusammenhang zw. Marktwachstum u. Erfolg und zwischen Wettbewerbs-intensität u. Erfolg nicht. Marktabdeckung moderiert Zusammenhang zw. Wettbewerbsintensität u. Erfolg.	Nischenstrategien in Märkten mit hoher Wettbewerbs-intensität weniger Erfolg versprechend als Gesamtmarktstrategien.

Tabelle 3: Empirische Studien zu New-Venture-Strategien im Überblick (Teil 2)

(Quelle: Eigene Darstellung)

5.3.4 Spezifische Studien zu Nischenstrategien

Bisher wurden Studien betrachtet, welche auf Wettbewerbsstrategien oder New-Venture-Strategien fokussieren. Obwohl Nischenstrategien dabei nur eine untergeordnete Rolle spielen, konnten empirische Ergebnisse zum Erfolg von Nischenstrategien gewonnen werden. Trotzdem behandelten diese Arbeiten die Nischenthematik meist nur oberflächlich, was sich unter anderem in der fehlenden Unterscheidung von Nischenstrategie-Typen äussert. Um dieser Problematik entgegenzuwirken, werden im Folgenden ausschliesslich Arbeiten berücksichtigt, bei welchen die Nischenthematik im Zentrum steht. Vor dem Hintergrund des uneinheitlichen Verständnisses der Nischenstrategie-Thematik in der wissenschaftlichen Literatur, überrascht es kaum, dass empirische Studien zu Nischenstrategien selten und noch nicht weit fortgeschritten sind. Erst in jüngerer Zeit haben sich einzelne Autoren der empirischen Erforschung von Nischenstrategien gewidmet, wenn auch mehrheitlich mit qualitativen Forschungsansätzen.[479]

Spiegels theoretische Erkenntnisse über Nischen basieren auf der Anlehnung der Marktwirtschaft an das ökologische Nischenmodell der Biologie.[480] Im Zentrum der Arbeit steht die eindeutige Bestimmung einer Marktnische. Gelingt es einer Unternehmung, mit einem Produkt eine Nische zu bearbeiten, dann sind ihr die Nachfrager in diesem Marktbereich sicher. Trotzdem werden Erfolgsvoraussetzungen nicht explizit aufgeführt und über den Erfolg von Nischenstrategien äussert sich Spiegel nicht. Dies mag damit zu tun haben, dass impliziert wird, dass der Erfolg einer Nischenstrategie davon abhängt, ob tatsächlich eine „echte“ Marktnische gefunden werden kann. Im Falle einer „echten“ Marktnische, in welcher dem Nischenanbieter die Nachfrager des beschränkten Marktbereiches gewiss sind, wird der Erfolg durch die Grösse des Marktbereiches und die zur Bearbeitung der Nische notwendigen Kosten bestimmt. Abschliessend bleibt festzuhalten, dass Spiegel auf eine Unterscheidung andersartiger Nischenstrategien verzichtet und entsprechend auf deren Erfolg nicht eingeht.

---

[479] Einen zusammenfassenden Überblick über die diskutierten Studien gibt Tabelle 4 am Ende dieses Abschnitts.

[480] Vgl. Spiegel, B. 1990.

Die wissenschaftliche Arbeit von Cavalloni basiert auf einer branchenübergreifenden empirischen Studie bei Schweizer Unternehmen.[481] Mit der Untersuchung wurde das Ziel verfolgt, eine Basis zur Entwicklung einer Nischentheorie zu erarbeiten. Nicht zuletzt aufgrund der kleinen Stichprobe sieht der Autor selbst die Studie als ersten explorativen Schritt in Richtung einer Nischentheorie. Obwohl im Theorieteil Cavallonis Arbeit Formen von Nischenstrategien unterschieden werden, wird auf eine explizite Differenzierung von Nischenstrategie-Arten anhand empirischer Daten verzichtet.[482] Unter Verwendung der Nischenprägung der Unternehmen – darunter versteht sich der Anteil am Gesamtumsatz jener Marktleistungen, die Kundenbedürfnisse von Nischen befriedigen – sind Erfolgsunterschiede gemessen worden. Dabei zeigte sich, dass Unternehmen mit einer hohen Nischenprägung eine überdurchschnittlich hohe Rentabilität aufweisen.[483] Zudem konnte empirisch gezeigt werden, dass die Verfolgung einer Nischenstrategie in einem gesättigten oder schrumpfenden Markt tendenziell weniger Erfolg versprechend als in einem entstehenden oder wachsenden Markt ist.[484] Auch wenn auf eine explizite Differenzierung von Nischenstrategie-Arten verzichtet wurde, lässt sich anhand der Ergebnisse die Erkenntnis ableiten, dass Differenzierungs-Nischenstrategien mit einer hohen Qualität als Wettbewerbsvorteil um einiges häufiger vorkommen als Nischenstrategien, welche den Preis als Vorteil aufweisen.[485] Erfolgsunterschiede dieser beiden Strategietypen wurden jedoch nicht untersucht.[486]

Eine weitere wissenschaftliche Arbeit, welche sich intensiv mit der Nischenthematik auseinandersetzt, ist jene von Stahr.[487] Im Rahmen einer qualitativen Studie wurden 600 erfolgreiche Unternehmungen aus Europa, den USA und Japan untersucht. Nicht weniger als 430 Unternehmen identifizierte der Autor dabei als Nischenanbie-

---

[481] Es handelt sich dabei primär um eine schriftliche Befragung von Schweizer Unternehmen. Die Studie basiert auf einer Stichprobe von 53 Unternehmen unterschiedlicher Grösse (vgl. Cavalloni, C. 1991, S. 101ff.).

[482] Cavalloni unterscheidet im Theorieteil anhand des Kriteriums der originären Zielsetzung drei Formen von Nischenstrategien: Nischenstrategie als Geschäftsstrategie (I), zum Aufbau von strategischen Planungseinheiten (II) oder als Markteintrittsstrategie (III) (vgl. Cavalloni, C. 1991, S. 83). Die empirische Studie zeigte dann, dass 76% der Unternehmungen Nischenstrategien als Geschäftsstrategie, 8% als Markteintrittsstrategie und 16% für beide Grundformen verfolgen (vgl. Cavalloni, C. 1991, S. 127f.).

[483] Es bleibt anzumerken, dass es sich nicht um signifikante Aufschlüsse sondern um tendenzielle Indizien handelt. Vgl. dazu Cavalloni, C. 1991, S. 108f.

[484] Vgl. Cavalloni, C. 1991, S. 115.

[485] Vgl. Cavalloni, C. 1991, S. 131f.

[486] Auf die Darstellung der Erfolgswirkung einzelner Charakteristika von Nischen bzw. Nischenstrategien wird an dieser Stelle verzichtet und auf den empirischen Teil dieser Arbeit verwiesen.

[487] Vgl. dazu und im Folgenden Stahr, G.R. 1995, S. 2ff.

ter. In den Vordergrund gerückt ist jedoch die Frage nach dem Auffinden bzw. den Suchfeldern solcher Erfolg versprechender Strategien, wobei auf eine detaillierte Charakterisierung der Nischenstrategie-Typen verzichtet wird.[488] Trotzdem leitet Stahr aus den Suchfeldern heraus Produktnischen, Vertriebsnischen, Marksegmentierungsnischen und Vernetzungsnischen ab. Es bleibt anzumerken, dass diese vier Typen weniger Strategietypen darstellen als Ansatzpunkte zum Auffinden von Marktnischen. Demzufolge kann eine Marktnische über die Analyse des Angebotes, des Vertriebes oder der Kundenbedürfnisse (Marktsegmentierungsnische) erfolgen. Eine Vernetzungsnische folgt schliesslich aus einer Kombination der drei vorher genannten Suchfelder. Auch diese Studie ist somit nicht in der Lage, auf empirischen Daten basierende Nischenstrategie-Typen zu liefern. Was den Erfolg der Nischenstrategien betrifft, stellte Stahr fest, dass erfolgreichen Strategien stets eine Pionierleistung und die Bearbeitung eines eng abgegrenzten Marktbereiches vorausgehen. Dennoch lässt diese Feststellung noch lange nicht den Schluss zu, alle Nischenstrategien führten zu erfolgreichen Wachstumsstrategien. Es konnte einzig gezeigt werden, dass eine beachtliche Anzahl erfolgreicher Unternehmen zu Beginn eine Nischenstrategie verfolgt hatte. Erfolgsunterschiede zwischen diesen Typen wurden jedoch nicht analysiert.[489]

Anhand von Fallstudien bestätigt Joas die Behauptung, dass Nischenstrategien profitabel sein können.[490] Dabei werden rentable Nischenanbieter aus grossen Branchen, wie beispielsweise dem Anlagenbau, der Textilindustrie oder aus dem Markt für Mess- und Regeltechnik, herangezogen. Entsprechend handelt es sich um Anbieter aus stark umkämpften Märkten mit entsprechend tiefen Branchenrenditen. Mittels enger Marktdefinition und einer spezifischen Leistung oder einer spezifischen Technologie gelingt den erwähnten Nischenunternehmen trotzdem eine rentable Marktbearbeitung. Im Rahmen des qualitativen Forschungsansatzes verzichtete Joas sowohl auf tiefer gehende Analysen des Erfolges von Nischenstrategien als auch auf die Unterscheidung verschiedener Nischenstrategie-Typen.

[488] Folgende Suchfelder für Nischen sind identifiziert worden: Produkt, Vertriebswege, Marktsegmentierung, Vernetzung (vgl. Stahr, G.R. 1995, S. 4f.).
[489] Vgl. dazu die Ausführungen in Stahr, G.R. 1995, S. 47ff.
[490] Vgl. Joas, A. 1995, S. 33f.

Die wohl am weitesten gefasste Studie auf dem Gebiet der Nischenthematik ist jene von Rosenbaum.[491] Im Zentrum seiner Arbeit steht die Entwicklung eines evolutionstheoretischen Nischentheoriekonzeptes. Obwohl es sich grundsätzlich um eine theoretische Abhandlung handelt, kann Rosenbaum auf Erfahrungen aus der Unternehmenspraxis und auf eine in diesem Zusammenhang erstellte Datenbank mit rund 350 Nischenbeispielen zurückgreifen.[492] Grosse Bedeutung wird denn auch der Erarbeitung von Nischenstrategie-Typen beigemessen. An dieser Stelle soll auf eine wiederholte Diskussion der Strategietypen verzichtet werden.[493] Trotzdem sei nochmals kurz erwähnt, dass die Systematisierung von Rosenbaum anhand der zwei kombinierbaren Dimensionen „Funktion innerhalb der Marktentwicklung" und „Funktion innerhalb der Unternehmenspolitik" zwölf Strategietypen unterscheidet, hinter welchen sich die Kriterien „Gründe für die Verfolgung", „Strategische Ebene" und „Ziele" einer Nischenstrategie verbergen. Im Rahmen des mehrheitlich qualitativen Forschungsansatzes blieb jedoch die Analyse von Erfolgsunterschieden unberücksichtigt.[494]

In der Arbeit von Danner zum strategischen Nischenmanagement steht die Entstehung und Bearbeitung von Marktnischen im Zentrum, wobei vier theoretische Nischenstrategie-Typen: Produktnischenstrategie, Kundennischenstrategie, regionale Nischenstrategie, Multi-Nischenstrategie[495] unterschieden werden.[496] Die Betrachtung der Erfolgsbedeutung verschiedener Nischenstrategien fällt eher knapp aus. Dies überrascht insofern nicht, als es auch dieser Studie an eigenen empirischen Untersuchungen mangelt. So werden zur Beurteilung der Erfolgswirkung von Nischenstrategien einzig die empirischen Studien von Galbraith/Schendel und Miller/Dess herangezogen.[497] Die Beurteilung der Dauerhaftigkeit des Erfolges erfolgt in Anlehnung an Porter anhand der Dauerhaftigkeit gegenüber Gesamtmarktanbietern, Nachahmern und Substitutionskonkurrenten.[498] Obwohl in der Arbeit von Danner die Nischenthematik im Zentrum steht, wird ihrer Erfolgsbedeutung nur wenig Beachtung geschenkt.

---

[491] Vgl. Rosenbaum, M.C. 1999.
[492] Entsprechend qualitativer Natur ist Rosenbaums Forschungsansatz (vgl. Rosenbaum, M.C. 1999, S. IX).
[493] Detailliertere Ausführungen zur Systematisierung von Rosenbaum finden sich in Abschnitt 5.2.2.
[494] Vgl. Rosenbaum, M.C. 1999, S. 316ff.
[495] Die Multi-Nischenstrategie stellt eine Kombination der anderen Strategietypen dar.
[496] Vgl. Danner, M. 2002, S. 65ff.
[497] Vgl. Galbraith, C.; Schendel, D. 1983, Miller, A.; Dess, G.G. 1993 und die Ausführungen in Abschnitt 5.3.2. Auf eine nochmalige Behandlung dieser Studien wird verzichtet.
[498] Vgl. Danner, M. 2002, S. 70f. und Porter, M.E. 1986, S. 344ff.

Die umfassende Studie von Grasshoff hat Nischenstrategien im Kreditwesen von Banken zum Gegenstand.[499] Die intellektualistisch-deduktive Methodik hat zur Folge, dass die Feststellungen nicht auf empirisch erhobenen Daten beruhen.[500] Grasshoff verzichtet auf die Unterscheidung von Nischenstrategie-Typen und kommt zur Erkenntnis, dass Nischenbanken eine höhere Rentabilität aufweisen. Die Begründung findet der Autor unter anderem in der Spezialisierung, die den Verzicht auf kostenintensive Bereiche ermöglicht und in der Konzentration auf lukrative Leistungen und Zielgruppen.[501] Wie zuvor Stahr stuft auch Grasshoff Nischenstrategien generell als rentabel ein.[502]

Einen zusammenfassenden Überblick über die diskutierten Studien liefert Tabelle 4. Abschliessend ist festzuhalten, dass die Wissenschaft über einzelne Arbeiten verfügt, welche die Nischenthematik in umfassender Weise behandeln. Da dieses Forschungsgebiet noch relativ jung ist, stehen grundlegende Aspekte, wie die Theoriebildung, welche bspw. die Entstehung von Nischen oder vereinzelt auch die Existenz von Nischenstrategie-Typen erklären kann, im Vordergrund. Auf umfassenden empirischen Daten basierende Systematisierungen von Nischenstrategien existieren jedoch nicht. Obwohl die Studien von Cavalloni, Stahr und Rosenbaum ausdrücklich der Nischenstrategie-Thematik gewidmet sind und Nischenstrategie-Typen unterscheiden, ist auch in ihren Studien die empirische Fundierung beschränkt. Trotzdem zählen die verwendeten Dimensionen und Kriterien zu den einzigen aus dem Bereich der Nischenthematik, und sollen deshalb bei der Entwicklung der Taxonomie als Gestaltungsvariablen berücksichtigt werden.

Ferner geht aus den diskutierten Arbeiten hervor, dass die Erfolgsmessung von Nischenstrategien mehrheitlich unberücksichtigt bleibt.[503] Grasshoff kommt zwar zum Schluss, dass Nischenstrategien bei Banken eine höhere Rentabilität versprechen, seine Erkenntnisse basieren jedoch auf theoretischen Überlegungen.[504] Obwohl auch in der Studie von Joas Erfolgsunterschiede zwischen Nischenstrategie-Typen nicht untersucht werden, so legt er anhand von Fallstudien dar, dass Nischenstrate-

---

499 Vgl. dazu und im Folgenden Grasshoff, J. 2003.
500 Vgl. Grasshoff, J. 2003, S. 7.
501 Vgl. Grasshoff, J. 2003, S. 285.
502 Auf eine differenzierte Betrachtung unterschiedlicher Nischenstrategie-Typen und auf die entsprechende Erfolgsmessung wird in der Studie nicht eingegangen.
503 Vgl. Danner, M. 2002; Rosenbaum, M.C. 1999; Stahr, G.R. 1995; Spiegel, B. 1990.
504 Vgl. Grasshoff, J. 2003.

gien rentabel sein können.[505] Am spezifischsten untersuchte Cavalloni den Erfolg von Nischenstrategien und zeigte in seiner Studie auf, dass insbesondere in stagnierenden Märkten mit Nischenstrategien eine hohe Rentabilität erzielt werden kann.[506]

Wie aus der vorangehenden Analyse hervorgeht, verfolgen Studien, welche sich zum Erfolg von Nischenstrategien äussern, mehrheitlich qualitative Forschungsansätze, was eine beschränkte Generalisierbarkeit ihrer Erkenntnisse zur Folge hat. Obwohl differenzierte Analysen zum Erfolg unterschiedlicher Nischenstrategie-Typen fehlen, soll an dieser Stelle festgehalten werden, dass mehrere Studien darauf hindeuten, dass Nischenstrategien rentabel sein können.[507]

---

[505] Vgl. Joas, A. 1995.
[506] Vgl. Cavalloni, C. 1991.
[507] Vgl. Grasshoff, J. 2003; Joas, A. 1995; Stahr, G.R. 1995; Cavalloni, C. 1991.

Autor	Jahr	Untersuchungsobjekt	Studiendesign und Methoden der Datenauswertung	Nischenstrategie-Typen und ihre Charakteristika	Kontextfaktoren	Erfolgsbedeutung	Erkenntnisse/ Bemerkungen
Spiegel	1990	Marktnischen	Theoretische Arbeit. Anlehnung der Marktwirtschaft an Biologie.	Keine Unterscheidung von Nischenstrategietypen.	Nicht untersucht.	Keine Aussagen.	Im Zentrum steht die Bestimmung "echter" Marktnischen.
Cavalloni	1991	Schweizer Unternehmungen verschiedener Branchen. (n = 53)	Explorative Studie mittels schriftlicher Befragung.	Drei theoretisch hergeleitete Typen: 1. Nischenstrategie als Geschäftsstrategie 2. Nischenstrategie zum Aufbau von Planungs-einheiten 3. Nischenstrategie als Markteintrittsstrategie	Marktwachstum	Erfolgsunterschiede zwischen Nischenstrategie-Typen wurden nicht untersucht. Empirische Studie zeigte jedoch, dass je höher die Nischenprägung ist, desto höher fällt die Rentabilität aus.	Nischenstrategien mit Qualitätsvorteilen sind häufiger als solche mit Preisvorteilen.
Stahr	1995	Erfolgreiche Unternehmungen aus Europa, den USA und Japan. (n = 600; davon 340 Nischenanbieter)	Qualitative Studie.	Aus Suchfeldern heraus definiert Stahr vier theoretische Nischen-strategie-Typen: 1. Produktnischenstrategien 2. Vertriebsnischenstrategien 3. Marktsegmentierungs-Nischenstrategien 4. Vernetzungsnischen-strategien	Nicht untersucht.	Erfolgsunterschiede zwischen Nischenstrategie-Typen wurden nicht untersucht.	Pionierleistungen in eng abgegrenzten Markt-bereichen sind am Erfolg versprechendsten.
Joas	1995	Nischenanbieter aus verschiedenen Branchen.	Qualitativer Forschungsansatz. (Fallstudien; Beratungsprojekte)	Keine Unterscheidung von Nischenstrategietypen.	Nicht untersucht.	Erfolgsunterschiede zwischen Nischenstrategie-Typen wurden nicht untersucht. Fallstudie zeigte jedoch, dass Nischenstrategien rentabel sein können.	Erfolgsvoraussetzungen: 1. Enger Marktbereich 2. Spezifische Leistung 3. Spezifische Technologie

Tabelle 4: Studien zu Nischenstrategien im Überblick (Teil 1)

(Quelle: Eigene Darstellung)

Autor	Jahr	Untersuchungsobjekt	Studiendesign und Methoden der Datenauswertung	Nischenstrategie-Typen und ihre Charakteristika	Kontextfaktoren	Erfolgsbedeutung	Erkenntnisse/ Bemerkungen
Rosenbaum	1999	Nischenanbieter (n = 350)	Qualitative Studie.	12 theoretische Typen. Kriterien zur Unterscheidung der Typen: 1. Funktion innerhalb Marktentwicklung 2. Funktion innerhalb Unternehmenspolitik	Nicht untersucht.	Erfolgsunterschiede zwischen Nischenstrategie-Typen wurden nicht untersucht.	Implizit werden die Ziele und die Gründe der Verfolgung einer Nischen-strategie sowie die strategische Ebene im Rahmen der Typenbildung berücksichtigt.
Danner	2002	Entstehung und Bearbeitung von Marktnischen.	Theoretische Arbeit mittels Sekundärforschung.	Theoretische Unterscheidung von: Produktnischenstrategie Kundennischenstrategie Regionale Nischenstrategie Multi-Nischenstrategie	Nicht untersucht.	Erfolgsunterschiede zwischen Nischenstrategie-Typen wurden nicht untersucht. Analyse von Sekundärstudien.	Erfolg versprechend ist, wenn mehrere Segmente bearbeitet werden, zwischen denen starke Verflechtungen existieren.
Grasshoff	2003	Nischenstrategien im Kreditwesen der Bankenbranche.	Theoretische Arbeit. (Intellektualistisch-deduktiv)	Keine Unterscheidung von Nischenstrategietypen.	Nicht untersucht.	Erfolgsunterschiede zwischen Nischenstrategie-Typen wurden nicht untersucht. Autor kommt jedoch zur Erkenntnis, dass Nischenbanken höhere Rentabilitäten aufweisen.	Nischenstrategien werden generell als rentabel eingestuft.

Tabelle 4: Studien zu Nischenstrategien im Überblick (Teil 2)

(Quelle: Eigene Darstellung)

5.4 Fazit

Ein erster Aspekt, der analysiert wurde, betrifft die Systematisierungen von Nischenstrategien. Die Analyse der theoretisch hergeleiteten Systematisierungen von Nischenstrategien zeigte, dass in der Literatur kein allgemeiner Konsens betreffend Nischenstrategie-Typen besteht. Bezüglich der Klassifikationen von Wettbewerbsstrategien ist festzustellen, dass Nischenstrategie-Typen vielfach zu oberflächlich betrachtet werden, indem wie bspw. bei Porter anhand eines Kriteriums nur zwei Typen unterschieden werden. Spezifische Studien zu Nischenstrategien, welche explizit Nischenstrategien klassifizieren, sind relativ selten. Insgesamt kann jedoch gesagt werden, dass die Art des Wettbewerbsvorteils sowie die Art der Marktbeschränkung die wichtigsten Kriterien zur Unterscheidung von Nischenstrategie-Typen darstellen.

Neben theoretisch hergeleiteten Systematisierungen wurden auch empirisch entwickelte Klassifikationen betrachtet. In Bezug auf Systematisierungen von Wettbewerbsstrategien zeigte sich, dass mehrheitlich einzelne Nischenstrategie-Typen, welche sich jedoch von Studie zu Studie erheblich unterscheiden, identifiziert worden sind. Einzig ein auf der Porter'schen Systematisierung von Wettbewerbsstrategien beruhender Differenzierungsnischenstrategie-Typ, welcher sich durch den Wettbewerbsvorteil Qualität ausweist, kann in mehreren Arbeiten festgestellt werden. Die betrachteten Studien beschränken sich jedoch stets nur auf ein paar wenige Nischenstrategie-Typen. Studien, welche sich explizit mit Nischenstrategien beschäftigen, waren seltener Forschungsgegenstand als gesamtmarktorientierte Wettbewerbsstrategien.[508] Insgesamt kann aus den dargestellten Studien jedoch die Erkenntnis gewonnen werden, dass der Wettbewerbsvorteil ein zentrales Kriterium zur Unterscheidung von Nischenstrategien darstellt. Aber auch die Wachstumsorientierung und die Art der Marktbeschränkung sind von Bedeutung. Bezüglich der Wettbewerbsvorteile können bei den Nischenstrategien der betrachteten Untersuchungen vermehrt Qualitäts-, Preis- und Innovationsvorteile festgestellt werden.

Es konnte somit aufgezeigt werden, dass die existierenden Systematisierungen von Nischenstrategien allesamt zu kurz greifen. Es ist zu vermuten, dass keine der in der Literatur anzutreffenden Systematisierungen alle in der Praxis existierenden Nischenstrategie-Typen erfasst, woraus sich ein Forschungsbedarf ableitet. Im Weiteren können die im Rahmen der Systematisierungen verwendeten Unterscheidungs-

[508] Vgl. dazu auch Parker, B.; Helms, M.M. 1992, S. 26.

kriterien bei der Entwicklung der Taxonomie und der damit verbundenen Bestimmung der Gestaltungsvariablen herangezogen werden.[509]

Ein zweiter Aspekt, der analysiert wurde, betrifft die Erfolgsmessung von Nischenstrategien. Bevor die empirische Studie durchgeführt werden konnte, war es notwendig, den aktuellen Stand der wissenschaftlichen Forschung hinsichtlich der Messung des Erfolgs von Nischenstrategien zu erörtern. Aufgrund der Tatsache, dass die Erfolgsmessung von Nischenstrategien in verschiedenen Forschungsbereichen Anwendung findet, war es erforderlich, neben spezifischen Studien über Nischenstrategien auch solche mit Fokus auf Wettbewerbsstrategien oder auf New-Venture-Strategien miteinzubeziehen.

Anhand der Studien zu Wettbewerbs- und New-Venture-Strategien liess sich zeigen, dass bezüglich des Erfolges von Nischenstrategien kein einheitliches Bild gezeichnet werden kann. Dies mag unter anderem daran liegen, dass sich je nach Studie die als Nischenstrategie bezeichneten Strategien stark unterscheiden. Hinzu kommt, dass keine allgemeingültige Messung des Erfolges vorherrscht. Diese beiden Aspekte erschwerten einen Vergleich der einzelnen Studien und lassen keine generellen Aussagen über den Erfolg von Nischenstrategien zu. Was New-Venture-Studien betrifft, kann jedoch festgestellt werden, dass in gewissen Situationen – wie bspw. in gesättigten Märkten – Nischenstrategien Erfolg versprechend sein können.[510]

Wie die Analyse spezifischer Studien zum Erfolg von Nischenstrategien zeigte, kommen vielfach qualitative Forschungsansätze zum Einsatz, was eine beschränkte Generalisierbarkeit der Erkenntnisse mit sich bringt. Dazu kommt, dass je nach Studie die Nischenstrategien unterschiedlich definiert werden. Obwohl verschiedene Studien darauf hindeuten, dass Nischenstrategien rentabel sein können,[511] fehlen empirisch fundierte Erkenntnisse zum Erfolg von Nischenstrategien weitgehend. Insgesamt kann somit festgehalten werden, dass trotz der Existenz zahlreicher Studien im Strategischen Management, die Literatur kaum spezifische empirische Erkenntnisse zur Erfolgsbedeutung von Nischenstrategien liefern kann.[512] Zudem unter-

[509] Vgl. Kapitel 6.

[510] Vgl. die Studien von McDougall, P. et al. 1994, S. 537ff.; Romanelli, E. 1989, S. 369ff.; Hofer, C.W.; Sandberg, W.R. 1987, S. 11ff. Vgl. dazu bspw. auch Cooper, A.C.; Willard, G.E.; Woo, C.Y. 1986, S. 249ff.

[511] Vgl. Grasshoff, J. 2003; Joas, A. 1995; Stahr, G.R. 1995; Cavalloni, C. 1991.

[512] Vgl. Parker, B.; Helms, M.M. 1992, S. 26; Mintzberg, H.; Ahlstrand, B.; Lampel, J. 2002, S. 135.

scheidet keine Studie mehrere Nischenstrategie-Typen und misst die entsprechenden Erfolgsunterschiede.

TEIL III: PLANUNG DER EMPIRISCHEN UNTERSUCHUNG

Der in Kapitel 3 vorgestellte konzeptionelle Rahmen soll der nachfolgenden empirischen Untersuchung zu Grunde gelegt werden. Deshalb wird an dieser Stelle nochmals kurz auf den konzeptionellen Rahmen eingegangen.

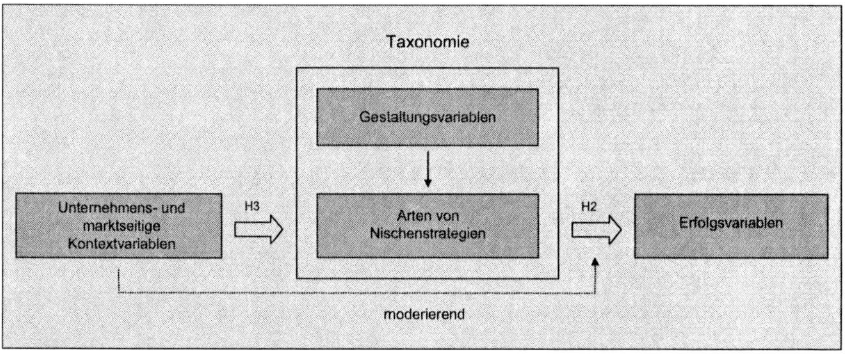

Abbildung 16: Konzeptioneller Rahmen[513]

Aus dem konzeptionellen Rahmen geht hervor, dass drei Gruppen von Variablen auseinander gehalten werden. Zum einen sind dies die Gestaltungsvariablen, welche der Entwicklung einer Taxonomie von Nischenstrategien dienen. Zum anderen sind unternehmens- und marktseitige Kontextvariablen zu bestimmen, welche entweder einen Einfluss auf die Wahl des Nischenstrategie-Typs haben oder als moderierende Variable die Beziehung zwischen Nischenstrategie-Typen und dem Erfolg beeinflussen. Schliesslich gilt es als dritte Gruppe Erfolgsvariablen zu definieren.

Ausgehend vom konzeptionellen Rahmen kann das methodische Vorgehen der empirischen Untersuchung bestimmt werden (vgl. Abbildung 17). Im Rahmen der Planung der empirischen Untersuchung (Teil III) stehen in einem ersten Schritt die Konzeptualisierung und die Operationalisierung der Untersuchungsvariablen an (Kapitel 6). Dabei dient eine eingehende Literaturanalyse der Identifikation und Konzeptualisierung der Gestaltungs-, Kontext- und Erfolgsvariablen (Unterkapitel 6.1). Diese Literaturanalyse wird nicht nur anhand von wissenschaftlichen Quellen durchgeführt, sondern soll auch Beispiele aus der praxisorientierten Literatur berücksichtigen. An-

[513] Quelle: Eigene Darstellung.

schliessend gilt es, basierend auf theoretischen Überlegungen die bestimmten Konstrukte zu operationalisieren (Unterkapitel 6.2). In einem zweiten Schritt (Kapitel 7) werden die Detailplanung und die Durchführung der empirischen Untersuchung diskutiert. Neben dem Forschungsdesign (Unterkapitel 7.1) sind konkrete Angaben zur Durchführung der Datenerhebung (Unterkapitel 7.2) Gegenstand der Ausführungen.

TEIL III: PLANUNG DER EMPIRISCHEN UNTERSUCHUNG

6. Konzeptualisierung und Operationalisierung der Untersuchungsvariablen
6.1 Identifikation und Konzeptualisierung der Untersuchungsvariablen
6.2 Operationalisierung der Untersuchungsvariablen

7. Detailplanung und Durchführung der empirischen Untersuchung
7.1 Erarbeitung des Forschungsdesign
7.2 Durchführung der Datenerhebung

TEIL IV: FORSCHUNGSERGEBNISSE

8. Einleitende Analysen zur Datenqualität
9. Überprüfung der Datenqualität anhand der Gütekriterien
10. Clusteranalyse zur Entwicklung einer Taxonomie von Nischenstrategien
11. Analyse der Kontextfaktoren von Nischenstrategien anhand von Mittelwertvergleichen und Answer-Tree-Berechnungen
12. Ermittlung des Erfolges der Nischenstrategie-Typen unter Berücksichtigung der Kontextfaktoren anhand von Mittelwertvergleichen und Regressionsanalysen
13. Schlussbetrachtungen

Abbildung 17: Methodisches Vorgehen der empirischen Untersuchung[514]

Anschliessend gilt es, die erhobenen Daten auszuwerten (Teil IV). Vor der tatsächlichen Auswertung werden Analysen zur Datenqualität durchgeführt (Kapitel 8 und 9). In einem nächsten Schritt (Kapitel 10) werden anhand der Gestaltungsvariablen Unternehmen, welche eine ähnliche Strategie verfolgen, mittels einer Clusteranalyse gruppiert, was die Entwicklung einer Taxonomie ermöglicht. Anschliessend folgen Analysen zum Einfluss der Kontextfaktoren auf die Wahl bzw. die Ausgestaltung von Nischenstrategien (Kapitel 11). Als Nächstes ist zu untersuchen, ob zwischen den Strategietypen Erfolgsunterschiede existieren und inwiefern diese auf unterschiedliche Ausprägungen der Kontextfaktoren zurückgeführt werden können (Kapitel 12). Im letzten Schritt (Kapitel 13) sind Schlussbetrachtungen sowohl zu den zentralen Erkenntnissen als auch zur Forschungsmethodik anzustellen.

[514] Quelle: Eigene Darstellung.

6 Konzeptualisierung und Operationalisierung der Untersuchungsvariablen

Gegenstand des sechsten Kapitels ist die Konzeptualisierung und Operationalisierung der im konzeptionellen Rahmen definierten Untersuchungsvariablen. Unter der Konzeptualisierung wird die Erarbeitung der Konstruktdimensionen verstanden, worauf anschliessend im Rahmen der Operationalisierung die Bestimmung von Indikatoren und damit eines geeigneten Messinstruments erfolgt.[515] In Unterkapitel 6.1 wird die Identifikation der Untersuchungsvariablen und die damit einhergehende Konzeptualisierung erläutert. Im Anschluss folgen Ausführungen zur Operationalisierung der Untersuchungsvariablen (Unterkapitel 6.2).

6.1 Identifikation und Konzeptualisierung der Untersuchungsvariablen

Die Identifikation von Gestaltungs-, Kontext- und Erfolgsvariablen bedarf einer umfassenden Literaturanalyse. Aufgrund der Tatsache, dass die Wissenschaft hinsichtlich der Nischenstrategie-Thematik nicht sehr weit fortgeschritten und die Thematik von hoher praktischer Relevanz ist, sollen nicht nur wissenschaftliche Quellen, bestehend aus theoretischen wie auch empirischen Arbeiten, sondern auch praxisorientierte Quellen mitberücksichtigt werden. Während die theoretische Begründung der Variablenbestimmung bei Gestaltungsvariablen von grösserer Bedeutung ist, sind bei den Kontextvariablen vermehrt auch praxisorientierte Aspekte wichtig.

Vorgängig zur Bestimmung der Untersuchungskonstrukte sind Erläuterungen der Konzeptualisierung angebracht. Wie bereits erwähnt, besteht das Ziel der Konzeptualisierung darin, die im konzeptionellen Rahmen definierten Elemente durch die Bestimmung der Untersuchungskonstrukte zu konkretisieren. Dabei handelt es sich bei den Untersuchungskonstrukten grundsätzlich um nicht direkt messbare Grössen, weshalb diese häufig auch als latente Variablen bezeichnet werden. Diese müssen deshalb in einem weiteren Schritt operationalisiert, sprich messbar gemacht werden.[516] Während sich die Konzeptualisierung der Gestaltungsvariablen an der Me-

[515] Vgl. Homburg, C.; Giering, A. 1996, S. 5.
[516] Vgl. Homburg, C.; Giering, A. 1996, S. 6.

thodik der Strategischen Planung nach Grünig/Kühn orientiert, werden bei den Kontext- und Erfolgsvariablen mehrheitlich empirische Studien herangezogen.[517]

An dieser Stelle bleibt zu erwähnen, dass auf eine Expertenbefragung bewusst verzichtet wurde. Einerseits führen die theoretischen Überlegungen zu einer nicht mehr zu reduzierenden Anzahl Variablen. Andererseits ist zu bedenken, dass mit einer Expertenbefragung stets die Gefahr der Eliminierung der „falschen" Konstrukte einhergeht.[518] Diese Befürchtung ist in der vorliegenden Studie insofern berechtigt, als in diesem Forschungsbereich kaum Experten existieren. Entsprechend schwierig wäre demzufolge auch das Auffinden von Experten.

6.1.1 Gestaltungsvariablen

Wie aus dem konzeptionellen Rahmen hervorgeht, werden anhand der Gestaltungsvariablen Unternehmungen, welche eine ähnliche Nischenstrategie verfolgen, gruppiert. Mit anderen Worten werden diese Variablen zur Unterscheidung von Nischenstrategie-Typen herangezogen. Die Bestimmung der Gestaltungsvariablen ist deshalb für die zu entwickelnde Klassifikation von zentraler Bedeutung. Bei Klassifikationen ist es wichtig, die bedeutendsten Dimensionen, auf welcher die Klassifikation schliesslich basieren wird, zu identifizieren.[519] Dementsprechend ist der Konzeptualisierung grosse Beachtung zu schenken. Obwohl in der Literatur verschiedenste Richtlinien zur Auswahl von Dimensionen diskutiert werden, herrscht zumindest darüber Einigkeit, dass die zur Bildung einer Taxonomie verwendeten Variablen aus der Theorie abgeleitet sein sollten.[520] Der Auswahl der Gestaltungsvariablen ist deshalb eine umfassende Literaturanalyse vorangegangen.

Ein weiterer Aspekt bei der Auswahl von Gestaltungsvariablen stellen Abhängigkeiten zwischen den Clustervariablen dar. In der Literatur finden sich sowohl Autoren, welche den Ausschluss korrelierter Variablen verlangen als auch solche, welche den Ausschluss jeglicher Interkorrelationen als unrealistisch ansehen oder schlicht nicht

---

[517] Vgl. Grünig, R.; Kühn, R. 2005 und die in den folgenden Abschnitten zitierten Quellen.
[518] Vgl. dazu die empirische Untersuchung von Meli, C. 2005 S. 167ff.
[519] Vgl. Bailey, K.D. 1994, S. 2; Homburg, C.; Workman, J.P.; Jensen, O. 2002, S. 43. Weitere Anforderungen an eine Klassifikation finden sich bei Chrisman, J.J.; Hofer, C.W.; Boulton, W.R. 1988, S. 416f. Kriterien zur Auswahl von Strategiedimensionen werden in Miller, D. 1986, S. 237ff. und Kim, L.; Lim, Y. 1988, S. 808 diskutiert.
[520] Vgl. Homburg, C.; Workman, J.P.; Jensen, O. 2002, S. 43; Aldenderfer, M.S.; Blashfield, R.K. 1984, S. 19ff. Vgl. auch Rich, P. 1992, S. 767.

von einer solchen Annahme ausgehen.[521] Mit dem Ziel der Reduktion korrelierender Gestaltungsvariablen wird vor der geplanten Clusteranalyse eine Faktorenanalyse durchgeführt.

Bezüglich der Vollständigkeit und der Beschränkung der Untersuchungsvariablen macht es wenig Sinn, mehr Dimensionen zu berücksichtigen als für die Entwicklung einer vernünftigen Klassifikation notwendig sind.[522] Dabei gilt es, aktive und deskriptive (passive) Gestaltungsvariablen zu unterscheiden. Aktive Gestaltungsvariablen stellen theoretisch hergeleitete Variablen dar, welche in der Clusteranalyse Eingang finden, während deskriptive Variablen nur zur präziseren Beschreibung der aus der Clusteranalyse resultierenden Nischenstrategie-Typen dienen.[523]

Im Rahmen der vorliegenden Arbeit können Gestaltungsvariablen insbesondere aus existierenden Typologien von Nischenstrategien abgeleitet werden,[524] wobei die von Grünig/Kühn entwickelte Methodik der Strategischen Planung in der Lage ist, den unterschiedlichen Nischenstrategie-Dimensionen den entsprechenden theoretischen Rahmen zu geben.[525] Die von Rosenbaum, Danner und Hünerberg verwendeten theoriegeleitenen Dimensionen, anhand derer sie Nischenstrategie-Arten unterscheiden, sind von zentraler Bedeutung.[526] Weitere Typologien von Nischenstrategien und praxisorientierte Literatur werden mehrheitlich in Form von passiven Gestaltungsvariablen berücksichtigt.[527]

6.1.1.1 Aktive Gestaltungsvariablen

Die theoretische Grundlegung der Vorauswahl aktiver Gestaltungsvariablen erfolgt anhand der Methodik der strategischen Planung von Grünig/Kühn.[528] Ausgangspunkt der Bestimmung der aktiven Gestaltungsvariablen stellt das Konstrukt „Strategie" dar. Im Allgemeinen beschäftigen sich Strategien mit den Voraussetzungen, die zu

---

[521] Vgl. Homburg, C.; Workman, J.P.; Jensen, O. 2002, S. 43 und die dort zitierte Literatur.
[522] Vgl. Punj, G.; Stewart, D.W. 1983, S. 143; Homburg, C.; Workman, J.P.; Jensen, O. 2002, S. 43.
[523] Vgl. Homburg, C.; Workman, J.P.; Jensen, O. 2002, S. 43.
[524] Wie aus den folgenden Ausführungen hervorgeht, finden sich einzelne Variablen auch in empirischen Studien, welche die Entwicklung von Taxonomien von Wettbewerbsstrategien zum Gegenstand haben.
[525] Vgl. Grünig, R.; Kühn, R. 2005.
[526] Vgl. Rosenbaum, M.C. 1999, S. 304ff.; Danner, M. 2002, S. 57ff., 153ff.; Hünerberg, R. 1993, S. 668ff.
[527] Vgl. dazu die entsprechenden Angaben in Unterabschnitt 6.1.1.2.
[528] Sofern nicht anders vermerkt, basieren die Ausführungen zur Strukturierung von Strategien auf Grünig, R.; Kühn, R. 2005, S. 7f.

schaffen sind, um in Zukunft, und damit möglichst langfristig, die Erreichung der obersten Unternehmensziele sicherzustellen.[529] In Bezug auf die obersten Unternehmensziele lassen sich drei Erfolgsursachen bzw. Erfolgspotentiale[530] einer Strategie unterscheiden: eine attraktive Marktposition, Wettbewerbsvorteile im Angebot oder Wettbewerbsvorteile bei den Ressourcen.

Diese drei Dimensionen von Erfolgspotentialen sollen als Ansatz zur Strukturierung des Inhaltes von Strategien verwendet werden. Dieser Ansatz ist im Rahmen der empirischen Untersuchung von Bedeutung, da er die theoretische Grundlage der Bestimmung der aktiven Gestaltungsvariablen der Clusteranalyse darstellt. Mit anderen Worten werden entsprechend den Dimensionen Marktposition, Wettbewerbsvorteile im Angebot und Wettbewerbsvorteile bei den Ressourcen Indikatoren bestimmt, anhand welcher schliesslich Nischenstrategie-Arten unterschieden werden können. Im Folgenden werden die drei Dimensionen erläutert und anhand der zu verwendenden Konstrukte präzisiert.

Die erste Dimension ist die Marktposition: Unter der Marktposition soll die Stellung einer Unternehmung mit ihrem Angebot in einem spezifischen Markt verstanden werden. Der strategische Wert einer Marktposition wird dabei durch die Marktattraktivität und die Wettbewerbsstärke bestimmt.[531] Die Konstrukte Marktattraktivität und Wettbewerbsstärke werden überdies auch in den gängigen Portfolio-Methoden berücksichtigt.[532] Um die Spezifika von Nischenstrategien zu beachten, sind die beiden Konstrukte auf den durch die Marktnische bestimmten Marktbereich zu beziehen. Die Marktattraktivität der Marktnische wird relativ zur Attraktivität des Gesamtmarktes gemessen. Zusätzlich ist ein Kriterium zur Marktbeschränkung zu definieren. Wie bereits erwähnt, herrscht in der Literatur zumindest darüber Einigkeit, dass eine Nischenstrategie nicht auf die Bearbeitung des Gesamtmarktes zielt. Mit anderen Worten weisen Nischenstrategien eine gewisse Beschränkung auf einen Marktbereich auf. Somit finden die folgenden drei Konstrukte Berücksichtigung:

1) Attraktivität der Marktnische
2) Wettbewerbsstärke in der Marktnische

[529] Vgl. Grünig, R.; Kühn, R. 2005, S. 7. Eine ausführliche Begriffsdiskussion findet man in Mintzberg, H. et al. 2003, S. 3ff.; Corsten, H. 1998, S. 5ff.
[530] Zur allgemeinen Charakteristik des Erfolgspotentials vgl. auch Gälweiler, A. 1987, S. 26f.
[531] Vgl. Grünig, R.; Kühn, R. 2005, S. 410; Kühn, R.; Grünig, R. 2000, S. 179ff.
[532] Vgl. dazu bspw. das BCG-Portfolio der Boston-Consulting-Group oder das Marktattraktivitäts-Geschäftsstärken-Portfolio (Grünig, R.; Kühn, R. 2005, S. 199ff.).

3) Ausmass der Marktbeschränkung

Die theoretische Grundlage der Dimension Wettbewerbsvorteile im Angebot findet sich in der Marketing-Mix-Methodik.[533] Es ist davon auszugehen, dass grundsätzlich aus jedem Instrument des Marketing-Mix ein Wettbewerbsvorteil hervorgehen kann.[534] Die entsprechend grosse Anzahl möglicher Wettbewerbsvorteile ist empirisch kaum fassbar, weshalb eine gewisse Beschränkung nötig ist. Diese wird dadurch erreicht, dass Wettbewerbsvorteile auf einer relativ aggregierten Ebene der Instrumente des Marketing-Mix betrachtet werden. Unter Berücksichtigung der Spezifika der Dienstleistungsbranche lassen sich folgende auf der Marketing-Mix-Methodik basierende Wettbewerbsvorteile als Indikatoren unterscheiden:[535]

1) Wettbewerbsvorteile im Produkt bzw. in der Dienstleistung
2) Wettbewerbsvorteile im Kundenservice
3) Wettbewerbsvorteile in der Kommunikation
4) Wettbewerbsvorteile im Preis
5) Wettbewerbsvorteile in der Distribution
6) Wettbewerbsvorteile im Bereich des Leistungserstellungsprozesses

Als dritte Dimension sind schliesslich die auf Ressourcen basierenden Wettbewerbsvorteile zu berücksichtigen. Dabei ist der Begriff „Ressource“ weit aufzufassen. Neben materiellen sind auch immaterielle Ressourcen, wie z.B. Rechte oder das Unternehmensimage zu berücksichtigen. Ergänzt werden diese durch Humanressourcen, wie die Fähigkeiten und die Motivation der Mitarbeiter oder die Marketingkompetenz in einer Unternehmung.[536] Die Ressourcen werden anhand der Klassifikation von Kühn/Grünig und Black/Boal in drei Gruppen aufgeteilt.[537] Auch hier ist es nicht möglich, alle auf Ressourcen basierenden Wettbewerbsvorteile zu erfassen. Deshalb wird es notwendig sein, sich im Rahmen der Operationalisierung auf die zentralen

533 Vgl. Kühn, R.; Vifian, P. 2003, S. 11ff.; MacCarthy, E.J. 1975, S. 74ff.

534 Vgl. Kreuzer, M. 2005, S. 188; Grünig, R.; Kühn, R. 2002, S. 9; Kühn, R.; Grünig, R. 2000, S. 144. Porter, M.E. 1986, S. 33; Schreyögg, G. 1984, S. 98f.

535 Vgl. Kühn, R.; Vifian, P. 2003, S. 11ff.; Kühn, R.; Fasnacht, R. 2002, S. 21ff; Magrath, A.J. 1986, S. 44ff. Anmerkung: Wettbewerbsvorteile in Bezug auf Mitarbeiter werden im Rahmen der Ressourcenvorteile berücksichtigt. Wettbewerbsvorteile bezüglich des physischen Umfeldes werden aufgrund der geringen Bedeutung für produzierende Unternehmungen nicht erfasst.

536 Vgl. Grünig, R.; Kühn, R. 2002, S. 9; Kühn, R.; Grünig, R. 2000, S. 144.

537 Vgl. Kühn, R.; Grünig, R. 2000, S. 144. Weitere Kategorisierungen finden sich in Black, J.A.; Boal, K.B. 1994a, S. 134f.

Ressourcen zu beschränken. Folgende Konstrukte von Ressourcenvorteilen sind zu unterscheiden:

1) Materieller Ressourcenvorteile
2) Immaterieller Ressourcenvorteile
3) Humanressourcenvorteile

Anhand der soeben entwickelten Konstrukte werden aktiv Cluster gebildet und damit Arten von Nischenstrategien unterschieden. Die folgenden deskriptiven Gestaltungsvariablen dienen im Gegensatz dazu alleine der Beschreibung der Cluster.

6.1.1.2 Deskriptive Gestaltungsvariablen

Wie bereits erwähnt, können Variablen, welchen es an einer theoretischen Fundierung mangelt, als deskriptive Variablen in die Analyse eingehen.[538] Dabei ist darauf zu achten, dass hauptsächlich Nischenstrategie spezifische Konstrukte Verwendung finden. Dadurch können die zahlreichen empirisch ungestützten Behauptungen der Literatur bezüglich Nischenstrategien in die Untersuchung einbezogen werden.

Die ersten drei Konstrukte basieren auf der bereits erläuterten Systematisierung von Rosenbaum (vgl. Abschnitt 5.2.2). Er unterscheidet zum einen Nischenstrategien, welche freiwillig gewählt werden und jene, bei denen beispielsweise aufgrund von Marktzwängen oder aus unternehmensspezifischen Gründen dieser Strategietyp verfolgt wird.[539] Ferner differenziert er Strategietypen nach der strategischen Ausrichtung einer Unternehmung auf Nischenstrategien. Diesbezüglich können Unternehmen unterschieden werden, welche ausschliesslich Nischenstrategien verfolgen und solche, welche neben einer Nischenstrategie auch Gesamtmarktstrategien umsetzen.[540] Schliesslich können nach Rosenbaum Nischenstrategien anhand des verfolgten Ziels auseinander gehalten werden. Hier ist es beispielsweise möglich, monetäre und nicht-monetäre Ziele zu unterscheiden.[541] Folgende drei Konstrukte werden in Anlehnung an Rosenbaum definiert:

1) Freiwilligkeit der Verfolgung einer Nischenstrategie

[538] Vgl. dazu Homburg, C.; Workman, J.P.; Jensen, O. 2002, S. 45ff.
[539] Vgl. dazu auch Aaker, D.A. 1988, S. 225; Sonderegger, R.A. 1990, S. 31; Speringer, H.-P. 1990, S. 34.
[540] Vgl. dazu auch Wright, P. 1987, S. 93f.; Sonderegger, R.A. 1990, S. 30.
[541] Vgl. Rosenbaum, M.C. 1999, S. 313ff.

2) Strategische Ausrichtung auf die Nischenstrategie
3) Ziel der Verfolgung einer Nischenstrategie

Die nächsten drei deskriptiven Konstrukte sind der praxisorientierten Literatur entlehnt: Zum einen handelt es sich um die Neuheit der Nische, welche daran gemessen werden kann, ob zum Zeitpunkt des Markteintritts die Marktnische bereits bearbeitet wurde.[542] Zum anderen kommt auch dem Schutz vor Gesamtmarktanbietern Bedeutung zu. Dieser Schutz kann beispielsweise darauf beruhen, dass Gesamtmarktanbietern das spezifische Know-how fehlt oder eine Nische aufgrund der Grösse nicht attraktiv erscheint.[543] Schliesslich soll ein dritter Indikator den Internationalisierungsgrad einer Nischenstrategie erfassen. Je nachdem, wie hoch der Internationalisierungsgrad ist, lassen sich beispielsweise regionale und internationale Nischenstrategien unterscheiden.[544] Es werden deshalb die folgenden drei Indikatoren definiert:

1) Neuheit der Marktnische
2) Ausmass des Schutzes vor den Gesamtmarktanbietern
3) Internationalisierungsgrad der Marktnische

Abschliessend sei nochmals angemerkt, dass anhand der aktiven Gestaltungsvariablen Nischenstrategie-Arten gebildet werden, welche dann durch die genannten deskriptiven Merkmale präzisierend beschrieben werden. Im nächsten Abschnitt erfolgt die Bestimmung der Kontextvariablen.

6.1.2 Kontextvariablen

Im Gegensatz zu den Gestaltungsvariablen, welche von einer Unternehmung gezielt gesteuert bzw. gestaltet werden können, sind Kontextvariablen grundsätzlich vorgegeben und können von einer Unternehmung nicht direkt beeinflusst werden.[545]

---

[542] Vgl. Spiegel, B. 1990, S. 7f.; Kühn, R.; Jucken, H. 1990, S. 12. Bei der Befriedigung bisher unbefriedigter Bedürfnisse wird auch von manifesten Nischen gesprochen, während die bessere Befriedigung bisher ungenügend befriedigter Bedürfnisse als latente Nische bezeichnet werden kann.
[543] Vgl. z.B. Sonderegger, R.A. 1990, S. 31; Bösiger, W. 1990, S. 59f.
[544] Vgl. z.B. Sonderegger, R.A. 1990, S. 32; Streuli, F. 1990, S. 45; Profeta, E. 2002, S. 23.
[545] Vgl. dazu Abbildung 7.

Mehrheitlich handelt es sich demzufolge bei Kontextfaktoren um Eigenschaften des Marktumfeldes oder um kurzfristig nicht beeinflussbare Unternehmensmerkmale.[546]

Zur Bestimmung der Kontextvariablen können einerseits wissenschaftliche Studien des Strategischen Managements herangezogen werden, andererseits liefern auch die zahlreichen Praxisbeispiele von Nischenunternehmungen wertvolle Hinweise. Eine der ersten zentralen Studien, welche sich mit kontingenztheoretischen Überlegungen im Bereich der Wettbewerbsstrategien auseinandersetzte, ist jene von Hofer. Die von Hofer aus der Literatur gewonnenen Kontextfaktoren sind im Rahmen dieser Arbeit jedoch von geringerer Bedeutung, da es sich um eine sehr umfassende und entsprechend allgemein gehaltene Aufzählung möglicher Kontextfaktoren handelt.[547] Der Autor selbst weist daraufhin, dass die Erklärungskraft von Beziehungen zwischen Strategien, Erfolgs- und Kontextvariablen durch die Berücksichtigung aller Kontextvariablen abnimmt. Ein weiterer Grund, weshalb die Auflistung nur beschränkt von Nutzen ist, liegt darin, dass die Bedeutung der einzelnen Kontextfaktoren nicht untersucht worden ist, was eine objektive Auswahl der zentralen Variablen verunmöglicht.[548]

Eine andere viel beachtete Studie über Kontextfaktoren stellt jene von Hambrick/Lei dar, welche basierend auf der PIMS-Datenbank, den Einfluss von Kontextvariablen auf Strategien und den Erfolg untersuchten und eine entsprechende Rangfolge der Kontextvariablen nach ihrer Bedeutung erstellt haben. Bei Hambrick/Lei's Studie ist anzumerken, dass die Untersuchung ausschliesslich allgemeine Umfeldfaktoren berücksichtigt und die Auswahl der untersuchten Kontextvariablen durch die Datenbank eingeschränkt ist. Zumal insgesamt zehn Variablen unterschieden werden, scheint die Berücksichtigung aller Variablen für die vorliegende Untersuchung nicht zweckmässig.[549]

Sowohl die Studie von Hofer als auch jene von Hambrick/Lei ist nicht geeignet, die Vorauswahl der Kontextvariablen abschliessend vorzunehmen. Nicht zuletzt aus forschungspraktischen Gründen müssen gewisse Variablen, insbesondere allgemeine Umweltvariablen, deren Einfluss als Kontextfaktor als eher gering eingeschätzt werden kann, ausgeblendet werden. Um eine Vorauswahl geeigneter Kontextvariablen

546 Vgl. Hambrick, D.C.; Lei, D. 1985, S. 768.
547 Hofer unterscheidet über fünfzig Kontextvariablen.
548 Vgl. Hofer, C.W. 1975, S. 793ff.
549 Vgl. Hambrick, D.C.; Lei, D. 1985, S. 763ff.

vornehmen zu können, bedarf es zusätzlich der Berücksichtigung anderer wissenschaftlicher wie auch praxisorientierter Literatur.

Nachfolgend werden die ausgewählten Kontextvariablen aufgeführt und anhand von aus der Literatur stammenden Behauptungen primär über mögliche Einflüsse auf die Nischenstrategiewahl erläutert.[550] Da diese Einflüsse in der Literatur umstritten sind und es ihnen meistens an empirischer Bestätigung mangelt, werden keine Hypothesen formuliert, sondern hauptsächlich Begründungen der Auswahl der Kontextvariablen gegeben. Den Ausführungen der Abschnitte 3.2.2 und 5.3.1 folgend, wonach sowohl die Marktorientierte als auch die Ressourcenorientierte Sichtweise berücksichtigt werden sollen, erfolgt eine Unterteilung in unternehmens- und marktseitige Kontextvariablen.

6.1.2.1 Unternehmensseitige Kontextvariablen

Da die meisten Ressourcen durch die jeweilige Unternehmung gezielt beeinflusst bzw. gestaltet werden können, wurden diese als Ressourcenvorteile den Gestaltungsvariablen zugeordnet. Einzig die Unternehmensgrösse, welche insbesondere bezüglich des Unternehmenswachstums nicht direkt gestaltbar ist, soll als Kontextvariable berücksichtigt werden.

1. Unternehmensgrösse: Die Unternehmensgrösse wird im Rahmen der Nischenstrategie-Thematik sehr häufig diskutiert. Oftmals wird die Verfolgung einer Nischenstrategie kleineren Unternehmen zugeschrieben.[551] Einige Autoren hingegen vertreten die Ansicht, dass Nischen auch für Grossunternehmen attraktiv sein können.[552] Alleine diese Kontroverse spricht dafür, dass es den Einfluss der Unternehmensgrösse auf die Strategiewahl und auf die Beziehung zwischen Nischenstrategien und dem Erfolg zu untersuchen gilt.

---

550 Die Fokussierung auf Einflüsse der Kontextfaktoren auf die Nischenstrategiewahl hat damit zu tun, dass Literatur zum Einfluss der Faktoren auf den Nischenstrategie-Erfolgs Zusammenhang weitgehend fehlt und dementsprechend nur vage Vermutungen aufgestellt werden könnten. Zum Einfluss von Kontextvariablen auf den Strategie-Erfolg-Zusammenhang vgl. insbesondere Prescott, J.E. 1986, S. 329ff.

551 Vgl. u.a. Nieschlag, R.; Dichtl, E.; Hörschgen, H. 2002, S. 208; Profeta, E. 2002, S. 23; D'Aveni, R.A. 1995, S. 81; Bollmann, R. 1990, S. 26; Wright, P. 1987, S. 93; Rupp, M. 1983, S. 133f.; Rupp, M. 1980, S.273ff. Vgl. dazu auch Abschnitt 4.1.1.

552 Vgl. dazu auch Rosenbaum, M.C. 1999, S. 13. Vgl. zudem Cavalloni, C.; Tschirky, H. 1991, S. 72 und Meyer, P.W. 1995, S. 45f., die Nischenstrategien auch für Grossunternehmen als Erfolg versprechende Strategie sehen.

6.1.2.2 Marktseitige Kontextvariablen

Da in der Regel die Eigenschaften eines Marktes und des Unternehmensumfelds von Unternehmen nicht direkt gesteuert werden können, stellen diese Eigenschaften den Kontext von Unternehmen dar. Während allgemeine Umfeldfaktoren aus forschungspraktischen Gründen ausgeblendet werden, sollen die Folgenden marktseitigen Faktoren als Kontextfaktoren in die Untersuchung Eingang finden:

1. Wettbewerbsintensität im Gesamtmarkt:[553] In der Literatur wird vielfach davon ausgegangen, dass Nischenstrategien aufgrund der Wettbewerbsintensität mehrheitlich in der Marktsättigungsphase verfolgt werden.[554] In dieser Phase des Marktlebenszyklus herrscht in der Regel aufgrund des tiefen oder gar rückläufigen Marktwachstums eine hohe Wettbewerbsintensität, was zu einem Verdrängungswettbewerb führen kann. Vor diesem Hintergrund scheint es für einzelne Unternehmen besonders interessant zu sein, sich in bestimmte Markbereiche zurückzuziehen und eine Nischenstrategie zu verfolgen. Dabei stellt sich unweigerlich die Frage, ob in Fällen hoher Wettbewerbsintensität und in entsprechend gesättigten Märkten, Nischenstrategien tatsächlich Erfolg versprechender sind.

2. Marktvolumen des Gesamtmarktes: Bei einem geringen Marktvolumen des Gesamtmarktes ist davon auszugehen, dass eine Beschränkung auf einen Marktausschnitt kaum mehr rentabel ist und deshalb Nischenstrategien weniger ausgeprägt verfolgt werden. Mit anderen Worten wird vermutet, dass das Marktvolumen des Gesamtmarktes die Wahl des Nischenstrategie-Typs beeinflusst. Zudem dürfte die Bearbeitung eines sehr kleinen Marktausschnittes eines bereits volumenschwachen Gesamtmarktes nur in seltenen Fällen rentabel sein.[555]

3. Marktnischenintensität im Gesamtmarkt: Auch die Segmentintensität wird in der Strategischen-Management-Literatur relativ häufig als Kontextvariable berücksichtigt.[556] In der vorliegenden Studie soll der Thematik entsprechend nicht die Segment, sondern die Marktnischenintensität untersucht werden. Es wird vermutet, dass bspw.

---

553 In der Literatur wird die Wettbewerbsintensität häufig als Kontextfaktor berücksichtigt: Vgl. dazu Jenner, T. 1999, S. 255; Harrigan, K.R. 1983, S. 402f.; Miller, D. 1987, S. 62; Hofer, C.W. 1975, S. 798.

554 Vgl. Thietart, R.A.; Vivas, R. 1984, S. 1405; vgl. auch Simon, H. 2000, S. 34. Vgl. zudem Hinder, W.; Bartosch, S. 1987, S. 31ff.; Erfmann, M. 1988, 191ff.; Harrigan, K.R. 1989, S. 36ff.; Hinder, W. 1986, S. 246ff.

555 Dieser Kontextfaktor findet sich auch in der Studie von Hofer, C.W. 1975, S. 798.

556 Vgl. Hooley, G.J.; Lynch, J.E.; Jobber, D. 1992, S. 81; Jenner, T. 1999, S. 313; Miller, A.; Dess, G.G. 1993, S. 568ff.; Hofer, C.W. 1975, S. 798; Woo, C.Y. 1983, S. 126.

bei einer tiefen Marktnischenintensität, d.h., wenn in einem Markt nur wenige Nischen existieren, eine andere Nischenstrategie verfolgt wird, als wenn ein Markt durch zahlreiche kleine Marktnischen gekennzeichnet ist. So ist z.B. davon auszugehen, dass bei tiefer Marktnischenintensität eine Nischenstrategie häufiger durch die Beschränkung auf ein geografisches Gebiet verwirklicht wird.

4. Nachfrageschwankungen im Gesamtmarkt: Schliesslich gehört auch die Nachfragestabilität zu den in der Strategieliteratur viel beachteten Kontextvariablen.[557] Wenn die Nachfrage in einem Markt stark schwankt, ist zu vermuten, dass sich Nischenanbieter aus Risikogründen nicht auf eine einzelne Marktnische beschränken und zur Absicherung mehrere, eher grössere und stabilere Marktbereiche bearbeiten. Demzufolge wird auch bei dieser Kontextvariable von einem Einfluss auf die Strategiewahl ausgegangen.

Abschliessend sei nochmals erwähnt, dass die Kontextvariablen in die Untersuchung Eingang finden, um ihren Einfluss sowohl auf die Wahl des Nischenstrategie-Typs als auch auf den Zusammenhang zwischen Strategietyp und Erfolg zu messen.

6.1.3 Erfolgsvariablen

In der wissenschaftlichen Literatur existieren zahlreiche Studien, welche die Erfolgsmessung von Strategien zum Gegenstand haben.[558] Leider zeigte die Analyse dieser Untersuchungen, dass je nach Studie sehr unterschiedliche Erfolgskriterien zur Anwendung kommen. Auch Jenner stellt fest, dass trotz zahlreicher Arbeiten, welche die Erfolgsmessung zum Ziel haben, man denke bspw. an die PIMS-Studien,[559] ein Konsens bezüglich der Konzeptualisierung und Operationalisierung des Erfolges fehlt.[560] Weit verbreitet, insbesondere bei Studien zur Erfolgsbedeutung von Wettbewerbsstrategien, ist die Verwendung vom Return on Investment oder Cash Flow als

557 Vgl. auch Harrigan, K.R. 1983, S. 403; Hofer, C.W. 1975, S. 798; Hooley, G.J.; Lynch, J.E.; Jobber, D. 1992, S. 81; Jenner, T. 1999, S. 313.

558 Vgl. Li, H. 2001; Campbell-Hunt, C. 2000; Smith, J. 1998; Alsem, K.J.; Hoekstra, J.C.; van der Heide, B. 1996; Kotha, S.; Vadlamani, B.L. 1995; McDougall, P. et al. 1994; Miller, A.; Dess, G.G. 1993; Hooley, G.J.; Beracs, J.; Kolos, K. 1993; Hooley, G.J.; Lynch, J.E.; Jobber, D. 1992; Morrison, A.J.; Roth, K. 1992; Miller, D. 1992; Romanelli, E. 1989; Douglas, S.P.; Rhee, D.K. 1989; Hofer, C.W.; Sandberg, W.R. 1987; Miller, D. 1986; Sandberg, W.R. 1986; Dess, G.G.; Davis, P.S. 1984; Galbraith, C.; Schendel, D. 1983; Hambrick, D.C. 1983a; Miller, D.; Friesen, P.H. 1978. Vgl. auch die Ausführungen in Unterkapitel 5.3.

559 Vgl. Buzzell, R.D.; Gale, B.T. 1987.

560 Vgl. Jenner, T. 1999, S. 233; Venkatraman, N.; Ramanujam, V. 1986, S. 801.

Erfolgsvariable.[561] Diese Variablen entsprechen jedoch einem sehr engen Verständnis des Unternehmenserfolges und sind nicht geeignet, den langfristigen wirtschaftlichen Wert eines Unternehmens abzubilden.[562]

Im Rahmen der vorliegenden Untersuchung sollen in Anlehnung an Jenner, welcher den Erfolg anhand eines Zielsystems misst, mehrere Erfolgsvariablen berücksichtigt werden. Der Hauptgrund liegt darin, dass auch in der Unternehmenspraxis Zielsysteme zum Einsatz kommen – und nicht nur der Gewinn relevant ist.[563] Die Erfolgsmessung anhand eines Zielsystems bringt mit sich, dass kaum eine Unternehmung bei jedem Indikator des Zielsystems eine hohe Ausprägung erreichen wird. Zumal die einzelnen Ziele je nach Unternehmung von unterschiedlicher Bedeutung sind, scheint es zweckmässig, die einzelnen Zielindikatoren durch die Befragten gewichten zu lassen.[564] Durch die multiplikative Verknüpfung der realisierten Werte der einzelnen Ziele mit der entsprechenden Bedeutung als Gewichtungsfaktor resultiert ein gewichteter Indexwert.[565] Die daraus hervorgehenden Indexwerte werden im Anschluss zu einem Gesamterfolgswert addiert.[566] Demzufolge werden sowohl die Bedeutung als auch die Erreichung der Erfolgsziele gemessen:

1) Bedeutung der Erfolgsziele in der Marktnische
2) Erreichung der Erfolgsziele in der Marktnische

Es bleibt darauf hinzuweisen, dass die Erfolgsvariablen nicht auf Unternehmensebene, sondern auf Geschäftsebene betrachtet werden, da die Erfolgswirkung einer Nischenstrategie in einem Geschäftsfeld anfällt und unter Umständen nur einen geringen Einfluss auf den Unternehmenserfolg hat. Dementsprechend sollen sich die Er-

561 Vgl. Hambrick, D.C. 1983b, S. 9; Hambrick, D.C. 1983a, S. 693; Miller, A.; Dess, G.G. 1993, S. 569; Anderson, C.R.; Zeithaml, C.P. 1984, S. 6; Woo, C.Y. 1983, 125ff.; Day, D.L.; DeSarbo, W.S.; Oliva, T.A. 1987, S. 1544; Covin, J.G.; Slevin, D.P. 1989, S. 79f.; Galbraith, C.; Schendel, D. 1983, S. 168f.; Raffée, H.; Effenberger, J.; Fritz, W. 1994, S. 391; Hooley, G.J.; Lynch, J.E.; Jobber, D. 1992, S. 84; Conant, J.S.; Mokwa, M.P.; Varadarajan, P.R. 1990, S. 375; Hooley, G.J.; Beracs, J.; Kolos, K. 1993, S. 96ff.; Thietart, R.A.; Vivas, R. 1984, S. 1410.

562 Vgl. Jenner, T. 1999, S. 236f.; Anderson, C.R.; Paine, F.T. 1978, S. 604.

563 Vgl. Jenner, T. 1999, S. 238ff.

564 Vgl. Ruekert, R.W.; Walker, O.C.; Roering, K.J. 1985, S. 19.

565 Zur Indexbildung vgl. bspw. Fritz, W. 1992b, S. 223ff.

566 Vgl. Jenner, T. 1999, S. 242; Haedrich, G.; Gussek, F.; Tomczak, T. 1989, S. 14; Jeschke, B. 1993, S. 176ff.

folgsvariablen auf die Marktnische und nicht auf die Gesamtunternehmung beziehen.[567]

Schliesslich bleibt anzumerken, dass der Erfolg als Grad der Erreichung der gesetzten Ziele, also subjektiv, gemessen wird. Deshalb können Unternehmensgrössen- und Branchenunterschiede weitgehend vernachlässigt werden. Es ist anzunehmen, dass sich jede Unternehmung Ziele setzt, die der Unternehmensgrösse und der Branche angepasst sind. Was subjektive Erhebungsverfahren generell betrifft, existieren Studien, welche eine hohe Validität subjektiver Einschätzungen von Managern bestätigen[568] und subjektive Verfahren bei Problemen der Erhebung objektiver Daten empfehlen.[569] Die Erfassung objektiver Daten ist aus forschungspraktischer Sicht sowohl im Allgemeinen als auch im vorliegenden Fall nur schwer möglich. Zum einen ist insbesondere bei kleineren Unternehmen von einer geringen Auskunftsbereitschaft über Erfolgskennzahlen auszugehen, zum anderen können Unternehmen Aufwendungen und Erträge nicht zweifelsfrei den einzelnen Geschäftsfeldern zuordnen.[570]

6.2 Operationalisierung der Untersuchungsvariablen

Ziel der nachfolgenden Ausführungen ist es, die entwickelten Konstrukte in beobachtbare und entsprechend messbare Indikatoren umzuwandeln. Dieses als Operationalisierung bezeichnete Vorgehen ist notwendig, weil die im Rahmen der Konzeptualisierung definierten Konstrukte theoretischer Natur sind und mehrheitlich nicht direkt untersucht werden können.[571]

Die Operationalisierung der Konstrukte stützt sich auf theoretische Überlegungen oder auf Ergebnisse früherer Forschungen. Da im Zentrum dieser Arbeit die Identifikation von Nischenstrategie-Typen steht, welche aufgrund der Inexistenz einer fundierten Nischentheorie anhand eines explorativen Forschungsansatzes erfolgt, dürfen die Anforderungen an die Validität der Konstrukte nicht zu hoch gesteckt werden.

---

[567] Es bleibt anzumerken, dass im Falle einer Unternehmung mit einem einzigen Geschäftsfeld, welches mittels Nischenstrategie bearbeitet wird, die Erfolgsvariablen in Bezug auf die Marktnische mit jenen auf Unternehmensebene identisch sind.

[568] Vgl. Venkatraman, N.; Ramanujam, V. 1986, S. 806.

[569] Vgl. Dess, G.G.; Robinson, R.B. 1984, S. 271.

[570] Vgl. Jenner, T. 1999, S. 234f.; Dess, G.G.; Robinson, R.B. 1984, S. 266.

[571] Unter der **Konzeptualisierung** von Konstrukten wird die Erarbeitung von Konstruktdimensionen verstanden, wohingegen die darauf aufbauende Entwicklung eines Messinstruments als **Operationalisierung** bezeichnet wird (vgl. Homburg, C.; Giering, A. 1996, S. 5).

Nachfolgend wird die Operationalisierung der Gestaltungs-, Kontext- und Erfolgsvariablen erläutert. Davon ausgehend können dann im Rahmen des Forschungsdesign die konkreten Fragen formuliert werden.

6.2.1 Operationalisierung der Gestaltungsvariablen

6.2.1.1 Aktive Gestaltungsvariablen

Im Rahmen der Operationalisierung der drei Dimensionen Marktposition, Wettbewerbsvorteile im Angebot und Wettbewerbsvorteile bzgl. Ressourcen gilt es, die entsprechenden Konstrukte durch die Bestimmung von Indikatoren messbar zu machen. In einem ersten Schritt wird die Operationalisierung der Dimension **Marktposition** und der entsprechenden Konstrukte Marktattraktivität, Wettbewerbsstärke sowie Ausmass der Marktbeschränkung erarbeitet.

Hinsichtlich der Operationalisierung des Konstruktes Marktattraktivität haben insbesondere die Vorschläge von Hill/Jones, Thompson/Strickland, Johnson/Scholes und Porter hohen Stellenwert erlangt.[572] Bei der Auswahl des Kriterienkatalogs bleibt anzumerken, dass zwischen den Vorschlägen von Hill/Jones und Thompson/Strickland nur geringfügige Unterschiede bestehen. Die Operationalisierung von Hill/Jones ist aus forschungspraktischen Gründen vorzuziehen, da sie mit weniger und zugleich enger gefassten Kriterien, so werden bspw. allgemeine Umweltfaktoren ausgeblendet, mit geringerem Aufwand und weniger Items durchgeführt werden kann (vgl. Abbildung 18).[573] Auch Porter äussert sich zur Messung der Attraktivität einer Branche bzw. eines Marktes, indem er die wesentlichen Indikatoren in seinem 5-Kräfte-Modell zusammenfasst.[574] Porters Modell soll jedoch nicht berücksichtigt werden, da dieses zu stark auf die Machtverhältnisse zwischen den verschiedenen Marktteil-

---

[572] Vgl. Hill, C.W.; Jones, G.R. 1992, S. 281f.; Thompson, A.A.; Strickland, A.J. 1999, S. 247ff.; Johnson, G.; Scholes, K. 2002, S. 288; Porter, M.E. 1986, S. 22ff. Vgl. auch Grünig, R.; Kühn, R. 2005, S. 214ff.

[573] Johnson, G.; Scholes, K. 2002, S. 288 unterscheiden die folgenden vierzehn Indikatoren: Marktvolumen, Marktwachstum, Zyklusabhängigkeit, Wettbewerbsstruktur, Eintrittsbarrieren, Branchenrendite, Technologie, Inflation, Regulationen, Zugang zu Humanressourcen, soziale Aspekte, Umweltaspekte, politische Aspekte, rechtliche Aspekte.
Thompson, A.A.; Strickland, A.J. 1999, S. 251 unterscheiden die folgenden acht Indikatoren: Marktvolumen und –wachstum, Wettbewerbsintensität, Marktchancen und –gefahren, Ressourcenbedarf, Strategische Synergien mit anderen Geschäftsbereichen, Umweltfaktoren (soziale, politische, gesetzliche, Umwelt), Branchenrentabilität, Branchenrisiken.

[574] Porter, M.E. 1986, S. 22ff. unterscheidet im 5-Kräfte-Modell die Indikatoren: Verhandlungsstärke der Lieferanten, Verhandlungsstärke der Abnehmer, Bedrohung durch neue Konkurrenten, Bedrohung durch Ersatzprodukte/-dienste, Rivalität unter den bestehenden Unternehmen.

nehmern setzt und entsprechend zentrale Industriemerkmale vernachlässigt. Hinzu kommt, dass Hill/Jones auch Elemente von Porters 5-Kräfte-Modell berücksichtigen.

Bezüglich Wettbewerbsstärke finden sich in der Literatur u.a. wiederum die Operationalisierungsansätze von Hill/Jones, Thompson/Strickland und Johnson/Scholes.[575] Der Kriterienkatalog von Hill/Jones ist besonders interessant, weil er aus der PIMS-Forschung stammende generelle Erfolgsfaktoren berücksichtigt. Aufgrund der gleichartigen Indikatoren ist zu vermuten, dass der Kriterienkatalog von Thompson/Strickland zu ähnlichen Resultaten führen würde.[576] Im vorliegenden Fall wird jedoch aus forschungspraktischen Gründen eine direkte Messung der Wettbewerbsstärke mittels Marktanteil vorgezogen (vgl. Abbildung 18).

Die Operationalisierung des Ausmasses der Beschränkung der Marktbearbeitung erfolgt in der Strategieforschung vielfach nur unter Berücksichtigung der Fokussierung auf ein Marktsegment oder auf einen Teilmarkt.[577] In der wissenschaftlichen Literatur herrscht jedoch weitgehend Konsens, dass eine Marktbeschränkung in Anlehnung an Porter über eine Konzentration auf ein Marktsegment, einen Teilmarkt oder ein geografisches Gebiet erfolgen kann.[578] Basierend auf diesen drei Möglichkeiten der Marktbeschränkung wird das Konstrukt anhand von drei Indikatoren gemessen (vgl. Abbildung 18).

[575] Vgl. Hill, C.W.; Jones, G.R. 1992, S. 281f.; Thompson, A.A.; Strickland, A.J. 1999, S. 251; Johnson, G.; Scholes, K. 2002, S. 288. Vgl. auch Grünig, R.; Kühn, R. 2005, S. 214ff.

[576] Johnson, G.; Scholes, K. 2002, S. 288 unterscheiden die folgenden neun Indikatoren: Marktanteil, Verkaufsstärke, Marketing, Forschung und Entwicklung, Produktion, Distribution, finanzielle Ressourcen, Management-Kompetenzen, Wettbewerbsposition hinsichtlich Image, Breite der Produktlinie, Qualität, Kundendienst usw.
Thompson, A.A.; Strickland, A.J. 1999, S. 251 unterscheiden die folgenden acht Indikatoren: Relativer Marktanteil, relative Kosten, Angebotsvorteile, Verhandlungsstärke, Technologie-Know-how und Innovationsfähigkeiten, Ressourcen, Marken und Image, relative Profitabilität.

[577] Vgl. dazu bspw. Galbraith, C.; Schendel, D. 1983, S. 169ff.; Hambrick, D.C. 1983a, S. 629ff.; Douglas, S.P.; Rhee, D.K. 1989, S. 437ff.; Morrison, A.J.; Roth, K. 1992, S. 399ff.; Miller, A.; Dess, G.G. 1993, S. 561ff.; Alsem, K.J.; Hoekstra, J.C.; van der Heide, B. 1996, S. 1351ff.

[578] Porter, M.E. 1983, S. 67; Aaker, D.A. 1988, S. 226f.; Dess, G.G.; Davis, P.S. 1984, S. 481ff.

Dimension	Konstrukt	Indikatoren
Marktposition	Attraktivität der Marktnische	Marktvolumen des Gesamtmarktes
		Marktwachstum der Marktnische
		Branchenrentabilität der Marktnische
		Kapitalintensität der Marktnische
		Technologische Stabilität der Marktnische
		Wettbewerbsintensität in der Marktnische
		Konjunkturabhängigkeit der Marktnische
	Wettbewerbsstärke in der Marktnische	Marktanteil in der Marktnische
	Ausmass der Marktbeschränkung	Beschränkung auf eine Kundengruppe
		Beschränkung auf eine Produktgruppe
		Beschränkung auf einen geografischen Bereich

Abbildung 18: Operationalisierung der Marktposition[579]

Die Operationalisierung der zweiten Dimension, der **Wettbewerbsvorteile im Angebot**, erfolgt unter Berücksichtigung von Produkten wie auch der Besonderheiten von Dienstleistungen. Die ersten fünf Konstrukte, welche den Marketing-Mix von Produkten abdecken, werden in Anlehnung an die von Jenner verwendeten Indikatoren operationalisiert.[580] Das Konstrukt Wettbewerbsvorteile bzgl. Leistungserstellungsprozess richtet sich primär an Dienstleistungsunternehmungen. Die Berücksichtigung der Leistungsbereitschaft und -verlässlichkeit erfolgt in Anlehnung an den Ansatz zur Messung der Dienstleistungsqualität von Zeithaml/Parasuraman/Berry.[581] Weitere Spezifika von Dienstleistungsunternehmungen – insb. Vorteile bzgl. Humanressourcen – werden im Rahmen der Ressourcenvorteile erhoben. Es bleibt anzumerken, dass auf eine präzisere Messung der Konstrukte unter Verwendung zusätzlicher Indikatoren aus forschungspraktischen Gründen verzichtet wird (vgl. Abbildung 19).

[579] Quelle: Eigene Darstellung.
[580] Vgl. Jenner, T. 1999, S. 94ff., S. 250.
[581] Vgl. Zeithaml, V.A.; Parasuraman, A.; Berry, L. 1985, S. 41ff.

Dimension	Konstrukt	Indikatoren
Wettbewerbsvorteile im Angebot	Wettbewerbsvorteile im Produkt bzw. in der Dienstleistung	Produkt-/Dienstleistungsqualität Produktdesign Sortimentstiefe Innovationsgrad der Produkte/Dienstleistungen
	Wettbewerbsvorteile im Kundenservice	Kundenservice
	Wettbewerbsvorteile in der Kommunikation	Produktimage Bekanntheitsgrad
	Wettbewerbsvorteile im Preis	Preis
	Wettbewerbsvorteile in der Distribution	Qualität des Vertriebs Intensität des Vertriebs
	Wettbewerbsvorteile im Bereich des Leistungserstellungsprozesses	Liefer- bzw. Leistungsbereitschaft Verlässlichkeit der Liefer-/ Leistungsbereitschaft

Abbildung 19: Operationalisierung der Wettbewerbsvorteile im Angebot[582]

Die Operationlisierung der dritten Dimension, der **Wettbewerbsvorteile im Bereich der Ressourcen**, orientiert sich am Kriterienkatalog zur Unterscheidung von Ressourcen-Arten von Grünig/Kühn.[583] Die ausgewählten Indikatoren sind selbstverständlich nicht vollständig – trotzdem deckt der Kriterienkatalog die zentralen Hauptkategorien von Ressourcen ab, aus denen Wettbewerbsvorteile entspringen können (vgl. Abbildung 20).

582 Quelle: Eigene Darstellung.
583 Vgl. Grünig, R.; Kühn, R. 2005, S. 318.

Dimension	Konstrukt	Indikatoren
Wettbewerbsvorteile bzgl. Ressourcen	Materielle Ressourcenvorteile	Finanzielle Ressourcen
	Immaterielle Ressourcenvorteile	Organisationsstrukturen
		Planungs-, Informations- und Kontrollsysteme
		Informationen
		Rechte
	Humanressourcenvorteile	Anzahl Mitarbeiter
		Fähigkeiten der Mitarbeiter
		Motivation der Mitarbeiter
		Einfühlungsvermögen der Mitarbeiter
		Unternehmenskultur
		Kompetenzen bzgl. spezifischer Managementfunktionen

Abbildung 20: Operationalisierung der Wettbewerbsvorteile bzgl. Ressourcen[584]

6.2.1.2 Deskriptive Gestaltungsvariablen

Die folgenden Ausführungen sind der Operationalisierung der deskriptiven Gestaltungsvariablen gewidmet. Die Operationalisierung der ersten drei Konstrukte erfolgt in Anlehnung an die von Rosenbaum diskutierten Indikatoren.[585]

Das Konstrukt „Freiwilligkeit der Verfolgung einer Nischenstrategie“ hängt sowohl von Markt- als auch von Unternehmenszwängen ab. Die Messung dieses Konstrukts soll anhand von drei Indikatoren erfolgen. Was die Marktzwänge betrifft, kann einerseits eine Verdrängung vom Massenmarkt durch neue, wettbewerbsfähigere Konkurrenten erfolgen. Der Rückzug in einen kleineren Marktbereich scheint dabei unausweichlich zu sein. Andererseits kann sich der Gesamtmarkt in einer Schrumpfungsphase befinden, wodurch eine Beschränkung auf die noch verbleibenden wachsenden Nischen ebenfalls notwendig werden kann. Bezüglich der Unternehmenszwänge ist denkbar, dass aufgrund fehlender Ressourcen und Fähigkeiten eine Unternehmung praktisch gezwungen ist, auf eine Gesamtmarktbearbeitung zu verzichten und sich als Nischenanbieter auf einen Marktbereich zu beschränken.[586]

Das Konstrukt „Strategische Ausrichtung der Unternehmung auf die Nischenstrategie“ wird anhand der strategischen Ebene der Verfolgung einer Nischenstrategie er-

---

584 Quelle: Eigene Darstellung.
585 Vgl. Rosenbaum, M.C. 1999, S. 304ff.
586 Vgl. Rosenbaum, M.C. 1999, S. 305f. Vgl. auch Aaker, D.A. 1988, S. 225.

fasst.[587] Dabei wird unterschieden, ob eine Nischenstrategie auf Unternehmungsebene (Gesamtstrategie) verfolgt wird, was dann der Fall ist, wenn eine Unternehmung nur ein Geschäftsfeld bearbeitet und dies mittels einer Nischenstrategie tut.[588] In der Mehrzahl der Fälle wird eine Nischenstrategie wohl auf Geschäftsfeldebene (Geschäftsstrategie) verfolgt, wobei in anderen Geschäftsfeldern auch Gesamtmarktstrategien umgesetzt werden. Diesen Ausführungen entsprechend wird dieses Konstrukt anhand des Indikators „Strategische Ebene der Verfolgung einer Nischenstrategie" gemessen.

Schliesslich soll das dritte Konstrukt „Ziel der Verfolgung einer Nischenstrategie" anhand der von Rosenbaum verwendeten Unterteilung in monetäre und nicht-monetäre Ziele operationalisiert werden.[589] Als monetäre Ziele kommen insbesondere die Umsatzrendite und das Umsatzwachstum in Frage.[590] Nicht-monetäre Ziele können sehr breit gefächert sein. In Anlehnung an Rosenbaum werden hinsichtlich der Operationalisierung die Folgenden berücksichtigt: Aufbau von temporären Monopolen, Ausweichen vor der Konkurrenz und schliesslich die Abwehr von Konkurrenten, die bspw. über eine Nische den Markteintritt versuchen.

Die „Neuheit der Marktnische" wird dadurch gemessen, ob beim Eintritt in die Marktnische bereits Konkurrenten in der Nische tätig waren. Besonders neu ist die Marktnische, wenn beim Markteintritt keine Konkurrenten die Nische bedienten. Anders sieht es aus, wenn bereits Gesamtmarktanbieter oder Nischenanbieter eine bestimmte Marktnische bearbeiteten. Die Neuheit der Marktnische wird demnach anhand der Konkurrenzsituation in der Marktnische zum Zeitpunkt des Markteintritts gemessen.

Das Konstrukt „Ausmass des Schutzes vor den Gesamtmarktanbietern" soll anhand von zwei Indikatoren gemessen werden.[591] Einerseits kann ein Nischenanbieter in seiner Nische geschützt sein, da für Gesamtmarktanbieter die Marktnische zu klein und wirtschaftlich unattraktiv ist. Dies ist häufig dann der Fall, wenn die Konkurrenz eine breite Marktabdeckung aufweist bzw. anstrebt. Schliesslich kann der Schutz

---

[587] Vgl. Rosenbaum, M.C. 1999, S. 308ff., der von reinen Nischenanbietern und Mehrstrategienanbieter spricht. Vgl. dazu auch Wright, P. 1987, S. 94ff.

[588] Falls mehrere Geschäftsfelder existieren und allesamt mittels Nischenstrategien bearbeitet werden, soll nur ein Geschäftsfeld betrachtet werden und nicht von einer Nischenstrategie auf Unternehmensebene gesprochen werden.

[589] Vgl. Rosenbaum, M.C. 1999, S. 313ff.

[590] Vgl. dazu die Ausführungen in Abschnitt 5.2.2.

[591] Vgl. dazu auch Sonderegger, R.A. 1990, S. 31; Bösiger, W. 1990, S. 59f.

auch darauf beruhen, dass Gesamtmarktanbietern spezifische Fähigkeiten zur Bearbeitung der Nische fehlen. Dieser Aspekt soll durch den zweiten Indikator berücksichtigt werden.

Als letztes Konstrukt gilt es den „Internationalisierungsgrad der Marktnische" zu operationalisieren.[592] Aus forschungspraktischen Gründen soll das Konstrukt direkt anhand der internationalen Tätigkeiten der Nischenanbieter gemessen werden.

Konstrukt	Indikatoren
Freiwilligkeit der Verfolgung einer Nischenstrategie	Stagnation oder Schrumpfung des Gesamtmarkts Hohe Wettbewerbsintensität des Gesamtmarkts Fehlende Ressourcen zur Gesamtmarktbearbeitung
Strategische Ausrichtung auf die Nischenstrategie	Strategische Ebene der Verfolgung einer Nischenstrategie
Ziel der Verfolgung einer Nischenstrategie	Monetäre Ziele Nicht-monetäre Ziele
Neuheit der Marktnische	Konkurrenzsituation in der Marktnische zum Zeitpunkt des Markteintritts
Ausmass des Schutzes vor den Gesamtmarktanbietern	Wirtschaftliche Attraktivität der Marktnische für Gesamtmarktanbieter Ausmass des nischenspezifischen Know-how der Gesamtmarktanbieter
Internationalisierungsgrad der Marktnische	Internationalisierungsgrad

Abbildung 21: Operationalisierung der deskriptiven Gestaltungsvariablen[593]

6.2.2 Operationalisierung der Kontextvariablen

Hinsichtlich der Operationalisierung der Kontextfaktoren sind unternehmensseitige und marktseitige Variablen zu unterscheiden. Als einziger unternehmensseitiger Kontextfaktor wird die Unternehmengrösse berücksichtigt, welche anhand der Anzahl Mitarbeiter und des Umsatzes gemessen werden soll.[594] Was die marktseitigen Kontextfaktoren betrifft, sind die Konstrukte Wettbewerbsintensität im Gesamtmarkt, Marktvolumen des Gesamtmarktes, Marktnischenintensität im Gesamtmarkt und Nachfrageschwankungen im Gesamtmarkt zu operationalisieren. Was die Messung

[592] Vgl. dazu auch Profeta, E. 2002, S. 23; Sonderegger, R.A. 1990, S. 32; Streuli, F. 1990, S. 45.
[593] Quelle: Eigene Darstellung.
[594] Vgl. dazu Kimberly, J.R. 1976, S. 582f.; Meli, C. 2005, S. 209.

der Wettbewerbsintensität betrifft, könnte das Fünf-Kräfte-Modell Porter's Branchenstrukturanalyse herangezogen werden.[595] Aus forschungspraktischen Gründen wird jedoch eine direkte Messung dieses Konstruktes vorgezogen. Ähnliches gilt für die weiteren Konstrukte, welche aufgrund ihrer Einfachheit ebenfalls anhand eines Indikators gemessen werden.

Dimension	Konstrukt	Indikatoren
Unternehmensseitige Kontextvariablen	Unternehmensgrösse	Anzahl Mitarbeiter Umsatz
Marktseitige Kontextvariablen	Wettbewerbsintensität im Gesamtmarkt	Wettbewerbsintensität im Gesamtmarktes
	Marktvolumen des Gesamtmarktes	Marktvolumen des Gesamtmarktes
	Marktnischenintensität im Gesamtmarkt	Anzahl Marktnischen im Gesamtmarkt
	Nachfrageschwankungen im Gesamtmarkt	Nachfrageschwankungen im Gesamtmarkt

Abbildung 22: Operationalisierung der Kontextvariablen[596]

6.2.3 Operationalisierung der Erfolgsvariablen

Wie bereits erwähnt, soll die Erfolgsmessung in Anlehnung an Jenner anhand eines Zielsystems erfolgen.[597] Als grundlegende Zielsetzungen von Unternehmungen sind die Effizienz, die Effektivität und die Anpassungsfähigkeit an Marktbedingungen zu sehen.[598] Zahlreichen Untersuchungen entsprechend soll auch in der vorliegenden Arbeit die Effizienz durch den Gewinn, der auf einer Input-Output-Relation basiert, gemessen werden. Die Effektivität einer Unternehmung wird durch Marktanteils-, Positionierungs- und Kundenzufriedenheits/-bindungsziele erfasst. Während der relative Marktanteil häufig zur Messung der Effektivität von Marketingstrategien herangezogen wird,[599] stellt die Kundenzufriedenheit in der Untersuchung von Raffée/Fritz das wichtigste Ziel der befragten Unternehmungen dar.[600] Die Anpassungsfähigkeit einer Unternehmung an veränderte Marktbedingungen schliesslich wird durch das Ziel der

595 Vgl. Porter, M.E. 1986, S. 22ff. Vgl. dazu auch Jenner, T. 1999, S. 250. Eine alternative Multi-Item-Messung der Wettbewerbsintensität findet sich in Homburg, C.; Workman, J.P.; Jensen, O. 2002, S. 58.

596 Quelle: Eigene Darstellung.

597 Vgl. Jenner, T. 1999, S. 238ff.

598 Vgl. Homburg, C.; Workman, J.P.; Jensen, O. 2002, S. 46; Jenner, T. 1999, S. 240f.; Ruekert, R.W.; Walker, O.C.; Roering, K.J. 1985, S. 17ff.

599 Vgl. z.B. Varadarajan, P.R.; Dillon, W.R. 1982, S. 513.

000 Vgl. Raffée, H.; Fritz, W. 1992, S. 310.

Stärkung der langfristigen Wettbewerbsfähigkeit gemessen. Dadurch kann die Berücksichtigung des Erfolgs langfristig wirksamer Massnahmen sichergestellt werden.[601]

Da sowohl die Bedeutung als auch die Erreichung der Erfolgsziele berücksichtigt wird, werden folgende auf eine Betrachtungsperiode bezogene Erfolgsindikatoren formuliert:[602]

Dimension	Konstrukt	Indikatoren
Erfolg einer Nischenstrategie	Bedeutung der Erfolgsziele in der Marktnische	Bedeutung der Gewinnziele in der Marktnische
		Bedeutung der Marktanteilsziele in der Marktnische
		Bedeutung der Positionierungsziele in der Marktnische
		Bedeutung der Kundenzufriedenheits- und Kundenbindungsziele in der Marktnische
		Bedeutung der Sicherstellung der langfristigen Wettbewerbsfähigkeit in der Marktnische
	Erreichung der Erfolgsziele in der Marktnische	Erreichung der Gewinnziele in der Marktnische
		Erreichung der Marktanteilsziele in der Marktnische
		Erreichung der Positionierungsziele in der Marktnische
		Erreichung der Kundenzufriedenheits- und Kundenbindungsziele in der Marktnische
		Erreichung der Sicherstellung der langfristigen Wettbewerbsfähigkeit in der Marktnische

Abbildung 23: Operationalisierung des Erfolgs[603]

601 Vgl. dazu Jenner, T. 1999, S. 242 und die Studien in Fritz, W. et al. 1988, S. 571f.
602 Eine präzisere Bestimmung der Erfolgsvariablen erfolgt erst im Rahmen der Operationalisierung. Vgl. Jenner, T. 1999, S. 242.
603 Quelle: Eigene Darstellung.

7 Detailplanung und Durchführung der empirischen Untersuchung

Im Zentrum des siebten Kapitels steht die Detailplanung der empirischen Untersuchung. Das Forschungsdesign (Unterkapitel 7.1) dient der Konkretisierung der Untersuchungsziele, der Wahl einer Methode der Datenerhebung sowie der Bestimmung der Grundgesamtheit und der Stichprobe.[604] Im darauf folgenden Unterkapitel (7.2) sind schliesslich Anmerkungen zur konkreten Durchführung der Untersuchung aufgeführt.

7.1 Forschungsdesign

7.1.1 Zielsetzung der Untersuchung

Ausgehend von der Zielsetzung und den forschungsleitenden Fragen der vorliegenden Arbeit, wird mit der empirischen Untersuchung das Hauptziel verfolgt, in der Praxis existierende Arten von Nischenstrategien zu identifizieren.[605] Ferner soll der Zusammenhang zwischen Nischenstrategie-Arten und dem Erfolg sowie der Einfluss von Kontextfaktoren sowohl auf den Erfolg von Nischenstrategie-Typen als auch auf die Wahl einer Nischenstrategie untersucht werden. Anhand der empirischen Studie sollen schliesslich die aus dem konzeptionellen Rahmen hervorgegangenen ad hoc Hypothesen überprüft werden.[606]

7.1.1.1 Konkretisierung des Untersuchungsgegenstandes

Der Konkretisierung des Untersuchungsgegenstandes wird im Folgenden besondere Beachtung geschenkt. Dies hauptsächlich aus dem Grunde, dass die alleinige Bezeichnung „Nischenstrategie“ den Untersuchungsgegenstand nicht genau bestimmt, weshalb vor dem Hintergrund einer fehlenden Nischentheorie eine Präzisierung angezeigt ist. Drei Aspekte werden nachfolgend präzisiert: zum einen die Unterscheidung beabsichtigter und realisierter Strategien, zum anderen die Frage nach der Strategieebene – Gesamtstrategie- oder Geschäftsstrategieebene. Schliesslich be-

---

[604] Die Gliederung orientiert sich an den Phasen der Marktforschungsplanung und Durchführung nach Kühn, R.; Fankhauser, K. 1996, S. 143ff.

[605] Zur Zielsetzung und den forschungsleitenden Fragen vgl. Kapitel 2.

[606] Zu den Hypothesen vgl. Unterkapitel 3.3.

darf die Konkretisierung des Untersuchungsgegenstandes auch einer Benennung des Marktes, auf welchen sich die Untersuchung bezieht.[607]

Im Rahmen der empirischen Studie ist die aus der Literatur zur strategischen Planung bekannte Unterscheidung **beabsichtigter und realisierter Strategien** aufzugreifen.[608] Beabsichtigte Strategien stellen langfristige Sollvorstellungen oder Planvorgaben dar, welche den Aufbau und die Erhaltung attraktiver Marktpositionen und dauerhafter Wettbewerbsvorteile der Angebote und Ressourcen einer Unternehmung gewährleisten sollen. Beabsichtigte Strategien sind folglich Vorgaben zum künftigen strategischen Verhalten. Realisierte Strategien hingegen entsprechen der von einer Unternehmung gehaltenen Marktposition sowie den Wettbewerbsvorteilen auf den Ebenen der Angebote und der Ressourcen. In diesem Fall entspricht die Strategie der aktuellen strategischen Position einer Unternehmung. Während in der wissenschaftlichen Literatur vielfach die beabsichtigten Strategien im Vordergrund stehen, interessieren in der vorliegenden empirischen Studie realisierte Strategien von Unternehmen; jene Strategien also, die in der Unternehmenspraxis tatsächlich beobachtet werden können und deren Erfolgswirkungen bereits bekannt sind.[609]

Der zweite Aspekt, den es zu präzisieren gilt, betrifft die Strategieebene. In der Literatur zum Strategischen Management ist die Unterscheidung von Strategien anhand des strukturellen Geltungsbereiches weit verbreitet. Dabei hat sich die Klassifikation in **Gesamtunternehmensstrategien** (Gesamtstrategien), **Geschäftsfeldstrategien** (Geschäftsstrategien)[610] und funktionale Strategien[611] durchgesetzt.[612] Die Gesamtstrategie (Corporate-Strategy) legt für die Unternehmung als Ganzes fest, mit welchen Produkten in welchen Märkten eine bestimmte Marktposition erreicht werden soll.[613] Die Geschäftsstrategien (Business-Strategies) hingegen geben pro Produkt-

---

607 Vgl. Kühn, R.; Fankhauser, K. 1996, S. 33ff.

608 Vgl. auch Thompson, A.A.; Strickland, A.J. 1999, S. 9 und die detailliertere Unterscheidung von Mintzberg, H. et al. 2003, S. 4f.; Thompson, J.L. 2001, S. 22f.

609 Vgl. Grünig, R.; Kühn, R. 2002, S. 11.

610 Im Folgenden wird der Terminologie von Grünig, R.; Kühn, R. 2005, S. 14 gefolgt, welche bei Gesamtunternehmensstrategien von Gesamtstrategien und bei Geschäftsfeldstrategien von Geschäftsstrategien sprechen.

611 Bei funktionalen Strategien handelt es sich um konkrete Massnahmen, Vorgaben und Konzepte für einzelne Funktionsbereiche (vgl. dazu auch Grünig, R.; Kühn, R. 2005, S. 41f.).

612 Vgl. Ebbinghaus, M. 1996, S. 38; Hofer, C.W.; Schendel, D.E. 1978, S. 27ff. Vgl. auch Kreikebaum, H. 1997, S. 50; Porter, M.E. 1986, S. 405ff.

613 Vgl. Grünig, R.; Kühn, R. 2002, S. 15, vgl. dazu u.a. Bowman, E.H.; Helfat, C.E. 2001, S. 1; Corsten, H. 1998, S. 8; Hinterhuber, H.H. 1989, S. 162; Pearce, J.A.; Robinson, P.J. 2000, S. 5f.; Thompson, A.A.; Strickland, A.J. 1999, S. 44, Thompson, J.L. 2001, S. 18 und die etwas breiter gefasste Definition von Andrews, K.R. 2003, S. 72.

kategorie und/oder Markt – also für ein strategisches Geschäft – vor, mit welchen Wettbewerbsvorteilen im Angebot und bei den Ressourcen die angestrebte Marktposition zu erreichen ist.[614] Sowohl in der Literatur als auch in der Unternehmenspraxis ist es bei Geschäftsstrategien üblich, die zahlreichen Ansätze zur Erreichung eines Wettbewerbsvorteils auf einige wenige Strategietypen zu reduzieren und entsprechend von generischen Wettbewerbsstrategien oder generischen Geschäftsstrategien zu sprechen.[615]

In der jüngeren wissenschaftlichen Literatur sind Nischenstrategien mehrheitlich auf der Geschäftsfeldebene angesiedelt.[616] Weniger eindeutig sieht es in der praxisorientierten Literatur aus, in welcher Nischenstrategien insbesondere für kleine Unternehmen auch auf der Unternehmensebene diskutiert werden.[617] Diese uneinheitliche Betrachtungsweise erschwert die Konkretisierung des Untersuchungsgegenstandes. In der vorliegenden Untersuchung wird dem herrschenden wissenschaftlichen Verständnis entsprechend grundsätzlich die Geschäftsstrategieebene betrachtet. Diese Sichtweise geht auch mit der in Kapitel 4 erarbeiteten Arbeitsdefinitionen der Begriffe Nische und Nischenstrategie einher.

Für die konkrete Untersuchung bedeutet diese Präzisierung des Untersuchungsgegenstandes, dass grundsätzlich Nischenstrategien von Geschäftsfeldern (Geschäftsstrategien) und nicht von Unternehmen (Gesamtstrategien) betrachtet werden. Es kann jedoch vorkommen, dass eine Unternehmung nur ein Geschäftsfeld bearbeitet und in diesem eine Nischenstrategie verfolgt. In solchen Fällen entspricht die Nischenstrategie zugleich der Unternehmensstrategie. Dem explorativen Forschungsansatz und Forschungsziel entsprechend, möglichst alle in der Unternehmenspraxis relevanten Nischenstrategien zu identifizieren, sollten diese Fälle auch berücksichtigt werden. Aus diesem Grunde erscheint es zweckmässig, Nischenstrategien, welche ausschliesslich als Geschäftsstrategie verfolgt werden, von jenen auf der Unternehmensebene zu unterscheiden.

---

[614] Vgl.Grünig, R.; Kühn, R. 2002, S. 15, vgl. dazu auch Aaker, D.A. 1988, S. 7; Bowman, E.H.; Helfat, C.E. 2001, S. 1; Corsten, H. 1998, S. 8f.; Pearce, J.A.; Robinson, P.J. 2000, S. 5f.; Thompson, A.A.; Strickland, A.J. 1999, S. 47f.

[615] Vgl. Grünig, R.; Kühn, R. 2005, S. 265.

[616] Vgl. bspw. Grünig, R.; Kühn, R. 2005, S. 265ff; Miller, A.; Dess, G.G. 1993, S. 533ff.; Morrison, A.J.; Roth, K. 1992, S. 399ff.; Douglas, S.P.; Rhee, D.K. 1989, S. 437ff.; Porter, M.E. 1986, S. 19ff., S. 405ff; Wright, P. 1987, 93ff.; Galbraith, C.; Schendel, D. 1983, S. 153ff.; Rupp, M. 1983, S. 133ff.

[617] Vgl. bspw. Profeta, E. 2002, S. 23; o.V. 2001, S. 18; Speringer, H.-P. 1990, S. 34ff.; Sonderegger, R.A. 1990, S. 30; Bollmann, R. 1990, S. 25ff.; Winterling, K. 1986, S. 328.

Die grundsätzliche Betrachtung der Nischenstrategie auf Geschäftsebene hat zudem einen forschungstechnischen Vorteil. Da keine Datenbanken über Schweizer Unternehmen mit Nischenstrategien existiert – zumindest nicht solche, welche dem Nischenstrategieverständnis dieser Arbeit entsprechen – müssen in der Grundgesamtheit jegliche Art von Unternehmungen berücksichtigt werden. Es ist anzunehmen, dass einzelne Unternehmungen weder auf Unternehmensebene noch in irgendeinem Geschäftsfeld eine Nischenstrategie verfolgen, weshalb solche Unternehmungen für die Untersuchung nutzlos sind. Da Nischenstrategien auf Unternehmensebene seltener als auf Geschäftsebene verfolgt werden, ist die Anzahl Unternehmen ohne Nischenstrategie bei einer Betrachtung der Unternehmensebene vermutlich höher.[618] In der vorliegenden Untersuchung werden deshalb generell Unternehmen befragt, mit der Aufforderung, den Fragebogen in Bezug auf ein Geschäftsfeld des Unternehmens, in dem eine Nischenstrategie verfolgt wird, auszufüllen.

Als dritter Aspekt der Konkretisierung des Untersuchungsgegenstandes, ist schliesslich die **Branchenwahl** zu diskutieren. Die Beschränkung auf einzelne Branchen scheint hinsichtlich des Ziels, eine Taxonomie von Nischenstrategien zu entwickeln, wenig sinnvoll.[619] Dadurch könnten Nischenstrategien, welche nur in gewissen Branchen existieren, unberücksichtigt bleiben. Die Taxonomie soll jedoch möglichst alle in der Unternehmenspraxis real verfolgten Nischenstrategien erfassen, weshalb einer branchenunabhängigen Studie der Vorzug gegeben wird.

Zusammenfassend hat die vorliegende empirische Studie Geschäftsstrategien von Schweizer Unternehmen unterschiedlicher Branchen als Untersuchungsgegenstand. Im Rahmen der Bestimmung der Grundgesamtheit und der Stichprobe erfolgt eine weitere Präzisierung der Untersuchungssubjekte. Vorgängig werden jedoch zuerst Ausführungen zum Studientyp und zur Methode der Datenerhebung gemacht.

7.1.1.2 Studientyp

Die zur Bildung von Nischenstrategie-Arten geeignete Clusteranalyse bestimmt im Wesentlichen den explorativen Charakter der Untersuchung. Die Clusteranalyse ist in der Lage, Strukturen, in diesem Fall Strukturen von Nischenstrategien, zu erken-

[618] Dahinter steckt die Überlegung, dass die Verfolgung einer Nischenstrategie auf Unternehmensebene zumindest eine Nischenstrategie in einem bestimmten Geschäftsfeld mit sich zieht.

[619] Vgl. dazu Kim, L.; Lim, Y. 1988, S. 803.

nen – nicht aber zu überprüfen. Ferner weist auch die Messung des Zusammenhangs zwischen Nischenstrategie-Arten und dem Erfolg sowie des Einflusses der Kontextvariablen explorativen Charakter auf. Aufgrund der Inexistenz einer fundierten Nischentheorie konnten keine überprüfbaren Hypothesen, sondern „nur" ad hoc Hypothesen abgeleitet werden, welche in Form von Thesen dem konzeptionellen Rahmen zu Grunde gelegt wurden.[620]

7.1.2 Methode der Datenerhebung

Aufgrund der in Unterkapitel 5.4 dargelegten Feststellung, dass empirische Studien zur Beantwortung der Forschungsfragen und damit zur Erreichung der Zielsetzung dieser Arbeit nicht existieren, ist eine Primärforschung durchzuführen.[621] Dabei stehen grundsätzlich zwei Grundformen der Marktdatenerfassung zur Auswahl: die Befragung und die Beobachtung. Die Entwicklung einer Taxonomie und die statistische Analyse der Beziehungen zwischen den im konzeptionellen Rahmen dargestellten Konstrukten bedürfen einer quantitativen Befragung. Durch einen standardisierten Fragebogen mit geschlossenen Fragen und vorgegebenen Antwortmöglichkeiten kann der Befragungsprozess einseitig gesteuert werden, was repräsentative, zahlenmässige Aussagen ermöglicht.[622] Aufgrund beschränkter personeller wie auch finanzieller Ressourcen kommen die telefonische und die persönliche Befragung nicht in Frage, weshalb die vorliegende Untersuchung auf einer schriftlichen (postalischen) Befragung basiert.

Die Vorteile von schriftlichen Befragungen liegen insbesondere in der einfachen und kostengünstigen Durchführung.[623] Kritisch zu beurteilen sind hingegen die aus tiefen Rücklaufquoten resultierenden Repräsentativitätsprobleme und die Unkontrolliertheit der Erhebungssituation, also bspw. die Ungewissheit darüber, wer tatsächlich den Fragebogen ausfüllt.[624] Zur Erzielung einer ansprechenden Rücklaufquote, werden im Unterkapitel 7.2 konkrete Massnahmen zur Quotenverbesserung aufgeführt.

---

[620] Vgl. Fritz, W. 1992b, S. 59ff.; Wyss, W. 1991, S. 93, S. 187; Kepper, G. 1994, S. 133ff.

[621] Unter **Primärforschung** werden die speziell zur Erfüllung einer bestimmten Marketingaufgabe durchgeführten Datenerhebungen in Form von Feldforschungen verstanden (vgl. dazu Kühn, R.; Fankhauser, K. 1996, S. 48ff.).

[622] Orientiert sich an den Kriterien Offenheit, Kommunikativität und Typisierung nach Kepper, G. 1994, S. 21ff.; vgl auch Kühn, R.; Fankhauser, K. 1996, S. 55.

[623] Zu den Kosten vgl. Berekoven, L.; Eckert, W.; Ellenrieder, P. 2001, S. 113.

[624] Vgl. Kühn, R.; Fankhauser, K. 1996, S. 69; Bortz, J.; Döring, N. 2002, S. 256f.; Berekoven, L.; Eckert, W.; Ellenrieder, P. 2001, S. 113.

7.1.3 Definition der Grundgesamtheit

Bei der Grundgesamtheit[625] handelt es sich um die Gesamtheit der Untersuchungssubjekte, über welche man aufgrund der erhobenen Daten Aussagen machen möchte. Bei der Befragung von Unternehmungen erfolgt die Bestimmung der Untersuchungssubjekte anhand eines zweistufigen Vorgehens. Auf der ersten Stufe sind die zu befragenden Unternehmungen zu bestimmen, auf der zweiten schliesslich die entsprechenden Personen bzw. Stellen innerhalb einer Unternehmung.

Aus forschungspraktischen Gründen erfolgt auf der ersten Stufe eine Beschränkung auf Unternehmen des deutschsprachigen Raumes der Schweiz.[626] Dadurch kann insbesondere auf eine aufwändige Übersetzung des Fragebogens in mehrere Landessprachen verzichtet werden. Da davon ausgegangen werden kann, dass sich Strategien des französischsprachigen Raumes nicht grundlegend von jenen des deutschsprachigen unterscheiden, scheint diese Beschränkung unproblematisch zu sein.

Bei den zu untersuchenden Unternehmen handelt es sich ausschliesslich um Industrie- und Dienstleistungsunternehmen; Handelsunternehmen werden nicht berücksichtigt. Ferner werden Unternehmungen, welche zehn oder weniger Mitarbeiter (Vollzeitäquivalente) beschäftigen von der Untersuchung ausgeschlossen. Der Ausschluss dieser Mikrounternehmen (Mitarbeiterzahl ≤ 10) scheint insofern unproblematisch, als davon ausgegangen werden kann, dass ähnliche Erkenntnisse aus der Gruppe der Kleinunternehmen (11 bis 50 Mitarbeitende) resultieren würden. Zudem wird vermutet, dass Mikrounternehmungen vermehrt gewachsene Strategien[627] verfolgen und entsprechend schlechter in der Lage sind, präzise Angaben zur Strategie machen zu können.

Auf der zweiten Stufe werden die zu befragenden Personen innerhalb einer Unternehmung bestimmt. Da die vorliegende Untersuchung strategische Themen untersucht, richtet sie sich an Führungspersonen mit Strategie- bzw. Marketingkenntnissen als Untersuchungssubjekte. Geeignete Untersuchungssubjekte stellen demzu-

[625] Im Folgenden werden die Begriffe Grundgesamtheit und Universum synonym verwendet (vgl. dazu auch Kühn, R.; Fankhauser, K. 1996, S. 113.

[626] Unternehmen mit Sitz in den Kantonen Genf, Jura, Neuenburg, Tessin und Waadt werden von der Untersuchung ausgeschlossen.

[627] Unter gewachsenen Strategien werden realisierte Strategien verstanden, welche aus einer Vielzahl von Einzelentscheiden hervorgehen und demzufolge nicht beabsichtigt sind (vgl. Grünig, R.; Kühn, R. 2005, S. 9.

folge Führungspersonen der Marketingabteilungen oder, falls eine solche Stelle nicht existiert, Geschäftsführer dar.

Die vorliegende Bestimmung der Grundgesamtheit wurde unter Beachtung der drei Kriterien, Eindeutigkeit, Ergiebigkeit und Kosten vorgenommen.[628] Durch die Eindeutigkeit wird sichergestellt, dass bei jedem Untersuchungssubjekt eindeutig bestimmt werden kann, ob das entsprechende Subjekt zur Grundgesamtheit gehört oder nicht. Das Universum gilt zudem als ergiebig, da durch die Befragung der ausgewählten Untersuchungssubjekte die gesuchten Informationen erhoben werden können. Als drittes Kriterium wurde schliesslich der Aufwand berücksichtigt, der mit der Befragung der definierten Grundgesamtheit anfällt.

Zusammenfassend werden als Grundgesamtheit Industrie- und Dienstleistungsunternehmen[629] jeglicher Branchen, mit mehr als zehn Mitarbeitenden und mit Sitz in der Deutschschweiz untersucht. Innerhalb der ausgewählten Unternehmen werden Führungspersonen im Bereich Marketing befragt. Zur Umsetzung dieser Grundgesamtheit ist die Adressdatenbank „Kompass“ des Orell Füssli Verlages am besten geeignet.[630]

7.1.4 Bestimmung der Stichprobe

In der vorliegenden Arbeit ist es aus forschungspraktischen Gründen weder möglich noch zweckmässig, alle Unternehmen der Grundgesamtheit zu befragen, weshalb die Untersuchung anhand einer Stichprobe durchgeführt wird. Die Stichprobe soll möglichst repräsentative Daten liefern, das heisst in Bezug auf die interessierenden Merkmale ein zwar verkleinertes, aber ansonsten wirklichkeitsgetreues Abbild der Grundgesamtheit darstellen.[631] Da Verfahren der Zufallsauswahl am besten geeignet

[628] Vgl. dazu und im Folgenden Kühn, R.; Fankhauser, K. 1996, S. 116ff.

[629] An dieser Stelle sei erwähnt, dass die gewählte Adressdatenbank keine Gewerbebetriebe berücksichtigt, weshalb solche Firmen keinen Eingang in die Untersuchung finden.

[630] Als Alternative kommt insbesondere die Datenbank des Bundesamtes für Statistik in Frage, welche jedoch mehrere Schwachstellen aufweist: Die Datenbank besteht aus Betriebsstätten und nicht Unternehmen, beruht auf weniger aktuellen Daten und liefert keine Namen von Führungspersonen innerhalb einer Firma. Dazu kommt, dass frühere Untersuchungen aufgrund tiefer Rücklaufquoten eine geringere Qualität der Adressen vermuten lassen.

[631] Zur Repräsentativität von Stichproben vgl. Berekoven, L.; Eckert, W.; Ellenrieder, P. 2001, S. 50f.; Kühn, R.; Fankhauser, K. 1996, S. 114f.

sind, der Repräsentativitätsanforderung gerecht zu werden, werden die zu befragenden Unternehmen zufällig aus der Grundgesamtheit ausgewählt.[632]

Zur Bestimmung der Stichprobengrösse kann bei Zufallsstichproben die von einer Standardnormalverteilung ausgehende Stichprobentheorie herangezogen werden. Durch die Definition des maximal akzeptierten Schätzfehlers und der gewünschten Sicherheit des Rückschlusses von der Stichprobe auf die Grundgesamtheit, verändert sich die Grösse der Stichprobe.[633] Zusätzlich zu dieser rechnerischen Bestimmung der Stichprobengrösse, sind Überlegungen zur gewünschten Aussagekraft über einzelne Gruppen der Grundgesamtheit – im vorliegenden Fall handelt es sich um die aus der Clusteranalyse gewonnenen Cluster – anzustellen. Wird von einer für Clusteranalysen vielfach nicht überschrittenen Zahl von sechs Clustern ausgegangen[634] und die für die Auswertung von Untergruppen der Grundgesamtheit wichtige Untergrenze von 50 Untersuchungssubjekten (in der Literatur findet sich eine Bandbreite von 30-50 Subjekten) berücksichtigt,[635] ergibt sich ein Minimum auswertbarer Fragebogen von 300 (6 x 50).[636] Überdies wird angenommen, dass rund drei von vier Unternehemungen in einem Geschäftsbereich eine Nischenstrategie verfolgen. Geht man ferner von einer für schriftliche (postalische) Befragungen realistischen und in einer ähnlichen Studie übertroffenen Rücklaufquote von 20% aus,[637] resultiert eine für Taxonomien übliche Stichprobe[638] von rund 2'000 Untersuchungssubjekten.[639]

Den Ausführungen zufolge wird davon ausgegangen, dass mittels einer Zufallsauswahl von 2'000 Untersuchungssubjekten mit einem vertretbaren Aufwand die Voraussetzungen einer repräsentativen Stichprobe geschaffen sind.

---

632 Die Verfahren der Stichprobenauswahl mit ihren Vor- und Nachteilen werden in Kühn, R.; Fankhauser, K. 1996, S. 119ff. diskutiert.

633 Vgl. dazu die Ausführungen von Kühn, R.; Fankhauser, K. 1996, S. 126ff.; Berekoven, L.; Eckert, W.; Ellenrieder, P. 2001, S. 63ff.; Diekmann, A. 1997, S. 347ff.

634 Vgl. dazu bspw. die Studien von Alsem, K.J.; Hoekstra, J.C.; van der Heide, B. 1996; Hooley, G.J.; Lynch, J.E.; Jobber, D. 1992; Miller, D. 1992; Morrison, A.J.; Roth, K. 1992; Douglas, S.P.; Rhee, D.K. 1989; Robinson, R.B.; Pearce, J.A. 1988; Kim, L.; Lim, Y. 1988; Galbraith, C.; Schendel, D. 1983; Woo, C.Y.; Cooper, A.C. 1981.

635 Vgl. Kühn, R.; Fankhauser, K. 1996, S. 131. Vgl. dazu auch Kerlinger, F.N.; Lee, H.B. 2000, S. 264f.

636 Bei der vorliegenden Berechnung wird vereinfachend davon ausgegangen, dass die Anzahl Untersuchungssubjekte der einzelnen Cluster gleich gross ist.

637 Vgl. Meli, C. 2005, S. 201f.

638 Vgl. dazu Meli, C. 2005, S. 199. Vgl. auch Homburg, C.; Workman, J.P.; Jensen, O. 2002, S. 46f.

639 Stichprobengrösse = 300 / 0.20 / 0.75 = 2'000.

7.2 Durchführung der Datenerhebung

Vor der Hauptuntersuchung der 2'000 Untersuchungssubjekte, wurde in Form eines Pretests eine kleinere Gruppe von Unternehmungen befragt. Ziel dieser Voruntersuchung war es, unklare und missverständliche Frageformulierungen im Fragebogen zu identifizieren und für die Hauptuntersuchung zu verbessern. Der Pretest umfasste zehn Unternehmungen verschiedener Branchen und unterschiedlicher Unternehmensgrössen.[640]

Zur Erhöhung von Rücklaufquoten schriftlicher (postalischer) Befragungen, werden in der Literatur zahlreiche Massnahmen diskutiert.[641] Im Rahmen der vorliegenden Untersuchung wurden u.a. die Folgenden umgesetzt:

- Persönliche Adressierung der in den ausgewählten Unternehmen zu befragenden Personen (Untersuchungssubjekt)[642]
- Persönliche Anrede im Begleitbrief[643]
- Begleitbrief zum Fragebogen entspricht den üblichen Anforderungen[644]
- Aufbau, Form und Umfang des Fragebogens entsprechen den gängigen Anforderungen[645]
- Den Befragten wird die Möglichkeit gegeben, bei Unklarheiten mit dem Untersuchungsleiter Kontakt aufzunehmen[646]
- Den Befragten werden die Ergebnisse der Resultate in Aussicht gestellt.[647]

Nachdem in diesem Kapitel die Detailplanung und die Durchführung der empirischen Untersuchung diskutiert wurden, sollen nun die Forschungsergebnisse präsentiert werden.

---

640 Aus Anonymitätsgründen wird auf die Nennung der befragten Unternehmungen verzichtet.
641 Vgl. Kühn, R.; Fankhauser, K. 1996, S. 70; Kreuzer, M. 2005, S. 159; Bortz, J.; Döring, N. 2002, S. 253ff.; Weis, H.C.; Steinmetz, P. 2002, S. 128ff.; Berekoven, L.; Eckert, W.; Ellenrieder, P. 2001, S. 115ff.
642 Vgl. dazu Bortz, J.; Döring, N. 2002, S. 258.
643 Vgl. Bortz, J.; Döring, N. 2002, S. 257.
644 Vgl. Kühn, R.; Fankhauser, K. 1996, S. 70; Weis, H.C.; Steinmetz, P. 2002, S. 128; Berekoven, L.; Eckert, W.; Ellenrieder, P. 2001, S. 115.
645 Es gilt einen möglichst kurzen Fragebogen mit einfachen Fragen und einem „spannenden" und logischen Aufbau in ansprechender Form zu entwickeln (vgl. Berekoven, L.; Eckert, W.; Ellenrieder, P. 2001, S. 114f.; Weis, H.C.; Steinmetz, P. 2002, S. 128; Bortz, J.; Döring, N. 2002, S. 256ff.).
646 Vgl. Weis, H.C.; Steinmetz, P. 2002, S. 128.
647 Vgl. Kühn, R.; Fankhauser, K. 1996, S. 70; Weis, H.C.; Steinmetz, P. 2002, S. 128.

TEIL IV: FORSCHUNGSERGEBNISSE

Vor der inhaltlichen Analyse der erhobenen Daten, wird im Anschluss an einleitende Bemerkungen zur Datenqualität (Kapitel 8) eine vertiefte Analyse der Datenqualität (Kapitel 9) vorgenommen. Gegenstand von Kapitel 10 ist – der Hauptzielsetzung der vorliegenden Studie entsprechend – die Entwicklung einer Taxonomie von Nischenstrategien. Inwiefern Kontextfaktoren als Bestimmungsfaktoren der identifizierten Strategietypen bezeichnet werden können, wird in Kapitel 11 untersucht. Anschliessend folgt die Ermittlung des Erfolges von Nischenstrategie-Typen (Kapitel 12). Abgeschlossen wird der empirische Teil dieser Arbeit mit einer Zusammenfassung der Erkenntnisse und den Schlussbemerkungen (Kapitel 13).[648]

8 Einleitende Bemerkungen zur Datenqualität

Vor dem Hintergrund einer ersten allgemeinen Überprüfung der Datenqualität wird in einem ersten Schritt der Fragebogenrücklauf diskutiert (Unterkapitel 8.1). Anschliessend gilt es, die externe Validität des Datensatzes (Unterkapitel 8.2) zu prüfen und die Funktionen, welche die antwortenden Personen in ihrer Unternehmung wahrnehmen, zu diskutieren (Unterkapitel 8.3).

8.1 Rücklaufquote

Am Freitag, 10.06.2005, erfolgte der Versand von 2'000 Fragebogen. Insgesamt wurden 543 ausgefüllte Fragebogen bis zum 15.07.2005 (5 Wochen) zurückgeschickt. 4 Untersuchungsteilnehmer konnten aufgrund der zu späten Rücksendung nicht mehr berücksichtigt werden. Zudem sind 31 falsch adressierte Fragebogen retourniert worden, welche mehrheitlich aufgrund von nicht mehr in der ausgewählten Unternehmung arbeitenden Untersuchungspersonen oder aufgrund von Firmenkonkursen unausgefüllt blieben. Dementsprechend basiert die vorliegende Studie auf

[648] Zur Auswertungsmethodik vgl. die Studie von Meli, C. 2005 S. 207ff.

einer Soll-Stichprobe von 1'969 Untersuchungssubjekten, woraus sich eine Brutto-Rücklaufquote von rund 27% errechnet.[649]

Weitere 35 Fragebogen wurden von Unternehmen mit zehn oder weniger Mitarbeitenden ausgefüllt. Da die Kategorie „Kleinstunternehmen" nicht zur Grundgesamtheit der vorliegenden Studie gehört, wird sie im Folgenden auch nicht berücksichtigt. Der Ausschluss dieser Fragebogen wird auch durch die durchgeführten Mittelwertvergleiche gestützt, welche für drei Variablen[650] signifikante Unterschiede[651] zwischen den Kleinstunternehmen und der Gruppe der Unternehmen mit mehr als zehn Mitarbeitern aufzeigten.[652] Der Einbezug der Kleinstunternehmen würde demzufolge die Auswertungen verzerren, zumal aufgrund des anfänglich definierten Ausschlusses dieser Kategorie aus der Grundgesamtheit eine starke Untervertretung vorliegt. Nach Abzug dieser 35 Fragebogen ergibt sich eine Nettostichprobe von 1'934 Untersuchungseinheiten und eine darauf basierende Netto-Rücklaufquote von 26%.[653]

Aufgrund des für schriftliche Befragungen hohen Rücklaufs ist auf eine Nachfassaktion verzichtet worden. Dieser Entscheid lässt sich zudem dadurch rechtfertigen, als rund 75% des Netto-Rücklaufs, also der auswertbaren und um die Kleinstunternehmen bereinigten Fragebogen, Unternehmen darstellen, welche angegeben haben, eine Nischenstrategie zu verfolgen.

Die Rücklaufquote berücksichtigt zwar die auswertbaren Fragebogen, sagt jedoch nichts über die Auswertungsquote der einzelnen Fragen (Items) aus. Aus diesem Grund ist es angebracht, neben dem Fragebogen als Gesamtheit, auch die einzelnen Items zu betrachten. Die so genannte Item-Responsequote setzt dabei die Anzahl der erhaltenen Antworten pro Item in Beziehung zur Stichprobe.[654] Da in der vorlie-

---

649 Zur Berechnung der Rücklaufquote vgl. bspw. Burns, A.C.; Bush, R.F. 2000, S. 468ff.; Diekmann, A.; Jann, B. 2001, S. 23.

650 Es handelt sich dabei um die Variablen: Kapitalbedarf der Marktnischenbearbeitung, Erreichung des Gewinnziels, Unternehmensumsatz.

651 Das Signifikanzniveau entspricht $p < 0.05$, wobei die Werte nach Bonferoni korrigiert wurden. Anmerkung: Die Bonferoni-Korrektur stellt eine α-Fehlerkorrektur im Falle mehrerer Einzelvergleichtests gemäss der Formel $\alpha' = \alpha / m$ dar, wobei α die Irrtumswahrscheinlichkeit darstellt und m für die Anzahl orthogonaler Einzelvergleiche steht (vgl. dazu Bortz, J. 1999, S. 110ff, 261).

652 Der zur Überprüfung der Varianzhomogenität durchgeführte Levene-Test brachte einzelne signifikante Ergebnisse hervor, weshalb der Test nach Brown-Forsythe zur Diskussion stand (vgl. Janssen, J.; Laatz, W. 2003, S. 327). In Anlehnung an Bortz wird hier – wie auch im Folgenden – auf eine Anwendung des Brown-Forsythe-Tests verzichtet, da durch die Verletzung der Varianzhomogenitätsanforderung im Falle grosser und gleicher Stichprobenumfänge mit keinen gravierenden Entscheidungsfehlern zu rechnen ist (vgl. Bortz, J. 1999, S. 317).

653 Vgl. dazu Diekmann, A.; Jann, B. 2001, S. 23.

654 Vgl. dazu Fritz, W. 1992a, S. 98f.

genden Studie die erste Frage eine Filterfrage darstellt, musste die zur Berechnung verwendete Stichprobe für die nachfolgenden Fragen entsprechend angepasst werden.[655] Die aus der Analyse hervorgegangenen Ergebnisse sind erfreulich; alle Items, mit Ausnahme der Angaben zur Unternehmung, weisen eine Antwortquote von mind. 97% auf.[656] Die meisten Fragebogen sind demnach nahezu vollständig ausgefüllt worden, weshalb in Bezug auf die Item-Responsequote von keinen Repräsentanzproblemen auszugehen ist.

8.2 Externe Validität des Datensatzes

Eine Untersuchung ist als extern valide zu bezeichnen, wenn ihre Ergebnisse auf andere Personen, Situationen oder Zeitpunkte generalisiert werden können. Dementsprechend sinkt die externe Validität mit zunehmender Künstlichkeit der Untersuchungssituation und mit abnehmender Repräsentativität der Stichprobe.[657] Da im Rahmen der vorliegenden Studie die Untersuchungssituation weder beeinflusst noch beobachtet werden konnte, lassen sich keine gesicherten Aussagen über deren Generalisierbarkeit machen. Bei der folgenden Diskussion zur externen Validität steht deshalb die Repräsentativität der Stichprobe im Zentrum, sprich die Generalisierbarkeit der Ergebnisse der Untersuchungsteilnehmer auf die Grundgesamtheit.

Die Repräsentativität einer Stichprobe ist insbesondere dann in Frage zu stellen, wenn einer Untersuchung eine tiefe Rücklaufquote zu Grunde liegt. Die vorliegende Studie weist mit einer Quote von 26% einen im Vergleich zu ähnlichen Untersuchungen relativ hohen Rücklauf auf.[658] Trotzdem kann es sein, dass sich die „Nicht-Antwortenden" (74%) in einzelnen Merkmalen von den Antwortenden unterscheiden und deshalb die Ergebnisse als nicht repräsentativ zu bezeichnen sind. Im Folgenden sollen zwei Ansätze zur Ermittlung der Repräsentativität geprüft werden: 1. Mes-

[655] Da 124 Untersuchungssubjekte (26% der Netto-Stichprobe) bei der ersten Frage angaben, keine Nischenstrategie zu verfolgen, musste der Mittelteil des Fragebogens nicht von allen Befragten ausgefüllt werden. Entsprechend dient als Berechnungsbasis für diesen Frageblock eine Stichprobe von 1'934 - 124 = 1'810.

[656] Die Antwortquote pro Item entspricht der Anzahl derjenigen Untersuchungspersonen, welche das entsprechende Item beantwortet haben, geteilt durch die Anzahl jener, die geantwortet haben sollten.

[657] Vgl. Bortz, J.; Döring, N. 2002, S. 57; Berekoven, L.; Eckert, W.; Ellenrieder, P. 2001, S. 88.

[658] Auch wenn aus theoretischer Sicht eine Rücklaufquote von 26% sehr gering ist, gilt sie im Vergleich zu ähnlichen Studien als akzeptabel (vgl. bspw. Homburg, C.; Workman, J.P.; Jensen, O. 2002; Kotha, S.; Vadlamani, B.L. 1995; Bunn, M.D. 1993; Hooley, G.J.; Lynch, J.E.; Jobber, D. 1992; Robinson, R.B.; Pearce, J.A. 1988; Dess, G.G.; Davis, P.S. 1984.

sung des Non-Response-Bias[659] 2. Vergleich bekannter Merkmale der realisierten Stichprobe mit denjenigen der Grundgesamtheit.

1. Non-Response-Bias: Der erste Ansatz zur Analyse der Repräsentativitätsproblematik bezieht sich auf den Non-Response-Bias. Schriftliche (postalische) Befragungen weisen vielfach den Nachteil auf, dass ein beachtlicher Teil der Ausgangsstichprobe nicht antwortet und somit an der Befragung nicht teilnimmt.[660] Wie die vorangehenden Ausführungen dargelegt haben, liegt der Anteil der Nichtantwortenden in der vorliegenden Untersuchung bei 74% der Ausgangsstichprobe. Dabei stellt sich die Frage, inwieweit sich die antwortenden Untersuchungspersonen von den nicht antwortenden unterscheiden. Eine Methodengruppe zur Messung des Non-Response-Bias bedient sich der Extrapolationstechnik. Diesen Methoden liegt die Annahme zu Grunde, dass Spätantwortende den Nichtantwortenden ähnlicher sind als den Frühantwortenden und Unterschiede zwischen Spät- und Frühantwortenden als Indiz für Differenzen zwischen Antwortenden und Nichtantwortenden gelten.[661] Im Rahmen der vorliegenden Studie ist der Datensatz mittels Mediansplit in zwei Gruppen, jene der Frühantwortenden und jene der Spätantwortenden, aufgeteilt worden. Die beiden Gruppen sind dann anhand von Mittelwertvergleichen mit anschliessenden t-Tests analysiert worden, wobei sich gezeigt hat, dass unter Berücksichtigung der Bonferoni-Korrektur mehrheitlich keine signifikanten Unterschiede zwischen den Früh- und den Spätantwortenden existieren.[662] Es ist demnach auch davon auszugehen, dass sich die Nichtantwortenden und die Antwortenden vermutlich nicht signifikant voneinander unterscheiden.

In Bezug auf die zwei Gruppen (Früh- vs. Spätantwortende) zeigen sich nur bei einer Variablen signifikante ($p < 0.05$)[663] Unterschiede. Frühantwortende weisen gegenüber Spätantwortenden eine signifikant stärkere Beschränkung auf einen geografischen Bereich auf. Eine mögliche Begründung ist darin zu finden, dass Nischenstrategien, welche auf einer geografischen Beschränkung beruhen, am eindeutigsten identifiziert werden können und auch eine weniger komplexe Art von Nischenstrategien darstellen – so muss beispielsweise keine anspruchsvolle Aufteilung eines Ge-

[659] Vgl. Armstrong, J.S.; Overton, T.S. 1977, S. 396f.
[660] Vgl. Armstrong, J.S.; Overton, T.S. 1977, S. 396.
[661] Vgl. dazu und für weitere Methoden Armstrong, J.S.; Overton, T.S. 1977, S. 396f.
[662] Mittelwertvergleich: t-Test zweier unabhängiger Stichproben. Vgl. Armstrong, J.S.; Overton, T.S. 1977, S. 397; Bortz, J.; Döring, N. 2002, S. 260; McDaniel, C.; Gates, R. 2002, S. 524ff.; Kerlinger, F.N.; Lee, H.B. 2000, S. 312f.
[663] Unter Berücksichtigung der α-Fehlerkorrektur nach Bonferoni.

samtmarktes in Teilmärkte (Produktgruppen) oder in Marktsegmente (Kundengruppen) erfolgen. Damit geht ein einfacheres Ausfüllen des Fragebogens einher, was sich in einer frühzeitigen Erledigung widerspiegeln könnte. Interessanterweise verschwindet die Signifikanz dieses Unterschieds, wenn anstelle des Mediansplits (50%-50%) die 80% Frühantwortenden mit den 20% Spätantwortenden verglichen werden.[664] Demzufolge ist von keinem wesentlichen Non-Response-Bias auszugehen.[665]

2. Vergleich bekannter Merkmale der realisierten Stichprobe mit denjenigen der Grundgesamtheit: Dem Vergleich der Verteilung *bekannter Merkmale* in der realisierten Stichprobe mit derjenigen in der Grundgesamtheit liegt die Annahme zu Grunde, dass aus einer Übereinstimmung darauf geschlossen werden kann, dass auch die Verteilungen der *untersuchten Merkmale* jenen der Grundgesamtheit entsprechen.[666] Aufgrund der eher spezifisch gewählten Grundgesamtheit – Unternehmen der Deutschschweiz mit mehr als zehn Mitarbeitern, unter Ausschluss der Gewerbebetriebe – finden sich keine gesicherten Daten zu den untersuchten Merkmalen.[667]

Trotzdem kann zumindest ein grober Vergleich der Merkmale der realisierten Stichprobe mit Merkmalen von Schweizer Unternehmen durchgeführt werden. Es sei jedoch ausdrücklich darauf hingewiesen, dass die Daten zur Schweizer Unternehmenslandschaft nicht der Grundgesamtheit der vorliegenden Studie (Deutschschweizer Unternehmen) entsprechen. In Bezug auf die vorliegende Untersuchung sind die Ausprägungen der Merkmale „Unternehmensgrösse" und „Wirtschaftssektor" der Schweizer Wirtschaft bekannt.[668]

Gemäss Bundesamt für Statistik (BfS) entsprechen über 80% aller marktwirtschaftlichen Unternehmen der Schweiz, die mindestens 10 Mitarbeiter beschäftigen, Klein-

[664] Signifikanzniveau: $p < 0.05$, unter Berücksichtigung der α-Fehlerkorrektur nach Bonferoni.
[665] Zwei Aspekte gilt es dabei zu berücksichtigen: Zum einen müssten sich im Falle eines Non-Response-Bias die letzten 20% stärker von den 80% Frühantwortenden unterscheiden, als dies beim Mediansplit der Fall war. Zum anderen ist die Erreichung des Signifikanzniveaus aufgrund der kleiner gewordenen Anzahl Fälle rein technisch schwieriger nachweisbar. Es ist jedoch festzuhalten, dass das Antwortverhalten vom Antwortzeitpunkt relativ unabhängig ist und anhand der vorliegenden Daten kein Non-Response-Bias festgestellt werden kann.
[666] Vgl. Armstrong, J.S.; Overton, T.S. 1977, S. 2.
[667] Zur Bestimmung der Grundgesamtheit vergleiche die Ausführungen in Abschnitt 7.1.3.
[668] Vgl. dazu die Analysen zur Betriebszählung 2001 des Bundesamtes für Statistik (vgl. FEW 2003).

unternehmen (10 – 50 Mitarbeiter).[669] Offensichtlich ungleich verteilt liegen die Werte der durchgeführten Studie, in der „nur" knapp 60% der antwortenden Unternehmen dieser Kategorie zuzuordnen sind. Dieser erwartungsgemäss aufgetretene Unterschied stellt eine – im Vergleich zur Schweizer Unternehmenslandschaft – Untervertretung der Klein- und eine Übervertretung der Mittel- und Grossunternehmen dar. Die Abweichung lässt sich hauptsächlich durch die Wahl der spezifischen Ausgangsstichprobe begründen. Unter forschungspraktischen Gesichtspunkten – Qualität der personalisierten Adressen, Spezifizierungsmöglichkeiten der Stichprobe – stellte die Kompassdatenbank[670] die zweckmässigste Alternative dar. Da in dieser Datenbank ausschliesslich überregional tätige Unternehmungen enthalten sind, haben zahlreiche Kleinunternehmen keinen Eingang gefunden und sind im Vergleich zur gesamten Schweiz untervertreten.[671]

Das Bundesamt für Statistik liefert schliesslich Zahlen zur Verteilung der Schweizer Unternehmen nach Wirtschaftssektoren. Demzufolge sind 26% der Firmen dem Industriesektor zuzuordnen.[672] Die Ergebnisse der vorliegenden Untersuchung zeigen ein anderes Bild: über 50% der befragten Unternehmen gehören dem Industriesektor an. Aufgrund dieser offensichtlichen Differenz kann davon ausgegangen werden, dass in der vorliegenden Studie der Dienstleistungssektor untervertreten ist. Die Untervertretung des Dienstleistungssektors ist hauptsächlich auf die Adressdatenbank zurückzuführen, welcher ein Schwerpunkt auf produzierende Industrieunternehmen zu Grund liegt. Überdies fallen die zahlreichen Kleinstunternehmen ins Gewicht, welche verstärkt im Dienstleistungssektor tätig sind, jedoch in der vorliegenden Studie ausgeschlossen wurden.[673]

Aus den soeben präsentierten Vergleichen dürfen keineswegs Rückschlüsse auf die Repräsentativität der realisierten Stichprobe gezogen werden. Die Gegenüberstellung der bekannten Merkmale der realisierten Stichprobe mit den Ergebnissen der

[669] Die Definition der Grössenklassen gemäss BfS sehen wie folgt aus: Kleinstunternehmen 0 - 9.99 Mitarbeiter (Vollzeitäquivalente), Kleinunternehmen 10 - 49.99 Mitarbeiter, Mittelunternehmen 50 - 249.99 Mitarbeiter, Grossunternehmen ab 250 Mitarbeitern (vgl. FEW 2003, S. 17f.).
Da Kleinstunternehmen in der vorliegenden Studie nicht berücksichtigt werden, sind die Zahlen des BfS hinsichtlich Kleinstunternehmen bereinigt worden (vgl. FEW 2003, S. 29).

[670] Vgl. dazu die Ausführungen in Abschnitt 7.1.3.

[671] Die Erhebung des BfS bezieht sich auf Arbeitsstätten, worunter Gebäude, Grundstücke und andere abgegrenzte Örtlichkeiten eines Unternehmens fallen, in denen eine marktwirtschaftliche Tätigkeit ausgeübt wird (vgl. FEW 2003, S. 18).

[672] Vgl. FEW 2003, S. 33f. Da Kleinstunternehmen nicht zur Grundgesamtheit der vorliegenden Studie gehören, sind die Zahlen des BfS entsprechend angepasst worden.

[673] Vgl. dazu FEW 2003, S. 33f.

Betriebszählung des BfS soll aufzeigen, dass hinsichtlich der Merkmale „Unternehmensgrösse“ und „Wirtschaftssektor“ im Vergleich zur schweizerischen Unternehmenslandschaft gewichtige Unterschiede auftreten. Eine Generalisierung der Ergebnisse der vorliegenden Studie auf die Gesamtheit der Unternehmen der Schweiz – was jedoch nicht dem Ziel der vorliegenden Studie entspricht – ist deshalb nicht empfehlenswert.

Wie aus den vorangehenden Erläuterungen hervorgeht, bringen die beiden Ansätze zur Ermittlung der Repräsentativität keine wesentlichen Repräsentativitätsprobleme zum Vorschein. Da der Vergleich bekannter Merkmale der realisierten Stichprobe ausschliesslich mit Daten der Schweizer Unternehmenslandschaft und nicht mit dem Untersuchungsuniversum erfolgte, lassen sich hieraus keine Repräsentativitätsaussagen treffen. Andererseits liegt die Messung des Non-Response-Bias mittels t-Tests vor, welche keine nennenswerten Verzerrungen vermuten lässt. Zumal das primäre Studienziel nicht in der Gewinnung von quantitativen Grössenvorstellungen sondern in der Überprüfung von ad hoc Hypothesen liegt, fällt die Repräsentativitätsproblematik nur wenig ins Gewicht.[674]

8.3 Funktion der antwortenden Personen

Der Zweck der Erhebung der Funktionen der antwortenden Personen liegt darin, Anhaltspunkte über die Qualität der Antworten zu erhalten. Dank der personalisierten Adressdatenbank, welche ein persönliches Anschreiben der Marketing-Verantwortlichen der ausgewählten Unternehmen zuliess, sind 88% der Fragebogen entweder von Geschäftsführern (50%) oder Führungspersonen aus dem Marketingbereich (38%) beantwortet worden. Diese Ergebnisse lassen vermuten, dass aus fachlicher Hinsicht die Mehrheit der Befragten in der Lage war, den Fragebogen zu verstehen und entsprechend kompetent auszufüllen. Es wird deshalb davon ausgegangen, dass die Antworten diesbezüglich von guter Qualität sind. Im Folgenden wird eine vertiefte Analyse zur Datenqualität durchgeführt.

---

674 Vgl. Diekmann, A. 1997, S. 368f.; Kerlinger, F.N.; Lee, H.B. 2000, S. 165f.

9 Analyse der Datenqualität

Die Analyse der Datenqualität erfolgt anhand der drei Gütekriterien „Objektivität“, „Reliabilität“ und „Validität“. Diese Kriterien stehen in einem hierarchischen Verhältnis zueinander, wobei die Objektivität eine notwendige aber nicht hinreichende Bedingung der Reliabilität darstellt und die Reliabilität ihrerseits einer notwendigen aber nicht hinreichenden Bedingung der Validität entspricht.[675]

9.1 Objektivität

Eine Untersuchung gilt dann als objektiv, wenn ihre Ergebnisse unabhängig von der Untersuchungsleitung sind.[676] Grundsätzlich können drei Arten von Messobjektivität unterschieden werden. Zum einen die Durchführungsobjektivität, welche voraussetzt, dass keine soziale Interaktion zwischen den Auskunftspersonen und dem Untersuchungsleiter existiert. Zum anderen die Auswertungsobjektivität, welche misst, inwieweit dem Untersuchungsleiter bei der Auswertung Freiheitsgrade offen stehen. Schliesslich kann noch die Interpretationsobjektivität geprüft werden, welche dem Spielraum der Untersuchungsleitung bei der Interpretation der Ergebnisse entspricht.[677]

Es ist offensichtlich und Bedarf keinen detaillierten Ausführungen, dass bei quantitativen schriftlichen Erhebungen die Objektivität grundsätzlich als erfüllt erachtet werden kann. Eine standardisierte Befragung mittels Fragebogen mit geschlossenen Fragen stellt weitestgehend die Einhaltung der drei genannten Objektivitätsaspekte sicher (vgl. dazu den Fragebogen im Anhang 2).[678]

9.2 Reliabilität

Mit der Reliabilität (Zuverlässigkeit) wird der Grad der Messgenauigkeit eines Instrumentes gemessen.[679] Die Reliabilität ist hoch, wenn eine Messung frei von Zufallsfehlern[680] ist und ein wesentlicher Anteil der Varianz der Indikatoren durch die Asso-

---

675 Vgl. dazu u.a. Diekmann, A. 1997, S. 216ff.
676 Vgl. Bortz, J.; Döring, N. 2002, S. 194; Diekmann, A. 1997, S. 216.
677 Vgl. Berekoven, L.; Eckert, W.; Ellenrieder, P. 2001, S. 86.
678 Vgl. Bortz, J.; Döring, N. 2002, S. 195; Diekmann, A. 1997, S. 217.
679 Vgl. Bortz, J.; Döring, N. 2002, S. 195; Kerlinger, F.N.; Lee, H.B. 2000, S. 642ff.
000 Vgl. Malhotra, N.K. 1999, S. 281; Zikmund, W.G. 2003, S. 300.

ziationen mit dem entsprechenden Faktor erklärt werden kann.[681] Damit einher geht die Forderung, dass die Messwerte präzise und bei wiederholter Messung stabil sind.[682] Unterschiedliche Ursachen können jedoch dazu führen, dass Messfehler auftreten. Diese basieren auf äusseren Einflüssen (fehlende Bedingungskonstanz), nicht eindeutigen Merkmalen (fehlende Merkmalskonstanz) oder mangelnder Präzision des Messinstrumentes (fehlende instrumentale Konstanz).[683]

Zur Messung der Reliabilität sind mehrere Methoden entwickelt worden.[684] So zum Beispiel die Test-Retest-Methode, bei welcher ein und derselbe Test den Untersuchungspersonen zweimal vorgelegt wird. Diese Methode ist jedoch aufgrund des grossen Aufwands aus forschungspraktischen Gründen im Rahmen der vorliegenden Studie nicht durchführbar. Gleiches gilt für die Paralleltest-Methode, welche die Messung des Untersuchungsgegenstandes anhand von zwei unterschiedlichen Tests beinhaltet. Bei beiden Methoden wird aus der Übereinstimmung der beiden Testergebnisse auf die Reliabilität des Testverfahrens geschlossen. Mit weniger Aufwand verbunden ist die Split-Half-Methode (Testhalbierungs-Methode) zur Messung der internen Konsistenz von Multi-Item-Skalen.

Hier – wie in den meisten Studien – wird zur Messung der Zuverlässigkeit der Skalen die Reliabilitätsanalyse nach Cronbach eingesetzt. Dabei werden die Items von Multi-Item-Skalen in zwei Hälften aufgeteilt und die Ergebnisse der jeweiligen Skalen einander gegenübergestellt. Während die Test-Retest-Methode und die Paralleltest-Methode auch dann anwendbar sind, wenn die Messung jeweils nur durch einen Indikatoren erfolgt, setzt die Split-Half-Methode eine Messung mit multiplen Indikatoren voraus.[685] Cronbachs Alpha[686], bei dem alle möglichen Skalenhalbierungen berücksichtigt werden, ist dabei der am häufigsten verwendete Koeffizient zur Messung der internen Konsistenz.[687]

---

681 Vgl. Homburg, C.; Giering, A. 1996, S. 6.
682 Vgl. Berekoven, L.; Eckert, W.; Ellenrieder, P. 2001, S. 87.
683 Vgl. Berekoven, L.; Eckert, W.; Ellenrieder, P. 2001, S. 87.
684 Vgl. Zikmund, W.G. 2003, S. 300f.; Kerlinger, F.N.; Lee, H.B. 2000, S. 652ff.; Diekmann, A. 1997, S. 217ff.; DeVellis, R.F. 1991, S. 33ff.
685 Vgl. Diekmann, A. 1997, S. 219.
686 Cronbachs Alpha entspricht dem Mittelwert aller Korrelationen, die sich ergeben, wenn die einem Faktor zugeordneten Indikatoren auf alle möglichen Arten in zwei Hälften geteilt und die Summen der jeweils resultierenden Variablenhälften miteinander korreliert werden (vgl. Homburg, C.; Giering, A. 1996, S. 8).
687 Vgl. Kerlinger, F.N.; Lee, H.B. 2000, S. 656; Malhotra, N.K. 1999, S. 282; Peterson, R.A. 1994, S. 382.

Die interne Konsistenz ist dann gegeben, wenn die Items einer Skala hohe Inter-Item-Korrelationen aufweisen. Liegt eine hohe Inter-Item-Korrelation vor, bedeutet dies, dass die Items die gleiche latente Variable messen.[688] In der Literatur finden sich Grenzwerte (Mindestanforderungen) des Koeffizienten Alpha von 0.6[689] und 0.7[690], abhängig davon, in welcher Form die gewonnenen Daten verwendet werden sollen.[691] Im Allgemeinen sind die Anforderungen an Tests mit explorativem Charakter und in kaum erforschten Wissenschaftsbereichen etwas tiefer,[692] weshalb auch der vorliegenden Studie ein eher tiefer Grenzwert von 0.6 zu Grunde gelegt werden soll. Liegen die Werte unter diesem Grenzwert, so kann es zweckmässig sein, diejenigen Items, welche eine geringe Trennschärfe (Item-to-total-Korrelation) aufweisen, zu eliminieren.[693] Ebenfalls verzichtet werden kann auf Items, welche ein bestimmtes Konstrukt[694] mit einem Alpha von 0.9 oder höher messen, da solche Items einzig auf einen Überfluss an Items und nicht auf eine reliable Messung hinweisen.[695] Schliesslich ist auch ein Hinzufügen einzelner Items möglich, da unter gewissen Bedingungen Cronbachs Alpha mit der Anzahl Items eines Konstruktes zunimmt.[696]

Im Folgenden soll kurz auf die Unterscheidung von reflektiven und formativen Messmodellen eingegangen werden.[697] Der fundamentale Unterschied zwischen den beiden Modellen besteht in der Richtung der Kausalität zwischen der latenten Variable (Konstrukt) und ihren Indikatoren (vgl. Abbildung 24).[698] Beim reflektiven Modell werden die Kovarianzen der dem Konstrukt zu Grunde liegenden Indikatoren durch das Konstrukt bestimmt.[699] Da davon ausgegangen wird, dass alle Indikatoren ähnlich valide Indikatoren eines Konstruktes darstellen, sollten die reflektiven Indikatoren dieses Konstruktes intern konsistent sein. Der Inhalt bzw. die Bedeutung des Konstruktes wird durch das Weglassen eines Indikators nicht verändert. Beim formativen

---

688 Vgl. DeVellis, R.F. 1991, S. 25; Nunnally, J.C.; Bernstein, I.H. 1994, S. 90.
689 Vgl. Malhotra, N.K. 1999, S. 282.
690 Vgl. Nunnally, J.C.; Bernstein, I.H. 1994, S. 264f.
691 Vgl. dazu Kerlinger, F.N.; Lee, H.B. 2000, S. 662f. und die in Peterson, R.A. 1994, S. 382 zitierte Literatur.
692 Vgl. Bortz, J.; Döring, N. 2002, S. 198f.
693 Vgl. Homburg, C.; Giering, A. 1996, S. 9.
694 Von Konstrukten ist dann die Rede, wenn es sich bei Variablen um abstrakte und latente und nicht konkrete und beobachtbare Sachverhalte handelt (vgl. Nunnally, J.C.; Bernstein, I.H. 1994, S. 85).
695 Vgl. Peterson, R.A. 1994, S. 388 und die dort zitierte Literatur.
696 Vgl. Peterson, R.A. 1994, S. 384, 388.
697 Eine detaillierte Unterscheidung der beiden Modelle erfolgt u.a. in Diamantopoulos, A.; Winklhofer, H.M. 2001, S. 270f.
698 Vgl. Eggert, A.; Fassott, G. 2003, S. 5. Kriterien zur Unterscheidung der beiden Modelle finden sich bei Jarvis, C.B.; Mackenzie, S.B.; Podsakoff, P.M. 2003, S. 203.
699 Vgl. Homburg, C.; Giering, A. 1996, S. 6f.

Modell hingegen verläuft die Richtung der Kausalität von den Indikatoren zum Konstrukt. Die einzelnen Indikatoren messen unterschiedliche Aspekte des Konstruktes, weshalb keine Korrelation bzw. interne Konsistenz zwischen den Indikatoren vorausgesetzt wird. Dies bedeutet auch, dass sich durch den Verzicht eines Indikators der Inhalt und damit die Bedeutung eines Konstruktes verändern.[700]

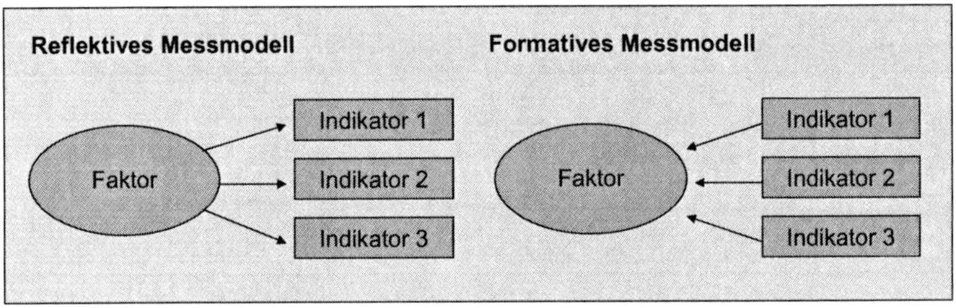

Abbildung 24: Reflektives und formatives Messmodell[701]

Die Unterscheidung formativer und reflektiver Messungen ist, wie bereits erwähnt, von auswertungsmethodischer Bedeutung. In der Literatur wird darauf hingewiesen, dass die traditionellen Methoden zur Messung der Konstruktreliabilität und –validität bei Konstrukten, bei denen die Kausalität von den Indikatoren zum Konstrukt hin verläuft – sprich bei formativen Skalen – nicht angebracht sind.[702] In der vorliegenden Studie wird die Reliabilitätsmessung mittels Cronbachs Alpha denn auch nur bei den sieben reflektiven Multi-Item-Messungen durchgeführt.[703]

Wie aus Tabelle 5 hervorgeht, weisen mit Ausnahme des Faktors „Produkt-/ Dienstleistungsvorteile" alle Skalen ein Cronbachs Alpha auf, welches über dem Grenzwert

---

[700] Vgl. Jarvis, C.B.; Mackenzie, S.B.; Podsakoff, P.M. 2003, S. 200ff.; Eggert, A.; Fassott, G. 2003, S. 3f.

[701] Eigene Darstellung, in Anlehnung an Jarvis, C.B.; Mackenzie, S.B.; Podsakoff, P.M. 2003, S. 201.

[702] Vgl. Jarvis, C.B.; Mackenzie, S.B.; Podsakoff, P.M. 2003, S. 200; Diamantopoulos, A.; Winklhofer, H.M. 2001, S. 271.

[703] Ohne auf die einzelnen Konstrukte einzugehen, sei anhand des Konstruktes „Unternehmensgrösse" die Reflexivität einer Multi-Item-Messung erklärt. Die Unternehmensgrösse wird in der vorliegenden Studie mittels der Indikatoren „Anzahl Mitarbeiter" und „Umsatz" gemessen. Theoretisch wird zwischen diesen beiden Indikatoren ein Zusammenhang vermutet, was die berechneten Korrelationen mathematisch bestätigten. Ferner läuft die Kausalität der Beziehung zwischen dem Faktor und den Indikatoren reflexiv, was bedeutet, dass mit steigender Unternehmensgrösse tendenziell eine relativ hohe Anzahl Mitarbeiter und ein verhältnismässig hoher Umsatz einhergehen. Das Weglassen eines Indikators würde dem entsprechend weder die Bedeutung noch den Wert des Faktors grundlegend verändern, da die Indikatoren den gleichen Aspekt des Konstruktes messen. Die theoretische Begründung der einzelnen Konstrukte erfolgte im Rahmen der Konzeptualisierung und Operationalisierung in Kapitel 6.

von 0.60 liegt.[704] Beim Faktor „Produkt-/ Dienstleistungsvorteile" wird der Grenzwert mit einem Cronbachs Alpha von 0.57 jedoch nur geringfügig unterschritten. Zumal die Trennschärfen aller Skalen über 0.30 liegen, können die entwickelten Faktoren grundsätzlich als ausreichend reliabel bzw. intern konsistent erachtet werden.

Faktoren	Items	Cronbach Alpha	Inter-Item Korrelationen	Item-to-Total Korrelationen (Trennschärfe)
Produkt-/ Dienstleistungsvorteile	Qualitätsvorteile Designvorteile Sortimentstiefe Innovationsgrad	0.57	< 0.30**	> 0.33
Kommunikationsvorteile	Imagevorteile Bekanntheitsgrad	0.73	0.60**	0.60
Distributionsvorteile	Vertriebsqualität Vertriebsintensität	0.79	0.65**	0.65
Leistungserstellungsvorteile	Leistungsbereitschaft Leistungsverlässlichkeit	0.83	0.71**	0.71
HR-Vorteile Mitarbeiter Kultur	Fähigkeiten der Mitarbeiter Motivation der Mitarbeiter Einfühlungsvermögen der Mitarbeiter Unternehmenskultur	0.77	< 0.60**	> 0.50
HR-Vorteile Management-funktionen	Vorteile bzgl. Einkaufsprozess Vorteile bzgl. Produktionsprozess Vorteile bzgl. Marketing-/ Verkaufsprozess	0.60	< 0.40**	> 0.43
Unternehmensgrösse	Anzahl Mitarbeiter Umsatz	0.80	0.69**	0.69

** Signifikanzniveau: p < 0.01

Tabelle 5: Reliabilität der reflektiven Multi-Item-Messungen

Ein Vergleich der Reliabilitätswerte mit den Ergebnissen ähnlicher Studien gestaltet sich insofern als schwierig, als die verwendeten Skalen mehrheitlich keinen wissenschaftlich geprüften Skalen entsprechen, sondern auf theoretischen Konzepten und Klassifikationen basieren, wobei sich aus forschungspraktischen Gründen zusätzlich Anpassungen der Skalen aufdrängten.[705] Wie bereits in Kapitel 6 erläutert, liegt den ersten sechs Faktoren die Marketing-Mix-Methodik zu Grunde, wobei die Operationalisierung in Anlehnung an Jenner,[706] Kühn/Grünig[707] und Black/Boal[708] erfolgte.[709] Dabei ist zu erwähnen, dass es sich einzig bei Jenner um empirisch entwickelte Faktoren handelt.[710] Da jedoch Aussagen zur Reliabilität der Skalen weitgehend fehlen,

704 Wie bereits erwähnt wird in der vorliegenden Arbeit in Anlehnung an Malhotra, N.K. 1999, S. 282 der Grenzwert von Cronbachs Alpha bei 0.60 gesetzt.

705 Einen kritischen Überblick über die Messung von Strategiekonstrukten liefert die Metaanalyse von Venkatraman, N.; Grant, J.H. 1986, S. 73ff.
Zur Operationalisierung der vorliegenden Studie vgl. Unterkapitel 6.2.

706 Vgl. Jenner, T. 1999, S. 249ff.

707 Vgl. Kühn, R.; Grünig, R. 2000, S. 144; Grünig, R.; Kühn, R. 2005, S. 310.

708 Vgl. Black, J.A.; Boal, K.B. 1994a, S. 133ff.

709 Vgl. dazu Kühn, R.; Vifian, P. 2003, S. 11ff.; Kühn, R.; Fasnacht, R. 2002, S. 21ff.; Magrath, A.J. 1986, S. 44ff.; MacCarthy, E.J. 1975, S. 74ff.

710 Im Gegensatz zu Jenner, der aus den ersten sechs Indikatoren je nach Güterkategorie unterschiedliche Faktorenstrukturen erhält, werden in der vorliegenden Studie zwei Faktoren extrahiert.

können die vorliegenden Ergebnisse nicht verglichen werden. Eine Ausnahme bildet die Messung des Faktors Unternehmensgrösse anhand der Indikatoren „Anzahl Mitarbeiter" und „Umsatz", bei der ein mit Ergebnissen anderer Studien vergleichbar hohes Cronbachs Alpha von 0.80 resultierte.[711]

9.3 Validität

Die Validität bzw. die Gültigkeit einer Messung kann als gegeben erachtet werden, wenn es gelingt, den interessierenden Sachverhalt tatsächlich zu erfassen und das zu messen, was gemessen werden soll.[712] Eine valide Messung fordert, dass nicht nur der Zufallsfehler (Reliabilität) ausgeschlossen wird, sondern auch kein systematischer Fehler existiert.[713]

In der Literatur findet sich im Wesentlichen die Unterscheidung von Inhalts-, Kriteriums- und Konstruktvalidität.[714] Inhaltsvalidität liegt vor, wenn der Inhalt der Indikatoren das zu messende Konstrukt in seinen wichtigsten Aspekten erschöpfend erfasst.[715] Da die Inhaltsvalidität auf subjektiven Einschätzungen beruht und nicht numerisch bestimmt werden kann, stellt diese kein Kriterium der Testgüte dar. Die Inhaltsvalidität gilt es insbesondere bei der Testkonstruktion zu bedenken.[716] Kriteriumsvalidität ist gegeben, wenn das Ergebnis eines Tests zur Messung eines latenten Konstrukts mit Messungen eines entsprechenden manifesten Kriteriums übereinstimmt.[717] Generell, wie auch für die vorliegende Studie, liegt die Problematik darin,

---

Die Unterscheidung von Produkt- und Kommunikationsvorteilen, wie dies im Rahmen der Marketing-Mix-Methodik der Fall ist, ermöglicht eine differenzierte Betrachtung der Wettbewerbsvorteile und erleichtert die Interpretation der Faktoren (vgl. Jenner, T. 1999, S. 249ff.).

711 Vgl. Meli, C. 2005, S. 209; Kimberly, J.R. 1976, S. 582 und die dort zitierten Studien.

712 Vgl. Berekoven, L.; Eckert, W.; Ellenrieder, P. 2001, S. 88; Zikmund, W.G. 2003, S. 302; Bortz, J.; Döring, N. 2002, S. 199; Kerlinger, F.N.; Lee, H.B. 2000, S. 666ff.

713 Vgl. Homburg, C.; Giering, A. 1996, S. 7.

714 Vgl. Bortz, J.; Döring, N. 2002, S. 199; Kerlinger, F.N.; Lee, H.B. 2000, S. 666ff; Diekmann, A. 1997, S. 224; DeVellis, R.F. 1991, S. 43. Nunnally spricht in diesem Zusammenhang von content validity, predictive validity und construct validity (vgl. Nunnally, J.C.; Bernstein, I.H. 1994, S. 83). Homburg, C.; Giering, A. 1996, S. 7f. unterscheiden zusätzlich die nomologische Validität, welche das Ausmass der Bestätigung von Vorhersagen eines Konstruktes durch eine übergeordnete Theorie darstellt. Auch wenn eine allgemeine Theorie über Nischenstrategien fehlt, steht die Auswahl der Items in einem zumindest plausiblen Zusammenhang zu den jeweiligen Konstrukten (vgl. dazu die Ausführungen zur Konzeptualisierung in Kapitel 6), weshalb der vorliegenden Messung nomologische Validität unterstellt wird.

715 Vgl. Malhotra, N.K. 1999, S. 283; Diekmann, A. 1997, S. 224; Homburg, C.; Giering, A. 1996, S. 7.

716 Vgl. Bortz, J.; Döring, N. 2002, S. 199. Vgl. dazu auch Nunnally, J.C.; Bernstein, I.H. 1994, S. 113.

717 Vgl. Zikmund, W.G. 2003, S. 302; Bortz, J.; Döring, N. 2002, S. 199f.; DeVellis, R.F. 1991, S. 44. Nunnally, J.C.; Bernstein, I.H. 1994, S. 94 sprechen in diesem Zusammenhang von predictive validity.

dass zur Überprüfung der Kriteriumsvalidität beobachtbare Kriterien fehlen und deshalb dieses Kriterium vernachlässigt wird.

Schliesslich gibt es die Konstruktvalidität, welche vorliegt, wenn aus dem zu messenden Konstrukt Hypothesen ableitbar sind, die anhand der Testwerte bestätigt werden können.[718] Dabei verlangt die Konstruktvalidität, dass das von einem Messinstrument erfasste Konstrukt mit möglichst vielen anderen Variablen in theoretisch begründbaren Zusammenhängen steht.[719] Anstatt ein einziges manifestes Kriterium zu verwenden, formuliert man Hypothesen über das Konstrukt und seine Indikatoren.[720] Methodisch können zur Prüfung der Konstruktvalidität u.a. logisch-inhaltliche Analysen und Korrelationsanalysen herangezogen werden. Erstere (qualitative) Analysen vermögen Hinweise darüber zu geben, ob tatsächlich das interessierende Konstrukt oder ein alternatives erfasst wird. Im Folgenden steht jedoch die Korrelationsanalyse, welche Zusammenhänge zwischen den Indikatoren eines Konstruktes und Unabhängigkeiten zwischen Indikatoren verschiedener Konstrukte bestätigen soll, im Zentrum.[721]

Konstruktvalidität wird denn auch üblicherweise indirekt über zwei Aspekte, die Konvergenz- und die Diskriminanzvalidität gemessen.[722] Konvergenz- und Diskriminanzvalidität sind gegeben, wenn Indikatoren, die ein Konstrukt repräsentieren, untereinander in hohem Masse korrelieren (= Konvergenzvalidität),[723] gleichzeitig jedoch mit Items, die ein anderes Konstrukt beschreiben, keine oder zumindest nur geringe Korrelationen aufweisen (= Diskriminanzvalidität).[724] Zur Überprüfung der Konvergenz- und Diskriminanzvalidität der reflexiven Multi-Item-Messungen kann eine exploratorische Faktorenanalyse durchgeführt werden.[725] Die Zahl der zu extrahierenden Faktoren entspricht dabei der Anzahl Faktoren mit Eigenwert grösser als Eins (Kaiser-Guttmann-Kriterium).[726] Indikatoren haben einem bestimmten Konstrukt (Konvergenzvalidität) und nur diesem Konstrukt bzw. Faktor zu unterliegen (Diskriminanzva-

[718] Vgl. Zikmund, W.G. 2003, S. 303; Bortz, J.; Döring, N. 2002, S. 200.
[719] Vgl. Diekmann, A. 1997, S. 224.
[720] Vgl. Bortz, J.; Döring, N. 2002, S. 200.
[721] Vgl. Bortz, J.; Döring, N. 2002, S. 201.
[722] Vgl. Zikmund, W.G. 2003, S. 303f.; Malhotra, N.K. 1999, S. 283.
[723] Vgl. dazu die Ausführungen zur Messung der Reliabilität mittels Cronbach Alpha (Unterkapitel 9.2).
[724] Vgl. Zikmund, W.G. 2003, S. 304; Malhotra, N.K. 1999, S. 283; Homburg, C.; Giering, A. 1996, S. 7.
[725] Vgl. Homburg, C.; Giering, A. 1996, S. 8. Da im Rahmen der Nischenstrategie-Thematik diesbezüglich keine a priori Hypothesen formuliert werden können, ist trotz der vorhandenen Vorteile auf eine konfirmatorische Faktorenanalyse zu verzichten.
[726] Vgl. Janssen, J.; Laatz, W. 2003, S. 466.

lidität), damit Konstruktvalidität und Eindimensionalität als gegeben erachtet werden können. Bei sehr geringer Faktorladung sollten die Indikatoren mit der tiefsten Item-to-total-Korrelation eliminiert werden.[727]

Wie die folgende Abbildung zeigt, bringt die Faktorenanalyse der reflektiven Konstrukte sieben Faktoren hervor, welche – in der Tat – den theoretisch entwickelten Multi-Items entsprechen.[728] Dabei ist zu konstatieren, dass alle Variablen eines Faktors genügend hoch (Faktorladung > 0.4)[729] auf dem entsprechenden Faktor und nur auf diesem Faktor – sprich, nicht stärker als 0.4 auf einem anderen – laden.[730] Ersteres spricht für eine genügend hohe Konvergenzvalidität, letzteres für eine akzeptable Diskriminanzvalidität. Einzig die Variable „Ressourcenvorteile in Marketing- und Verkaufsprozessen" weist neben der Ladung auf dem Faktor „Ressourcenvorteile in Managementprozessen" auch auf dem Faktor „Angebotsvorteile im Bereich der Distribution" eine Ladung von 0.455 auf. Es lässt sich leicht nachvollziehen, dass Vertriebsvorteile gewisse Ressourcenvorteile in Bezug auf Marketing- und Vertriebsprozesse voraussetzen und deshalb ein Zusammenhang zwischen diesen Variablen besteht. Trotzdem ist die Variable „Ressourcenvorteile bzgl. Marketing- und Verkaufsprozessen" sowohl aus theoretischer Sicht wie auch aufgrund der höheren Faktorladung dem Faktor „Ressourcenvorteile in Managementprozessen" zuzuordnen.[731]

[727] Vgl. Homburg, C.; Giering, A. 1996, S. 8f.
[728] Zur Erleichterung der Interpretierbarkeit erfolgte eine Varimax-Rotation, welche eine orthogonale Rotation darstellt, bei der die Anzahl der Variablen mit hoher Faktorladung minimiert wird. Die Varimax-Rotation stellt das übliche Verfahren bei Faktorenanalysen dar (vgl. Bühl, A.; Zöfel, P. 2005, S. 483).
[729] Unter der Faktorladung versteht man die Korrelationskoeffizienten zwischen den betreffenden Variablen und den Faktoren (vgl. Bühl, A.; Zöfel, P. 2005, S. 465).
[730] Aus Gründen der Übersichtlichkeit werden die Werte unter dem Grenzwert von 0.4 nicht ausgewiesen.
[731] Vgl. dazu auch die Ausführungen zur Konzeptualisierung und Operationalisierung in Kapitel 6.

Rotierte Komponentenmatrix *

	Komponente						
	1	2	3	4	5	6	7
Angebotsvort. Qualität					.455		
Angebotsvort. Design					.751		
Angebotsvort. Sortimentstiefe					.645		
Angebotsvort. Innovationsgrad					.603		
Angebotsvort. Image							.847
Angebotsvort. Bekanntheit							.873
Angebotsvort. Vertriebsqualität		.879					
Angebotsvort. Vertriebsintensität		.827					
Angebotsvort. Lieferbereitschaft			.843				
Angebotsvort. Lieferverlässlichkeit			.825				
Ressourcenvort. Fähigkeiten MA [1]	.663						
Ressourcenvort. Motivation MA [1]	.820						
Ressourcenvort. Einfühl. MA [1]	.756						
Ressourcenvort. Unternehmenskultur	.677						
Ressourcenvort. Einkauf						.815	
Ressourcenvort. Produktion						.650	
Ressourcenvort. Marketing/Verkauf		.455				.567	
Anzahl Mitarbeiter				.910			
Umsatz				.894			

[1] MA: Mitarbeiter
Extraktionsmethode: Hauptkomponentenanalyse
Rotationsmethode: Varimax mit Kaiser-Normalisierung
* Die Rotation ist in 6 Iterationen konvergiert

Tabelle 6: Faktorenanalyse zur Validitätsprüfung der reflektiven Konstrukte[732]

Abschliessend bleibt festzuhalten, dass diese eindeutig interpretierbare Faktorenstruktur nicht auf einer Voruntersuchung basiert, sondern auf eine fundierte Literaturanalyse zurückzuführen ist.[733] Wie sich aus den Werten in Tabelle 6 schliessen lässt, können die Multi-Item-Messungen der sieben reflektiven Konstrukte grundsätzlich als konstrukt- und diskriminanzvalide bezeichnet werden. Für die folgenden statistischen Analysen werden demzufolge die arithmetischen Mittelwerte der Variablen der jeweiligen Konstrukte verwendet.[734]

9.4 Validierung der formativen Konstrukte

Wie bereits im vorangehenden Unterkapitel erläutert wurde, werden bei formativen Konstrukten zwischen den Indikatoren eines Konstruktes keine Korrelationen vorausgesetzt bzw. erwartet.[735] Dies rührt daher, dass formative Konstrukte durch die entsprechenden Indikatoren bestimmt werden.[736] Deshalb können die traditionellen Verfahren zur Überprüfung der Güte reflektiver Messungen nicht ohne weiteres auf

[732] Aus Gründen der Übersichtlichkeit werden Werte unter 0.4 nicht aufgelistet. Die Abkürzung MA steht für Mitarbeiter.
[733] In zahlreichen Studien kommen im Rahmen der Entwicklung von Skalen Faktorenanalysen zum Einsatz (vgl. Hinkin, T.R. 1995, S. 974ff.).
[734] Konstruktwerte werden nur dann gebildet, wenn maximal einer der entsprechenden Indikatoren einen fehlenden Wert aufweist (vgl. Bühl, A.; Zöfel, P. 2005, S. 477; Janssen, J.; Laatz, W. 2003, S. 484).
[735] Vgl. Jarvis, C.B.; Mackenzie, S.B.; Podsakoff, P.M. 2003, S. 200.
[736] Vgl. Diamantopoulos, A.; Winklhofer, H.M. 2001, S. 269.

formative Konstrukte angewendet werden. Traditionelle Verfahren könnten zu einer unzweckmässigen Eliminierung von Indikatoren führen und dadurch den konzeptionellen Inhalt des Konstruktes in ungewollter Weise verändern.[737]

Die Validierung formativer Konstrukte erfolgt i.d.R. über die Messung der Multikollinearität der Indikatoren, wobei möglichst geringe Korrelationen zwischen den Indikatoren gefordert werden.[738] Die Multikollinearität kann zum Problem werden, wenn starke lineare Abhängigkeiten zwischen den Indikatoren eines Konstruktes bestehen.[739] Erste Anhaltspunkte auf Multikollinearität sind der Korrelationsmatrix zu entnehmen, wobei signifikante Korrelationskoeffizienten, welche zudem hoch ausfallen, auf eine hohe Multikollinearität hindeuten.[740] Die folgende Tabelle enthält die Resultate der Korrelationsanalysen.[741]

737 Vgl. Eggert, A.; Fassott, G. 2003, S. 6.

738 Eine hohe Multikollinearität führt zu unzuverlässigeren Schätzungen der Regressionsparameter, was sich an einem grösser werdenden Standardfehler der Regressionskoeffizienten bemerkbar macht (vgl. Backhaus, K. et al. 2003, S. 88f.).

739 Vgl. Eggert, A.; Fassott, G. 2003, S. 8; Diamantopoulos, A.; Winklhofer, H.M. 2001, S. 272.

740 Vgl. Backhaus, K. et al. 2003 S.89f.

741 Auf eine detaillierte Diskussion der inhaltlichen bzw. nomologischen Validität wird verzichtet. Die nomologische Validität kann als theoretisch begründet erachtet werden, da die Itemauswahl in einem plausiblen Zusammenhang zum Konstrukt steht, was im Rahmen der Konzeptualisierung und Operationalisierung in Kapitel 6 erläutert wurde (vgl. dazu auch Eggert, A.; Fassott, G. 2003, S. 8; Diamantopoulos, A.; Winklhofer, H.M. 2001, S. 272ff.).

Formative Konstrukte	Items	Inter-Item-Korrelationen	Cronbachs Alpha
Marktattraktivität	Marktvolumen Marktwachstum Branchenrentabilität Kapitalintensität Technologische Stabilität Wettbewerbsintensität Konjunkturelle Abhängigkeit	≤ 0.33**	0.15
Art der Marktbeschränkung	Produktgruppe Kundengruppe Geografischer Bereich	≤ 0.14**	-0.37
Materielle Ressourcenvorteile	Finanzielle Ressourcen Anzahl Mitarbeiter	0.34**	0.5
Immaterielle Ressourcenvorteile	Organisationsstruktur Informations-/ Planungs-/ Kontrollsysteme Informationen Rechte	≤ 0.37**	0.5
Grund der Verfolgung einer NS	Marktstagnation Wettbewerbsintensität Gesamtmarkt Finanzieller Ressourcenbedarf	≤ 0.51**	0.4
Ziel der Verfolgung einer NS	Monetäre Ziele Nicht-monetäre Ziele	0.42**	0.58
Schutz vor Gesamtmarktanbietern	Unattraktivität der Marktnische Fehlende Fähigkeiten GM-Anbieter	0.14**	0.24
Erfolgsbedeutung	Bedeutung Gewinnziel Bedeutung Marktanteilsziel Bedeutung Positionierungsziel Bedeutung KZ-/KB-Ziele Bedeutung Wettbewerbsziele Bedeutung Gesamterfolg	≤ 0.36**	0.5
Erfolgserreichung	Erreichung Gewinnziel Erreichung Marktanteilsziel Erreichung Positionierungsziel Erreichung KZ-/KB-Ziele Erreichung Wettbewerbsziele Erreichung Gesamterfolg	≤ 0.47**	0.67

** Signifikanzniveau: $p < 0.01$

Tabelle 7: Inter-Item-Korrelationen formativer Konstrukte[742]

Wie aus Tabelle 7 hervorgeht, weisen die formativen Konstrukte mehrheitlich geringe Inter-Item-Korrelationen[743] auf, was auf eine beschränkte inhaltliche Überschneidung der Indikatoren schliessen lässt. Die Güte der Messung kann demzufolge als genügend erachtet werden. Auffällig sind einzig die etwas höheren Korrelationen bei den Konstrukten „Grund der Verfolgung einer Nischenstrategie" ($r \leq 0.51$), „Ziel der Verfolgung einer Nischenstrategie" ($r = 0.42$) und „Erfolgserreichung" ($r \leq 0.47$). Dass insbesondere auch innerhalb der Erfolgsziele und hinsichtlich der verschiedenen Gründe der Verfolgung einer Nischenstrategie gewisse Zusammenhänge existieren,

[742] Anmerkung: Bei Konstrukten bestehend aus zwei Indikatoren entspricht die Inter-Item-Korrelation dem Korrelationskoeffizienten der beiden Indikatoren. Bei Konstrukten mit mehr als zwei Indikatoren wird jeweils der höchste Korrelationskoeffizient zweier Indikatoren aufgeführt.

[743] Im Folgenden werden in Anlehnung an Bühl, A.; Zöfel, P. 2005, S. 322 Korrelationen wie folgt interpretiert: Sehr geringe Korrelation $r \leq 0.2$, geringe Korrelation $0.2 < r \leq 0.5$, mittlere Korrelation $0.5 < r \leq 0.7$, hohe Korrelation $0.7 < r \leq 0.9$, sehr hohe Korrelation $r > 0.9$.

war zu erwarten.[744] Trotz diesen empirischen Zusammenhängen, werden auch diese drei Konstrukte als formativ bezeichnet. Aus theoretischer Sicht ist einsichtig, dass es sich bei den jeweiligen Indikatoren – bspw. „monetäre Ziele" und „nicht-monetäre Ziele" – um komplementäre, wenn nicht gar teilweise gegensätzliche Aspekte eines Konstruktes handelt. Dementsprechend können alle soeben betrachteten Multi-Item-Messungen als formative und in Bezug auf die beschränkte Multikollinearität auch als valide Konstrukte erachtet werden.

[744] Was die Gründe der Verfolgung einer Nischenstrategie betrifft war bspw. zu erwarten, dass zwischen der Marktstagnation und der Wettbewerbsintensität des Gesamtmarktes ein Zusammenhang besteht, da in stagnierenden Märkten vielfach ein intensiverer Wettbewerb festzustellen ist als in wachsenden Märkten.

10 Entwicklung einer Taxonomie von Nischenstrategien

Die Entwicklung einer Taxonomie von Nischenstrategien entspricht dem Hauptziel der vorliegenden Dissertation und erfolgt mittels Clusteranalyse. Aufgrund der grossen Bedeutung dieses Kapitels soll im Unterkapitel 10.1 detailliert auf die Planung und Durchführung des Clusterverfahrens eingegangen werden. Abschliessend (Unterkapitel 10.2) folgt eine ausführliche Diskussion und Interpretation der entwickelten Taxonomie.

10.1 Planung und Durchführung des Clusterverfahrens

Unter den Begriff Clusteranalyse fallen unterschiedliche Verfahren zur Gruppierung bzw. Klassifikation von Objekten.[745] Allen Verfahren gemein ist die Analyse einer heterogenen Gesamtheit von Objekten, im vorliegenden Fall sind es Unternehmen, mit dem Ziel, aus der Gesamtheit aller Unternehmen in Bezug auf bestimmte Kriterien, homogene Teilmengen von Unternehmen zu identifizieren.[746]

Zur Entwicklung einer Taxonomie mittels Clusteranalyse werden sechs Ablaufschritte vollzogen:[747]

1. Überprüfung der Gewichtung der Clustervariablen
2. Analyse von Ausreissern
3. Bestimmung der Ähnlichkeiten und des Fusionierungsalgorithmus
4. Durchführung der Clusterung und Bestimmung der Clusterzahl
5. Beurteilung der Clusterlösung hinsichtlich ihrer Validität
6. Beschreibung und Interpretation der Cluster

Die Gliederung der folgenden Abschnitte basiert auf diesen Ablaufschritten.

[745] Vgl. Aldenderfer, M.S.; Blashfield, R.K. 1984, S. 7.
[746] Vgl. Backhaus, K. et al. 2003, S. 480f.; McDaniel, C.; Gates, R. 2002, S. 586; Büschken, J.; von Thaden, C. 1999, S. 339.
[747] Vgl. dazu Meli, C. 2005, S. 219; Backhaus, K. et al. 2003, S. 481, 537 und auch Punj, G.; Stewart, D.W. 1983, S. 144.

10.1.1 Überprüfung der Gewichtung der Clustervariablen

Hinsichtlich der Gewichtung der Clustervariablen gilt es zu beachten, dass hoch korrelierte Variablen einen stärkeren Einfluss auf die Fusionierung der Objekte ausüben als andere Merkmale. Dies bringt eine Überbetonung bestimmter Aspekte mit sich, was eine Verzerrung der Ergebnisse bewirken kann. Zudem ist bei zwei hoch korrelierten Variablen der zusätzliche Informationsgehalt der zweiten Variablen sehr gering.[748]

Mit dem Ziel der Reduktion hoch korrelierender Clustervariablen ist deshalb der Clusteranalyse eine explorative Faktorenanalyse (vgl. Unterkapitel 9.3) vorgeschaltet worden. Dies ermöglichte die Bildung von sechs interpretierbaren und voneinander unabhängigen (reflektiven) Faktoren, wodurch nicht die einzelnen Variablen, sondern die verdichteten Faktoren in die geplante Clusterbildung eingehen werden.

Alle anderen Clustervariablen stellen entweder selbstständige Merkmale dar oder sind Bestandteil eines formativen Konstruktes. In beiden Fällen gehen diese Variablen einzeln in die Clusteranalyse ein und werden nicht zu Faktoren verdichtet. Damit auch hier keine Übergewichtung einzelner Aspekte vorkommt, wurden alle Variablen mittels Korrelationsanalysen auf Abhängigkeiten hin untersucht. Wie der Korrelationsmatrix (vgl. Anhang 3) zu entnehmen ist, existieren zwischen den aktiven Clustervariablen (unter Einbezug der reflektiven Faktoren) keine wesentlichen Korrelationen.[749] Im vorliegenden Fall sind die Korrelationen zu gering, als dass eine Eliminierung von Variablen in Betracht gezogen werden sollte.

Die nachfolgende Abbildung gibt einen Überblick über die Gestaltungsvariablen und die entsprechende Faktorenstruktur. Die Gliederung erfolgt nach den in Kapitel 3.3 definierten Strategiedimensionen „Marktposition“, „Wettbewerbsvorteile im Angebot“ und „Wettbewerbsvorteile bzgl. Ressourcen“. Während die reflektiven Faktoren verdichtet in die weiteren Analysen eingehen, werden bei den formativen Faktoren und den Single-Item-Messungen die einzelnen Variablen (Items) gesondert in den Berechnungen einfliessen.

---

[748] Die Informationen einer hoch korrelierten Variable können deshalb als redundant bezeichnet werden (vgl. Backhaus, K. et al. 2003, S. 538). Vgl. dazu auch Aldenderfer, M.S.; Blashfield, R.K. 1984, S. 21f.

[749] Es existieren keine Korrelationen von $r > 0.40^{**}$.

1. Dimension: Marktposition

Faktoren	Items
Marktattraktivität (formativ)	- Marktvolumen - Marktwachstum - Branchenrentabilität - Kapitalintensität - Technologische Stabilität - Wettbewerbsintensität - Konjunkturelle Abhängigkeit
Wettbewerbsstärke (Single Item)	- Marktanteil
Art der Marktbeschränkung (formativ)	- Produktgruppe - Kundengruppe - Geografischer Bereich

2. Dimension: Wettbewerbsvorteile im Angebot

Faktoren / Single Items	Items
Faktor Produkt-/ Dienstleistungsvorteile (reflektiv)	- Qualitätsvorteile - Designvorteile - Sortimentstiefe - Innovationsgrad
Faktor Kommunikationsvorteile (reflektiv)	- Imagevorteile - Bekanntheitsgrad
Preisvorteile (Single Item)	- Preisvorteile
Faktor Distributionsvorteile (reflektiv)	- Vertriebsqualität - Vertriebsintensität
Servicevorteile (Single Item)	- Servicevorteile
Faktor Leistungserstellungsvorteile (reflektiv)	- Leistungsbereitschaft - Leistungsverlässlichkeit

3. Dimension: Wettbewerbsvorteile bzgl. Ressourcen

Faktoren	Items
Faktor Materielle Ressourcenvorteile (formativ)	- Finanzielle Ressourcen - Anzahl Mitarbeiter
Faktor Immaterielle Ressourcenvorteile (formativ)	- Organisationsstruktur - Informations-/ Planungs-/ Kontrollsysteme - Informationen - Rechte
Faktor HR-Vorteile Mitarbeiter / Kultur (reflektiv)	- Fähigkeiten der Mitarbeiter - Motivation der Mitarbeiter - Einfühlungsvermögen der Mitarbeiter - Unternehmenskultur
Faktor HR-Vorteile Managementfunktionen (reflektiv)	- Vorteile bzgl. Einkaufsprozess - Vorteile bzgl. Produktionsprozess - Vorteile bzgl. Marketing-/Verkaufsprozess

Abbildung 25: Faktorenstruktur der aktiven Gestaltungsvariablen[750]

[750] Quelle: Eigene Darstellung.

10.1.2 Analyse von Ausreissern

Unter Ausreissern werden Fälle bezeichnet, welche im Vergleich zu den übrigen Untersuchungseinheiten eine vollkommen anders gelagerte Merkmalsstruktur aufweisen. Ausreisser üben einen starken Einfluss auf den Fusionierungsprozess aus, wodurch das Erkennen der Zusammenhänge zwischen den Objekten erschwert wird und Verzerrungen auftreten. Da das Ergebnis von Clusteranalysen durch solche andersartigen Fälle beeinflusst wird, findet sich in der Literatur die Empfehlung der Eliminierung von Ausreissern.[751]

Zur Ermittlung von Ausreissern ist insbesondere das Single-Linkage-Verfahren, ein hierarchisches Clusterverfahren, geeignet. Dem Single-Linkage-Verfahren, wie auch den noch anstehenden Clusteranalysen, ist jeweils eine Standardisierung der Variablenwerte mittels einer z-Transformation vorausgegangen.[752] Im Rahmen der Clusterbildung wird zur Berechnung der Distanz zwischen zwei Gruppen stets der kleinste Wert der Einzeldistanzen herangezogen.[753] Mit anderen Worten bestimmen die jeweils nächsten Objekte aus zwei Gruppen die Distanz zwischen diesen Gruppen.[754] Dieses Vorgehen hat zur Konsequenz, dass es bei der Zusammenfassung zweier Gruppen ausreicht, wenn sich nur zwei Objekte nahe sind – die Distanzen zwischen den übrigen Objekten bleiben unberücksichtigt.[755] Dies wiederum hat unter anderem zur Folge, dass die Heterogenität in den von Single-Linkage gebildeten Gruppen hoch ist, was dem primären Ziel der Clusteranalyse widerspricht und eine gewisse Kettenbildung mit sich bringt. Deshalb wird auch empfohlen, dieses Verfahren entweder zur Identifikation von Ausreissern oder bestenfalls als Ergänzung zu alternativen Clusterverfahren heranzuziehen.[756] Was die Identifikation von Ausreissern betrifft, bleibt zu erwähnen, dass beim Single-Linkage-Verfahren andersartige Fälle erst am Ende des Fusionierungsprozesses zusammengeführt werden und deshalb anhand der Zuordnungsübersicht und des Dendrogramms erkennbar sind.[757]

---

[751] Vgl. Backhaus, K. et al. 2003, S. 518, 537.
[752] Vgl. Janssen, J.; Laatz, W. 2003, S. 372.
[753] Vgl. Churchill, G.A.; Iacobucci, D. 2002, S. 825ff.; Berekoven, L.; Eckert, W.; Ellenrieder, P. 2001, S. 223f.; Aldenderfer, M.S.; Blashfield, R.K. 1984, S. 36.
[754] Daher wird im Rahmen des Single-Linkage-Verfahrens auch von „Nearest neighbor"-Zuordnung gesprochen (vgl. Malhotra, N.K. 1999, S. 616f.).
[755] Vgl. Büschken, J.; von Thaden, C. 1999, S. 353.
[756] Vgl. Churchill, G.A.; Iacobucci, D. 2002, S. 827; Büschken, J.; von Thaden, C. 1999, S. 354. Vgl. auch Aldenderfer, M.S.; Blashfield, R.K. 1984, S. 39.
[757] Vgl. Backhaus, K. et al. 2003, S. 517; Büschken, J.; von Thaden, C. 1999, S. 354.

In der vorliegenden Studie wurden mittels Single-Linkage-Verfahren[758] drei Fälle als Ausreisser identifiziert. Wie aus dem in Anhang 4 abgebildeten Ausschnitts des Dendrogramms hervorgeht, sind die drei Unternehmen erst in den letzten beiden Fusionierungsschritten zusammengeführt worden und weisen allesamt relativ grosse Distanzen zu dem zu fusionierenden Cluster auf.[759] Zusätzlich veranschaulichen Streudiagramm (vgl. Anhang 5) und Boxplot (vgl. Anhang 6), dass sich die drei Ausreisser bspw. hinsichtlich der Rentabilität der Nische und des Ausmasses des Distributionsvorteils von den übrigen Fällen stark unterscheiden. Aufgrund der Andersartigkeit dieser drei Fälle werden sie von den anstehenden Analysen ausgeschlossen.

Überdies hat eine genauere Betrachtung gezeigt, dass die drei Fälle auch untereinander kaum Ähnlichkeiten aufweisen. Der zweite Fall bzw. die zweite Unternehmung beschränkt sich bspw. auf einen geografischen Bereich mit starkem Marktwachstum jedoch tiefer Branchenrentabilität, während die anderen beiden Fälle in sehr rentablen jedoch kaum wachsenden Branchen tätig sind, wobei einmal (Fall 3) auf eine Kundengruppe und einmal (Fall 1) sowohl auf eine Kunden- und Produktgruppe als auch geografisch fokussiert wird. Ausserdem unterscheiden sich die drei Fälle hinsichtlich ihrer Wettbewerbsvorteile. Im Fall 2 zeichnet sich das Unternehmen durch Vorteile bezüglich Vertriebsqualität und –intensität aus, während der erste Fall verstärkt über Image- und Bekanntheitsgradvorteile sowie hohe finanzielle und personelle Ressourcen verfügt. Der dritte Fall hingegen weist Wettbewerbsvorteile primär in den Bereichen Produktqualität, Design, Sortimentstiefe und Innovationsgrad auf.

Sowohl das Single-Linkage-Verfahren wie auch die spezifische Analyse der einzelnen Fälle sprechen dafür, die drei Unternehmen aufgrund ihrer Andersartigkeit zu den gebildeten Clustern, aber auch zu einander als Ausreisser zu qualifizieren und demzufolge von weiteren Untersuchungen auszuschliessen.[760]

---

758 Als Distanzmass ist – wie üblich – der quadrierte euklidische Abstand angewandt worden (vgl. Bühl, A.; Zöfel, P. 2005, S. 488).

759 Es handelt sich dabei um die in Anhang 4 mit den Fallnummern 153 (erster Fall), 272 (zweiter Fall) und 453 (dritter Fall) bezeichneten Unternehmungen.

760 Auch das Single-Linkage-Verfahren mittels City-Block-Distanz stützt diesen Entscheid, zumindest bzgl. des statistischen Ergebnisses: Die drei als Ausreisser qualifizierten Unternehmen werden auch nach diesem Verfahren erst gegen den Schluss des Fusionierungsprozesses zusammengeführt.

10.1.3 Bestimmung der Ähnlichkeiten und des Fusionierungsalgorithmus

Hinsichtlich der Bestimmung der Ähnlichkeit von Objekten gibt es zwei unterschiedliche Masse: Ähnlichkeitsmasse und Distanzmasse.[761] Da im Rahmen der vorliegenden Studie absolute Differenzen zwischen Merkmalsausprägungen und nicht relative Gleichläufe von Merkmalsprofilen von Interesse sind, beschränken sich die Ausführungen auf die Wahl eines Distanzmasses.[762] In Abhängigkeit vom Skalenniveau der in eine Clusterung eingehenden Variablen, sind zahlreiche Distanzmasse entwickelt worden.[763] Das üblichste Abstandsmass zwischen zwei Punkten einer Ebene ist die euklidische Distanz.[764] Der quadrierte euklidische Abstand kommt bspw. bei der wohl am weitesten verbreiteten hierarchischen Clusteranalyse, der Ward-Methode, wie auch beim K-Means-Verfahren, dem gängigsten nicht-hierarchischen Verfahren, zur Anwendung.[765] Euklidische bzw. quadrierte euklidische Distanzen setzen jedoch ein intervallskaliertes Messniveau voraus. In der vorliegenden Studie sind mit Ausnahme einer Variable (dem Marktvolumen des Gesamtmarktes, welche ordinales Skalenniveau aufweist), alle aktiven Gestaltungsmerkmale mittels metrischer Skalen erhoben worden, weshalb die euklidische Distanz zur Anwendung kommt.[766]

Im Rahmen der Bestimmung des Fusionierungsalgorithmus können grundsätzlich hierarchische und nicht-hierarchische Verfahren unterschieden werden.[767] Erstere zeichnen sich dadurch aus, dass die Clusterbildung in nacheinander folgenden Schritten abläuft: Zuerst bildet jedes Objekt ein Cluster, dann werden zwei Objekte fusioniert, anschliessend werden Objekte bzw. gebildete Cluster Schritt für Schritt vereinigt, bis schliesslich alle Objekte in einem Cluster enthalten sind.[768] Dieses Verfahren dient der Beurteilung, wie viele Cluster die Stichprobe am besten beschreiben. Die hierarchischen Verfahren unterscheiden sich darin, wie die Distanz (Ähn-

[761] Vgl. Janssen, J.; Laatz, W. 2003, S. 370f.; Büschken, J.; von Thaden, C. 1999, S. 344ff.
[762] Distanzmasse sind dann geeignet, wenn der absolute Abstand zwischen Objekten von Interesse ist und die Unähnlichkeit zunimmt, je weiter zwei Objekte auseinander liegen. Ähnlichkeitsmasse hingegen sind dann vorzuziehen, wenn die Ähnlichkeit primär im Gleichlauf zweier Profile zu sehen ist, unabhängig davon, auf welchem Niveau sich die Objekte befinden. Vgl. dazu Backhaus, K. et al. 2003, S. 496.
[763] Vgl. Backhaus, K. et al. 2003, S. 483; Bühl, A.; Zöfel, P. 2005, S. 501ff.
[764] Vgl. Bühl, A.; Zöfel, P. 2005, S. 488; Büschken, J.; von Thaden, C. 1999, S. 349.
[765] Vgl. Bühl, A.; Zöfel, P. 2005, S. 501; Büschken, J.; von Thaden, C. 1999, S. 363f.
[766] Obwohl das ordinale Skalenniveau der Variable „Marktvolumen des Gesamtmarktes“ einer Verletzung dieser Voraussetzung gleichkommt, wird die euklidische Distanz als Distanzmass gewählt. Die Verwendung der euklidischen Distanz entspricht der gängigen Praxis und erhöht damit die Vergleichbarkeit mit anderen Studien.
[767] Vgl. Punj, G.; Stewart, D.W. 1983, S. 138.
[768] Vgl. bspw. Janssen, J.; Laatz, W. 2003, S. 425f.

lichkeit) von Objekten bzw. Clustern berechnet wird.[769] Hierarchische Verfahren haben im Rahmen von praktischen Anwendungen die grösste Verbreitung gefunden.[770] Andererseits existieren nicht-hierarchische Methoden, denen gemein ist, dass ausgehend von einer vorgegebenen Anzahl Cluster, Objekte so lange zwischen diesen Clustern umverteilt werden, bis mit einer weiteren Neuzuordnung ein bestimmtes Homogenitätsmass nicht mehr verbessert werden kann.[771] Nicht-hierarchische Methoden unterscheiden sich zum einen in der Art und Weise, wie die Verbesserung der Clusterbildung gemessen wird und zum anderen in der Regelung des Austausches der Objekte zwischen den Gruppen.[772]

Empirische Studien haben gezeigt, dass die nicht-hierarchischen Verfahren mit ihrem iterativen Vorgehen bessere Ergebnisse liefern als die hierarchischen: Dies gilt jedoch nur, wenn die bei iterativen Methoden geforderte Ausgangslösung (Startclusterung) nicht erst bestimmt werden muss, sondern aus theoretischen Gründen recht eindeutig ist. Sind die Ausgangslösung und die Anzahl Cluster unbekannt – wie dies bei den meisten Untersuchungen (und auch in der vorliegenden) der Fall ist – dann ist ein so genanntes Two-Stage Clustering zweckmässig.[773] In einem ersten Schritt wird anhand eines hierarchischen Verfahrens, empfohlen wird die Ward-Methode,[774] eine erste approximative Lösung der Clusterzahl berechnet. In einem zweiten Schritt folgt ein nicht-hierarchisches Verfahren, wobei die vorläufige Lösung nun als Ausgangslösung herangezogen werden kann und die Anzahl Cluster bestimmt.[775] Dabei gehört das K-Means-Verfahren zu den am meisten verbreiteten nicht-hierarchischen Methoden und soll deshalb auch in der vorliegenden Studie zur Anwendung kommen.[776]

10.1.4 Durchführung der Clusterung und Bestimmung der Clusteranzahl

Damit Variablen, welche mittels breiteren Skalen gemessen werden, nicht stärker auf die Clusterbildung wirken als solche mit schmäleren Wertebereichen, wurde vorgän-

[769] Vgl. Janssen, J.; Laatz, W. 2003, S. 426.
[770] Vgl. Backhaus, K. et al. 2003, S. 481.
[771] Vgl. bspw. Punj, G.; Stewart, D.W. 1983, S. 138.
[772] Vgl. Backhaus, K. et al. 2003, S. 500.
[773] Vgl. Punj, G.; Stewart, D.W. 1983, S. 144.
[774] Bei der Ward-Methode werden Objekte bzw. Cluster mit dem Ziel vereinigt, den Zuwachs eines bestimmten Heterogenitätsmasses eines Clusters zu minimieren (vgl. Janssen, J.; Laatz, W. 2003, S. 427). Als Alternative zum Ward-Verfahren empfehlen Punj et al. das Average-Linkage-Verfahren (vgl. Punj, G.; Stewart, D.W. 1983, S. 145).
[775] Vgl. Punj, G.; Stewart, D.W. 1983, S. 144f.
[776] Vgl. Punj, G.; Stewart, D.W. 1983, S. 138.

gig eine Standardisierung der Messwerte vorgenommen. Ein gängiges Verfahren dafür stellt die z-Transformation dar.[777] Im Anschluss an die Transformation der Werte fanden die aktiven Gestaltungsvariablen mittels Ward-Verfahren in der Clusterung Eingang. Da es sich bei diesem Verfahren um eine hierarchische Cluster-Methode handelt, stellt sich in einem nächsten Schritt die Frage der optimalen Clusterzahl.

Erste Anhaltspunkte für eine zweckmässige Clusterzahl kann das Dendrogramm geben, welches einer grafischen Veranschaulichung des Fusionierungsverlaufes entspricht. Eine solche Grafik illustriert auch die Grösse der Distanzen der jeweils vereinigten Objekte bzw. Cluster.[778] Im vorliegenden Fall liefert das Dendrogramm nur eine beschränkte Entscheidungshilfe.[779] Dies überrascht insofern nicht, als es sich bei der Orientierung am Fusionierungsverlauf um ein heuristisches Verfahren handelt, welches aufgrund des beachtlichen subjektiven Einflusses durch die Untersuchungsleitung in der Kritik steht.[780]

Die Bestimmung der optimalen Clusterzahl im Rahmen hierarchischer Clusterverfahren kann ferner anhand einer präziseren, aber dennoch subjektiven, Analyse der Entwicklung des Heterogenitätsmasses erfolgen. Aus der Zuordnungsübersicht (vgl. Anhang 7), welche für jeden Fusionierungsschritt die zusammengeführten Objekte bzw. Cluster mit den entsprechenden Distanzen aufführt, wird das Heterogenitätsmass als Koeffizient ausgegeben.[781] Die optimale Clusterlösung liegt dann dort, wo sich ein ‚sprunghafter' Anstieg des Koeffizienten befindet.[782] Neben einer rein rechnerischen Betrachtung kann vielfach eine grafische Darstellung des Heterogenitätsmasses in Abhängigkeit der Clusterzahl hilfreich sein (vgl. Anhang 8).[783] Dabei

---

[777] Vgl. Backhaus, K. et al. 2003, S. 538f.; Büschken, J.; von Thaden, C. 1999, S. 343.

[778] Vgl. Bühl, A.; Zöfel, P. 2005, S. 493; Backhaus, K. et al. 2003, S. 522; Janssen, J.; Laatz, W. 2003, S. 432.

[779] Aufgrund der zahlreichen Fusionierungsschritte und der im vorliegenden Fall beschränkten Entscheidungsrelevanz des Dendrogramms wird auf eine grafische Darstellung verzichtet.

[780] Vgl. Aldenderfer, M.S.; Blashfield, R.K. 1984, S. 54.

[781] Vgl. Backhaus, K. et al. 2003, S. 522; Aldenderfer, M.S.; Blashfield, R.K. 1984, S. 57. Bei diesem Koeffizienten handelt es sich um den Abstand der beiden zusammengeführten Cluster, und zwar im gewählten Abstandsmass unter Berücksichtigung einer allfällig durchgeführten Transformation der Werte (vgl. Bühl, A.; Zöfel, P. 2005, S. 491). Bei der Ward-Methode entspricht das Heterogenitätsmass der Fehlerquadratsumme (vgl. Backhaus, K. et al. 2003, S. 522).

[782] Bühl, A.; Zöfel, P. 2005, S. 492; Backhaus, K. et al. 2003, S. 522; Janssen, J.; Laatz, W. 2003, S. 430; Büschken, J.; von Thaden, C. 1999, S. 362.

[783] Vgl. Aldenderfer, M.S.; Blashfield, R.K. 1984, S. 54ff.

kommt das so genannte „Elbow-Kriterium" zur Anwendung, welches die optimale Clusterzahl dort festlegt, wo in der Grafik ein Knick vorliegt.[784]

Weder die Zuordnungsübersicht noch das Struktogramm lassen jedoch einen offensichtlichen Sprung des Koeffizienten erkennen. Erst durch die Betrachtung der relativen Zunahme der Fehlerquadratsumme in Abhängigkeit von der Clusterzahl ist ersichtlich, dass die 3-, die 6- und die 9-Clusterlösung als optimale Lösung in Frage kommen (vgl. Abbildung 26).[785]

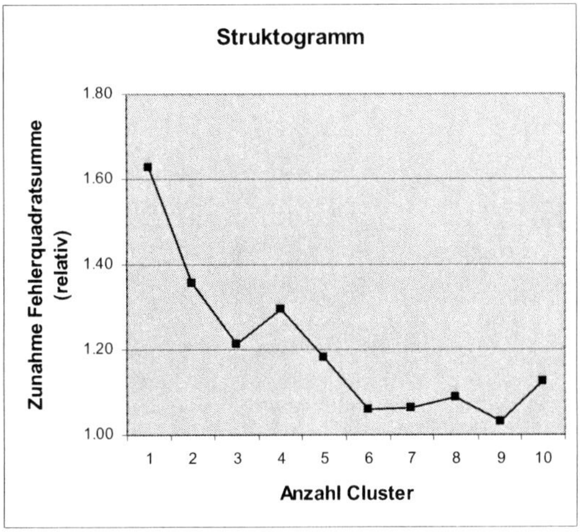

Abbildung 26: Struktogramm zur Bestimmung der optimalen Clusterzahl

Da mittels Ward-Methode die optimale Clusterzahl nicht bestimmt werden konnte, soll im Rahmen des Two-Step-Clustering das K-Means-Verfahren für jede der drei Clusterlösungen (3-Cluster, 6-Cluster, 9-Cluster) durchgeführt werden. Dabei dienen die mittels Ward-Methode erhaltenen Clusterzentren jeweils als Anfangspartition. Die

[784] Vgl. Backhaus, K. et al. 2003, S. 522f.; Büschken, J.; von Thaden, C. 1999, S. 362.

[785] Im Sinne einer kritischen Anmerkung bleibt zu erwähnen, dass es sich beim Elbow-Kriterium um ein pragmatisches Vorgehen handelt, bei dem, wie im vorliegenden Fall, mehrere Ellbogen zu uneindeutigen Lösungen führen. Deshalb ist es kaum pragmatischer, die Bestimmung der Clusterzahl anhand der Interpretations- und Umsetzungsfähigkeit der Clusterlösungen vorzunehmen (vgl. Büschken, J.; von Thaden, C. 1999, S. 362f.; Aldenderfer, M.S.; Blashfield, R.K. 1984, S. 57). Dies umso mehr, als zwischen dem Homogenitätsgrad und der Handhabbarkeit der Clusterlösungen stets ein Konflikt besteht (vgl. Backhaus, K. et al. 2003, S. 524).

daraus resultierenden drei Clusterlösungen werden anschliessend anhand der folgenden Kriterien bewertet bzw. miteinander verglichen:[786]

- Zweckmässigkeit der Clustergrössen und Überschaubarkeit der Gruppenanzahl
- Signifikanz der Clusterunterschiede bzgl. aktiver und passiver Clustervariablen[787]
- Homogenität der einzelnen Cluster.[788]

10.1.4.1 Zweckmässigkeit der Clustergrössen und Überschaubarkeit der Gruppenanzahl

Die Analyse der Zweckmässigkeit der Clustergrössen und die Beurteilung der Überschaubarkeit der Clusterzahl führen zur Erkenntnis, dass die 9-Clustervariante eliminiert werden sollte. Zum einen weist diese Variante ein Cluster auf, welches nur gerade 22 Fälle (Unternehmen) umfasst, wodurch die Aussagekraft der Ergebnisse von derart tiefen Fallzahlen zu hinterfragen ist.[789] Aufgrund der hohen Clusterzahl ist der 9-Clusterlösung zum anderen eine erschwerte Interpretierbarkeit und Überschaubarkeit anzulasten. Anders die 3-Cluster- und die 6-Clustervariante, welche beide jeweils ähnlich grosse Cluster aufweisen und jedes Cluster mindestens 57 Fälle enthält. Da keine der beiden Clusterlösungen (3-Cluster, 6-Cluster) hinsichtlich der Zweckmässigkeit der Clustergrösse oder der Überschaubarkeit der Clusterzahl eindeutig überlegen ist, ist ein weiteres Kriterium zur Bestimmung der optimalen Clusterzahl heranzuziehen.

10.1.4.2 Signifikanz der Clusterunterschiede bzgl. aktiver und passiver Clustervariablen

Zur Signifikanzmessung der Unterschiede zwischen den beiden Clusterlösungen wurde eine einfaktorielle Varianzanalyse (ANOVA) durchgeführt.[790] Da das Ziel einer Clusteranalyse in der Bildung unterschiedlicher Gruppen besteht, wird erwartet, dass

---

786 Vgl. dazu auch Meli, C. 2005, S. 225f.

787 Vgl. Churchill, G.A.; Iacobucci, D. 2002, S. 843; Milligan, G.W. 1996, S. 367; Aldenderfer, M.S.; Blashfield, R.K. 1984, S. 64ff.

788 Vgl. Backhaus, K. et al. 2003, S. 533.

789 Bei Auswertungen zu einzelnen Gruppen sollte eine Untergrenze von etwa 30 Fällen pro Gruppe nicht unterschritten werden (vgl. Kühn, R.; Fankhauser, K. 1996, S. 131).

790 Vgl. dazu Milligan, G.W. 1996, S. 366f.; Aldenderfer, M.S.; Blashfield, R.K. 1984, S. 64f.

sich die Clustervariablen zwischen den Clustern auch tatsächlich signifikant unterscheiden.[791] Die Analyse brachte jedoch zum Vorschein, dass sowohl bei der 3-Clusterlösung als auch bei der 6-Clusterlösung eine aktive Clustervariable nicht signifikante Unterschiede[792] zwischen den Clustern aufweist.[793] Auch dieses Kriterium liefert in Bezug auf die Bestimmung der optimalen Clusterzahl keine Entscheidhilfe.[794]

Die anschliessende Signifikanzmessung der Unterschiede hinsichtlich der deskriptiven Gestaltungsvariablen spricht für eine leichte Überlegenheit der 3- gegenüber der 6-Clusterlösung. Erstere enthält sechs Variablen, die zwischen den Clustern signifikant ($p < 0.05$) verschieden sind, während die Lösung mit sechs Clustern deren fünf aufweist.[795] Da aus dieser Gegenüberstellung jedoch nur eine schwache und rein rechnerische Priorisierung der 3-Clusterlösung resultiert, soll ein weiteres Kriterium geprüft werden.

10.1.4.3 Homogenität der Cluster

Nachfolgend werden die beiden Alternativen hinsichtlich ihrer Homogenität miteinander verglichen. Die Homogenität eines Clusters kann mittels F-Wert[796] beurteilt werden. Je kleiner ein F-Wert ist, desto geringer ist die Streuung dieser Variable in einem Cluster im Vergleich zur Erhebungsgesamtheit. Übersteigt ein F-Wert die Grösse 1, bedeutet dies, dass die Variable in der Gruppe stärker streut als in der Erhebungsgesamtheit, was der Güte einer Clusterlösung abträglich ist.[797] Wie in Anhang 10 ersichtlich ist, weist die 3-Clusterlösung 19 F-Werte auf, welche einen Wert > 1 haben. Bei der 6-Clusterlösung hingegen liegen 29 F-Werte über Eins. Obwohl zur Beurteilung der Homogenität der Clusterlösungen keine konkreten Kennwerte herangezogen werden können,[798] so ist festzustellen, dass im Vergleich zur 3-

[791] Vgl. Milligan, G.W. 1996, S. 366f.; Aldenderfer, M.S.; Blashfield, R.K. 1984, S. 64f.
[792] Signifikanzniveau: $p < 0.05$ (α-Fehlerkorrektur nach Bonferoni)
[793] Bei beiden Clusterlösungen handelt es sich dabei um die Variable „Konjunkturelle Abhängigkeit der Marktnische“.
[794] Es sei jedoch darauf hingewiesen, dass aufgrund des tendenziell höheren Signifikanzwertes bzgl. der Variable „Konjunkturelle Abhängigkeit der Marktnische“, die 6-Clusterlösung einen leichten Vorzug geniesst.
[795] Die Signifikanzwerte wurden einer Bonferoni-Korrektur unterzogen.
[796] F-Wert = Varianz der Variable J in Cluster G / Varianz der Variable J in der Erhebungsgesamtheit (vgl. Backhaus, K. et al. 2003, S. 533).
[797] Vgl. Backhaus, K. et al. 2003, S. 533.
[798] Aus theoretischer Sicht lassen sich keine Grenzwerte zur Beurteilung der Güte der Homogenität einer Clusterlösung bestimmen.

Clusterlösung die 6-Clusterlösung hinsichtlich der Cluster-Homogenität deutlich überlegen ist. Sie wird deshalb als „bessere" Lösung vorgezogen. Die Streuung der Clustervariablen innerhalb der Cluster ist bei der 3-Clusterlösung erheblich grösser als bei der 6-Clusterlösung.[799]

An dieser Stelle sei noch einmal darauf hingewiesen, dass aufgrund des heuristischen Charakters der Clusterbildung, der Vielzahl unterschiedlicher Clustermethoden und der Notwendigkeit der Abstimmung der Clusterbildung auf den Untersuchungszweck, kein absolutes Kriterium zur Bestimmung der optimalen Clusterzahl existiert.[800] Neben dem Homogenitätskriterium spricht im vorliegenden Fall denn auch die Befürchtung, dass eine 3-Clusterlösung den in der Literatur vielfach kritisierten undifferenzierten Systematisierungen kaum überlegen wäre, für die 6-Clusterlösung.

10.1.5 Beurteilung der Clusterlösung hinsichtlich ihrer Validität

Vor dem Hintergrund, dass Clusteranalysen grundsätzlich immer Clusterlösungen generieren, ist es von Bedeutung, zu untersuchen, ob es sich bei den Ergebnissen um eine valide Strukturierung der Daten oder um eine unzweckmässige Zusammenfassung handelt.[801] Im Folgenden soll deshalb die 6-Clusterlösung auf ihre Stabilität und Zweckmässigkeit hin analysiert werden.

10.1.5.1 Stabilität der Clusterlösung

Zur Beurteilung der Stabilität der Clusterlösung kann die Split-Half-Methode herangezogen werden.[802] Bei dieser Methode wird der gesamte Datensatz zufällig in zwei Hälften geteilt und anschliessend jeweils einer separaten Clusteranalyse unterzogen. Der Split-Half-Methode liegt die Annahme zu Grunde, dass Ähnlichkeiten zwischen den Clusterlösungen der beiden Datensatzhälften und der Two-Stage-Clusterlösung des Gesamtdatensatzes für die Stabilität einer Clusterlösung sprechen. Zur Beurteilung der Ähnlichkeit werden dann in einem nächsten Schritt die beiden gewonnenen Clusterlösungen anhand ihrer Clustermittelwerte verglichen.[803] Die Anwendung der

[799] Die 3-Clusterlösung weist 6.33 F-Werte > 1 auf, während es bei der 6-Clusterlösung deren 4.83 sind.
[800] Vgl. Berekoven, L.; Eckert, W.; Ellenrieder, P. 2001, S. 224f.
[801] Vgl. Gordon, A.D. 1996, S.
[802] Vgl. Churchill 2002, S. 843; Bortz, J. 1999, S. 562; Malhotra 1999, S. 622; Gordon, A.D. 1996, S. 86, 89; Aldenderfer, M.S.; Blashfield, R.K. 1984, S. 65.
[803] Vgl. Malhotra, N.K. 1999, S. 622.

Split-Half-Methode hat im vorliegenden Fall dazu geführt, dass durch die Halbierung des Datensatzes die Clustergrösse bei mehreren Clustern unter dreissig fiel. Da eine zu geringe Anzahl Beobachtungen keine aussagekräftigen statistischen Analysen zulässt, musste auf die Anwendung der Split-Half-Methodik verzichtet werden.

Als Alternative zur Split-Half-Methode kann die Stabilität einer Clusterlösung über einen Vergleich der Ergebnisse verschiedener Clustermethoden erfolgen.[804] Eine Clusterlösung gilt dann als stabil, wenn mehrere Clustermethoden ähnliche Clusterlösungen hervorbringen. Im vorliegenden Fall wurden zum Vergleich die von Punj/Stewart empfohlenen Clustermethoden „Ward", „Average-linkage-within-groups-Methode" und „K-Means" herangezogen.[805] Die Analysen haben gezeigt, dass die Clusterlösung nach Ward im Vergleich zur Two-Stage-Lösung die ähnlichste Clusterstruktur aufweist. Aus der in Anhang 11 abgebildeten Kreuztabelle geht hervor, dass 218 der 343 gruppierten Unternehmen nach beiden Clustermethoden den gleichen Clustern zugeordnet werden. Entsprechend kann von einer „richtigen" Klassifikation von 64% der Unternehmen gesprochen werden. Bedenkt man, dass eine zufällige Zuordnung zu einer Trefferquote von knapp 17% führt, kann die Stabilität der vorliegenden Clusterlösung als akzeptabel eingestuft werden. Trotzdem bleibt zu beachten, dass der Vergleich der vorliegenden Clusterlösung mit den Gruppierungen der „Average-linkage"-Methode oder der „K-Means"-Methode weniger erfreulich ausfiel. Die Trefferquoten[806] liegen mit 39% (Average linkage) bzw. 45% (K-means) deutlich tiefer (vgl. Anhang 11), was der Stabilität der Clusterlösung abträglich ist.

10.1.5.2 Zweckmässigkeit der Clusterlösung

Eine Clusterlösung ist nur dann zweckmässig, wenn die Ergebnisse fundiert interpretiert werden können.[807] Zur Einschätzung der Zweckmässigkeit der Gruppierung und damit zur Überprüfung der Interpretierbarkeit wurden pro Cluster und für alle aktiven Clustervariablen t-Werte[808] berechnet.[809] Positive t-Werte deuten darauf hin, dass ein

[804] Vgl. Büschken, J.; von Thaden, C. 1999, S. 363.
[805] Vgl. Punj, G.; Stewart, D.W. 1983, S. 145. Ausführungen zu den einzelnen Clustermethoden finden sich bspw. in Janssen, J.; Laatz, W. 2003, S. 425ff.
[806] Die Trefferquote entspricht der Anzahl „richtig" zugeordneter Unternehmen geteilt durch die Gesamtheit der klassifizierten Unternehmen.
[807] Vgl. Milligan, G.W. 1996, S. 365.
[808] t-Wert = (Mittelwert einer Variable aller Fälle einer Gruppe – Gesamtmittelwert einer Variable in der Erhebungsgesamtheit) / Standardabweichung der Variable in der Erhebungsgesamtheit (vgl. Backhaus, K. et al. 2003, S. 534).
[809] Vgl. Backhaus, K. et al. 2003, S. 534.

bestimmtes Merkmal in einem Cluster überdurchschnittlich ausgeprägt ist, während negative Werte eine unterdurchschnittliche Ausprägung kennzeichnen. In Tabelle 8 sind die t-Werte der aktiven Clustervariablen für jedes Cluster der Two-Stage-Clusterlösung aufgeführt.[810]

Clustervariable	Cluster 1 t-Wert	Cluster 2 t-Wert	Cluster 3 t-Wert	Cluster 4 t-Wert	Cluster 5 t-Wert	Cluster 6 t-Wert
Marktvolumen Gesamtmarkt			-0.53			
Wachstum Marktnische	-0.87	**0.52**				
Rentabilität der Marktnische	-0.56					
Kapitalbedarf in Marktnische	-0.78					
Technologische Veränderungen in MN	-0.61					
Wettbewerbsintensität in MN						
Konjunkturelle Abhängigkeit der MN						
Marktanteil in Marktnische	-0.61			**0.95**		
*Beschränkung Produktgruppe**	*-0.61*	*-0.06*	***0.75***	***0.33***	*-0.23*	*-0.20*
*Beschränkung Kundengruppe**	***0.01***	*-0.46*	***0.59***	***0.30***	*-0.74*	***0.29***
*Beschränkung geogr. Bereich**	***0.05***	***0.98***	*-0.60*	***0.03***	*-0.05*	*-0.63*
Produkt-/Dienstleistungsvorteile					-0.48	**0.59**
Kommunikationsvorteile				**0.50**	-0.67	**0.59**
Distributionsvorteile					-1.03	**0.70**
Preisvorteile				-0.65		
Leistungserstellungsvorteile					-0.73	**0.61**
Servicevorteile			-0.55		-0.84	
Vorteile bzgl. finanzieller Ressourcen					-0.78	**0.90**
Vorteile bzgl. Anzahl Mitarbeiter					-0.80	**0.56**
Vorteile bzgl. Organisationsstruktur			-0.70			**0.54**
Vorteile bzgl. Informationssysteme					-0.60	**0.79**
Informationsvorteile					-1.01	**0.85**
Rechtliche Vorteile						**0.61**
HR-Vorteile Mitarbeiter / Kultur			-0.54		-0.60	**0.77**
HR-Vorteile Management					-0.97	**0.85**

* Da es sich bei der Art der Marktbeschränkung um ein zentrales Gruppierungsmerkmal handelt, wurden die entsprechenden Variablen hervorgehoben und allesamt mit t-Werten aufgeführt.

Tabelle 8: t-Werte der aktiven Clustervariablen pro Cluster[811]

Im Rahmen einer ersten Interpretation der Ergebnisse kann Folgendes festgehalten werden: Das erste Cluster weist eine durchschnittliche Beschränkung auf Kundengruppen und geografische Bereiche auf. Überdies lässt sich dieses Cluster über einen relativ tiefen Marktanteil in unterdurchschnittlich rentierenden und wachsenden Märkten charakterisieren. Überdies fallen der relativ tiefe Kapitalbedarf der Nischenbearbeitung und die verhältnismässig bescheidenen technologischen Veränderungen in der Marktnische auf. Cluster zwei hingegen verfügt über eine starke Beschränkung auf einen geografischen Bereich, bei welchem das Wachstum der Marktnische heraus sticht. Cluster drei zeichnet sich durch eine ausgeprägte Beschränkung sowohl auf Produktgruppen als auch auf Kundengruppen in relativ kleinen Gesamtmärkten

[810] Aus Gründen der Übersichtlichkeit wurden t-Werte unter 0.5 unterdrückt. Überdies sind positive t-Werte „fett" hervorgehoben.

[811] Eigene Darstellung.

aus. Servicevorteile und Vorteile bzgl. der Organisationsstruktur und der Mitarbeiter bzw. Unternehmenskultur sind unterdurchschnittlich ausgeprägt. Cluster vier zeichnet sich durch einen relativ hohen Marktanteil aus, begleitet von Kommunikationsvorteilen und überdurchschnittlich hohen Preisen. Im Vergleich zu Cluster drei weist Cluster vier nur in Bezug auf die Beschränkung der Produkt- und Kundengruppen Ähnlichkeiten auf. Cluster fünf ist in Bezug auf alle drei Marktbeschränkungs-Varianten durch eine unterdurchschnittliche Ausprägung gekennzeichnet. Überdies verfügt dieses Cluster über relativ tiefe Wettbewerbsvorteile. Gerade umgekehrt verhält es sich beim sechsten Cluster; welches in praktisch allen Bereichen Wettbewerbsvorteile aufweist und sich leicht überdurchschnittlich auf Kundengruppen beschränkt.

Die soeben diskutierten Analysen zur Stabilität und zur Zweckmässigkeit der Clusterlösung deuten darauf hin, dass im vorliegenden Fall grundsätzlich von einem inhaltlich validen Ergebnis ausgegangen werden kann. Es zeigte sich zwar, dass sich die Clusterlösung nur beschränkt durch andere Clustermethoden replizieren lässt. Daraus darf jedoch keinesfalls direkt auf eine mangelnde Validität der Clusterlösung geschlossen werden, da die verschiedenen Methoden zur Gruppenbildung stets unterschiedliche Gruppierungen generieren.[812] Ausserdem deutet die Analyse der t-Werte der aktiven Clustervariablen darauf hin, dass es sich bei dem vorliegenden Clusterergebnis um eine gut interpretierbare und entsprechend zweckmässige Clusterlösung handelt. Eine vertiefte Betrachtung der Cluster im folgenden Abschnitt 10.1.6 ist demzufolge angezeigt.

10.1.6 Beschreibung und Interpretation der Cluster

Damit die einzelnen Cluster genauer beschrieben und interpretiert werden können, gilt es nachfolgend anhand von Mittelwertvergleichen zu überprüfen, zwischen welchen Clustern in Bezug auf welche aktiven Clustervariablen signifikante Unterschiede existieren. Da es sich im vorliegenden Fall um t-Tests für Mittelwertvergleiche mehrerer Gruppen handelt, wurde eine α-Fehlerkorrektur nach Bonferoni durchgeführt.[813]

[812] Vgl. dazu die Analyse verschiedener Clusterverfahren von Punj, G.; Stewart, D.W. 1983.
[813] Vgl. dazu Bortz, J. 1999, S. 261.

In Tabelle 9 sind für jedes Cluster die Mittelwerte aller aktiven Clustervariablen mit dem jeweiligen Signifikanzniveau aufgeführt. Es bleibt darauf hinzuweisen, dass die Messung der Variablen mehrheitlich anhand von 5-Punkte-Rating-Skalen erfolgte.[814] Einzig dem Marktvolumen des Gesamtmarktes liegt eine 4-Punkte-Skala zu Grunde (vgl. Anhang 2).

Anmerkungen zur Tabelle 9: Gruppenmittelwerte werden den Bandbreiten nach mit den Superskripten a, b usw. aufgeführt, wobei gleiche Superskripte auf nicht signifikante Unterschiede hinweisen ($p < 0.05$). Pro Clustervariable werden die Mittelwerte der untersten Bandbreite mit a bezeichnet, jene der nächst höheren Bandbreite mit b usw. Die untersten Bandbreiten pro Clustervariable werden „kursiv" gedruckt, die höchsten Bandbreiten werden „fett" hervorgehoben. Was bspw. die Variable „Beschränkung auf eine Produktgruppe" betrifft, geht aus der Tabelle hervor, dass das erste Cluster mit einem Mittelwert von 3.07 den tiefsten Wert aufweist, welcher signifikant tiefer ist als die Werte der Cluster 2 (Superskript bc), 3 (Superskript d) und 4 (Superskript cd). Cluster fünf und sechs gehören aufgrund der nicht signifikanten Unterschiede zur untersten Bandbreite mit Superskript a.

[814] Vgl. dazu Berekoven, L.; Eckert, W.; Ellenrieder, P. 2001, S. 75.

Clustervariablen	Cluster 1 (n = 69)	Cluster 2 (n = 66)	Cluster 3 (n = 61)	Cluster 4 (n = 58)	Cluster 5 (n = 60)	Cluster 6 (n = 57)
Marktvolumen Gesamtmarkt	**3.09** ^{c}	**2.86** ^{bc}	*2.30* ^{a}	**2.83** ^{bc}	**2.78** ^{bc}	*2.56* ^{ab}
Wachstum der Marktnische	*2.77* ^{a}	**3.94** ^{c}	**3.36** ^{b}	**3.57** ^{bc}	**3.68** ^{bc}	**3.61** ^{bc}
Rentabilität der Marktnische	*3.39* ^{a}	**4.05** ^{bc}	**3.82** ^{bc}	**3.98** ^{bc}	*3.63* ^{ab}	**4.09** ^{c}
Kapitalbedarf in Marktnische	*2.28* ^{a}	**3.21** ^{c}	*2.70* ^{ab}	**3.45** ^{c}	**3.15** ^{bc}	**3.28** ^{c}
Technologische Veränderungen in MN	*2.96* ^{a}	**3.88** ^{c}	*3.18* ^{ab}	**3.48** ^{bc}	**3.77** ^{c}	**3.82** ^{c}
Wettbewerbsintensität in MN	**2.52** ^{bc}	**2.70** ^{c}	*2.20* ^{ab}	*2.07* ^{a}	**2.43** ^{abc}	**2.75** ^{c}
Konjunkturelle Abhängigkeit der MN	**2.84** ^{ab}	*2.64* ^{a}	**2.75** ^{ab}	**3.10** ^{b}	**2.92** ^{ab}	**2.74** ^{ab}
Marktanteil in Marktnische	*1.51* ^{a}	*1.85* ^{a}	2.56 ^{b}	**3.38** ^{c}	*1.75* ^{a}	2.58 ^{b}
Beschränkung Produktgruppe*	*3.07* ^{a}	3.70 ^{bc}	**4.61** ^{d}	**4.14** ^{cd}	*3.50* ^{ab}	*3.54* ^{ab}
Beschränkung Kundengruppe*	3.20 ^{b}	*2.62* ^{a}	**3.93** ^{c}	**3.57** ^{bc}	*2.27* ^{a}	**3.56** ^{bc}
Beschränkung geogr. Bereich*	2.46 ^{b}	**3.64** ^{c}	*1.64* ^{a}	2.43 ^{b}	2.33 ^{b}	*1.60* ^{a}
Produkt-/Dienstleistungsvorteile	*3.89* ^{a}	*4.02* ^{ab}	*3.84* ^{a}	**4.29** ^{bc}	*3.75* ^{a}	**4.36** ^{c}
Kommunikationsvorteile	*3.43* ^{ab}	**3.98** ^{cd}	3.74 ^{bc}	**4.28** ^{d}	*3.24* ^{a}	**4.36** ^{d}
Distributionsvorteile	3.51 ^{b}	**3.91** ^{cd}	3.39 ^{b}	3.71 ^{bc}	*2.79* ^{a}	**4.19** ^{d}
Preisvorteile	2.83 ^{b}	**3.36** ^{c}	**3.00** ^{bc}	*2.22* ^{a}	*2.65* ^{ab}	**3.39** ^{c}
Leistungserstellungsvorteile	4.24 ^{bc}	**4.36** ^{cd}	*3.88* ^{ab}	4.16 ^{bc}	*3.60* ^{a}	**4.62** ^{d}
Servicevorteile	**4.48** ^{b}	**4.38** ^{b}	*3.80* ^{a}	**4.52** ^{b}	*3.57* ^{a}	**4.60** ^{b}
Vorteile bzgl. finanzieller Ressourcen	2.84 ^{b}	2.97 ^{b}	2.95 ^{b}	*2.60* ^{ab}	*2.12* ^{a}	**3.89** ^{c}
Vorteile bzgl. Anzahl Mitarbeiter	**3.33** ^{bc}	**3.30** ^{bc}	3.11 ^{b}	3.17 ^{b}	*2.47* ^{a}	**3.67** ^{c}
Vorteile bzgl. Organisationsstruktur	**4.19** ^{bc}	**4.20** ^{bc}	*3.46* ^{a}	**4.16** ^{bc}	3.92 ^{b}	**4.49** ^{c}
Vorteile bzgl. Informationssysteme	3.45 ^{b}	**3.88** ^{c}	*3.36* ^{ab}	*3.26* ^{ab}	*3.05* ^{a}	**4.21** ^{c}
Informationsvorteile	3.25 ^{b}	3.71 ^{c}	3.61 ^{bc}	3.50 ^{bc}	*2.60* ^{a}	**4.28** ^{d}
Rechtliche Vorteile	*2.83* ^{a}	*3.15* ^{ab}	**3.46** ^{bc}	*2.91* ^{a}	*2.72* ^{a}	**3.72** ^{c}
HR-Vorteile Mitarbeiter / Kultur	4.11 ^{b}	4.13 ^{b}	*3.80* ^{a}	**4.33** ^{bc}	*3.76* ^{a}	**4.56** ^{c}
HR-Vorteile Management	3.44 ^{b}	3.81 ^{c}	3.48 ^{b}	3.64 ^{bc}	*2.90* ^{a}	**4.19** ^{d}

* Da es sich bei der Art der Marktbeschränkung um ein zentrales Gruppierungsmerkmal handelt, wurden die entsprechenden Variablen hervorgehoben.

Tabelle 9: Vergleich der Clustermittelwerte der aktiven Clustervariablen[815]

In einem weiteren Schritt werden zur näheren Beschreibung der gebildeten Cluster auch die deskriptiven Variablen herangezogen. Tabelle 10 führt die mit metrischem Skalenniveau erhobenen Variablen und deren Clustermittelwerte auf.[816]

[815] Zu dieser Darstellungsform vgl. Homburg, C.; Workman, J.P.; Jensen, O. 2002, S. 54; Meli, C. 2005, S. 232.

[816] Wie bei den aktiven Clustervariablen wurden auch in diesem Fall Mittelwertvergleiche anhand von t-Tests mit α-Fehlerkorrekturen nach Bonferoni durchgeführt.

Deskriptive Gestaltungsvariablen	Cluster 1 (n = 69)	Cluster 2 (n = 66)	Cluster 3 (n = 61)	Cluster 4 (n = 58)	Cluster 5 (n = 60)	Cluster 6 (n = 57)
Grund: Stagnierender GM	*2.15* ^{a}	**3.08** ^{b}	**2.92** ^{b}	***2.55*** ^{ab}	***2.57*** ^{ab}	***2.88*** ^{ab}
Grund: Wettbewerb GM *	3.37	3.89	3.38	3.69	3.47	3.49
Grund: Ressourcenintensität GM	***3.46*** ^{ab}	***3.15*** ^{ab}	***3.21*** ^{ab}	***3.60*** ^{ab}	**3.78** ^{b}	*3.00* ^{a}
Ziel Rendite	*3.72* ^{a}	**4.24** ^{bc}	*3.80* ^{ab}	**4.32** ^{c}	*3.70* ^{a}	**4.40** ^{c}
Ziel Wachstum	*3.75* ^{a}	***4.20*** ^{ab}	*3.75* ^{a}	***3.90*** ^{ab}	***3.97*** ^{ab}	**4.30** ^{b}
Ziel Wettbewerbsposition	*3.42* ^{a}	*3.62* ^{ab}	*3.62* ^{ab}	**4.16** ^{bc}	*3.42* ^{a}	**4.28** ^{c}
Ziel Ausweichen v. Konkurrenz *	3.33	3.52	3.30	3.40	3.28	3.54
Ziel Abwehr v. Konkurrenten	*2.90* ^{a}	***3.44*** ^{ab}	***3.21*** ^{ab}	**3.52** ^{b}	***3.05*** ^{ab}	**3.53** ^{b}
Schutz: Unattraktiv für GM-Anbieter *	2.91	2.77	3.07	3.14	2.82	2.95
Schutz: Unfähigkeit der GM-Anbieter *	3.61	3.98	3.83	4.05	3.45	4.09
Internationale Tätigkeit in MN *	2.48	2.68	2.69	2.76	2.77	2.95

* Es existieren keine signifikanten Unterschiede zwischen einzelnen Gruppen ($p < 0.05$)

Anmerkungen: Gruppenmittelwerte werden den Bandbreiten nach mit den Superskripten a, b usw. aufgeführt, wobei gleiche Superskripte auf nicht signifikante Unterschiede hinweisen ($p < 0.05$). Pro Clustervariable werden die Mittelwerte der untersten Bandbreite mit a bezeichnet, jene der nächst höheren Bandbreite mit b usw. Die untersten Bandbreiten pro Clustervariable werden „kursiv“ gedruckt, die höchsten Bandbreiten werden „fett“ hervorgehoben.

Tabelle 10: Vergleich der Clustermittelwerte der deskriptiven Variablen

Da es sich bei den beiden deskriptiven Clustervariablen „Neuheit der Marktnische“ und „Unternehmensbereiche mit Nischenstrategien“ um nominalskalierte Variablen handelt, wurden diesbezügliche Clusterunterschiede anhand von Chi-Quadrat-Tests untersucht. Wie aus Tabelle 11 hervorgeht, unterscheidet sich Cluster 4 hinsichtlich der Neuheit der Marktnische von den übrigen Clustern.[817] In Bezug auf die Variable „Unternehmensbereiche mit Nischenstrategien“ sind keine signifikanten ($p < 0.05$) Abweichungen zwischen den Clustern festzustellen (vgl. dazu Anhang 12).

Neuheit der Nische		Cluster 1	Cluster 2	Cluster 3	Cluster 4	Cluster 5	Cluster 6
Keine Unternehmen	Anzahl	14	17	24	31	15	17
	Erwartete Anzahl	22.07	20.79	19.19	18.55	19.19	18.23
	Standardisierte Residuen	-1.72	-0.83	1.10	**2.89**	-0.96	-0.29
Gesamtmarktanbieter	Anzahl	10	14	11	9	15	11
	Erwartete Anzahl	13.09	12.33	11.38	11.00	11.38	10.81
	Standardisierte Residuen	-0.85	0.48	-0.11	-0.60	1.07	0.06
Nischenanbieter	Anzahl	45	34	25	18	30	29
	Erwartete Anzahl	33.85	31.88	29.43	28.45	29.43	27.96
	Standardisierte Residuen	1.92	0.37	-0.82	-1.96	0.10	0.20

Tabelle 11: Standardisierte Residuen zur Analyse der Clusterunterschiede hinsichtlich der nominalskalierten Variable „Neuheit der Marktnische“

Basierend auf den genannten Analysen werden nachfolgend die sechs Nischenstrategie-Typen einzeln beschrieben.

[817] Signifikante Abweichungen zwischen den beobachteten und den erwarteten Häufigkeiten sind dann vorhanden, wenn die standardisierten Residuen den Wert |2| oder grösser ($p < 0.05$) bzw. |2.6| oder grösser annehmen ($p < 0.01$) (vgl. Bühl, A.; Zöfel, P. 2005, S. 205, 246). Signifikante Abweichungen sind in der Tabelle „fett“ hervorgehoben.

Der **erste Nischenstrategie-Typ** weist eine mittlere Beschränkung auf Produkt- und Kundengruppen auf, wobei hinsichtlich der Produktbeschränkung im Vergleich zu den anderen Clustern die Fokussierung unterdurchschnittlich ist. Was die Marktattraktivität betrifft, so ist die Marktnische nicht attraktiver als der entsprechende Gesamtmarkt. Einzig der beschränkte Kapitalbedarf zur Nischenbearbeitung und die relativ geringen technologischen Veränderungen in der Marktnische sprechen für eine gewisse Attraktivität. Im Vergleich zu den restlichen Clustern handelt es sich jedoch, bezogen auf die Nischenrentabilität und das Nischenwachstum, um die unattraktivste Nische. Überdies weist das Cluster einen durchschnittlichen Marktanteil von ungefähr 20% auf, was dem tiefsten Anteil aller Strategietypen entspricht. In Bezug auf die Wettbewerbsvorteile ist festzuhalten, dass Vorteile im Bereich Kundenservice und in der Leistungserstellung existieren, welche durch Vorteile bezüglich der Organisationsstruktur und Ressourcenvorteilen hinsichtlich der Mitarbeiter und der Unternehmenskultur ergänzt werden.

Aus der Betrachtung der deskriptiven Gestaltungsvariablen geht hervor, dass der Grund der Bearbeitung einer Marktnische am wenigsten in einer Stagnation des Gesamtmarktes liegt. Überdies kann in der Marktnische ein gewisser Schutz vor Gesamtmarktanbietern festgestellt werden, der hauptsächlich darauf zurückzuführen ist, dass die Gesamtmarktanbieter nicht in der Lage sind, die Marktnische zu bearbeiten. Erwähnenswert bleibt schliesslich die im Vergleich zum Gesamtmarkt geringe internationale Ausrichtung dieses Nischenstrategie-Typs.

Der **zweite Nischenstrategie-Typ** weist eine mittlere bis starke Beschränkung auf Produktgruppen und geografische Bereiche auf, wobei im Vergleich zu den anderen Clustern die geografische Fokussierung am ausgeprägtesten ist. Aufgrund des Nischenwachstums und der Nischenrentabilität, ist die Attraktivität der Marktnische leicht höher als jene des entsprechenden Gesamtmarktes. Im Vergleich zu den übrigen Clustern verfügt Cluster zwei über das grösste Nischenwachstum. Was den Marktanteil dieses Strategietyps betrifft, sind die 30% Marktanteil als leicht unterdurchschnittlich einzustufen. In Bezug auf die Wettbewerbsvorteile unterscheidet sich dieser Nischestrategie-Typ nicht wesentlich vom ersten Typ. Abgesehen von leichten Produktvorteilen und leicht besseren Ausprägungen hinsichtlich mehrerer Wettbewerbsvorteile, sind ebenfalls Vorteile im Bereich der Leistungserstellung, des Service, der Organisationsstruktur sowie der Mitarbeiterressourcen und der Unternehmenskultur festzustellen.

Anhand der deskriptiven Variablen ist zu erkennen, dass der Grund für die Verfolgung einer Nischenstrategie am ehesten in der höheren Wettbewerbsintensität des Gesamtmarktes zu finden ist. Hinsichtlich der mit der Nischenstrategie definierten Ziele ist eindeutig, dass Rendite- und Wachstumsziele im Vordergrund stehen. Schliesslich kann der Schutz in der Marktnische hauptsächlich darauf zurückgeführt werden, dass die Gesamtmarktanbieter nicht in der Lage sind, die Marktnische zu bearbeiten.

Der **dritte Nischenstrategie-Typ** zeichnet sich durch eine überdurchschnittlich starke Beschränkung sowohl auf Produktgruppen als auch auf Kundengruppen aus. Vor dem Hintergrund eines relativ kleinen Gesamtmarktes ist die geografische Fokussierung hingegen gering. Die Marktnische ist insofern attraktiv, als im Vergleich zum Gesamtmarkt eine höhere Rentabilität mit geringerem Kapitalbedarf erzielt werden kann. Was die Wettbewerbsstärke betrifft, so verfügen Unternehmen, die diesen Strategietyp verfolgen, im Durchschnitt über einen Marktnischen-Anteil von ungefähr 40%. In Bezug auf die Wettbewerbsvorteile sind bei diesem weder Vor- noch Nachteile zu verzeichnen. Im Vergleich zur Erhebungsgesamtheit können jedoch unterdurchschnittliche Ausprägungen hinsichtlich der Servicevorteile, der Vorteile bzgl. Organisationsstruktur und der Mitarbeiter-/ Unternehmenskultur-Ressourcen festgestellt werden.

Anhand der deskriptiven Variablen ist ersichtlich, dass weder ein stagnierender Gesamtmarkt noch dessen Wettbewerbs- oder Ressourcenintensität als Gründe für die Nischenstrategie herangezogen werden können. Es kann deshalb davon ausgegangen werden, dass die Verfolgung einer Nischenstrategie vermehrt auf einem freiwilligen Entscheid basiert. Schliesslich ist auch bei diesem Strategietyp der Schutz in der Marktnische überwiegend darauf zurückzuführen, dass die Gesamtmarktanbieter nicht in der Lage sind, die Marktnische zu bearbeiten.

Der **vierte Nischenstrategie-Typ** beschränkt sich, ähnlich wie der dritte Strategietyp, sowohl auf Produkt- (stark) als auch auf Kundengruppen (mittel-stark). Unternehmen dieses Strategietyps fokussieren auf eine Marktnische, welche aufgrund der hohen Rentabilität und der tiefen Wettbewerbsintensität als besonders attraktiv zu bezeichnen ist. Bezüglich der Wettbewerbsstärke verfügt dieses Cluster mit 50 bis 60% über den höchsten Marktanteil. Anders als der Nischenstrategie-Typ drei verfügt der vierte Typ über Wettbewerbsvorteile. Angebotsorientierte Vorteile sind hinsichtlich der Produkt-, Kommunikations-, Leistungserstellungs- und Servicepolitik festzustellen. Ressourcenvorteile ergeben sich im Bereich der Organisationsstruktur und der Mitarbeiter-/ Unternehmenskultur-Ressourcen. Auf der anderen Seite ist hervorzuheben, dass dieser Strategietyp hinsichtlich des Preises einen leichten Wettbewerbsnachteil aufweist.

Die Betrachtung der deskriptiven Variablen führt zur Erkenntnis, dass insbesondere die Wettbewerbsintensität des Gesamtmarktes und der Ressourcenbedarf als Gründe der Verfolgung dieser Nischenstrategie herangezogen werden. Ferner stehen Rendite- und Positionierungsziele im Vordergrund. Was den Schutz vor der Konkurrenz betrifft, scheinen hauptsächlich mangelnde Fähigkeiten der Gesamtmarktanbieter für den Verzicht einer Nischenbearbeitung ausschlaggebend zu sein. Schliesslich geht aus Tabelle 11 hervor, dass Unternehmen dieses Clusters übermässig häufig in völlig neue Marktnischen eintreten, in denen zuvor noch keine Unternehmen tätig waren. Mit anderen Worten handelt es sich beim Markteintritt vielfach um eine neu entdeckte bzw. neu bearbeitete Marktnische.

Der **fünfte Nischenstrategie-Typ** weist eine mittlere bis starke Beschränkung auf Produktgruppen auf, wobei die Ausprägung auf Kundengruppen gering ausfällt und im Vergleich zu den anderen Strategietypen unterdurchschnittlich ist. Dieser Strategietyp fokussiert auf eine Marktnische, welche aufgrund des Wachstums, der Rentabilität und der beschränkten Wettbewerbsintensität als attraktiv zu bezeichnen ist. In Bezug auf die Wettbewerbsstärke ist festzuhalten, dass Unternehmen dieses Clusters einen Marktanteil von durchschnittlich 25% erzielen, was leicht unter dem Wert der Erhebungsgesamtheit liegt. Ein eindeutiges Bild zeigt sich hinsichtlich der Wettbewerbsvorteile: Bei praktisch allen erfassten Angebots- und Ressourcenvorteilen verfügt dieser Strategietyp weder über Vor- noch Nachteile, wobei die jeweiligen Ausprägungen im Vergleich zu den anderen Strategietypen mehrheitlich unterdurchschnittlich sind. Überdies ist bezüglich Verfügbarkeit finanzieller Ressourcen sogar ein Wettbewerbsnachteil zu verzeichnen.

Die Analyse der deskriptiven Variablen bringt zum Vorschein, dass als Grund für die Verfolgung einer Nischenstrategie die Ressourcenintensität einer Gesamtmarktbearbeitung herangezogen wird. Hinsichtlich der Zielorientierung und des Schutzes vor Gesamtmarktanbietern sind keine eindeutigen Ergebnisse festzustellen.

Der **sechste Nischenstrategie-Typ** verfügt über eine mittlere bis starke Beschränkung auf Produkt- und Kundengruppen. Die Fokussierung auf geografische Bereiche hingegen ist gering bis sehr gering. Im Vergleich zum Gesamtmarkt kann die Nische als leicht attraktiver bezeichnet werden, da bis auf die Nischenrentabilität, welche in der Nische höher ist, die Merkmalsausprägungen ähnlich sind. Bezüglich Wettbewerbsstärke, verfügt der sechste Nischenstrategie-Typ über einen durchschnittlichen Marktanteil von rund 40%. Bei den Wettbewerbsvorteilen hebt sich dieser Strategietyp erheblich von den anderen Typen ab. Sowohl hinsichtlich der Angebots- als auch der Ressourcenvorteile weist dieser Strategietyp jeweils die höchsten Ausprägungen auf. Signifikant höher als bei allen anderen Clustern liegen die Werte bezüglich der finanziellen Wettbewerbsvorteile, der Informationsvorteile und der Ressourcenvorteile im Management. Überdies sind starke Vorteile in den Bereichen Leistungserstellung, Service und allgemeiner Humanressourcen festzustellen.

Deskriptive Variablen führen ferner zur Erkenntnis, dass keiner der untersuchten Gründe der Verfolgung einer Nischenstrategie im Vordergrund steht. Die Verfolgung einer Nischenstrategie basiert deshalb vermutlich auf einem freiwilligen Entscheid. Eindeutiger sind die Daten hinsichtlich der Zielorientierung: Sowohl Rendite- als auch Wachstums- und Positionierungsziele stehen im Vordergrund. Schliesslich bleibt zu erwähnen, dass der Schutz in der Marktnische hauptsächlich auf die fehlenden Fähigkeiten der Gesamtmarktanbieter zurückzuführen ist.

10.2 Diskussion der Taxonomie

Während die vorangehenden Erläuterungen primär die Beschreibung der einzelnen Nischenstrategie-Typen zum Ziel hatten, soll nun eine clustervergleichende Perspektive eingenommen werden. In einem ersten Schritt stehen die drei Gestaltungsdimensionen „Art der Marktbeschränkung“, „Position in der Marktnische“ und „Wettbewerbsvorteile in der Marktnische“ zur Diskussion. Danach wird anhand einer Diskriminanzanalyse die Bedeutung der einzelnen Clustervariablen untersucht. In einem dritten Schritt werden schliesslich Korrelationen zwischen den Clustervariablen analysiert und die damit verbundenen Auswirkungen auf die Interpretation der Taxonomie diskutiert. Abschliessend bleibt zu prüfen, ob die präsentierte Taxonomie von

Nischenstrategien nach dem Begriffsverständnis der vorliegenden Arbeit auch tatsächlich Nischenstrategien klassifiziert.

Eine erste Erkenntnis resultiert aus der Betrachtung der Gestaltungsdimensionen. Hinsichtlich der Unterscheidung von Nischenstrategie-Typen hält die **Dimension „Art der Marktbeschränkung“** eine zentrale Stellung inne. Wie aus dem dieser Arbeit zu Grunde liegenden Begriffsverständnis hervorgeht, stellt die Beschränkung auf einen Marktbereich ein konstitutives Merkmal einer Nischenstrategie dar. Demnach sollte bei allen Strategietypen eine gewisse Marktbeschränkung festzustellen sein. Wie die Ergebnisse zeigen, erfüllen alle sechs Nischenstrategie-Typen diese Voraussetzung insofern, als bei jedem Cluster mindestens eine Variante der Marktbeschränkung eine mittlere Ausprägung aufweist. Die Tatsache, dass bei fünf Clustern sogar zwei Arten der Marktbeschränkung mindestens mittlere Ausprägungen vorweisen, d.h. entweder auf Produkt- und Kunden- oder auf Produktgruppen und geografische Bereiche fokussieren, mag etwas überraschen. Es zeigt jedoch auch, dass die untersuchten Unternehmen tatsächlich auf einen Marktbereich fokussieren.

Trotz dieser Gemeinsamkeit der identifizierten Nischenstrategie-Typen, finden sich hinsichtlich der Arten der Marktbeschränkung auch signifikante Unterschiede zwischen den Gruppierungen. Hervorzuheben ist dabei Cluster zwei, welches als einziges Cluster eine mittelstarke geografische Beschränkung aufweist. Auf der anderen Seite liegt Cluster fünf, welches sich ausschliesslich über eine Fokussierung auf Produktgruppen definiert und die restlichen Cluster, welche sich allesamt sowohl auf Produkt- als auch auf Kundengruppen konzentrieren. Insgesamt bleibt festzuhalten, dass einerseits alle Nischenstrategie-Typen der aus der Definition hervorgehenden Forderung einer Marktbeschränkung nachkommen und sich andererseits bezüglich der Art der Marktbeschränkung unterscheiden.

Dimension **„Position in der Marktnische“:** Die Marktposition einer Unternehmung wird über den Marktanteil in der Marktnische und über die Attraktivität des Nischenmarktes beurteilt. Erwartungsgemäss liegt der Marktanteil bei jedem Cluster mit mindestens 20% relativ hoch. Diese Erkenntnis stützt die in der Literatur verbreitete Meinung, dass Nischenanbieter in ihrem Nischenmarkt eine bedeutende Stellung einnehmen.[818] Neben dieser Gemeinsamkeit kann auch eine gewisse Streuung festgestellt werden: Cluster 4 weist mit knapp 60% einen signifikant höheren Marktanteil auf als alle übrigen Nischenstrategie-Typen.

Hinsichtlich der Attraktivität der Marktnische fielen die Ergebnisse ebenfalls den Erwartungen entsprechend aus. Bei fünf von sechs Nischenstrategie-Typen liegen die Wachstums- und Rentabilitätseinschätzungen der entsprechenden Marktnische mindestens gleich hoch bis höher und die Beurteilung der Wettbewerbsintensität in der Marktnische mindestens gleich tief bis tiefer als im dazugehörigen Gesamtmarkt. Dies deutet darauf hin, dass es sich bei Marktnischen, im Vergleich zu den entsprechenden Gesamtmärkten, um mindestens gleich attraktive, wenn nicht attraktivere Märkte handelt. Auch bezüglich der Attraktivität des Nischenmarktes bleibt anzumerken, dass anhand der verschiedenen Variablen signifikante Unterschiede zwischen den Nischenstrategie-Typen existieren. Während sich Cluster eins in der vergleichsweise unattraktivsten Marktnische befindet, bewegen sich Unternehmen des vierten Clusters hinsichtlich des Nischenwachstums, der Nischenrentabilität und der Wettbewerbsintensität in der attraktivsten Marktnische.

Dimension **„Wettbewerbsvorteile in der Marktnische“:** Die Dimension der Wettbewerbsvorteile umfasst sowohl Angebotsvorteile als auch Vorteile in Bezug auf die Unternehmensressourcen. Mit Ausnahme des Preisvorteils bewerten sich die Nischenanbieter im Vergleich zu den Gesamtmarktanbietern hinsichtlich der Wettbewerbsvorteile im Angebot als ebenbürtig, wenn nicht überlegen. In die gleiche Richtung zielt die eher überraschende Feststellung, dass einzig Unternehmen des vierten Nischenstrategie-Typs (geringe) Nachteile bezüglich des Preises äussern. Alle anderen Strategietypen scheinen diesbezüglich weder über Vor- noch Nachteile zu verfügen. Ähnlich verhält es sich mit den finanziellen Ressourcennachteilen. Interessanterweise zeigen sich ausschliesslich beim fünften Strategietypen Nachteile in Bezug auf die finanziellen Ressourcen.

---

[818] Simon, H. 1997, S. 49ff. spricht dabei von Super-Nischenanbietern, die auf sehr kleinen Märkten sehr stark sind. Cornelssen, I. 1995, S. 31 ist der Meinung, dass Marktnischen maximal von drei Anbietern mit Erfolg bearbeitet werden können. Bedenkt man überdies, dass eine gewisse Marktposition und Marktgrösse vorhanden sein muss, damit Marktnischen überhaupt rentabel bearbeitet werden können (vgl. Kotler, P.; Bliemel, F. 1999, S. 625f.; Winterling, K. 1986, S. 328; Fiegenbaum, A.; Karnani, A. 1991, S. 102), überraschen die in der vorliegenden Studie gefundenen, relativ hohen, Marktanteilswerte nicht.

Eine gesamtheitliche Betrachtung der Angebots- und Ressourcenvorteile legt dar, dass Unternehmen mit Nischenstrategie-Typ sechs bei praktisch allen Variablen vorgeben, über Wettbewerbsvorteile zu verfügen, während dem fünften Strategietypen jegliche Vorteile zu fehlen scheinen. Auch die Dimension „Wettbewerbsvorteile" trägt demzufolge zur Unterscheidung von Nischenstrategie-Typen bei. Schliesslich kann entgegen einer in der Literatur häufig anzutreffenden Vermutung festgehalten werden, dass Nischenanbieter grundsätzlich keine preislichen und finanziellen Ressourcennachteile aufweisen bzw. bekennen.[819] Überdies konnten keine generellen Ressourcennachteile festgestellt werden.

In einem nächsten Schritt wurde anhand einer Diskriminanzanalyse untersucht, inwieweit die zur Clusterung verwendeten Variablen zur Erklärung der Clusterunterschiede von Bedeutung sind bzw. einen Beitrag zur Unterscheidung von Nischenstrategie-Typen leisten.[820] In der Diskriminanzanalyse wurden die einzelnen Cluster als Gruppen vorgegeben, während die aktiven Clustervariablen als unabhängige Variablen in die Berechnung eingingen.[821] Wie aus der in Anhang 13 aufgeführten Wilks-Lambda-Statistik hervorgeht, trennen – mit einer Ausnahme – alle aktiven Clustervariablen die gebildeten Cluster höchst signifikant ($p < 0.001$) voneinander.[822] Besondere Bedeutung hinsichtlich der Unterscheidung der Cluster kommt dabei der Variable „Beschränkung auf einen geografischen Bereich" zu. Was die Bedeutung der anderen Variablen betrifft, wird auf eine detaillierte Analyse verzichtet, da die Unterschiede für eine tiefgehende Interpretation zu gering sind.[823] Es gilt jedoch noch festzuhalten, dass anhand der Diskiminanzfunktionen rund 95% der klassifizierten Fälle den identifizierten Clustern korrekt zugewiesen werden, was einer akzeptablen Erklärung der Unterschiede der Nischenstrategie-Typen durch die Clustervariablen gleichkommt.

In einem dritten Schritt werden Korrelationen zwischen den Clustervariablen untersucht und davon ausgehende Wirkungen auf die Interpretation der Taxonomie disku-

[819] Vgl. bspw. Profeta, E. 2002, S. 23 aber auch Nieschlag, R.; Dichtl, E.; Hörschgen, H. 2002, S. 208; Böckem, S. 1993, S. 535.

[820] Diskriminanzanalysen sind geeignet, Ergebnisse von Clusteranalysen zu überprüfen (vgl. Homburg, C.; Krohmer, H. 2003, S. 295; McDaniel, C.; Gates, R. 2002, S. 583f.; Vossebein, U. 2000, S. 43).

[821] Vgl. Backhaus 2003, S. 535.

[822] Die Variable „Konjunkturelle Abhängigkeit der Nische" weist, unter Berücksichtigung der α-Fehlerkorrektur nach Bonferoni, zwischen den einzelnen Clustern keine signifikanten ($p < 0.05$) Unterschiede auf.

[823] Ein Verweis auf die in Anhang 13 abgedruckte Struktur-Matrix soll diesbezüglich genügen.

tiert. Wie bereits im Rahmen der Konstruktvalidierung aufgezeigt wurde, existieren zwischen den Gestaltungsvariablen kaum nennenswerte Zusammenhänge.[824] Einzig zwischen einzelnen Wettbewerbsvorteilen sind signifikante Korrelationen in einem Bereich von r = 0.3 bis 0.4 festzustellen. Interessanter gestalten sich die Zusammenhänge unter Einbezug der deskriptiven Variablen. Dabei zeigte sich beispielsweise – wie zu erwarten war – dass einerseits in rentablen Marktnischen das Rentabilitätsziel grundsätzlich von grösserer Bedeutung ist (r = 0.53**) als in weniger rentablen Nischen und andererseits das Wachstum einer Marktnische mit dem Wachstumsziel positiv korreliert (r = 0.42**).[825] Diese Zusammenhänge schlagen sich auch in den Clustern nieder, sodass Cluster eins, welches durch die tiefsten Wachstums- und Rentabilitätswerte der Marktnische gekennzeichnet ist, auch hinsichtlich der Bedeutung der Wachstums- und Rentabilitätsziele zur Gruppe mit den tiefsten Werten gehört.

Eine gesonderte Betrachtung der deskriptiven Gestaltungsvariablen brachte ausserdem zum Vorschein, dass zwischen den Gründen der Verfolgung einer Nischenstrategie Zusammenhänge bestehen. Zwischen dem Grund „Gesamtmarktstagnation" und „Wettbewerbsintensität im Gesamtmarkt" existiert erwartungsgemäss eine positive Korrelation von r = 0.51** (Anhang 14). Überdies besteht eine positive Korrelation von r = 0.44** zwischen dem Grund „Wettbewerb im Gesamtmarkt" und dem Ziel einer Nischenstrategie „Ausweichen vor der Konkurrenz". Für diese beiden Zusammenhänge lässt sich folgende theoretische Erklärung anbringen: Stagnierende Märkte kennzeichnen sich i.d.R. durch Marktsättigungserscheinungen, welche den Wettbewerb zwischen den Konkurrenten zusätzlich verschärfen. Einzelne Wettbewerber können sich dabei gezwungen sehen, vor der Konkurrenz auszuweichen und sich auf einen Marktbereich als Spezialist zu beschränken.[826] Schliesslich ist auf eine weitere Beziehung zwischen zwei Clustervariablen hinzuweisen: Das Ziel einer Nischenstrategie „Abwehr von Konkurrenten" korreliert positiv (r = 0.42**) mit dem Ziel des Aufbaus bzw. der Erhaltung einer Wettbewerbsposition. Auch hier ist leicht nachvollziehbar, dass mit dem Ziel, den Eintritt von Konkurrenten in die Marktnische zu verhindern, das Ziel einhergeht, die eigene Marktposition in der Marktnische ab-

[824] Alle Korrelationen weisen einen Wert von r = 0.4 oder kleiner auf.
[825] Vgl. dazu Anhang 14.
[826] Da sich die deskriptive Variable zum Grund der Verfolgung einer Nischenstrategie „Wettbewerb im Gesamtmarkt" nicht signifikant zwischen den Clustern unterscheidet, wird auf weitergehende Interpretationen verzichtet.

zusichern. Auf die Interpretation der Clusterlösung hat dieser Zusammenhang nur geringe Auswirkungen, weshalb nicht weiter darauf eingegangen wird.

In einem letzten Schritt bleibt zu überprüfen, ob die präsentierte Taxonomie von Nischenstrategien nach dem Begriffsverständnis der vorliegenden Arbeit auch tatsächlich Nischenstrategien klassifiziert. Zu diesem Zwecke soll die Arbeitsdefinition nochmals kurz aufgegriffen werden. Unter einer Nischenstrategie wird eine Beschränkung auf einen Produkt-, Kunden- und/oder geografischen Bereich verstanden, wobei in diesem Bereich die Möglichkeit bestehen sollte, nicht oder ungenügend befriedigte Bedürfnisse besser als die Konkurrenz befriedigen zu können.[827] Was die Voraussetzung der Beschränkung auf einen Marktbereich betrifft, konnte gezeigt werden, dass alle Cluster mindestens hinsichtlich einer Variante der Marktbeschränkung eine mittlere Ausprägung aufweisen. Bei fünf Strategietypen trifft dies sogar auf zwei Varianten der Beschränkung zu.[828] Die erste Bedingung kann folglich als erfüllt erachtet werden.

Was die Voraussetzung der Bedürfnisbefriedigung betrifft, geht aus der untenstehenden Tabelle hervor, dass Nischenanbieter aller Cluster behaupten, den Gesamtmarktanbietern fehlten die Kompetenzen zur Bearbeitung der Marktnische – alle Clustermittelwerte der Variable „Gesamtmarktanbietern fehlen die Fähigkeiten“ tendieren zum Wert vier.[829] Signifikante Unterschiede zwischen den Clustern existieren jedoch keine. Was die zweite Variable betrifft, ist offensichtlich, dass bei allen Nischenstrategie-Typen Werte von über vier resultieren.[830] D.h., dass die befragten Nischenanbieter der Ansicht sind, dass sie jeweils besser als die Gesamtmarktanbieter in der Lage sind, die in der bearbeiteten Marknische vorhandenen Bedürfnisse befriedigen zu können. Signifikante Unterschiede bestehen ausschliesslich zwischen dem fünften und dem sechsten Nischenstrategie-Typen. Erwartungsgemäss liegt der Wert bei Nischenstrategie-Typ fünf – dem Cluster mit den geringsten Wettbewerbsvorteilen – tiefer als jener des sechsten Nischenstrategie-Typs – dem Cluster mit den ausgeprägtesten Wettbewerbsvorteilen.[831]

---

[827] Vgl. dazu die Definition in Kapitel 4.
[828] Vgl. Tabelle 9: Vergleich der Clustermittelwerte der aktiven Clustervariablen.
[829] Es handelt sich dabei um eine 5-Punkte-Rating-Skala.
[830] Auch hier wurde eine 5-Punkte-Rating-Skala verwendet.
[831] Die Begründung liegt darin, dass ohne Wettbewerbsvorteile kaum eine bessere Bedürfnisbefriedigung erzielt werden kann.

Variablen	Cluster 1 (n = 69)	Cluster 2 (n = 66)	Cluster 3 (n = 61)	Cluster 4 (n = 58)	Cluster 5 (n = 60)	Cluster 6 (n = 57)
Unfähigkeit GM-Anbieter *	3.77	3.73	3.74	4.04	3.77	3.91
Bessere Bedürfnisbefriedigung NA	***4.36*** ^{ab}	***4.32*** ^{ab}	***4.30*** ^{ab}	***4.47*** ^{ab}	*4.17* ^{a}	**4.61** ^{b}

* Es existieren keine signifikanten Unterschiede zwischen einzelnen Gruppen ($p < 0.05$)

Anmerkungen: Gruppenmittelwerte werden den Bandbreiten nach mit den Superskripten a, b usw. aufgeführt, wobei gleiche Superskripte auf nicht signifikante Unterschiede hinweisen ($p < 0.05$). Pro Clustervariable werden die Mittelwerte der untersten Bandbreite mit a bezeichnet, jene der nächst höheren Bandbreite mit b usw. Die untersten Bandbreiten pro Clustervariable werden *kursiv* gedruckt, die höchsten Bandbreiten werden „fett“ hervorgehoben (vgl. die Ausführungen in Abschnitt 10.1.6).

Tabelle 12: Mittelwertvergleich der definitorischen Variablen

Insgesamt lässt sich aus der Diskussion zum Begriffsverständnis schliessen, dass Unternehmen jeden Clusters der Arbeitsdefinition entsprechend Nischenstrategien verfolgen. Zum einen weist jeder Nischenstrategie-Typ eine Beschränkung auf einen Marktbereich auf, zum anderen sehen sich die Unternehmen jeden Clusters in der Bedürfnisbefriedigung den entsprechenden Gesamtmarktanbietern überlegen.

Abschliessend gilt es, einen ersten Bezug zur Zielsetzung der vorliegenden Arbeit zu nehmen.[832] Das Hauptziel, die Identifikation von Nischenstrategie-Arten, ist durch die Entwicklung einer interpretierbaren Taxonomie von Nischenstrategien, bei der sich die einzelnen Strategietypen unterscheiden, erreicht worden.[833] Die von der Zielsetzung ausgehende Forschungsfrage: Welche Variablen strategischen Verhaltens Nischenstrategie-Typen unterscheiden,[834] ist dahingehend beantwortet worden, als die zur Clusterung verwendeten Variablen tatsächlich verschiedenartige Nischenstrategie-Typen charakterisieren und unterscheiden.[835]

[832] Eine ausführliche Diskussion der Zielsetzung und der Forschungsfragen ist Gegenstand von Kapitel 13.
[833] Vgl. dazu Kapitel 2.
[834] Vgl. Kapitel 2.
[835] Eine kritische Diskussion des taxonomischen Ansatzes ist Gegenstand von Kapitel 13.

11 Analyse der Kontextfaktoren von Nischenstrategien

Nachdem im vorangehenden Kapitel eine Taxonomie von Nischenstrategien entwickelt wurde, wird in diesem Kapitel der Bezug zu den Kontextfaktoren hergestellt. Ausgehend von Zusammenhängen zwischen Kontextausprägungen und den Nischenstrategie-Typen (Unterkapitel 11.1) sowie einzelnen Nischenstrategie-Merkmalen (Unterkapitel 11.2) werden die Kontextfaktoren auf ihr Erklärungspotential hinsichtlich der Verfolgung eines Nischenstrategie-Typs hin untersucht (Unterkapitel 11.3). Eine abschliessende Diskussion der Kontextfaktoren von Nischenstrategien folgt in Unterkapitel 11.4.

11.1 Analyse von Zusammenhängen zwischen Kontextausprägungen und Nischenstrategie-Typen

Die Analyse von Zusammenhängen zwischen Kontextausprägungen und Nischenstrategie-Typen ist in drei Abschnitte aufgeteilt. Zuerst werden Nischenstrategie-Unterschiede hinsichtlich intervallskalierter Kontextfaktoren (Abschnitt 11.1.1) und ordinalskalierter Kontextfaktoren (Abschnitt 11.1.2) ermittelt, bevor eine Analyse der Bedeutung kontextbezogener Nischenstrategie-Unterschiede erfolgt (Abschnitt 11.1.3).

11.1.1 Ermittlung von Nischenstrategie-Unterschieden bzgl. der intervallskalierten Kontextfaktoren

Zur Ermittlung von Nischenstrategie-Unterschieden bzgl. der Kontextfaktoren „Wettbewerbsintensität im Gesamtmarkt“ und „Nachfrageschwankungen im Gesamtmarkt“ wurden Mittelwertvergleiche mittels einfaktorieller Varianzanalysen (ANOVA) durchgeführt. Die Messung von Signifikanzunterschieden zwischen den einzelnen Gruppen erfolgte anhand von Bonferoni-Tests, welche die bei Mehrfachvergleichen auftretende α-Fehler-Kumulation berücksichtigt bzw. korrigiert.

Wie aus unten stehender Tabelle hervorgeht, existieren zwischen Clustern hinsichtlich der Wettbewerbsintensität signifikante Unterschiede. Dies überrascht insofern nicht, als die Kontextvariable „Wettbewerbsintensität im Gesamtmarkt“ das Gegenstück der Variable „Wettbewerbsintensität in der Marktnische“ darstellt, welche bereits im Rahmen der Clusterung als aktive Gestaltungsvariable herangezogen wurde und ebenfalls signifikante Unterschiede zwischen den Nischenstrategie-Typen bestätigte. Dementsprechend ist bei den Unternehmen des zweiten Clusters nur eine leicht höhere Wettbewerbsintensität im Gesamtmarkt als in der Marktnische festzustellen, während der Wettbewerb im Gesamtmarkt bei Unternehmen mit Nischenstrategie-Typ vier viel intensiver ist als in der Marktnische. Bezüglich der Kontextvariable „Nachfrageschwankungen des Gesamtmarktes" konnten hingegen keine signifikanten Unterschiede zwischen den Clustern festgestellt werden.[836] Die Ausprägungen der Nachfrageschwankungen werden über alle Cluster hinweg als mittel bewertet.[837]

Kontextvariablen	Cluster 1 (n = 69)	Cluster 2 (n = 66)	Cluster 3 (n = 61)	Cluster 4 (n = 58)	Cluster 5 (n = 60)	Cluster 6 (n = 57)
Wettbewerbsintensität im GM	3.43 ^{ab}	*3.27* ^{a}	3.75 ^{bc}	**3.91** ^{c}	3.56 ^{abc}	3.28 ^{ab}
Nachfrageschwankungen im GM *	2.95	3.02	2.66	2.93	2.91	2.84

* Es existieren keine signifikanten Unterschiede zwischen einzelnen Gruppen ($p < 0.05$)

Anmerkungen: Gruppenmittelwerte werden den Bandbreiten nach mit den Superskripten a, b usw. aufgeführt, wobei gleiche Superskripte auf nicht signifikante Unterschiede hinweisen ($p < 0.05$). Pro Clustervariable werden die Mittelwerte der untersten Bandbreite mit a bezeichnet, jene der nächst höheren Bandbreite mit b usw. Der tiefste Wert pro Clustervariable wird *kursiv* gedruckt, der höchste Wert wird „fett" hervorgehoben. Vgl. auch die Ausführungen in Abschnitt 10.1.6.

Tabelle 13: Mittelwertvergleich der intervallskalierten Kontextvariablen

Da die soeben dargestellten Ergebnisse nichts über die Kausalität des Zusammenhangs aussagen, wurde zusätzlich der Koeffizient „Eta" berechnet.[838] Wie aus der in Anhang 16 abgebildeten Tabelle hervorgeht, ist die Gruppenvariable, sprich die Clusterzugehörigkeit, nur beschränkt in der Lage, die Varianz der beiden Kontextvariablen zu erklären bzw. deren Ausprägungen zu prognostizieren.[839] Von grösserem Interesse ist jedoch die Frage, inwieweit die Kontextvariablen zur Erklärung bzw. Prognose der Clusterzugehörigkeit herangezogen werden können, was Gegenstand von Unterkapitel 11.3 ist.

[836] Mittelwertvergleiche anhand des Bonferoni-Tests bestätigten, dass zwischen keinem der Cluster hinsichtlich der Kontextvariable „Nachfrageschwankungen des Gesamtmarktes" signifikante Unterschiede existieren.

[837] Zur Anwendung kam eine 5-Punkte-Rating-Skala.

[838] Der Koeffizient Eta^2 entspricht dem Varianzanteil der abhängigen Variablen, welcher auf die unabhängige Variable zurückzuführen ist (vgl. Bortz, J. 1999, S. 270).

[839] Nur gerade 7% der Varianz der Wettbewerbsintensität des Gesamtmarktes und 2% der Varianz der Nachfrageschwankungen des Gesamtmarktes lassen sich durch die Clusterzugehörigkeit erklären.

11.1.2 Ermittlung von Nischenstrategie-Unterschieden bzgl. der ordinalskalierten Kontextfaktoren

Zur Messung von Nischenstrategie-Unterschieden hinsichtlich ordinalskalierter Kontextfaktoren wurde der Kruskal Wallis H-Test angewendet.[840] Dieser Test zeigt auf, ob mindestens zwischen zwei Clustern hinsichtlich einer Variable signifikante Unterschiede existieren. Im vorliegenden Fall weist einzig die Variable „Marktvolumen des Gesamtmarktes" ein signifikantes Ergebnis auf (vgl. Anhang 17).[841] Sowohl hinsichtlich der Unternehmensgrösse als auch der Anzahl Marktnischen, welche in einem Gesamtmarkt existieren, unterscheiden sich die sechs Nischenstrategie-Typen nicht signifikant voneinander.

Variable	Cluster 1	Cluster 2	Cluster 3	Cluster 4	Cluster 5	Cluster 6
Marktvolumen Gesamtmarkt	**3^{c}**	3^{bc}	2^{a}	3^{bc}	3^{bc}	2^{ab}

Anmerkung: Gruppenmediane werden den Bandbreiten nach mit den Superskripten a, b usw. aufgeführt, wobei gleiche Superskripte auf nicht signifikante Unterschiede hinweisen ($p < 0.05$). Der Median der untersten Bandbreite wird mit a bezeichnet, jener der nächst höheren Bandbreite mit b usw. Der tiefste Median wird *kursiv* gedruckt, der höchste wird „fett" hervorgehoben.

Tabelle 14: Median der Variable „Marktvolumen des Gesamtmarktes" pro Cluster

Zur genaueren Prüfung, zwischen welchen Clustern die Unterschiede hinsichtlich des Marktvolumens des Gesamtmarktes signifikant sind, kann der Mann-Whitney U-Test herangezogen werden.[842] Die Ergebnisse dieses Tests zeigen, dass insbesondere das dritte Cluster signifikante Unterschiede zu den anderen Clustern aufweist – ausgenommen zu Cluster sechs (vgl. Anhang 17). Eine genauere Betrachtung des dritten Clusters zeigt, dass das Marktvolumen des Gesamtmarktes überdurchschnittlich tief ist. Während Cluster 1, 2, 4 und 5 einen Median von 3 aufweisen, liegt dieser Wert bei Cluster 3 und 6 bei zwei (vgl. Tabelle 14).[843] Der dritte Nischenstrategie-Typ und beschränkt auch der sechste kennzeichnen sich durch ein verhältnismässig tiefes Marktvolumen des Gesamtmarktes.

---

[840] Vgl. Zikmund, W.G. 2003, S. 544f.; Malhotra, N.K. 1999, S. 435f.
[841] Aufgrund von Mehrfachvergleichen wurde eine α-Fehler-Korrektur nach Bonferoni durchgeführt.
[842] Vgl. Malhotra, N.K. 1999, S. 478f.; Zikmund, W.G. 2003, S. 543.
[843] Da die Variable „Marktvolumen des Gesamtmarktes" ein ordinales Skalenniveau aufweist, muss anstelle des arithmetischen Mittelwertes, welcher mindestens Intervallskalenniveau voraussetzt, auf den Median zurückgegriffen werden (vgl. Diekmann, A. 1997, S. 254f.).

11.1.3 Analyse der Bedeutung der kontextbezogenen Nischenstrategien-Unterschiede

Die folgende Analyse diskutiert die Bedeutung der einzelnen Kontextvariablen, in Bezug auf die Wahl eines Nischenstrategie-Typs. Dazu werden die in den vorangehenden Abschnitten 11.1.1 und 11.1.2 präsentierten empirischen Ergebnisse mit den in der Literatur anzutreffenden Argumenten und Behauptungen verglichen.[844] Zuerst werden die Kontextvariablen „Wettbewerbsintensität des Gesamtmarktes" und „Marktvolumen des Gesamtmarktes" diskutiert, bei welchen signifikante Unterschiede zwischen den Clustern nachgewiesen wurden. Anschliessend folgen die Kontextvariablen „Nachfrageschwankungen des Gesamtmarktes", „Unternehmensgrösse" und „Anzahl Marktnischen", welche sich hinsichtlich der Cluster nicht signifikant unterscheiden.

Wie zuvor erwähnt, existieren bezüglich der Wettbewerbsintensität des Gesamtmarktes zwischen den einzelnen Clustern signifikante Unterschiede. Betrachtet man die Strategietypen eins, zwei und sechs, welche sich alle anhand einer tieferen Wettbewerbsintensität im Gesamtmarkt signifikant vom Strategietyp vier unterscheiden, so fällt auf, dass der vierte Typ einen signifikant höheren Marktanteil in der Marktnische aufweist und sich zudem aufgrund eines leichten Preisnachteils in der Marktnische signifikant von den anderen drei Strategietypen unterscheidet. Daraus lässt sich schliessen, dass mit einer höheren Wettbewerbsintensität im Gesamtmarkt als in der Marktnische tendenziell höhere Marktanteile in der Marktnische und Wettbewerbsnachteile in Bezug auf den Preis einhergehen.

In der Literatur wird vielfach davon ausgegangen, dass Unternehmen in Marktsättigungsphasen häufig aufgrund der hohen Wettbewerbsintensität des Gesamtmarktes Nischenstrategien verfolgen.[845] Aus der Analyse der Ergebnisse geht hervor, dass die Wettbewerbsintensität im Gesamtmarkt bei allen Strategietypen als mindestens gleich hoch wenn nicht höher als in der entsprechenden Marktnische eingeschätzt wird. Die Behauptungen in der Literatur, wonach die Wettbewerbsintensität in Marktnischen generell geringer sei als in den dazugehörigen Gesamtmärkten, scheinen sich anhand der vorliegenden Ergebnisse tendenziell zu bestätigen. Die an diese

---

844 Vgl. dazu die Ausführungen in Kapitel 6.

845 Vgl. Thietart, R.A.; Vivas, R. 1984, S. 1405. Vgl. auch Simon, H. 2000, S. 34; Hinder, W.; Bartosch, S. 1987, S. 32ff.; Erfmann, M. 1988; Harrigan, K.R. 1989, S. 64ff.; Hinder, W. 1986, S. 219ff.; Woo, C.Y.; Cooper, A.C. 1981, S. 306ff.; Hamermesh, R.G.; Silk, S.B. 1979, S. 163ff.

Ausführungen anknüpfende Frage, inwieweit die Wettbewerbsintensität Auswirkungen auf den Erfolg von Nischenstrategien haben kann, wird im nächsten Kapitel (Kapitel 12) untersucht.

Auch hinsichtlich der Kontextvariable „Marktvolumen des Gesamtmarktes" existieren zwischen den Nischenstrategie-Typen signifikante Unterschiede. Cluster eins, das sich durch ein relativ grosses Marktvolumen des Gesamtmarktes charakterisieren lässt, unterscheidet sich signifikant von den Clustern drei und sechs. Eine genauere Betrachtung dieser drei Strategietypen zeigt, dass mit dem grossen Marktvolumen des Gesamtmarktes von Typ eins ein tieferes Nischenwachstum, eine tiefere Nischenrentabilität und ein geringerer Marktanteil in der Marktnische einhergehen.[846] Der Einbezug der anderen Strategietypen zeigt jedoch, dass ein hohes Marktvolumen des Gesamtmarktes auch hohe Wachstums- und Rentabilitätsraten (Cluster 2) oder relativ hohe Marktanteile (Cluster 4) in der Marktnische mit sich bringen kann. Die Kontextvariable „Marktvolumen des Gesamtmarktes" kann deshalb kaum zur Erklärung von Clusterunterschieden herangezogen werden.

Wie bereits im theoretischen Teil dieser Arbeit erwähnt, wird vermutet, dass im Falle eines geringen Marktvolumens des Gesamtmarktes eine ausgeprägte Beschränkung auf einen Marktausschnitt kaum mehr rentabel ist und deshalb weniger stark fokussierende Nischenstrategie-Typen verfolgt werden. Die Ergebnisse der vorliegenden Studie zeigen jedoch, dass das Marktvolumen des Gesamtmarktes Unterschiede hinsichtlich der Intensität der Marktbeschränkung nicht erklären kann. Sowohl Strategietypen mit grossen Gesamtmarktvolumina (bspw. Cluster zwei und vier) als auch solche mit kleinen Volumina (bspw. Cluster drei) können eine ausgeprägte Marktbeschränkung aufweisen.

Keine signifikanten Unterschiede zwischen den Clustern wurden hinsichtlich der Kontextvariablen „Unternehmensgrösse", „Segmentintensität" und „Nachfragestabilität" festgestellt.

Die Unternehmensgrösse als Kontextvariable von Nischenstrategien wird in der Literatur kontrovers diskutiert. Gewisse Autoren schätzen Nischenstrategien insbesondere für kleinere Unternehmen mit beschränkten Ressourcen als Erfolg versprechend

[846] Nischenstrategie-Typ eins unterscheidet sich hinsichtlich dieser Variablen signifikant von den Typen drei und sechs.

ein,[847] andere wiederum sind der Ansicht, dass Marktnischen auch für Grossunternehmen attraktiv sein können.[848] Obwohl die empirischen Daten keine signifikanten Unterschiede zwischen den Clustern liefern, ist ersichtlich, dass Nischenstrategien unabhängig von der Unternehmensgrösse verfolgt werden. Die in Anhang 18 abgebildete Kreuztabelle zeigt zudem, dass sich die Häufigkeiten der Verfolgung einer Nischenstrategie in Abhängigkeit der Unternehmensgrösse nicht signifikant unterscheiden.[849] Demzufolge kann die Behauptung, dass Marktnischen auch von Grossunternehmen verfolgt werden, gestützt werden. Inwiefern eine Nischenstrategie für grössere Unternehmen auch Erfolg versprechend ist, wird im nächsten Kapitel (Kapitel 12) untersucht.

Eine weitere Kontextvariable, welche keine signifikanten Unterschiede zwischen den Nischenstrategie-Typen aufweist, stellt die Variable Anzahl Marktnischen im Gesamtmarkt dar. Wie aus Tabelle 15 hervorgeht, ist in 71% bis 86% der Fälle mit einer beschränkten Anzahl Marktnischen im Gesamtmarkt zu rechnen. Nur selten existiert in einem Gesamtmarkt eine einzige Marktnische. Die im Theorieteil dieser Arbeit geäusserte Vermutung, dass je nach Segmentintensität bzw. Anzahl Marktnischen unterschiedliche Nischenstrategien verfolgt werden, konnte in der vorliegenden Studie nicht bestätigt werden.

Anzahl Marktnischen im Gesamtmarkt *	Cluster 1	Cluster 2	Cluster 3	Cluster 4	Cluster 5	Cluster 6
eine	3%	3%	7%	2%	2%	4%
eine beschränkte Zahl	71%	71%	80%	76%	73%	86%
viele	26%	24%	13%	22%	25%	11%

* Keine signifikanten Unterschiede ($p < 0.05$)

Tabelle 15: Häufigkeiten der Kontextvariable „Anzahl Marktnischen im Gesamtmarkt" pro Cluster

Abschliessend zeigte die Analyse der Ergebnisse, dass auch hinsichtlich der Nachfragestabilität zwischen den Clustern keine signifikanten Unterschiede existieren (vgl.

[847] Vgl. dazu bspw. Nieschlag, R.; Dichtl, E.; Hörschgen, H. 2002, S. 208; Profeta, E. 2002, S. 23; o.V. 2001, S. 18; D'Aveni, R.A. 1995, S. 81; Bollmann, R. 1990, S. 26; Sonderegger, R.A. 1990, S. 30; Speringer, H.-P. 1990, S. 34ff.; Wright, P. 1987, S. 93; Winterling, K. 1986, S. 328;Rupp, M. 1983, S. 133f.; Rupp, M. 1980, S.273ff.
Vgl. auch Abschnitt 4.1.1.

[848] Vgl. dazu auch Rosenbaum, M.C. 1999, S. 13. Vgl. zudem Cavalloni, C.; Tschirky, H. 1991, S. 72 und Meyer, P.W. 1995, S. 45f., die Nischenstrategien auch für Grossunternehmen als Erfolg versprechende Strategie sehen.

[849] Aufgrund der z-standardisierten Faktorwerte wurde zur Analyse der Unterschiede eine Aufteilung der Unternehmen in die vier Gruppen „klein", „klein-mittel", „mittel" und „gross" vorgenommen. Die Gruppen entsprechen den Perzentilen nach Unternehmensgrösse: 0-25% (klein), 25-50% (klein-mittel), 50-75% (mittel), 75-100% (gross).

dazu die im Abschnitt 11.1.1 abgebildete Tabelle 13). Bei allen Strategietypen sind mittlere (bis leicht schwache) Nachfrageschwankungen im Gesamtmarkt festzustellen. Die im Rahmen der theoretischen Ausführungen geäusserte Vermutung, wonach im Falle starker Nachfrageschwankungen weniger ausgeprägte Beschränkungen auf Marktbereiche zu erwarten sind, konnte ebenfalls nicht gestützt werden.

11.2 Ermittlung von Zusammenhängen zwischen der Kontextausprägung und der Ausprägung der einzelnen Nischenstrategie-Merkmale

Nachdem im vorangehenden Unterkapitel die Beziehung zwischen den Kontextvariablen und den entwickelten Nischenstrategie-Typen betrachtet wurde, werden in diesem Unterkapitel Zusammenhänge zwischen Kontextvariablen und den einzelnen Nischenstrategie-Merkmalen untersucht. Diese Analyse erfolgt losgelöst von der entwickelten Clusterlösung und soll nicht nur die aktiven, sondern auch die deskriptiven Gestaltungsvariablen berücksichtigen.

Zur Messung der Zusammenhänge wurde der gesamte Datensatz für jede der fünf Kontextvariablen jeweils in zwei Gruppen aufgeteilt. Die Gruppenbildung erfolgte mittels Mediansplit, wobei eine Gruppe jeweils eine tiefe und die zweite Gruppe eine hohe Ausprägung bei der entsprechenden Kontextvariablen aufweist. Anschliessend kamen pro Kontextvariable für beide Gruppen Mittelwertvergleiche mit entsprechenden t-Tests zur Anwendung.[850] Einzig hinsichtlich der ordinalskalierten Variablen zur Segmentintensität wurden entsprechend den drei Antwortmöglichkeiten drei Gruppen gebildet.[851]

<u>Kontextvariable „Unternehmensgrösse"</u>: Wie aus Tabelle 16 hervorgeht, unterscheidet sich die Gruppe der kleineren Unternehmen hinsichtlich der Nischenstrategie-Merkmale „Wettbewerbsvorteil im Leistungserstellungsprozess" und „Wettbewerbsvorteile bezüglich Serviceleistungen" von der Gruppe der grösseren Unternehmen. Anhand der für die ordinalskalierte Variable „Marktvolumen des Gesamtmarktes" be-

---

850 Die Messung von Unterschieden in Bezug auf die ordinalskalierte Variable „Marktvolumen des Gesamtmarktes" erfolgte anhand von Kreuztabellen mit Chi-Quadrat-Tests.

851 Ein Mediansplitting wäre nicht sinnvoll gewesen, da dieses Verfahren zu einer mehrheitlich willkürlichen Aufteilung in zwei Gruppen geführt hätte: 76% der Nischenanbieter sind in einer Marktnische tätig, deren Gesamtmarkt mehrere Marktnischen aufweist und könnten nicht eindeutig der Gruppe mit einer tiefen bzw. der Gruppe mit einer hohen Segmentintensität zugeordnet werden.

rechneten Kreuztabelle mit Chi-Quadrat-Test (Anhang 19) lässt sich zudem zeigen, dass sich grosse und kleine Unternehmen auch hinsichtlich des Marktvolumens des Gesamtmarktes signifikant voneinander unterscheiden. Die Ergebnisse legen dar, dass die Gruppe der kleineren Unternehmen über signifikant höhere Wettbewerbsvorteile in der Leistungserstellung und hinsichtlich der Serviceleistungen verfügt. Überdies werden Nischenstrategien von kleineren Unternehmen signifikant häufiger in Marktnischen verfolgt, deren Gesamtmärkte ein vergleichsweise tiefes Marktvolumen aufweisen.

Kontextvariable „Wettbewerbsintensität im Gesamtmarkt“: Zudem zeigte sich, dass die Gruppe der Unternehmen mit einer höheren Wettbewerbsintensität im Gesamtmarkt über einen signifikant höheren Schutz vor Gesamtmarktanbietern verfügt. Dies mag damit zu tun haben, dass durch die hohe Wettbewerbsintensität Gesamtmarktanbieter nur dann nicht in eine Marktnische eintreten, wenn die Kompetenzen dazu fehlen. Dementsprechend suchen Nischenanbieter in kompetitiven Märkten vermehrt nach geschützten Marktnischen, welche von Gesamtmarktanbietern mangels Fähigkeiten nicht bearbeitet werden können.

Kontextvariable „Marktvolumen des Gesamtmarktes“: Aufgrund der Ergebnisse ist zu konstatieren, dass die Gruppe der Unternehmen, welche in einer Marktnische mit einem vergleichsweise kleineren Gesamtmarkt tätig ist, über einen signifikant höheren Marktanteil in der Marktnische verfügt. Warum Nischenanbieter in kleineren Gesamtmärkten grössere (Nischen-)Marktanteile aufweisen, hat wohl damit zu tun, dass eine rentable Bearbeitung von Marktnischen ein gewisses Marktvolumen bedingt, was in einem kleinen Markt wiederum einen gewissen Marktanteil voraussetzt.

Kontextvariable „Anzahl Marktnischen im Gesamtmarkt“: Der Vergleich der drei Gruppen „eine“, „eine beschränkte Zahl“ und „viele“ Marktnischen im Gesamtmarkt zeigt, dass hinsichtlich des Marktvolumens des Gesamtmarktes zwischen den Gruppen signifikante Unterschiede existieren (vgl. Anhang 19). Eine steigende Anzahl Marktnischen geht mit einer zunehmenden Grösse des Marktvolumens des Gesamtmarktes einher. Dieser Zusammenhang war zu erwarten, da in grösseren Märkten die Anzahl Marktbereiche generell höher ist, was Auswirkungen auf das Bestand von Marktnischen hat.

Kontextvariablen		Nischenstrategie-Komponente	N	Mittelwert	Standardabweichung	Standardfehler des Mittelwertes	Signifikanzniveau*
Unternehmensgrösse	klein	Wettbewerbsvorteil in Leistungs-	189	4.30	0.71	0.05	.000
(Mediansplit: klein / gross)	gross	erstellungsprozess	186	4.01	0.80	0.06	
	klein	Angebotsvort. Kundendienst	188	4.38	0.77	0.06	.001
	gross		186	4.11	0.83	0.06	
Wettbewerbsintensität	tief	Schutz aufgrund der Unfähigkeit	187	3.57	1.32	0.10	.000
(Mediansplit: tief / hoch)	hoch	der GM-Anbieter	188	4.12	1.06	0.08	
Marktvolumen Gesamtmark	klein	Marktanteil in Nische	185	2.49	1.21	0.09	.000
(Mediansplit: klein / gross)	gross		186	1.99	1.16	0.08	

* Signifikant auf Niveau $p < 0.05$ (α-Fehler-Korrektur nach Bonferoni)

Tabelle 16: Signifikante Zusammenhänge zwischen Kontextvariablen und Nischenstrategie-Merkmalen

Kontextvariable „Nachfrageschwankungen im Gesamtmarkt“: Schliesslich bleibt zu erwähnen, dass sich kein Nischenstrategie-Merkmal hinsichtlich der Nachfragestabilität bzw. –schwankungen zwischen den beiden Gruppen signifikant unterscheiden. Nachfrageschwankungen scheinen somit weder auf die Cluster insgesamt (vgl. Abschnitt 11.1.1) noch auf die einzelnen Nischenstrategie-Merkmale einen Einfluss zu haben. Trotzdem bleibt zu prüfen, inwiefern diese Variable den Erfolg der entwickelten Cluster moderiert und deshalb als bedeutende Kontextvariablen berücksichtigt werden sollte (vgl. Kapitel 12).

11.3 Beurteilung des Erklärungspotenzials der Kontextausprägung hinsichtlich der Wahl von Nischenstrategie-Typen

Zur Ermittlung des Erklärungspotenzials der einzelnen Kontextfaktoren hinsichtlich der Nischenstrategie-Wahl sind Answer-Tree-Analysen durchgeführt worden.[852] Answer-Tree-Analysen beinhalten verschiedene neue Methoden, welche eine Grundgesamtheit anhand von kategorialen Vorhersagevariablen in Gruppen aufteilen, sodass eine abhängige Variable in den verschiedenen Gruppen signifikant unterschiedliche Ausprägungen hat.[853] Die Baumverfahren ermöglichen dabei nicht nur die Identifikation von Gruppen, ähnlich wie dies bspw. auch Clusteranalysen in der Lage sind, sondern lassen auch Vorhersagen über die Gruppenzugehörigkeit neuer Fälle zu.[854] Im vorliegenden Fall handelt es sich bei den Vorhersagevariablen um die Kontextvariablen, welche auf ihr Prognose- bzw. Erklärungspotenzial bezüglich der Wahl eines Nischenstrategie-Typs (abhängige Variable) hin untersucht werden.

---

[852] Dabei ist das CHAID-Verfahren zur Anwendung gekommen (vgl. dazu die Ausführungen in SPSS-Inc. 2001).
[853] Vgl. Bühl, A.; Zöfel, P. 2005, S. 18.
[854] Vgl. o.V. 2002a, o.S.

Wie aus dem untenstehend dargestellten Entscheidungsbaum hervorgeht (vgl. Abbildung 27), stellt das Marktvolumen des Gesamtmarktes die beste Variable zur Erklärung der Aufteilung der Unternehmen auf die einzelnen Nischenstrategie-Typen dar.[855] Anhand des Marktvolumens des Gesamtmarktes wurde eine Aufteilung in drei Gruppen „Marktvolumen < 1 Mio.“, „Marktvolumen 1 bis 500 Mio.“ und „Marktvolumen > 500 Mio.“ vorgenommen. Eine genauere Betrachtung bringt zum Vorschein, dass Unternehmen, welche bspw. eine Nischenstrategie in einem Gesamtmarkt mit Marktvolumen unter einer Million verfolgen (vgl. linker Knoten des ersten Astes), mit einer Wahrscheinlichkeit von 67% dem dritten Nischenstrategie-Typen zuzuordnen sind. Vor dem Hintergrund einer rein zufälligen Prognose, welche für den Strategietyp drei eine Wahrscheinlichkeit von 16% voraussagt, ist eine markante Verbesserung der Voraussage festzustellen.[856] Überdies wird ersichtlich, dass Unternehmen, welche Nischenstrategien in Gesamtmärkten mit einem Marktvolumen von über 500 Mio. verfolgen (vgl. rechter Knoten des ersten Astes), mit einer Wahrscheinlichkeit von knapp 30% den Strategietyp eins und nur in seltenen Fällen (5%) den dritten Strategietyp verfolgen. Diesen Ausführungen zufolge kann festgehalten werden, dass die Kontextvariable „Marktvolumen des Gesamtmarktes“ hinsichtlich der Nischenstrategiezuordnung ein gewisses Erklärungs- und Prognosepotential besitzt und relativ zu den anderen Kontextvariablen den wichtigsten Bestimmungsfaktor darstellt.

---

[855] Ausschlaggebend ist dabei ein Chi-Quadrat-Kriterium.

[856] Es bleibt jedoch anzumerken, dass nur gerade 12 Unternehmungen der Gruppe der Unternehmen mit Nischenstrategien in kleinen Gesamtmärkten (Marktvolumen unter einer Mio.) angehören.

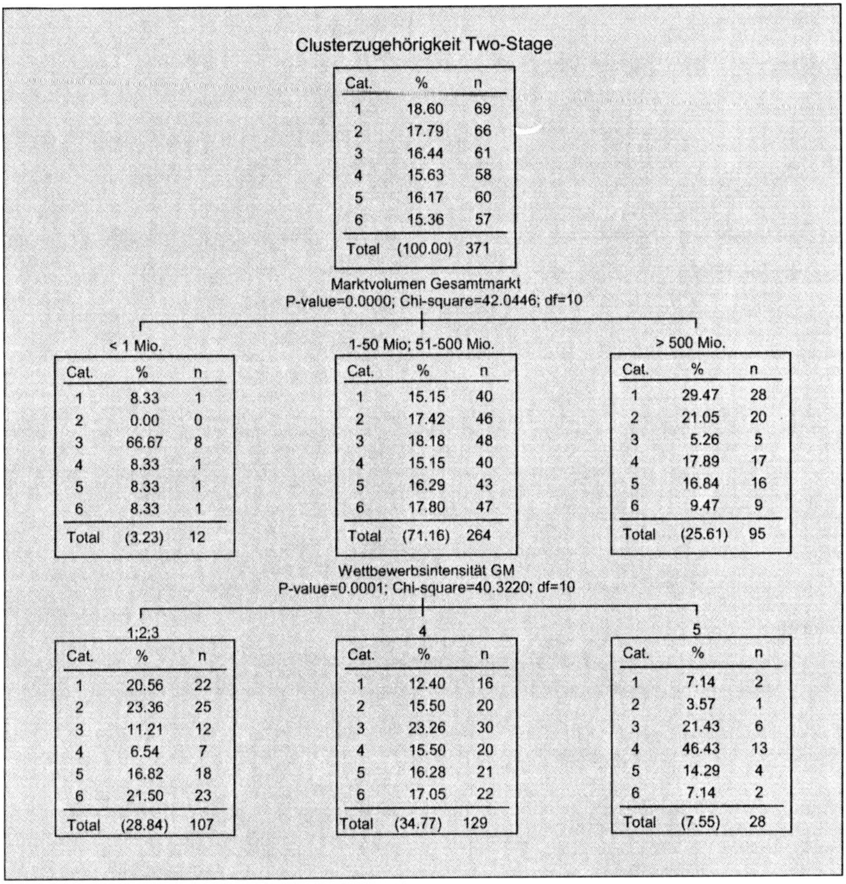

Abbildung 27: Entscheidungsbaum der Bestimmungsfaktoren von Nischenstrategien

Es zeigt sich zudem, dass auch anhand der Wettbewerbsintensität des Gesamtmarktes eine Gruppierung vorgenommen werden kann, welche hinsichtlich der Zuordnung zu den Nischenstrategie-Typen höchst signifikante Unterschiede aufweist. So ist bspw. festzustellen, dass Unternehmen, welche in Gesamtmärkten mit Volumina zwischen einer und 500 Mio. tätig sind, in etwa gleichhäufig die verschiedenen Nischenstrategie-Typen verfolgen (vgl. mittlerer Knoten des ersten Astes). Berücksichtigt man bei dieser Gruppe Unternehmen zusätzlich die Kontextvariable „Wettbewerbsintensität des Gesamtmarktes“, lassen sich wiederum drei Gruppen bilden, deren Nischenstrategie-Zuordnungen höchst signifikant verschieden sind. Unternehmen, bspw. mit einem mittleren Marktvolumen (1 bis 500 Mio.) und einer hohen

Wettbewerbsintensität (Wert 5), verfolgen mit einer Wahrscheinlichkeit von 46% den vierten und 4% den zweiten Nischenstrategie-Typen (vgl. rechter Knoten des zweiten Astes). Diesen Ausführungen zufolge kann auch der Kontextvariable „Wettbewerbsintensität im Gesamtmarkt" ein gewisses Erklärungs- und Prognosepotential zugestanden werden.

Insgesamt bleibt festzuhalten, dass anhand der Kontextvariablen die Vorhersage der Nischenstrategie-Typen im Vergleich zu einer zufälligen Zuordnung signifikant verbessert werden kann. Es zeigte sich weiter, dass das Marktvolumen des Gesamtmarktes der wichtigste Bestimmungsfaktor von Nischenstrategien ist, gefolgt von der Wettbewerbsintensität des Gesamtmarktes. Aufgrund des Prognosepotentials können beide Variablen als Bestimmungsfaktoren von Nischenstrategien betrachtet werden. In Bezug auf die weiteren drei Kontextvariablen „Nachfrageschwankungen des Gesamtmarktes", „Unternehmensgrösse" und „Anzahl Marktnischen im Gesamtmarkt" lassen sich zwischen den Strategietypen keine signifikanten Unterschiede feststellen, weshalb diese Variablen nicht als Bestimmungsfaktoren bezeichnet werden können.

Die vorangehenden Ergebnisse sind dahingehend zu relativieren, als anhand der fünf Kontextvariablen niemals eine 100%-ige Clusterzuordnung prognostiziert werden kann. Im besten Fall kann anhand der Kontextfaktoren ein bestimmter Nischenstrategie-Typ mit einer Wahrscheinlichkeit von 67% vorausgesagt werden. Überdies sollte beachtet werden, dass die als Bestimmungsfaktoren identifizierten Aspekte zwar auf die Wahl eines Nischenstrategie-Typs einen Einfluss haben, es jedoch unbekannt ist, ob die situative Anpassung der Unternehmen bewusst oder unbewusst erfolgt.

11.4 Abschliessende Betrachtung der Kontextfaktoren von Nischenstrategien

Abschliessend sollen die Erkenntnisse der Analyse der Bestimmungsfaktoren von Nischenstrategien kurz resümiert und diskutiert werden. Vorweg sei darauf hingewiesen, dass es sich bei den genannten Zusammenhängen um erste Erkenntnisse handelt, wobei die genauen Wirkungsrichtungen der Beziehungen anhand weiterer empirischer Studien zu überprüfen wären. Folgende Erkenntnisse bzgl. der Zusammenhänge zwischen Kontextvariablen und Nischenstrategie-Typen (Unterkapitel 11.1) bzw. zwischen Kontextvariablen und Nischenstrategie-Merkmalen (Unterkapitel 11.2) und bzgl. des Erklärungspotentials der Kontextfaktoren hinsichtlich der Wahl von Nischenstrategie-Typen (Unterkapitel 11.3) können festgehalten werden:

Das Marktvolumen des Gesamtmarktes stellt den wichtigsten Bestimmungsfaktor von Nischenstrategien dar. Je nach Ausprägung dieser Kontextvariable werden einzelne Strategietypen häufiger als andere verfolgt. Worauf dies zurückgeführt werden kann, ist anhand der vorliegenden Daten nur schwer zu erörtern.[857] Es zeigte sich jedoch, dass Nischenanbieter in Gesamtmärkten mit kleinerem Marktvolumina über signifikant höhere Marktanteile verfügen.

Auch die Wettbewerbsintensität im Gesamtmarkt übt einen signifikanten Einfluss auf die Wahl des Nischenstrategie-Typs aus und kann demnach als zweiter Bestimmungsfaktor bezeichnet werden. Es zeigte sich, dass Nischenstrategien in wettbewerbsintensiven Gesamtmärkten tendenziell mit höheren Marktanteilen in der Marktnische und Wettbewerbsnachteilen in Bezug auf den Preis einhergehen. Unabhängig von der Nischenstrategie-Typologie kann zudem festgehalten werden, dass Nischenanbieter in kompetitiven Gesamtmärkten insofern über einen signifikant stärkeren Schutz vor Gesamtmarktanbietern verfügen, als Letztere mangels Kompetenzen von einer Bearbeitung der Marktnische absehen.

Keinen signifikanten Einfluss auf die Nischenstrategie-Wahl übt hingegen die Kontextvariable „Anzahl Marktnischen des Gesamtmarktes“ aus. Aus den Ergebnissen geht jedoch hervor, dass in grösseren Gesamtmärkten erwartungsgemäss mehrere Marktnischen existieren. Mit einer zunehmenden Anzahl Marktnischen gehen denn auch Strategietypen einher, welche in grösseren Gesamtmärkten verfolgt werden.

Auch die Unternehmensgrösse weist keinen signifikanten Einfluss auf die Wahl der Nischenstrategie-Typen auf. Die Ergebnisse zeigen jedoch, dass kleinere Unternehmen vermehrt Wettbewerbsvorteile im Bereich des Leistungserstellungsprozesses und der Serviceleistungen aufweisen sowie häufiger in Marktnischen tätig sind, deren Gesamtmärkte durch ein relativ tiefes Marktvolumen gekennzeichnet sind.

---

[857] Obwohl sich einzelne Nischenstrategie-Typen hinsichtlich des Marktvolumens des Gesamtmarktes signifikant von einander unterscheiden, können die weiteren Strategiekomponenten kaum als Interpretationshilfen dieses Einflusses herangezogen werden. So können bspw. Strategietypen mit hohem Marktvolumen sowohl hohe als auch tiefe Wachstumsausprägungen in der Marktnische aufweisen.

Schliesslich bleibt festzuhalten, dass Nachfrageschwankungen im Gesamtmarkt weder auf die Wahl der Nischenstrategie-Typen noch auf die Ausprägungen der einzelnen Nischenstrategie-Merkmale einen signifikanten Einfluss ausüben.

Wie aus den Forschungsergebnissen hervorgeht, ist in Bezug auf die fünf untersuchten Kontextvariablen nur von einer beschränkten strategischen Adaption der Nischenanbieter an die situativen Gegebenheiten auszugehen. Einzig der Wettbewerbsintensität und dem Marktvolumen des Gesamtmarktes können signifikante Einflüsse auf die Wahl des Nischenstrategie-Typs zugestanden werden, wobei anzumerken ist, dass diese zwei Kontextfaktoren nicht auf die Wahl aller Strategietypen Einfluss nehmen.[858] Inwiefern die bei der Ausgestaltung einer Nischenstrategie beschränkte Berücksichtigung des Kontextes Auswirkungen auf den Erfolg hat, ist Gegenstand des nächsten Kapitels.

[858] Auf eine Diskussion der Forschungsthesen wird aus Gründen der Redundanz an dieser Stelle verzichtet und auf Kapitel 13 verwiesen.

12 Ermittlung des Erfolges der Nischenstrategie-Typen

Nach der Entwicklung der Taxonomie von Nischenstrategien und den kontextanalytischen Untersuchungen stellt sich nun die Frage, welche Nischenstrategie-Typen Erfolg versprechend sind. In einem ersten Schritt gilt es deshalb, den Erfolg von Nischenstrategie-Typen zu ermitteln (Unterkapitel 12.1), bevor eine ausführliche Diskussion der Ergebnisse vorgenommen werden kann (Unterkapitel 12.2).

12.1 Analysen zur Ermittlung des Erfolges der Nischenstrategie-Typen

Vorgängige Ausführungen hinsichtlich der Indexierung der Erfolgsindikatoren dienen als Grundlage der Erfolgsanalyse von Nischenstrategien (Abschnitt 12.1.1). Im Anschluss folgen dann sowohl Betrachtungen zu situationsunabhängigen (Abschnitt 12.1.2) als auch zu situationsabhängigen (Abschnitt 12.1.3) Erfolgsunterschieden der Nischenstrategie-Typen.

12.1.1 Indexierung der Erfolgsindikatoren

Die Erfolgsmessung erfolgte anhand von fünf voneinander unabhängigen Erfolgsindikatoren:

1. Gewinnziel
2. Marktanteilsziel
3. Positionierungsziel
4. Kundenzufriedenheits-/Kundenbindungsziel
5. Ziel der Sicherstellung der langfristigen Wettbewerbsfähigkeit.

Pro Erfolgsindikator wurden sowohl dessen Bedeutung als auch die Erreichung des Ziels erhoben. Da es sich – wie bereits im Rahmen der Validitätsprüfung in Unterkapitel 9.4 erläutert – um theoretisch unabhängige Indikatoren handelt, wird beim Erfolgskonstrukt von einer formativen Messung ausgegangen. Eine erste Analyse zeigte zwar, dass zwischen den einzelnen Indikatoren gewisse Zusammenhänge und demzufolge inhaltliche Überschneidungen existieren. Diese Korrelationen sind jedoch zu gering, um eine Faktorenbildung rechtfertigen zu können.[859] Eine explorative Faktorenanalyse der Variablen zur Erreichung der Erfolgsziele bestätigte eine Einfaktorenlösung als optimales Resultat.[860]

Im Rahmen der Erfolgsanalyse werden einerseits pro Nischenstrategie-Typ die einzelnen Erfolgsindikatoren berücksichtigt, andererseits soll ein Gesamterfolgswert berechnet werden. Zur Berechnung des Gesamterfolgswertes eines Nischenstrategie-Typs wird zuerst für jeden Fall bzw. für jede Unternehmung pro Erfolgsindikator die Bedeutung des jeweiligen Erfolgsindikators mit dem entsprechenden Erreichungsgrad multipliziert (vgl. Formel in Abbildung 28). Die daraus resultierenden Werte werden anschliessend aufsummiert, bevor über alle Fälle (Unternehmen) eines Nischenstrategie-Typs der Mittelwert berechnet wird. Der Gesamterfolgswert eines Nischenstrategie-Typs entspricht demnach dem Durchschnitt der Gesamterfolgswerte aller Fälle eines bestimmten Strategietyps.[861]

$$EW_i = \left[\sum_{k=1}^{5} (E_{ik} \cdot B_{ik}) \right]$$

EW_i	Gesamterfolgswert des Nischenstrategie-Typs *i*
E_{ik}	Erreichung des Erfolgsindikators *k* des Nischenstrategie-Typs *i*
B_{ik}	Bedeutung des Erfolgsindikators *k* für Nischenstrategie-Typ *i*
k	Menge aller Erfolgsindikatoren
i	Menge aller Nischenstrategie-Typen

Abbildung 28: Formel zur Berechnung des Gesamterfolgswertes eines Nischenstrategie-Typs

Nachfolgend werden Unterschiede zwischen den Clustern sowohl hinsichtlich der einzelnen Erfolgsindikatoren als auch in Bezug auf den indexierten Gesamterfolgswert analysiert. Mögliche moderierende Wirkungen von Kontextfaktoren bleiben in

859 Alle Korrelationen liegen unter r = 0.47**.

860 Die Faktorenanalyse erfolgte anhand einer Hauptkomponentenanalyse mit Varimax-Rotation, wobei zur Bestimmung der Faktorenzahl das Kaiser-Guttmann-Kriterium herangezogen wurde. Diesem Kriterium zufolge sollen nur Faktoren interpretiert werden, deren Eigenwerte grösser als 1 sind (vgl. dazu Bortz, J. 1999, S. 528).

861 Es bleibt anzumerken, dass eine Indexbildung insofern nicht unproblematisch ist, da die Festlegung der Verknüpfungsregel der Indikatoren gewisser Willkür unterliegt (vgl. Jenner, T. 1999, S. 253). Trotzdem wird eine Indexierung vorgenommen, weil auf diese Weise der Erfolg der einzelnen Nischenstrategie-Typen anhand eines Erfolgswertes verglichen werden kann.

einem ersten Analyseschritt (Abschnitt 12.1.2) unberücksichtigt. Situative Erfolgsunterschiede sind dann Gegenstand von Abschnitt 12.1.3.

12.1.2 Situationsunabhängige Erfolgsunterschiede der einzelnen Nischenstrategie-Typen

Anhand von Mittelwertvergleichen mittels einfaktorieller Varianzanalysen (ANOVA) wurden die Cluster auf kontextunabhängige Erfolgsunterschiede hin untersucht. Die Messung von Signifikanzunterschieden zwischen den einzelnen Gruppen erfolgte anhand von Bonferoni-Tests, welche die bei Mehrfachvergleichen auftretende α-Fehler-Kumulation berücksichtigt.[862]

Erfolgsindikatoren	Cluster 1	Cluster 2	Cluster 3	Cluster 4	Cluster 5	Cluster 6
Gewinnziel	11.97 ^{a}	12.58 ^{ab}	12.14 ^{ab}	13.33 ^{ab}	*11.72* ^{a}	**14.18** ^{b}
Marktanteilsziel *	9.47	10.59	10.98	11.50	9.89	11.69
Positionierungsziel	12.02 ^{ab}	12.58 ^{ab}	12.23 ^{ab}	13.58 ^{b}	*10.91* ^{a}	**13.80** ^{b}
Kundengewinnungs-/bindungsziel	15.02 ^{ab}	15.10 ^{ab}	15.13 ^{ab}	15.37 ^{ab}	*14.46* ^{a}	**16.92** ^{b}
Ziel Sicherung Wettbewerbsfähigkeit	*13.55* ^{a}	13.98 ^{a}	13.55 ^{a}	14.87 ^{ab}	13.93 ^{a}	**16.36** ^{b}
Gesamterfolgswert	61.95 ^{a}	65.07 ^{ab}	63.96 ^{ab}	68.85 ^{bc}	*60.91* ^{a}	**73.06** ^{c}

* Es existieren keine signifikanten Unterschiede zwischen den einzelnen Gruppen ($p < 0.05$).

Anmerkungen: Gruppenmittelwerte werden den Bandbreiten nach mit den Superskripten a, b usw. aufgeführt, wobei gleiche Superskripte auf nicht signifikante Unterschiede hinweisen ($p < 0.05$). Pro Clustervariable werden die Mittelwerte der untersten Bandbreite mit a bezeichnet, jene der nächst höheren Bandbreite mit b usw. Der tiefste Wert pro Clustervariable wird *kursiv* gedruckt, der höchste Wert wird „fett" hervorgehoben. Vgl. auch die Ausführungen in Abschnitt 10.1.6.

Tabelle 17: Mittelwertvergleich der Erfolgsindikatoren der Nischenstrategie-Typen

Wie aus Tabelle 17 hervorgeht, existieren zwischen den Clustern bezüglich vier von fünf Erfolgsindikatoren und im Hinblick auf den Gesamterfolgswert signifikante Unterschiede. Einzig die Erreichung des Marktanteilziels weist zwischen den Clustern keine signifikanten Unterschiede auf. Der sechste Nischenstrategie-Typ wird eindeutig als erfolgreichster Strategietyp eingeschätzt. Hinsichtlich aller Erfolgsindikatoren weist dieser Strategietyp die höchsten Ausprägungen auf. Im Vergleich zum fünften Strategietypen liegen alle Erfolgswerte – mit Ausnahme des Marktanteils – signifikant höher. Auf der anderen Seite befindet sich dieser fünfte Nischenstrategie-Typ, welcher stets zur Subgruppe der Cluster mit den tiefsten Erfolgswerten gehört. Die Erfolgseinschätzung der beiden Cluster überrascht nicht, handelt es sich doch bei Nischenstrategie-Typ sechs um denjenigen, welcher generell über die höchsten Wettbewerbsvorteile in praktisch allen Bereichen verfügt. Ebenso entspricht die schlechte

[862] Vgl. dazu Bortz, J. 1999, S. 261.

Beurteilung des fünften Typen den Erwartungen, welcher mehrheitlich die tiefsten Werte bei den Wettbewerbsvorteilen aufweist.

Die Nischenstrategie-Typen zwei und drei weisen jeweils durchschnittliche Erfolgswerte auf und unterscheiden sich nur hinsichtlich der Sicherung der langfristigen Wettbewerbsfähigkeit signifikant von den anderen Strategietypen (in diesem Falle von Cluster sechs). Die schlechtere Beurteilung dieses Erfolgsindikators ist vermutlich darauf zurückzuführen, dass Cluster sechs aufgrund der ausgeprägten Wettbewerbsvorteile die langfristige Wettbewerbsfähigkeit besser sicherstellen kann. Ferner ist festzustellen, dass, obwohl die Werte kein signifikantes Niveau erreichen, Strategietyp eins mehrheitlich tiefere Erfolgswerte aufweist und deshalb zu den weniger Erfolg versprechenden Nischenstrategie-Typen zu zählen ist – so sind bspw. alle Erfolgswerte gleich tief, wenn nicht tiefer als bei den Strategietypen zwei, drei, vier und sechs. Der geringe Marktanteil in einer relativ unattraktiven Marktnische und eine nur durchschnittlich ausgeprägte Beschränkung auf einen Marktbereich können zur Erklärung der eher schlechten Beurteilung herangezogen werden. Schliesslich bleibt Nischenstrategie-Typ vier zu diskutieren, dessen Erfolgswerte bei keinem Indikator signifikant tiefer sind als die Werte von Strategietyp sechs. Dies mag damit zu tun haben, dass Cluster vier über einen signifikant höheren Marktanteil in der Nische verfügt und in zentralen Wettbewerbsbereichen, wie Produkt-, Kommunikations- und Servicevorteilen, mit Cluster sechs vergleichbare Ausprägungen aufweist.

Insgesamt ist bei der Betrachtung der einzelnen Erfolgsindikatoren zu konstatieren, dass Nischenstrategie-Typ sechs als erfolgreichster und Strategietyp fünf als der am wenigsten erfolgreiche Nischenstrategie-Typ eingeschätzt werden. Die Strategietypen zwei und drei haben mittlere Ausprägungen, während Typ eins etwas positiver und Typ vier etwas negativer eingeschätzt werden. Interessanterweise lassen sich hinsichtlich der Erfolgsindikatoren keine Trade-offs feststellen. In der Regel weisen die Strategietypen bei allen Erfolgsaspekten jeweils entweder tiefe, mittlere oder hohe Werte auf. Es bleibt jedoch anzumerken, dass ein Halo-Effekt, bei welchem die vorausgehenden Fragen einen Einfluss auf die Beantwortung der nachfolgenden Fragen ausüben, nicht auszuschliessen ist.[863]

[863] Vgl. dazu Böhler, H. 2004, S. 101; Tscheulin, D.K. 2004, S. 223.

Betrachtet man die indexierten Gesamterfolgswerte, werden die anhand der einzelnen Erfolgsindikatoren getätigten Aussagen erwartungsgemäss bestätigt: Die Strategietypen vier und sechs werden als erfolgreichste Nischenstrategie-Typen, die Typen zwei und drei als durchschnittlich erfolgreiche und die Strategietypen eins und fünf als weniger erfolgreiche Nischenstrategie-Typen eingeschätzt.[864]

12.1.3 Situationsabhängige Erfolgsunterschiede der einzelnen Nischenstrategie-Typen

Nach der situationsunabhängigen Analyse von Erfolgsunterschieden zwischen den Nischenstrategie-Typen, stellt sich die Frage, inwiefern die Unterschiede auf andersartige Kontextausprägungen zurückzuführen sind. Für jeden Erfolgsindikator wie auch für den Gesamterfolgswert wurde der Datensatz mittels Mediansplit in zwei Gruppen – eine jeweils erfolgreichere und eine weniger erfolgreiche – aufgeteilt. Zur Messung der moderierenden Wirkung situativer Gegebenheiten sind im Anschluss, abhängig vom jeweiligen Skalenniveau, für die einzelnen Kontextfaktoren Mittelwertvergleiche mit anschliessenden t-Tests und Mann-Whitney U-Tests durchgeführt worden.[865]

Vorgängig zur Analyse situationsabhängiger Erfolgsunterschiede wurden die Kontextfaktoren auf Korrelationen hin untersucht. Es zeigte sich, dass die Kontextvariablen grundsätzlich unabhängig von einander sind und die Bedeutung der einzelnen signifikanten Zusammenhänge als gering einzuschätzen sind.[866] Auch die Messung direkter Zusammenhänge zwischen den Kontextfaktoren und den Erfolgsindikatoren lieferte geringe Korrelationen.[867] Die im Folgenden anzuwendenden Methoden und die daraus resultierenden Ergebnisse sind diesbezüglich nicht in Frage zu stellen.

Eine clusterspezifische Betrachtung bringt zum Vorschein, welche Kontextfaktoren einen signifikanten Einfluss auf den Erfolg eines bestimmten Nischenstrategie-Typs

---

[864] Es bleibt zu erwähnen, dass die Erfolgsunterschiede zwischen der mittels Superskripten gekennzeichneten Subgruppe a (Strategie-Typ eins und fünf) und Subgruppe bc/c (Strategie-Typ vier und sechs) signifikant sind. Überdies weist Strategie-Typ sechs auch signifikant höhere Werte als die beiden durchschnittlichen Strategie-Typen zwei und drei (Subgruppe ab) auf.

[865] Bei den metrischen Variablen „Wettbewerbsintensität des Gesamtmarktes“ und „Nachfrageschwankungen im Gesamtmarkt“ wurden t-Tests, bei den ordinal skalierten Variablen „Unternehmensgrösse“, „Marktvolumen des Gesamtmarktes“ und „Anzahl Marktnischen im Gesamtmarkt“ wurden Mann Whitney U-Tests durchgeführt.

[866] Alle Korrelationen liegen unter r = 0.26**.

[867] Alle Korrelationen liegen unter r = 0.20**.

ausüben. An dieser Stelle sei erwähnt, dass die cluster- bzw. nischenstrategiespezifische Wirkung der einzelnen Kontextfaktoren auf den Erfolg von primärem Interesse ist. Der kombinierte Einfluss der untersuchten Kontextfaktoren ist von untergeordneter Bedeutung. Trotzdem wurden zur Messung des kombinierten Einflusses für jeden Erfolgsindikator und pro Nischenstrategie-Typ Regressionsanalysen[868] durchgeführt. Aufgrund der dadurch erhaltenen grossen Datenmenge, werden einzig die zentralen Erkenntnisse in die nachfolgenden Ausführungen einfliessen.[869]

Erfolgsindikator	Cluster 1	Cluster 2	Cluster 3	Cluster 4	Cluster 5	Cluster 6
Gewinn				*W'intensität Gesamtmarkt*	*Unternehmens-grösse*	*Marktvolumen Gesamtmarkt*
Marktanteil	*Unternehmens-grösse*		*Marktvolumen Gesamtmarkt*			*Unternehmens-grösse*
Positionierung						*Unternehmens-grösse*
Kundenzufriedenheit / Kundenbindung						
Sicherung Wettbewerbsfähigkeit	*Marktvolumen Gesamtmarkt*	*Marktvolumen Gesamtmarkt*				
Gesamterfolg		*W'intensität Gesamtmarkt*				

Anmerkung: Die moderierenden Wirkungen sind jeweils negativ. So ist bspw. bei Cluster 1 der Marktanteil umso höher, je kleiner die Unternehmensgrösse ist.

Tabelle 18: Kontextvariablen mit moderierender Wirkung auf den Erfolg von Nischenstrategie-Typen

Das erste Cluster (vgl. Tabelle 18), welches dem Nischenstrategie-Typ mit einer mittleren Beschränkung auf Produkt- und Kundengruppen in einer relativ unattraktiven Marktnische entspricht, welcher mit einem kleinen Marktanteil insbesondere über Service- und Leistungserstellungsvorteile verfügt, weist zwei moderierende Kontextfaktoren auf. Bezüglich des Marktanteils resultieren bei kleineren Unternehmen höhere Werte als bei der Gruppe mit grösseren Unternehmen. Zudem ist die langfristige Wettbewerbsfähigkeit umso gesicherter, je kleiner das Marktvolumen des entsprechenden Gesamtmarktes ist.[870]

Cluster zwei, der Nischenstrategie-Typ, welcher sich mit verschiedenartigen Wettbewerbsvorteilen in einer attraktiven geografischen Marktnische behauptet, verfügt e-

[868] Bei den durchgeführten Analysen handelt es sich um lineare Regressionsanalysen, wobei den jeweiligen Erfolgsindikatoren metrisches Skalenniveau unterstellt wurde (vgl. Backhaus, K. et al. 2003 S. 60ff.).

[869] Vgl. dazu auch die tabellarische Darstellung der signifikant wirkenden Kontextfaktoren in Anhang 21.

[870] Die Ergebnisse der Regressionsanalyse vermögen diese Feststellungen nicht zu stützen. Durch die Betrachtung der gemeinsamen Wirkung aller Kontextvariablen ändern sich bei beiden Kontextvariablen – Unternehmensgrösse ($p < 0.001$) und Marktvolumen des Gesamtmarktes ($p < 0.05$) – die Richtungen des Einflusses (vgl. Anhang 21).

benfalls über zwei moderierende Kontextfaktoren. Unternehmen, deren Marktnische sich in einem volumenschwächeren Gesamtmarkt befindet, schätzen ihre langfristige Sicherung der Wettbewerbsfähigkeit stärker ein. Zudem wird der Gesamterfolg dieses Nischenstrategie-Typs höher bewertet, wenn die Wettbewerbsintensität des Gesamtmarktes vergleichsweise tiefer ist. Kleinere und beschränkt kompetitive Gesamtmärkte wirken sich folglich positiv auf den Erfolg dieses Nischenstrategie-Typs aus.[871]

Cluster drei, der Nischenstrategie-Typ, welcher durch eine starke Beschränkung auf Kunden- und Produktgruppen charakterisiert werden kann, weist einzig den Kontextfaktor „Marktvolumen des Gesamtmarktes“ auf. Unternehmen, welche ihre Marktnische in einem Gesamtmarkt mit geringerem Marktvolumen bearbeiten, schätzen ihren Erfolg hinsichtlich des Marktanteils höher ein als Unternehmen in volumenstarken Gesamtmärkten.[872]

Das vierte Cluster, welches den marktanteilsstarken Nischenstrategie-Typ mit einer Produkt-/Kundengruppenbeschränkung darstellt, der sich mit Produkt- und Kommunikationsvorteilen behauptet, jedoch gewisse Wettbewerbsnachteile hinsichtlich des Preises aufweist, findet in der Wettbewerbsintensität des Gesamtmarktes einen moderierenden Kontextfaktor. Je tiefer die Wettbewerbsintensität des Gesamtmarktes, desto höher bewerten die Unternehmen den Erfolg in Bezug auf den Gewinn.[873]

Das fünfte Cluster, welches dem Nischenstrategie-Typ mit einer mittleren Beschränkung auf Produktgruppen entspricht, welcher kaum Wettbewerbsvorteile aufweist und die Marktnische mit einem geringen Marktanteil bearbeitet, hat die Unternehmensgrösse als Kontextfaktor vorzuweisen. Je kleiner die Unternehmen, desto höher wird der Erfolg hinsichtlich des Gewinns eingeschätzt.[874]

[871] Anhand der Regressionsanalysen konnten keine signifikanten ($p < 0.05$) Ergebnisse festgestellt werden (vgl. Anhang 21).

[872] Anhand der Regressionsanalysen konnten keine signifikanten ($p < 0.05$) Ergebnisse festgestellt werden (vgl. Anhang 21).

[873] Die Regressionsanalyse zeigte jedoch, dass sich bei der Berücksichtigung der kombinierten Wirkung der Kontextfaktoren die Richtung dieses Einflusses umkehrt. Zudem ging hervor, dass sich geringe Nachfrageschwankungen im Gesamtmarkt tendenziell positiv auf die Sicherung der Wettbewerbsfähigkeit auswirken (vgl. Anhang 21).

[874] Unter Berücksichtigung der kombinierten Wirkung der Kontextfaktoren zeigte sich zudem, dass auch tiefere Nachfrageschwankungen im Gesamtmarkt und eine grössere Anzahl Marknischen im Gesamtmarkt tendenziell positive Auswirkungen auf den Gewinn haben (vgl. Anhang 21).

Schliesslich bleibt das sechste Cluster zu diskutieren, welches sich durch eine Nischenstrategie mit Beschränkung auf Produkt-/Kundengruppen in attraktiven Märkten auszeichnet und über ausgeprägte Wettbewerbsvorteile in zahlreichen Bereichen verfügt. Die beiden Kontextfaktoren „Marktvolumen des Gesamtmarktes" und „Unternehmensgrösse" moderieren gleich drei Erfolgsindikatoren. Es zeigte sich, dass Unternehmen in Marktnischen mit kleinerem Marktvolumen des Gesamtmarktes höhere Gewinnwerte aufweisen. Zudem weisen kleinere Unternehmen dieses Nischenstrategie-Typs bessere Werte hinsichtlich des Marktanteils und eine erfolgreichere Positionierung auf.[875]

Neben der Betrachtung der einzelnen Nischenstrategie-Typen kann festgestellt werden, dass die moderierenden Wirkungen der Kontextvariablen vier der fünf Erfolgsindikatoren und den Gesamterfolgswert betreffen. Einzig die Ausprägung hinsichtlich der Kundenzufriedenheits- und Kundenbindungsziele ist für alle Cluster von den Kontextfaktoren bzw. von der Situation unabhängig.

Insgesamt ist zu konstatieren, dass die These, wonach Nischenstrategien, welche in andersartigen Kontexten verfolgt werden, einen signifikant unterschiedlichen Erfolg aufweisen, grundsätzlich gestützt werden kann.[876] Die gesonderte Betrachtung der Kontextfaktoren zeigte, dass bei allen Nischenstrategie-Typen sich mindestens einer der untersuchten Kontextfaktoren als Moderator der Beziehung zwischen Strategietyp und mindestens eines Erfolgsindikators erwies.[877]

12.2 Diskussion der Ergebnisse der Analyse zum Erfolg von Nischenstrategie-Typen

Während im vorangegangenen Unterkapitel der Fokus auf die einzelnen Nischenstrategie-Typen gerichtet war, folgt nun eine clusterübergreifende Betrachtung. Der folgende Abschnitt 12.2.1 entspricht denn auch einer von den Nischenstrategie-Typen unabhängigen Analyse der moderierenden Kontextfaktoren. Anschliessend wird diskutiert, inwieweit eine situative Adaption an Kontextbedingungen erfolgswirk-

---

875 Die Ergebnisse der Regressionsanalyse vermögen diese Feststellungen nicht zu stützen. Durch die Betrachtung der gemeinsamen Wirkung aller Kontextvariablen gehen mit einem höheren Marktvolumen des Gesamtmarktes höhere Gewinnwerte ($p < 0.05$) und mit steigender Unternehmensgrösse höhere Positionierungserfolgswerte ($p < 0.05$) einher (vgl. Anhang 21).

876 Eine ausführliche Diskussion der Forschungsthesen ist Gegenstand von Kapitel 13.

877 Es ist nochmals darauf hinzuweisen, dass Regressionsanalysen zum Teil widersprüchliche Ergebnisse generierten. Vgl. dazu Tabelle 18 und Anhang 21.

sam und entsprechend notwendig ist (Abschnitt 12.2.2). Dabei bleibt anzumerken, dass im Folgenden die gesonderte Wirkung der Kontextfaktoren von Interesse ist und deshalb die regressionsanalytischen Ergebnisse ausgeblendet werden.[878]

12.2.1 Nischenstrategie-Typen übergreifende Betrachtung der moderierenden Kontextfaktoren

Aus den Ergebnissen ging hervor, dass drei der fünf untersuchten Kontextfaktoren einen moderierenden (signifikanten) Einfluss auf den Erfolg von Nischenstrategie-Typen ausüben (vgl. Tabelle 18). Kein signifikanter Einfluss ist den beiden Kontextvariablen „Nachfrageschwankungen des Gesamtmarktes" und „Anzahl Marktnischen des Gesamtmarktes" zuzuschreiben. Dies gilt nicht für die Kontextvariable „Marktvolumen des Gesamtmarktes", welche insofern von Bedeutung ist, als sie einen moderierenden Einfluss auf die Erfolgsindikatoren von vier Strategietypen (Cluster eins, zwei, drei und sechs) ausübt. Auch der Unternehmensgrösse ist eine gewisse Bedeutung beizumessen, da die Erfolgsindikatoren der Nischenstrategie-Typen eins, fünf und sechs moderiert werden. Schliesslich bleibt der dritte Kontextfaktor, die Wettbewerbsintensität des Gesamtmarktes zu erwähnen, welcher einen moderierenden Einfluss auf die Erfolgsindikatoren der Strategietypen zwei und vier ausübt. Nachfolgend werden die drei moderierenden Kontextfaktoren etwas genauer betrachtet.

Marktvolumen des Gesamtmarktes: Aus den Analysen geht hervor, dass bei vier Nischenstrategie-Typen (Cluster eins, zwei, drei und sechs) jeweils ein Erfolgsindikator (entweder Gewinn, Marktanteil oder Sicherung der Wettbewerbsfähigkeit) höhere Werte aufweist, wenn der entsprechende Gesamtmarkt über ein vergleichsweise tiefes Marktvolumen verfügt. Bei der Mehrheit der Nischenstrategie-Typen werden dementsprechend einzelne Erfolgsaspekte durch ein tiefes Marktvolumen des Gesamtmarktes begünstigt. Da jedoch zwischen den vier betrachteten Nischenstrategie-Typen keine nennenswerten Gemeinsamkeiten bestehen, sind keine generellen Aussagen möglich. Trotzdem gilt es festzuhalten, dass kleinere Gesamtmärkte den Erfolg von Nischenanbietern tendenziell begünstigen. Dies bedeutet, dass die in Unterabschnitt 6.1.2.2 geäusserte Vermutung, wonach in kleineren Gesamtmärkten ei-

[878] Bzgl. regressionsanalytischer Ergebnisse vgl. Unterkapitel 12.1 und Anhang 21.

ne zu starke Fokussierung auf eine Nische nicht mehr rentabel sei, nicht bestätigt werden kann.

Unternehmensgrösse: Aus den Analysen geht hervor, dass drei verschiedene Erfolgsaspekte (Gewinn, Marktanteil, Positionierung) durch die Unternehmensgrösse beeinflusst werden. Unternehmen des fünften Nischenstrategie-Typs weisen mit abnehmender Unternehmensgrösse bessere Gewinnwerte auf. Bei Nischenstrategie-Typ sechs steigen mit sinkender Unternehmensgrösse Marktanteils- (so auch bei Strategietyp eins) und Positionierungswerte. Diese Erkenntnisse sprechen dafür, dass die in Unterabschnitt 6.1.2.1 von mehreren Autoren vertretene Ansicht, dass Nischenstrategien durch eine beschränkte Unternehmensgrösse begünstigt würden, grundsätzlich gestützt werden kann.[879] Da es sich bei der vorliegenden Studie um einen ersten explorativen Schritt handelt, dürfen die Ergebnisse nicht überbewertet werden, zumal nur bei drei Nischenstrategie-Typen einzelne Erfolgsindikatoren durch die Unternehmensgrösse signifikant moderiert werden. Trotzdem soll festgehalten werden, dass Nischenstrategien für kleinere Unternehmen tendenziell Erfolg versprechender sind, obschon auch grössere Unternehmen in Marktnischen erfolgreich agieren können.[880]

Wettbewerbsintensität des Gesamtmarktes: Als dritter moderierender Kontextfaktor ist die Wettbewerbsintensität des Gesamtmarktes zu nennen, welche den Erfolg von Nischenstrategie-Typ zwei und vier beeinflusst. Bei tiefer Wettbewerbsintensität erzielen Unternehmen des zweiten Nischenstrategie-Typs einen höheren Gesamterfolgswert und jene des Strategietyps vier höhere Gewinnwerte. Tendenziell lässt sich demzufolge festhalten, dass Nischenstrategien mit abnehmender Wettbewerbsintensität im Gesamtmarkt erfolgreicher sind. Trotzdem zeigte sich, wie im Unterabschnitt 6.1.2.2 vermutet wurde, dass Nischenstrategie-Typen auch in Gesamtmärkten mit hoher Wettbewerbsintensität erfolgreich sein können.

[879] Vgl. dazu D'Aveni, R.A. 1995, S. 81; Nieschlag, R.; Dichtl, E.; Hörschgen, H. 2002, S. 208; Böckem, S. 1993, S. 535; Bollmann, R. 1990, S. 26; Wright, P. 1987, S. 93; Rupp, M. 1983, S. 133f.; Rupp, M. 1980, S.273ff.; Profeta, E. 2002, S. 23; Nieschlag, R.; Dichtl, E.; Hörschgen, H. 2002, S. 297ff. und die Ausführungen in Abschnitt 4.1.1.

[880] Die von Rosenbaum, M.C. 1999, S. 13; Cavalloni, C.; Tschirky, H. 1991, S. 72 und Meyer, P.W. 1995, S. 45f.; Cornelssen, I. 1995, S. 31 vertretene Ansicht, dass Marktnischen auch für Grossunternehmen attraktiv sein können, findet demzufolge Bestätigung. Die Untersuchung hat diesbezüglich gezeigt, dass die Erfolgswerte bei Strategie-Typ 2, 3 und 4 von der Unternehmensgrösse unabhängig sind. Vgl. dazu auch die Ausführungen in den Abschnitten 1.2.1 und 4.1.1.

Die Diskussion der moderierenden Wirkung von Kontextfaktoren auf den Erfolg von Nischenstrategien hat gezeigt, dass die drei Faktoren „Unternehmensgrösse", „Marktvolumen des Gesamtmarktes" und „Wettbewerbsintensität des Gesamtmarktes" als Moderatoren bezeichnet werden können. Da diese Faktoren den Erfolg der Nischenstrategie-Typen beeinflussen, sollte ihnen bei der Wahl bzw. der Ausgestaltung einer Nischenstrategie Beachtung geschenkt werden. Inwiefern dies der Fall ist, wird im nächsten Abschnitt erörtert.

12.2.2 Notwendigkeit situativer Adaption an Kontextbedingungen

Die in Kapitel 11 durchgeführte Analyse der Bestimmungsfaktoren von Nischenstrategie-Typen hat gezeigt, dass signifikante Unterschiede zwischen den Clustern existieren und eine situative Adaption an den Kontext erfolgt. Der Ist-Zustand der situativen Adaption betrifft die Wettbewerbsintensität des Gesamtmarktes sowie das Marktvolumen des Gesamtmarktes. Bei hoher Wettbewerbsintensität werden zunehmend Nischenstrategien des Typs drei und vier verfolgt, während Unternehmen in Gesamtmärkten mit tiefer Wettbewerbsintensität vermehrt Strategietyp zwei bevorzugen. Bei tiefem Marktvolumen des Gesamtmarktes wird zunehmend Nischenstrategie-Typ drei und bei hohem vermehrt Strategietyp eins verfolgt. Keine Bestimmungsfaktoren stellen die Faktoren Unternehmensgrösse, Anzahl Marktnischen und Nachfrageschwankungen dar. Inwiefern es sich bei dem Ist-Zustand der situativen Adaption um eine von Unternehmen bewusst oder intuitiv vorgenommene Anpassung handelt, kann aufgrund der Daten nicht beurteilt werden.

Der Soll-Zustand der situativen Adaption ergibt sich aus den als signifikant identifizierten moderierenden Variablen des Erfolgs von Nischenstrategie-Typen. Wie aus den im vorangegangenen Unterkapitel 12.1 präsentierten Ergebnissen hervorgeht, sind neben der Wettbewerbsintensität und dem Marktvolumen des Gesamtmarktes auch die Unternehmensgrösse als moderierende Variable identifiziert worden. Da diesen Kontextfaktoren erfolgsmoderierende Wirkung zukommt, sollte ihnen bei der Wahl bzw. der Ausgestaltung des Nischenstrategie-Typs Beachtung geschenkt werden. Anders sieht es bei den Kontextfaktoren „Anzahl Marktnischen" und „Nachfrageschwankungen des Gesamtmarktes" aus, welche keinen Einfluss auf den Erfolg von Nischenstrategie-Typen ausüben und deshalb keiner situativen Adaption bedürfen.

Vor dem Hintergrund einer praktisch-normativen Betriebswirtschaftslehre ist die Gegenüberstellung des Ist- und des Soll-Zustandes situativer Adaption von besonderem Interesse. Wie aus Abbildung 29 hervorgeht, werden der Wettbewerbsintensität und dem Marktvolumen des Gesamtmarktes bei der Ausgestaltung bzw. der Wahl des Nischenstrategie-Typs zu Recht Beachtung geschenkt, da diese beiden Kontextfaktoren den Erfolg von Nischenstrategie-Typen moderieren. Keine situative Adaption erfolgt hinsichtlich der Kontextfaktoren „Anzahl Marktnischen des Gesamtmarktes" und „Nachfrageschwankungen des Gesamtmarktes". Dies ist insofern unproblematisch, als diesen Variablen keine moderierende Wirkung auf den Nischenstrategie-Erfolg einzuräumen ist. Keine Beachtung beim Nischenstrategie-Einsatz findet die Unternehmensgrösse, obwohl auch dieser Variable eine moderierende Wirkung auf den Erfolg von Nischenstrategien zukommt. Insbesondere Nischenstrategie-Typ sechs, bei welchem mit abnehmender Unternehmensgrösse höhere Marktanteils- und Positionierungserfolgswerte einhergehen, sollte von kleinen Unternehmen bevorzugt werden. Dies ist jedoch nicht der Fall, da sich die Strategietypen hinsichtlich der Unternehmensgrösse nicht signifikant unterscheiden.

Kontextfaktoren		Moderierender Einfluss auf den Erfolg eines Nischenstrategie-Typs	
		ja	nein
Einfluss auf den Einsatz von Nischenstrategien	ja	▪ Marktvolumen des Gesamtmarktes ▪ Wettbewerbsintensität des Gesamtmarktes	
	nein	▪ Unternehmensgrösse	▪ Nachfrageschwankungen des Gesamtmarktes ▪ Anzahl Marktnischendes Gesamtmarktes

Abbildung 29: Portfoliodarstellung der Kontextfaktoren in Bezug auf ihren Einfluss auf den Einsatz von Nischenstrategien und ihre moderierende Wirkung auf den Erfolg von Nischenstrategien[881]

Abschliessend soll nochmals darauf hingewiesen werden, dass im Rahmen der vorliegenden Studie der Einfluss des einzelnen Kontextfaktors auf den Erfolg von Nischenstrategien im Zentrum steht. Inwieweit verschiedene Kombinationen der untersuchten Kontextfaktoren den Erfolg von Nischenstrategie-Typen beeinflussen, ist insofern von geringerem Interesse, als in der vorliegenden Untersuchung „nur“ eine beschränkte Anzahl Faktoren berücksichtigt wurden, was einer umfassenden Kontextbetrachtung abträglich ist.[882]

[881] Darstellungsform in Anlehnung an Meli, C. 2005, S. 283.

[882] Ebenso wenig interessiert der moderierende Effekt der Kontextfaktoren auf die Erfolgswirkung einzelner Nischenstrategie-Merkmale. Der Forschungsmethodik sowie dem Forschungsziel entsprechend sollen die Taxonomie und damit die Nischenstrategie-Typen im Zentrum stehen, wobei der Erfolg der einzelnen Typen unter Berücksichtigung ausgewählter Kontextfaktoren von Interesse ist.
Ausserdem ist anzumerken, dass an dieser Stelle auf eine Diskussion der Forschungsthesen aus Gründen der Redundanz verzichtet und auf Unterkapitel 13.3 verwiesen wird.

13 Schlussbetrachtungen

In diesem Kapitel werden zuerst die einzelnen Nischenstrategie-Typen in Form einer Zusammenfassung kurz beschrieben (Unterkapitel 13.1), gefolgt von Schlussbetrachtungen zum Erfolg von Nischenstrategien und der situativen Adaption an Kontextbedingungen (Unterkapitel 13.2). Im anschliessenden Unterkapitel 13.3 werden die Forschungsfrage und die daraus abgeleiteten Forschungsthesen nochmals aufgegriffen und diskutiert. Implikationen sowohl für die Unternehmenspraxis als auch für die Wissenschaft sind Gegenstand von Unterkapitel 13.4. Mit einer kritischen Würdigung der Ergebnisse (Unterkapitel 13.5) und der Konklusion (Unterkapitel 13.6) werden die Schlussbetrachtungen abgeschlossen.

13.1 Zusammenfassung der einzelnen Nischenstrategie-Typen

Im Folgenden werden zur abschliessenden Beschreibung der Nischenstrategie-Typen sowohl die wesentlichsten Ausprägungen der Gestaltungsvariablen als auch die Erkenntnisse hinsichtlich der Kontextfaktoren und des Erfolges der verschiedenen Strategietypen herangezogen. Zudem werden die Strategietypen mit Kurzbezeichnungen versehen, welche die zentralen Aspekte der drei Strategiedimensionen „Marktposition", „Wettbewerbsvorteile im Angebot" und „Wettbewerbsvorteile bzgl. Ressourcen" abdecken. Der mit dieser pragmatischen Namensgebung einhergehende Informationsverlust wird bewusst in Kauf genommen, da durch eine prägnante Typenbezeichnung sowohl die Übersichtlichkeit als auch die Vergleichbarkeit der Nischenstrategie-Typen erhöht werden kann.

Nischenstrategie-Typ 1: „Produkt-/Kundengruppen-Nischenstrategie mit Wettbewerbsvorteilen in den Bereichen Service, Leistungserstellung, Organisationsstruktur und Humanressourcen, verfügt über eine bescheidene Marktposition in einer unattraktiven Marktnische"

Dieser Nischenstrategie-Typ weist eine mittlere Beschränkung auf Produkt- und Kundengruppen in einer verhältnismässig unattraktiven Marktnische auf. Der geringe Kapitalbedarf, den es zur Nischenbearbeitung benötigt und geringe technologische Veränderungen lassen vermuten, dass einem Eintritt in die Marktnische wohl kaum hohe Barrieren gegenüberstehen. Mit einem relativ bescheidenen Marktanteil von

20% verfügt dieser Strategietyp wohl über eine eher schwache Marktposition. Wettbewerbsvorteile sind insbesondere im Kundenservice und in der Leistungserstellung zu erkennen, welche durch Vorteile bezüglich der Organisationsstruktur und des mitarbeiterbezogenen Humankapitals ergänzt werden. Für diesen Strategietyp sind schliesslich eine geringe internationale Ausrichtung und ein gewisser Schutz in der Marktnische charakteristisch. Der Schutz ist hauptsächlich darauf zurückzuführen, dass Gesamtmarktanbietern die Fähigkeiten zur Nischenbearbeitung fehlen.

Im Vergleich zu den anderen Strategietypen ist festzustellen, dass dieser Strategietyp tendenziell tiefere Erfolgswerte aufweist und deshalb zu den weniger Erfolg versprechenden Nischenstrategie-Typen zu zählen ist. Der Erfolg dieses Strategietyps wird dabei sowohl durch die Unternehmensgrösse als auch durch das Marktvolumen des Gesamtmarktes beeinflusst. Mit abnehmender Unternehmensgrösse steigen die Marktanteils-Erfolgswerte und mit einem tiefen Marktvolumen des Gesamtmarktes geht eine höhere Sicherung der langfristigen Wettbewerbsfähigkeit einher.

Nischenstrategie-Typ 2: „Geografische Produktgruppen-Nischenstrategie mit Wettbewerbsvorteilen in den Bereichen Service, Leistungserstellung, Organisationsstruktur und Humanressourcen, verfügt über eine bescheidene Marktposition in einer attraktiven Marktnische"

Der zweite Nischenstrategie-Typ weist eine mittlere bis starke Beschränkung auf Produktgruppen und geografische Bereiche auf, wobei im Vergleich zu den anderen Strategietypen die geografische Fokussierung am ausgeprägtesten ist. Geografische Nischenstrategien bearbeiten mehrheitlich attraktive Marktnischen, welche durch ansprechende Wachstums- und Rentabilitätswerte gekennzeichnet sind. Der durchschnittliche Marktanteil in der Marktnische liegt bei rund 30% und ist vergleichsweise eher tief. Dieser Nischenstrategie-Typ verfügt, wie Strategietyp eins, über Leistungserstellungs- und Servicevorteile sowie über Vorteile in der Organisationsstruktur und bezüglich mitarbeiterbezogenem Humankapital andererseits. Überdies können Produktvorteile und leichte Kommunikations- und Distributionsvorteile festgestellt werden. Der Grund der Verfolgung einer Nischenstrategie ist am ehesten in der höheren Wettbewerbsintensität des Gesamtmarktes zu finden ist. Bei diesem Strategietypen stehen Rendite- und Wachstumsziele im Vordergrund und der Schutz in der Marktnische kann hauptsächlich darauf zurückgeführt werden, dass die Gesamtmarktanbieter nicht in der Lage sind, die Marktnische zu bearbeiten.

Unternehmen, welche den zweiten Nischenstrategie-Typ verfolgen, weisen im Vergleich zu den übrigen Strategietypen durchschnittliche Erfolgswerte auf. In Bezug auf den Erfolg kann festgestellt werden, dass Unternehmen, deren Marktnische sich in einem volumenschwächeren Gesamtmarkt befindet, ihre langfristige Sicherung der Wettbewerbsfähigkeit stärker einschätzen. Zudem fällt die Bewertung des Gesamterfolgs höher aus, wenn die Wettbewerbsintensität des Gesamtmarktes vergleichsweise tief ist.

Nischenstrategie-Typ 3: „Produkt-/Kundengruppen-Nischenstrategie ohne Wettbewerbsvorteile, aber einer ansprechenden Marktposition in einer attraktiven Marktnische"

Der dritte Nischenstrategie-Typ zeichnet sich durch eine überdurchschnittlich starke Beschränkung sowohl auf Produktgruppen als auch auf Kundengruppen in einem relativ kleinen Gesamtmarkt aus. Die bearbeitete Marktnische ist insofern attraktiv, als im Vergleich zum Gesamtmarkt eine höhere Rentabilität mit geringerem Kapitalbedarf erzielt werden kann. Unternehmen mit diesem Strategietyp erreichen im Durchschnitt einen Marktanteil in der Marktnische von ungefähr 40%. Dabei können weder Wettbewerbsvorteile noch –nachteile festgestellt werden – in Bezug auf alle Wettbewerbsaspekte ist dieser Strategietyp mittelmässig. Im Vergleich zur Erhebungsgesamtheit können einzig unterdurchschnittliche Ausprägungen hinsichtlich der Servicevorteile, der Vorteile bzgl. Organisationsstruktur und der mitarbeiterbezogenen Humanvorteile konstatiert werden. Schliesslich existiert in der Marktnische ein gewisser Schutz, der hauptsächlich darauf zurückzuführen ist, dass Gesamtmarktanbietern die Fähigkeiten zur Nischenbearbeitung fehlen.

Was den Erfolg betrifft, liegt dieser Strategietyp bei allen Erfolgsindikatoren in etwa im Durchschnitt, wobei Unternehmen ihre Erfolge mit Blick auf Marktanteile umso höher einschätzen, je tiefer das Marktvolumen des Gesamtmarktes ist.

Nischenstrategie-Typ 4: „Produkt-/Kundengruppen-Nischenstrategie mit Wettbewerbsvorteilen in den Bereichen Produkt, Kommunikation, Leistungserstellung, Service, Organisationsstruktur und Humanressourcen und preislichen Wettbewerbsnachteilen, verfügt über eine starke Marktposition in einer attraktiven Marktnische"

Der vierte Nischenstrategie-Typ beschränkt sich, ähnlich wie der dritte Strategietyp, sowohl auf Produkt- (stark) als auch auf Kundengruppen (mittel-stark). Unternehmen dieses Strategietyps fokussieren auf eine Marktnische, welche aufgrund der hohen Rentabilität und der tiefen Wettbewerbsintensität als attraktiv bezeichnet werden kann. Mit 50% bis 60% Marktanteil in der Marktnische wird mit dieser Strategie der höchste Marktanteil erreicht. Im Gegensatz zum dritten Strategietypen verfügt der vierte Typ über Wettbewerbsvorteile. Angebotsorientierte Vorteile sind in den Bereichen Produkt, Kommunikation, Leistungserstellung und Service festzustellen. Ressourcenvorteile ergeben sich hinsichtlich Organisationsstruktur und Humanressourcen. Gleichzeitig ist jedoch der überdurchschnittlich hohe Wettbewerbsnachteil in Bezug auf den Preis hervorzuheben. Zudem verfolgen Unternehmen mit Nischenstrategien des vierten Typs primär Rendite-, Wachstums- und Positionierungsziele und finden in der Marktnische vor Gesamtmarktanbietern insofern Schutz, als letzteren die Fähigkeiten zur Nischenbearbeitung fehlen. Unternehmen dieses Nischenstrategie-Typs treten übermässig häufig in Marktnischen ein, in welcher zuvor noch keine Unternehmen tätig waren. Mit anderen Worten handelt es sich beim Markteintritt vielfach um neu entdeckte bzw. erstmals bearbeitete Marktnischen.

Die kompetitive, fokussierte Nischenstrategie zählt hinsichtlich aller Erfolgsindikatoren zu den Erfolg versprechenden Strategietypen. Kontextbetrachtungen zeigten, dass bei vergleichsweise tiefer Wettbewerbsintensität des Gesamtmarktes die Unternehmen den Erfolg in Bezug auf den Gewinn höher bewerteten.

Nischenstrategie-Typ 5: „Produktgruppen-Nischenstrategie ohne Wettbewerbsvorteile jedoch mit Nachteilen bezüglich finanzieller Ressourcen, verfügt über eine bescheidene Marktposition in einer unattraktiven Marktnische"

Der fünfte Nischenstrategie-Typ weist eine mittlere bis starke Beschränkung auf Produktgruppen auf, während die Fokussierung auf Kundengruppen gering ausfällt und im Vergleich zu den anderen Strategietypen unterdurchschnittlich ist. Dieser Strategietyp konzentriert sich auf eine Marktnische, welche aufgrund des Wachstums, der Rentabilität und der geringen Wettbewerbsintensität als attraktiv zu bezeichnen ist. Der Marktanteil liegt bei diesem Strategietyp im Vergleich zur Erhebungsgesamtheit leicht tiefer und entspricht durchschnittlich 25%. Ein eindeutiges Bild zeigt sich hinsichtlich der Wettbewerbsvorteile: Bei praktisch allen erfassten Angebots- und Ressourcenvorteilen verfügt dieser Strategietyp weder über Vor- noch Nachteile. Überdies liegen die Ausprägungen im Vergleich zu den anderen Strategietypen mehrheitlich unter dem Durchschnitt. Hinsichtlich der Verfügbarkeit finanzieller Ressourcen ist gar ein Wettbewerbsnachteil festzustellen. Der mit einer Bearbeitung des Gesamtmarktes einhergehende Ressourcenbedarf wird als primärer Grund für die Verfolgung dieses Nischenstrategie-Typs herangezogen.

Der fünfte Nischenstrategie-Typ stellt hinsichtlich aller Erfolgsindikatoren den am wenigsten Erfolg versprechende Strategietyp dar. Die Betrachtung des Kontextes hat jedoch gezeigt, dass kleinere Unternehmen, zumindest was den Gewinn betrifft, etwas bessere Erfolgswerte aufweisen.

Nischenstrategie-Typ 6: „Produkt-/Kundengruppen-Nischenstrategie mit wesentlichen Wettbewerbsvorteilen in zahlreichen Bereichen, verfügt über eine ansprechende Marktposition in einer attraktiven Marktnische“

Der sechste Nischenstrategie-Typ verfügt über eine mittlere bis starke Beschränkung auf Produktgruppen und Kundengruppen. Insbesondere aufgrund der hohen Rentabilität der Marktnische im Vergleich zum Gesamtmarkt, handelt es sich mehrheitlich um attraktive Nischen. Im Durchschnitt erzielt dieser Nischenstrategie-Typ einen Marktanteil von rund 40%, wobei er sich insbesondere hinsichtlich der Wettbewerbsvorteile abhebt: Sowohl in Bezug auf Angebots- als auch Ressourcenvorteile weist dieser Strategietyp jeweils die höchsten Ausprägungen auf. Im Vergleich zu den anderen Strategietypen sind insbesondere die hohen finanziellen Wettbewerbsvorteile, die Informationsvorteile und die managementbezogenen Humanvorteile hervorzuheben. Starke Vorteile sind auch bezüglich Service, Leistungserstellung und der Humanressourcen insgesamt zu verzeichnen. Schliesslich stehen bei diesem Strategietyp sowohl Rendite- als auch Wachstums- und Positionierungsziele im Vordergrund. Ausserdem ist der Schutz in der Marktnische hauptsächlich auf die fehlenden Fähigkeiten der Gesamtmarktanbieter zurückzuführen.

Was den Erfolg betrifft, wird dieser Strategietyp eindeutig als Erfolg versprechend eingeschätzt. Hinsichtlich aller Erfolgsindikatoren – mit Ausnahme des Marktanteils – weist er die höchsten Ausprägungen auf. Aus der Betrachtung des Kontextes geht hervor, dass mit abnehmendem Marktvolumen eines Gesamtmarktes höhere Gewinnwerte einhergehen. Zudem weisen kleinere Unternehmen dieses Nischenstrategie-Typs bessere Werte hinsichtlich des Marktanteils und eine erfolgreichere Positionierung auf.

Tabelle 19 gibt einen Überblick über die sechs Nischenstrategie-Typen, wobei sowohl die zentralen Gestaltungsvariablen als auch die Erkenntnisse bezüglich Kontextfaktoren und Erfolg Eingang finden. Es sei jedoch ausdrücklich darauf hingewiesen, dass sowohl durch die Verdichtung von Variablen als auch durch die mit der Verbalisierung einhergehende Bildung von Kategorien, der statistischen Signifikanz von Clusterunterschieden nicht immer Rechnung getragen werden konnte.[883] Vor dem Hintergrund einer aussagekräftigeren tabellarischen Darstellung der Taxonomie wird diese (statistische) Ungenauigkeit bewusst in Kauf genommen.

Noch schwieriger gestaltet sich die grafische Darstellung der Taxonomie von Nischenstrategien. Die Hauptproblematik liegt insbesondere in der mit den drei Gestaltungsdimensionen (Marktposition, Wettbewerbsvorteile im Angebot und Wettbewerbsvorteile bzgl. Ressourcen) einhergehenden grossen Anzahl Variablen. Dazu kommen die deskriptiven Merkmale, die Kontextfaktoren und die Erfolgsfaktoren. Für eine grafische Umsetzung der Taxonomie bedarf es deshalb einer noch weitergehenden Verdichtung von Variablen und Faktoren.

Als besonders zweckmässig scheint die Bildung von vier Dimensionen, welche sich wie folgt zusammensetzen:[884]

1. Marktposition:	Marktattraktivität
	Wettbewerbsstärke
2. Wettbewerbsvorteile:	Wettbewerbsvorteile im Angebot
	Wettbewerbsvorteile bzgl. Ressourcen
3. Art der Marktbeschränkung:	Beschränkung auf Produktgruppe
	Beschränkung auf Kundengruppe
	Beschränkung auf einen geografischen Bereich
4. Erfolg:	Gesamterfolgswert

883 Entsprechend kann anhand der Kategorien von Tabelle 19 nicht direkt auf die statistische Signifikanz geschlossen werden. Hinsichtlich der Signifikanz von Clusterunterschieden sei auf die spezifischen Analysen der vorangehenden Kapitel verwiesen.

884 Dabei gehen die einzelnen Faktoren gleich stark gewichtet in die Bildung der jeweiligen Dimensionen ein. Detaillierte Ausführungen finden sich in Anhang 22.

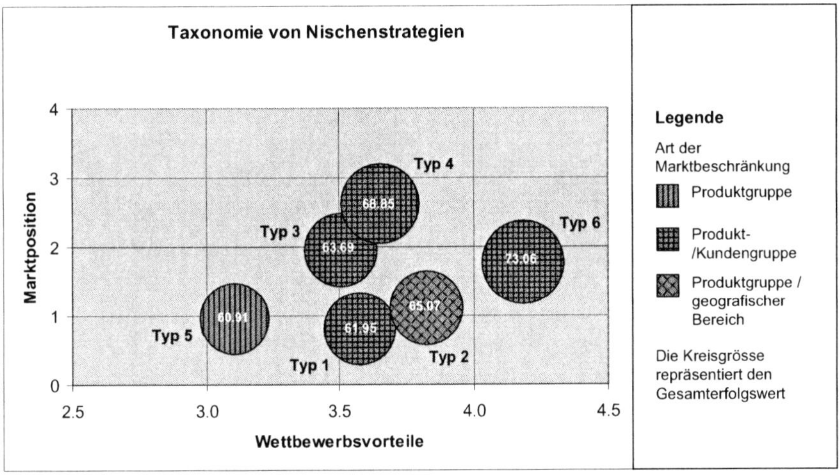

Abbildung 30: Grafische Darstellung der Taxonomie von Nischenstrategien[885]

Abbildung 30 veranschaulicht die bereits verbal getätigten Aussagen. Aus der Grafik geht hervor, dass hinsichtlich der Art der Marktbeschränkung drei Varianten unterschieden werden können: 1. Beschränkung auf Produktgruppen (Nischenstrategie-Typ 5), 2. Beschränkung auf Produkt- und Kundengruppen (Nischenstrategie-Typ 1, 3, 4, 6) und 3. Beschränkung auf Produktgruppen und geografische Bereiche (Strategietyp 2). Anhand der Dimension „Marktposition" lässt sich erkennen, dass insbesondere Nischenstrategie-Typ vier eine starke Position in einem attraktiven Marktbereich einnimmt. Die Strategietypen eins, zwei und fünf fallen diesbezüglich leicht ab. Ausserdem verdeutlicht die Abbildung, dass hinsichtlich des Ausmasses der Wettbewerbsvorteile hauptsächlich zwischen den Nischenstrategie-Typen fünf und sechs wesentliche Unterschiede existieren.[886] Während Strategietyp sechs in nahezu jedem Wettbewerbsaspekt überlegen ist, weist der fünfte Strategietyp fast überall die tiefsten Werte auf. Ferner bleibt festzuhalten, dass in Bezug auf den Gesamterfolgswert einzig der sechste Nischenstrategie-Typ positiv hervorsticht und die Strategietypen eins und fünf mit jeweils tieferen Ausprägungen auffallen.

---

[885] Eigene Darstellung.

[886] Man beachte, dass es sich bei der Dimension „Wettbewerbsvorteile" um den arithmetischen Mittelwert aller Wettbewerbsaspekte handelt und dadurch ein Nischenstrategie-Typ mit keinen eindeutigen Wettbewerbsvorteilen, jedoch mit durchwegs durchschnittlichen Ausprägungen relativ gut abschneidet. Entsprechend bescheiden fällt die Bewertung von Nischenstrategie-Typ vier aus, welcher nur in einzelnen Bereichen über Wettbewerbsvorteile verfügt.

Variablen	Nischenstrategie-Typ 1	Nischenstrategie-Typ 2	Nischenstrategie-Typ 3	Nischenstrategie-Typ 4	Nischenstrategie-Typ 5	Nischenstrategie-Typ 6
Marktposition						
Marktattraktivität	gleich wie GM	leicht attraktiver als GM	attraktiver als GM	wesentlich attraktiver als GM	attraktiver als GM	leicht attraktiver als GM
Wettbewerbsstärke	Marktanteil 20%	Marktanteil 30%	Marktanteil 40%	Marktanteil 50-60%	Marktanteil 25%	Marktanteil 40%
Art der Marktbeschränkung	Produkt-/ Kundengruppen	Geografisch/ Produktgruppen	Produkt-/ Kundengruppen	Produkt-/ Kundengruppen	Produktgruppen	Produkt-/ Kundengruppen
Wettbewerbsvorteile im Angebot						
Produktvorteile	schwach	Vorteil	schwach	Vorteil	schwach	Vorteil
Kommunikationsvorteile	keine	schwach	schwach	Vorteil	keine	Vorteil
Preisvorteile	keine	keine	keine	schwacher Nachteil	keine	keine
Distributionsvorteile	schwach	schwach	keine	schwach	keine	Vorteil
Leistungserstellungsvorteile	Vorteil	Vorteil	schwach	Vorteil	schwach	starker Vorteil
Servicevorteile	Vorteil	Vorteil	schwach	starker Vorteil	schwach	starker Vorteil
Wettbewerbsvorteile bzgl. Ressourcen						
Materielle Ressourcenvorteile	keine	keine	keine	keine	schwacher Nachteil	schwach
Immaterielle Ressourcenvorteile	Organisationsstruktur	Organisationsstruktur	keine	Organisationsstruktur	keine	Vorteile
HR-Vorteile Mitarbeiter / Kultur	Vorteil	Vorteil	schwach	Vorteil	schwach	starker Vorteil
HR-Vorteile Management	keine	schwach	keine	schwach	keine	Vorteil
Deskriptive Merkmale						
Grund einer Nischenstrategie	nicht stagnierender GM	Wettbewerb GM	n.b.	Wettbewerb/Ressourcen	Ressourcen	n.b.
Ziele der Nischenstrategie	n.b.	Rendite/Wachstum	n.b.	Rendite/W'position	n.b.	Rendite/Wachstum/ W'position
Schutz vor Konkurrenz GM	Unfähigkeit GM: schwach	Unfähigkeit GM: schwach	Unfähigkeit GM: schwach	Unfähigkeit GM	n.b.	Unfähigkeit GM
Internationale Tätigkeit in MN [1]	geringer als GM	gleich wie GM	gleich wie GM	gleich wie GM	gleich wie GM	gleich wie GM
Neuheit der Marktnische	n.b.	n.b.	n.b.	eher neu	n.b.	n.b.
Kontextfaktoren						
Marktvolumen des GM	mittel	mittel	eher gering	mittel	mittel	eher gering
Wettbewerbsintensität des GM	gleich wie MN	gleich wie MN	leicht höher als in MN	leicht höher als in MN	leicht höher als in MN	gleich wie MN
Nachfrageschwankungen GM	gleich wie MN	gleich wie MN	gleich wie MN	gleich wie MN	gleich wie MN	gleich wie MN
Unternehmensgrösse [1]	n.s.	n.s.	n.s.	n.s.	n.s.	n.s.
Anzahl Marktnischen GM [1]	beschränkte Zahl	beschränkte Zahl	beschränkte Zahl	beschränkte Zahl	beschränkte Zahl	beschränkte Zahl
Erfolgsfaktoren						
Gewinnziel	tief	mittel	mittel	eher hoch	tief	hoch
Marktanteilsziel [1]	n.s.	n.s.	n.s.	n.s.	n.s.	n.s.
Positionierungsziel	mittel	mittel	mittel	hoch	tief	hoch
Kundengewinnungs-/bindungsziel	mittel	mittel	mittel	mittel	tief	hoch
Sicherung Wettbewerbsfähigkeit	mittel	mittel	mittel	eher hoch	mittel	hoch
Gesamterfolg	tief	mittel	mittel	eher hoch	tief	hoch

[1] nicht signifikante Unterschiede
n.b.: nicht bekannt bzw. keine Aussage sinnvoll
MN: Marktnische
n.s.: nicht signifikant
GM: Gesamtmarkt(-anbieter)
W'position: Wettbewerbsposition
HR: Humanressourcen

Tabelle 19: Übersicht über die Taxonomie von Nischenstrategien

(Quelle: Eigene Darstellung)

13.2 Schlussbetrachtungen zum Erfolg von Nischenstrategien und der situativen Adaption an Kontextbedingungen

Interessanterweise sind zwischen den Strategietypen keine Trade-offs in Bezug auf die einzelnen Erfolgsindikatoren festzustellen. Die Strategietypen weisen bei allen Erfolgsaspekten jeweils entweder tiefe, mittlere oder hohe Werte auf. Die Betrachtung der indexierten Gesamterfolgswerte bestätigt die auf den einzelnen Erfolgsindikatoren basierenden Aussagen, wonach die Nischenstrategie-Typen vier und sechs als erfolgreichste, die Typen zwei und drei als durchschnittlich erfolgreiche und die Typen eins und fünf als weniger erfolgreiche Nischenstrategie-Typen eingeschätzt werden.

Was die situative Adaption an Kontextbedingungen betrifft, zeigte sich, dass die Wettbewerbsintensität und das Marktvolumen des Gesamtmarktes als Bestimmungsfaktoren den Einsatz von Nischenstrategien beeinflussen. Die Gegenüberstellung des Ist- und des Soll-Zustandes situativer Adaption hat ergeben, dass diesen beiden Faktoren zu Recht Beachtung geschenkt wird, da ihnen eine moderierende Wirkung auf den Erfolg zukommt.[887] Obwohl die Kontextvariable „Unternehmensgrösse" eine moderierende Wirkung auf den Erfolg von Nischenstrategien ausübt, wird ihr beim Einsatz von Nischenstrategien keine Beachtung geschenkt. Insbesondere Nischenstrategie-Typ sechs sollte vermehrt von kleineren Unternehmen verfolgt werden, da mit abnehmender Unternehmensgrösse höhere Marktanteils- und Positionierungserfolgswerte einhergehen. Dies ist jedoch nicht der Fall – zwischen den Strategietypen konnten in Bezug auf die Unternehmensgrösse keine signifikanten Unterschiede festgestellt werden.

13.3 Diskussion der Forschungsfragen und –thesen

Ausgehend vom Hauptziel der vorliegenden Arbeit, welches in der Identifikation von Nischenstrategie-Arten liegt, wurde die erste Forschungsfrage formuliert: „Anhand welcher Variablen strategischen Verhaltens lassen sich Arten von Nischenstrategien unterscheiden?".[888] Das Hauptziel und die erste Forschungsfrage können insofern

[887] Auf die Kontextfaktoren „Anzahl Marktnischen des Gesamtmarktes" und „Nachfrageschwankungen des Gesamtmarktes" wird nicht weiter eingegangen, da diese weder den Einsatz noch den Erfolg von Nischenstrategien beeinflussen.

[888] Vgl. Kapitel 2 und Unterkapitel 3.3.

als erreicht bzw. beantwortet erachtet werden, als die mittels Clusteranalyse entwickelte Taxonomie von Nischenstrategien bestätigte, dass grundsätzlich interpretierbare und bezüglich der Clustervariablen sich signifikant unterscheidende Nischenstrategie-Typen identifizierbar sind. Trotzdem ist festzuhalten, dass sich die Strategietypen inhaltlich z.T. nur wenig unterscheiden. Eine mögliche Ursache liegt in der grossen Anzahl aktiver Clustervariablen. In weiterführenden Studien könnten mittels einer Beschränkung auf die instrumentellen Gestaltungsvariablen prägnantere Strategietypen entwickelt werden.

Im Rahmen der zweiten Forschungsfrage: „Welche Variablen beeinflussen den Erfolg von Nischenstrategie-Arten?", wurden folgende Thesen formuliert:[889]

These 2a: „Unternehmen, die eine ähnliche Nischenstrategie verfolgen, jedoch unterschiedliche Kontextfaktoren aufweisen, unterscheiden sich hinsichtlich ihres Erfolges signifikant voneinander." Anhand der Studie konnte gezeigt werden, dass die Kontextfaktoren „Wettbewerbsintensität des Gesamtmarktes", „Marktvolumen des Gesamtmarktes" und „Unternehmensgrösse" den Erfolg bestimmter Nischenstrategie-Typen moderieren. Es gibt demzufolge gewisse Kontextfaktoren, welche den Erfolg von Unternehmen mit gleicher Nischenstrategie beeinflussen, was zur Stützung dieser These beiträgt. Gleichzeitig ist anzumerken, dass jeder Nischenstrategie-Typ – wie erwartet – durch eine gewisse Heterogenität gekennzeichnet ist.[890] Dementsprechend konnten bei nahezu jedem Cluster Unternehmen mit signifikant verschiedenen Kontextausprägungen identifiziert werden, welche sich jedoch hinsichtlich des Erfolgs nicht signifikant unterscheiden.[891] These 2a kann demzufolge nicht vorbehaltlos aufrechterhalten werden.

These 2b: „Unternehmen, die unter ähnlichen Kontextfaktoren eine andersartige Nischenstrategie verfolgen, unterscheiden sich hinsichtlich ihres Erfolges signifikant voneinander." Wie aus der Analyse der Kontextfaktoren hervorgeht, können zwischen den Strategietypen zwei, fünf und sechs in Bezug auf alle untersuchten Kontextfaktoren keine signifikanten Unterschiede festgestellt werden. Demzufolge kommen diese Strategietypen unter ähnlichen Kontextbedingungen zur Anwendung. Die

[889] Vgl. Kapitel 2 und Unterkapitel 3.3.
[890] Eine Clusteranalyse von Unternehmen anhand mehrerer Merkmale führt praktisch immer zu nicht perfekt homogenen Gruppen.
[891] Entsprechende Mediansplits nach Kontextfaktoren mit anschliessenden Mittelwertvergleichen (t-Tests) bestätigten für nahezu alle Kontextfaktoren und Nischenstrategie-Typen signifikante Unterschiede ($p < 0.05$).

durchgeführte Erfolgsanalyse bestätigte, dass bei den Strategietypen fünf und sechs, welche ähnliche Kontextbedingungen aufweisen, in Bezug auf alle Erfolgsindikatoren signifikante Abweichungen bestehen. Während dieser Befund zur Stützung von These 2b beiträgt, ist die Feststellung, dass zwischen den Strategietypen zwei und fünf, welche ebenfalls unter ähnlichen Kontextbedingungen agieren, keine signifikanten Erfolgsunterschiede auftreten, der Gültigkeit von These 2b abträglich. Die vorliegende These kann demzufolge nicht vollumfänglich gestützt werden.

Im Rahmen der dritten Forschungsfrage: „Welche Markt- und Unternehmensmerkmale beeinflussen die Wahl von Nischenstrategie-Arten?“, wurden folgende Thesen formuliert:[892]

These 3a: „Unternehmen, die sich hinsichtlich der Ausprägung gewisser Kontextfaktoren signifikant voneinander unterscheiden, verfolgen unterschiedliche Nischenstrategien.“ Wie die Analyse der Kontextfaktoren zeigte, verfolgen Unternehmen, die sich hinsichtlich der „Wettbewerbsintensität des Gesamtmarktes“ oder des „Marktvolumens des Gesamtmarktes“ signifikant voneinander unterscheiden, unterschiedliche Nischenstrategien.[893] Demzufolge kann dieser These grundsätzlich zugestimmt werden. Trotzdem bleibt zu erwähnen, dass aufgrund der Heterogenität der einzelnen Nischenstrategie-Typen erwartungsgemäss auch innerhalb eines Clusters Unternehmen mit unterschiedlichen Kontextausprägungen vorhanden sind.[894] Daher kann These 3a nur beschränkt gestützt werden.

These 3b: „Unternehmen, deren Kontextfaktoren ähnlich ausgeprägt sind, verfolgen gleichartige Nischenstrategien.“ Die aus der Analyse der Kontextfaktoren hervorgehende Erkenntnis, dass sich einzelne Nischenstrategie-Typen hinsichtlich gewisser Kontextfaktoren signifikant voneinander unterscheiden, impliziert, dass Unternehmen, welche sich bezüglich einzelner Kontextfaktoren ähnlich sind, auch ähnliche Nischenstrategie-Typen verfolgen. Dadurch kann These 3b vorerst gestützt werden. Die Analyse hat jedoch auch aufgezeigt, dass unterschiedliche Nischenstrategien verfolgt werden, auch wenn die Kontextfaktoren ähnlich ausgeprägt sind. So befin-

---

[892] Vgl. Kapitel 2 und Unterkapitel 3.3.

[893] Dabei ist zu präzisieren, dass die Analyse der Kontextfaktoren auf Mittelwertvergleichen zwischen den Nischenstrategie-Typen basiert, wobei der Mittelwert jeweils aus allen Unternehmen eines Strategie-Typs berechnet wurde.

[894] Entsprechende Mediansplits nach Kontextfaktoren mit anschliessenden Mittelwertvergleichen (t-Tests) bestätigten für nahezu alle Kontextfaktoren und Nischenstrategie-Typen signifikante Unterschiede ($p < 0.05$).

den sich die drei Nischenstrategie-Typen zwei, fünf und sechs in Bezug auf alle Kontextfaktoren in ähnlichen Situationen und verfolgen trotzdem unterschiedliche Strategien. These 3b kann demzufolge nicht vorbehaltlos gestützt werden.

Während das Hauptziel des Forschungsprojektes als erreicht und die erste Forschungsfrage als beantwortet erachtet werden können, bedürfen die Forschungsthesen einer differenzierteren Diskussion. Obwohl die Thesen durch die Daten eine gewisse Bestätigung finden, resultieren aus dem explorativen Forschungsansatz Resultate, welche eindeutige Entscheide über Annahme bzw. Ablehnung der Thesen erschweren.[895]

13.4 Implikationen für Unternehmenspraxis und Wissenschaft

Bevor die Implikationen für die Unternehmenspraxis und die Wissenschaft diskutiert werden, sei erwähnt, dass es anhand der empirischen Befunde aufgrund des explorativen Forschungsdesigns nicht möglich ist, konkrete Handlungsempfehlungen abzuleiten. Die entwickelte Taxonomie und die entdeckten Zusammenhänge hinsichtlich der Kontextbedingungen und der Erfolgswirkung sind als erste Anhaltspunkte zu verstehen, die einzig zur Entscheidunterstützung herangezogen werden können. Die Erkenntnisse des vorliegenden Forschungsprojektes gilt es im Rahmen weiterführender, insbesondere konfirmatorischer, Studien zu überprüfen.

Basierend auf den vorhandenen Forschungsergebnissen sind für die Unternehmenspraxis folgende Erkenntnisse hervorzuheben: Was den Erfolg von Nischenstrategien betrifft, existiert kein Nischenstrategie-Typ, der hinsichtlich aller Erfolgsindikatoren und in allen Kontextsituationen den anderen Strategietypen überlegen ist. Es hat sich allerdings gezeigt, dass die Nischenstrategie-Typen vier und sechs im Vergleich zu den anderen Typen besonders Erfolg versprechend sind. Eine genauere Betrachtung dieser Typen verdeutlichte jedoch, dass nur beschränkte Gemeinsamkeiten existieren. Einzig der relativ hohe Marktanteil in der Marktnische kann diesbezüglich hervorgehoben werden.[896] Während sich der vierte Nischenstrategie-Typ praktisch ausschliesslich anhand des hohen Marktanteils abzuheben scheint, sind beim sechsten

[895] So finden sich bei den identifizierten Clustern fast immer einzelne Fälle (Unternehmen), welche die formulierte These widerlegen können.

[896] Diese Erkenntnisse zielen in die gleiche Richtung wie die Ergebnisse der PIMS-Studien, wonach der Marktanteil als einer der zentralen Erfolgsfaktoren von Strategien identifiziert wurde (vgl. Buzzell, R.D.; Gale, B.T. 1989).

Strategietyp die ausgeprägten Wettbewerbsvorteile anzuführen. Gleichzeitig konnten zwei weniger Erfolg versprechende Strategietypen identifiziert werden, welche eine unklare und weniger ausgeprägte Marktbeschränkung mit einer schwachen Marktposition in einem unattraktiven Nischenmarkt (Strategietyp eins) oder mit fehlenden Wettbewerbsvorteilen (Strategietyp fünf) kombiniert.

Die Ergebnisse verdeutlichen überdies, dass gewisse Kontextfaktoren aufgrund ihrer Erfolgswirkung beim Einsatz von Nischenstrategien berücksichtigt werden sollten. Sowohl das Marktvolumen und die Wettbewerbsintensität des Gesamtmarktes als auch die Unternehmensgrösse üben einen moderierenden Einfluss auf den Erfolg von Nischenstrategien aus. Da die Richtung und die Stärke je nach Strategietyp und Erfolgsindikator variieren und zudem von der Art der Betrachtung – isolierte Betrachtung eines Kontextfaktors versus Berücksichtigung der kombinierten Wirkung der Kontextfaktoren – abhängen, können keine einheitlichen Grundsätze formuliert werden.

Bezüglich der Unternehmensgrösse bleibt anzumerken, dass ihr trotz ihres moderierenden Einflusses auf den Strategieerfolg, beim Einsatz von Nischenstrategien keine Beachtung geschenkt wird. Mit anderen Worten wählen Unternehmen diesbezüglich keine kontextadäquaten Nischenstrategien. Inwiefern in diesem Zusammenhang ein Optimierungspotential besteht, kann anhand der vorliegenden Untersuchung nicht abschliessend erörtert werden. Dieser Frage müsste in weiterführenden Studien nachgegangen werden.

Mit einer wissenschaftlichen Perspektive gilt es festzuhalten, dass die in der Literatur anzutreffenden Systematisierungen von Nischenstrategien um eine empirisch fundierte Klassifikation real existierender Nischenstrategien bereichert wurden. Bedenkt man, dass in der wissenschaftlichen Literatur vielfach undifferenzierte Systematisierungen existieren, welche theoretisch hergeleitete Idealtypen beinhalten, ist die wissenschaftliche Bedeutung der entwickelten Taxonomie nicht von der Hand zu weisen. Einerseits kann die Klassifikation als Grundlage für weiterführende Studien herangezogen werden. Andererseits können die Ergebnisse der vorliegenden Studie mit bestehenden Systematisierungen verglichen werden. In diesem Zusammenhang ist insbesondere auf die bereits mehrfach erwähnte und in der wissenschaftlichen

Literatur weit verbreitete Typologie von Porter einzugehen.[897] Dieser unterscheidet zwischen Differenzierungs-Nischenstrategien und preisorientierten Nischenstrategien. Die Ergebnisse der vorliegenden Studie zeigen jedoch, dass keine der identifizierten Nischenstrategien über einen preislichen Wettbewerbsvorteil verfügt bzw. eine preisorientierte Nischenstrategie nach Porter darstellt. Da der Untersuchungsgegenstand des vorliegenden Forschungsprojektes real existierende und nicht theoretisch hergeleitete Nischenstrategie-Typen darstellt, kann aufgrund der Forschungsergebnisse festgehalten werden, dass es sich beim preisorientierten Nischenstrategie-Typ nach Porter um einen theoretischen Idealtypen handelt, welcher in dieser Form in der Unternehmenspraxis nicht festgestellt wurde.

Überdies ist zu konstatieren, dass sich der kontingenztheoretische Ansatz insofern bewährt hat, als einzelne Kontextfaktoren als Bestimmungsfaktoren des Nischenstrategie-Einsatzes und als Moderatoren der Erfolgswirkung gewisser Nischenstrategie-Typen identifiziert werden konnten. Weil jedoch die Wirkung einzelner Kontextfaktoren sowohl hinsichtlich der Stärke als auch der Richtung davon abhängt, ob die Kontextfaktoren isoliert oder in Kombination miteinander betrachtet werden, können keine eindeutigen Aussagen getroffen werden. Zur Erfassung der genauen Wirkungszusammenhänge der Kontextfaktoren bedarf es weiterführender kontingenztheoretischer Studien.

13.5 Kritische Würdigung der Forschungsergebnisse

Einen ersten Aspekt, den es im Rahmen der kritischen Würdigung der Forschungsergebnisse zu diskutieren gilt, liegt im explorativen Charakter des Forschungsprojektes. Da es sich bei der Nischenthematik um ein noch kaum entwickeltes Forschungsgebiet handelt, musste auf die Formulierung präziser Hypothesen verzichtet werden. Eine relativ breite Betrachtung der Nischenthematik und ein entsprechend strukturentdeckender Forschungsansatz[898] drängten sich somit auf.[899] Neben dem taxonomischen Ansatz wurden deshalb auch auf dem kontingenztheoretischen Ansatz basierende Forschungsthesen formuliert. Obwohl die Aussagekraft von Resulta-

[897] Vgl. Porter, M.E. 1986, S. 35ff. und insbesondere die Ausführungen in Abschnitt 5.1.1.

[898] Strukturentdeckende Verfahren verfolgen das Ziel, auf der Basis eines Datensatzes Strukturen aufzudecken und werden deshalb als exploratorisch bezeichnet. Ausgangspunkt stellt demnach ein Datensatz und kein theoretisch hergeleitetes Modell dar (vgl. Homburg, C.; Herrmann, A.; Pflesser, C. 1999, S. 105f.; Backhaus, K. et al. 2003, S. 7f.).

[899] Vgl. Büschken, J.; von Thaden, C. 1999, 340.

ten explorativer Forschungsansätze geringer ist als jene konfirmatorischer Methoden,[900] wird damit dem Ziel der Erforschung erster Zusammenhänge Genüge getan.

Die Entwicklung einer Systematisierung anhand des taxonomischen Ansatzes gilt es insbesondere im Vergleich zu typologischen Ansätzen kritisch zu beleuchten. Im Gegensatz zu Typologien, bei welchen auf theoretisch deduktive Art und Weise eine Klassifikation entwickelt wird, konstituiert sich eine Taxonomie aus empirisch identifizierten, real existierenden Typen.[901] Dies bringt mit sich, dass nicht alle theoretisch denkbaren und entsprechend eindeutig abgrenzbaren Typen – wie dies bei Typologien der Fall ist – sondern effektiv existierende und sich entsprechend überschneidende Typen bestimmt werden. Im Rahmen der vorliegenden Studie ist demzufolge zu bedenken, dass die entwickelte Taxonomie Strategietypen systematisiert, welche sich nicht anhand aller Merkmale unterscheiden bzw. sich nicht eindeutig abgrenzen lassen.[902]

Im Zusammenhang mit der soeben gewürdigten Taxonomie steht auch die Clusteranalyse zur Diskussion. Ergebnisse von Clusteranalysen sind aus mehreren Gründen zu hinterfragen: Ein erster Problembereich liegt im Fehlen einer allgemein akzeptierten Clustering-Theorie.[903] Dies hat zur Folge, dass kein Clusterverfahren generell empfohlen werden kann, was wiederum eine Verfahrensvielfalt mit entsprechend verschiedenen Clusterlösungen mit sich bringt. In die gleiche Richtung zielt ein weiterer Kritikpunkt, welcher die Validität von Clusterlösungen betrifft.[904] Clusteranalysen selbst liefern keine Statistiken zur Überprüfung der Güte der Gruppierung.[905] Die unzulängliche Validitätsprüfung ist problematisch, weil Clusteranalysen stets eine Clusterlösung generieren, welche jedoch aufgrund des heuristischen Verfahrens von der tatsächlichen – also der dem Datensatz zu Grunde liegenden – Struktur verschieden sein kann.[906] Ausserdem ist zu kritisieren, dass bei vielen Ablaufschritten der Clusterung subjektive Entscheide anfallen. So kann es sein, dass je nach Clusterverfahren, aus ein und demselben Datensatz unterschiedliche Lösungen ge-

[900] Vgl. Homburg, C.; Herrmann, A.; Pflesser, C. 1999, S. 106.
[901] Vgl. dazu Sanchez, J.C. 1993, S. 75; Rich, P. 1992, S. 761; Harrigan, K.R. 1985, S. 58; Homburg, C.; Workman, J.P.; Jensen, O. 2002, S. 39 und die Ausführungen in Unterkapitel 3.1.
[902] Vgl. dazu Bailey, K.D. 1994, S. 7; Rich, P. 1992, S. 765. Weitere Kritikpunkte zu Taxonomien finden sich bei Jenner, T. 1999, S. 36.
[903] Vgl. Milligan, G.W. 1996, S. 343f.
[904] Vgl. Kim, L.; Lim, Y. 1988, S. 808.
[905] Vgl. Büschken, J.; von Thaden, C. 1999, S. 341.
[906] Vgl. Milligan, G.W. 1996, S. 344.

neriert werden.[907] In eine andere Richtung zielt die Problematik korrelierter Clustervariablen.[908] Obwohl sich die Wissenschaft über das Ausmass der erlaubten Abhängigkeiten zwischen Clustervariablen uneinig ist, ist unbestritten, dass zu hohe Korrelationen eine Verzerrung der Clusterlösung zur Folge haben kann.[909] In der vorliegenden Studie ist der Problematik korrelierter Clustervariablen insofern begegnet worden, als der Clusteranalyse eine Faktorenanalyse vorangestellt wurde. Durch dieses Verfahren der Datenreduktion konnten korrelierte Clustervariablen zu voneinander unabhängigen Faktoren verdichtet werden.[910]

Einen weiteren Problembereich der vorliegenden Studie stellen die Konzeptualisierung und die Operationalisierung dar. Im Rahmen der Konzeptualisierung steht insbesondere die Erfolgsmessung in der Kritik. Wie die PIMS-Studien, kann auch die vorliegende Studie der Multikausalität des Erfolgskonstruktes nicht gerecht werden.[911] Darüber hinaus können viele der festgestellten Abhängigkeitsbeziehungen zwischen Gestaltungsvariablen und den Erfolgsvariablen theoretisch auch umgekehrt werden, da eine einseitig kausale Beziehung nicht begründbar ist.[912] So kann bspw. ein Wettbewerbsvorteil in der Distribution Ursache oder auch Ergebnis des Unternehmenserfolges sein. Aufgrund des noch jungen Forschungsgebietes konnte ferner bei der Bestimmung der Untersuchungsvariablen und der Operationalisierung nur beschränkt auf empirisch fundierte oder bestehende Theorien zurückgegriffen werden. Sowohl die Konzeptualisierung als auch die Operationalisierung sind zwar weitgehend theoretisch begründet, subjektive Entscheidungen konnten jedoch nicht ausgeschlossen werden. Vor dem Hintergrund des explorativen Forschungsansatzes, anhand dessen erste Zusammenhänge in einem praktisch unerforschten Wissenschaftsbereich erkannt werden sollten, sind die Konzeptionalisierung und die Operationalisierung als ausreichend zu werten, zumal aufgrund der Ergebnisse zukünftige Forschungsprojekte diesbezüglich weiterentwickelt und präzisiert werden können.

Sowohl aus konzeptioneller als auch aus forschungstechnischer Sicht bleibt schliesslich die Problematik der Identifikation von Unternehmen mit Nischenstrategien zu erörtern. Da eine vorgängige Bestimmung von Nischenanbietern durch den Untersu-

[907] Vgl. dazu Aldenderfer, M.S.; Blashfield, R.K. 1984, S. 15. Weitere Kritikpunkte zu Clusteranalysen finden sich in Kim, L.; Lim, Y. 1988, S. 808; Aldenderfer, M.S.; Blashfield, R.K. 1984, S. 14ff.
[908] Vgl. dazu Kim, L.; Lim, Y. 1988, S. 808. Vgl. auch die Ausführungen in Abschnitt 10.1.1.
[909] Vgl. dazu Homburg, C.; Workman, J.P.; Jensen, O. 2002, S. 43
[910] Vgl. Milligan, G.W. 1996, S. 348; Homburg, C.; Krohmer, H. 2003, S. 306ff.
[911] Vgl. dazu und hinsichtlich weiterer Kritikpunkte zu den PIMS-Studien Kreilkamp, E. 1987, S. 398ff.
[912] Vgl. Jenner, T. 1999, S. 75; Oberender, P. 1994, S. 67.

chungsleiter wünschenswert, aus forschungspraktischen Gründen jedoch ausgeschlossen war, wurde die Bestimmung von Nischenanbietern anhand der Selbstauswahl vorgenommen. Bei diesem Verfahren entschieden die befragten Unternehmen selbst, ob in einem ihrer Geschäftsbereiche eine Nischenstrategie verfolgt wird oder nicht. Erst nachträglich konnte anhand der erhobenen Daten untersucht werden, ob es sich bei den selbst erklärten Nischenanbietern aus theoretischer Sicht tatsächlich um solche handelt. Der Nachteil dieses Vorgehens liegt primär in der Definition einer Grundgesamtheit, welcher Unternehmen angehören, die für die Untersuchung und die späteren Auswertungen unwichtig sind.[913] Durch die Selbstauswahl kann jedoch die Gefahr eines verfrühten Ausschlusses gewisser Unternehmen und dadurch allfälliger Nischenstrategie-Typen verringert werden, was der Erfassung möglichst aller in der Praxis existierender Strategietypen förderlich ist.

Einen weiteren kritischen Aspekt, den es zu diskutieren gilt, betrifft ebenfalls die Problematik von Daten, welche mittels subjektiver Selbsteinschätzung erhoben wurden. In der vorliegenden Studie unterliegen insbesondere die Fragen zu den Wettbewerbsvorteilen, der Marktposition und des Marktnischen-Erfolges der subjektiven Selbsteinschätzung. Verzerrte Antwortwerte sind deshalb nicht auszuschliessen. Dieser Kritik können jedoch Studien entgegengehalten werden, welche gezeigt haben, dass subjektive Erfolgseinschätzungen im Vergleich zu effektiven, objektiven Daten gute Resultate liefern.[914]

13.6 Konklusion

Die vorliegende Studie ist als erster explorativer Schritt auf dem Weg zur Entwicklung einer Klassifikation von Nischenstrategien zu betrachten und ergänzt damit die in der Literatur vorhandenen theoretischen und vielfach undifferenzierten Systematisierungen um eine empirisch hergeleitete Klassifikation von real existierenden Nischenstrategien. Obwohl die Messung des Erfolges von Strategien insbesondere aufgrund der Multikausalität des Erfolgskonstruktes in der Kritik steht, konnten zwischen den verschiedenen Strategietypen Erfolgsunterschiede festgestellt werden. Die Betrachtung ausgewählter Kontextfaktoren verdeutlichte überdies, dass beim

913 In der vorliegenden Studie haben 25% der antwortenden Unternehmen angegeben, keine Nischenstrategien zu verfolgen.

914 Vgl. Venkatraman, N.; Ramanujam, V. 1986, S. 806; Dess, G.G.; Robinson, R.B. 1984, S. 271 und die Ausführungen in Abschnitt 6.1.3.

Einsatz von Nischenstrategien Kontextbedingungen bewusst oder unbewusst berücksichtigt werden und situative Gegebenheiten einen moderierenden Einfluss auf den Erfolg von Nischenstrategien ausüben können. Weiterführende Studien sind notwendig, um im Rahmen taxonomischer Forschungsprojekte verfeinerte Konzeptionalisierungen und Operationalisierungen anzustreben und im Sinne kontingenztheoretischer Ansätze sowohl umfassendere als auch präzisiere Betrachtungen situativer Kontextbedingungen zu verfolgen.

Anhänge

Anhang 1: Das PIMS (= Profit Impact of Market Strategy)-Programm

Das **PIMS** (= Profit Impact of Market Strategy)-**Programm** stellt die wohl umfassendste Studie der Erfolgsfaktorenforschung dar. Es entstand aus einem internen Projekt von General Electric und steht für ein über mehrere Jahre laufendes, 1972 gestartetes Forschungsprojekt des Strategic Planning Institute in Cambridge, Massachusetts (USA).[915] Das Hauptziel der Studie lag darin, in unterschiedlichen Markt- und Wettbewerbssituationen Aufschlüsse über die Beziehungen zwischen Unternehmensstrategie und Erfolg zu gewinnen. Es sollten strategische Gesetzmässigkeiten identifiziert werden, welche Unternehmen als Grundlage situationsbezogener Analysen dienen und damit die Qualität strategischer Entscheidungen erhöhen.

In bisher über hundert Studien, basierend auf der PIMS-Datenbank, sind die zentralen Determinanten des Return on Investment, des Cashflows sowie anderer Erfolgsgrössen von Unternehmen untersucht worden.[916] Als Grundlage diente eine über mehrere Jahre hinweg erstellte Datenbank mit Informationen zu rund 3'000 Geschäftsbereichen aus über 450 mehrheitlich amerikanischen Unternehmen. Die einbezogenen Geschäftsfelder sind zu 90% dem industriellen und zu 10% dem Dienstleistungssektor zuzuordnen. Die mit Hilfe der multiplen linearen Regressionsanalyse durchgeführte Gesamtauswertung der Datenbank lieferte unter anderem 37 grundlegende Einflussfaktoren des Return on Investment und 19 zentrale Determinanten des Cash Flow.[917] Häufig werden nur sieben Erfolgsfaktoren hervorgehoben: Die Investitionsintensität, die Produktivität, die Marktposition, das Marktwachstum, die Qualität der Leistungen, die Innovation einschliesslich der Differenzierung von den Wettbewerbern sowie die vertikale Integration.[918]

Auch gegen die PIMS-Studien sind in der Literatur erhebliche Einwände erhoben worden. Die Unvollständigkeit des Modellansatzes, seine geringe theoretische Fundierung, die übertriebenen Verallgemeinerungen und die teilweise ungeklärte Rich-

---

[915] Vgl. dazu und im Folgenden insbesondere Buzzell, R.D.; Gale, B.T. 1989, S. 3ff. und Abell, D.F.; Hammond, J.S. 1979, S. 271ff.; Kreilkamp, E. 1987, S. 369ff.

[916] Vgl. dazu auch Fritz, W. 1990, S. 93; Kreilkamp, E. 1987, S. 407ff. und die dort genannten Studien.

[917] Alle 37 Faktoren können über 80% der Varianz des ROI erklären. Vgl. Abell, D.F.; Hammond, J.S. 1979, S. 288; Kreilkamp, E. 1987, S. 377. Neben den allgemeinen Forschungsergebnissen werden auch unternehmensspezifische Berichte angeboten. Vgl. dazu Kreilkamp, E. 1987, S. 372ff.

[918] Vgl. Buzzell, R.D.; Gale, B.T. 1989, S. 3ff., 29ff.; Kreilkamp, E. 1987, S. 377ff.; Grünig, R.; Heckner, F.; Zeus, A. 1996, S. 9f.; Grünig, R.; Kühn, R. 2002, S. 190f.

tung der Kausalzusammenhänge werden ebenso bemängelt wie die Repräsentativitätsdefizite und die Schwächen der Datenerhebungs- und -auswertungsmethoden.[919]

Obwohl die PIMS-Studien in der Wissenschaft stark kritisiert werden, ist aufgrund der grossen Beachtung in der Literatur und der zahlreichen Untersuchungen in diesem Bereich die Bedeutung der Erfolgsfaktorenforschung sowohl für die Wissenschaft als auch für die Unternehmenspraxis nicht von der Hand zu weisen.

[919] Vgl. dazu und für weitergehende Erläuterungen der Kritikpunkte Fritz, W. 1990, S. 102; Buzzell, R.D.; Gale, B.T. 1989, S. 6; Kreilkamp, E. 1987, S. 398ff.

Anhang 2: Fragebogen

Fragebogen

Mit diesem Fragebogen untersuche ich, welche **Arten von Nischenstrategien** in der Unternehmenspraxis verfolgt werden und welche davon besonders Erfolg versprechend sind.

Bei den vorliegenden Fragen handelt es sich ausschliesslich um **geschlossene Fragen mit vorgegebenen Antworten zum Ankreuzen**. Es gibt keine richtigen oder falschen Antworten. Bitte beantworten Sie jede Frage, damit Ihre Angaben vollständig ausgewertet werden können. Ihre Daten werden absolut vertraulich behandelt und dienen rein wissenschaftlichen Zwecken.

Für Fragen oder Anregungen stehe ich Ihnen gerne telefonisch unter der Nummer 031/631'80'30 oder per E-mail unter trachsel@imu.unibe.ch zur Verfügung.

Herzlichen Dank für Ihre wertvolle Mitarbeit!

Zum Begriffsverständnis: Zunächst interessiert, ob Nischenstrategien für Ihre Unternehmung überhaupt von Bedeutung sind. Um möglichst alle Arten von Nischenstrategien zu berücksichtigen, ist eine relativ breite Definition gewählt worden: Es soll dann von einer **Marktnische** gesprochen werden, wenn nur **ein Teil des Marktes** und nicht der Gesamtmarkt bearbeitet wird. Bei einer Marktnische kann es sich folglich um eine ausgewählte Kundengruppe oder eine bestimmte Produktgruppe oder einen geografisch beschränkten Teil des Gesamtmarktes handeln. Die Bearbeitung einer Marktnische wird als Nischenstrategie

****

Bei den ersten beiden Fragen ist von Interesse, ob und inwieweit Ihre Unternehmung eine Nischenstrategie verfolgt.

1. **Bearbeitet Ihre Unternehmung oder ein Bereich Ihrer Unternehmung eine oder mehrere Marktnische/-n jeweils mit einem spezifischen Angebot bzw. mit einer spezifischen Strategie?**

   1☐ Ja → Bitte fahren Sie mit Frage 2 fort.

   2☐ Nein → Bitte fahren Sie mit Frage 18 fort.

2. **Welche der folgenden Aussagen trifft auf Ihre Unternehmung zu?**
   (Bitte nur eine Aussage ankreuzen)

   Unsere Unternehmung verfolgt...

   1☐ nur in *einem Unternehmensbereich* eine Nischenstrategie

   2☐ in *mehreren Unternehmensbereichen* Nischenstrategien

   3☐ in *allen Unternehmensbereichen* Nischenstrategien

Die folgenden Fragen beziehen sich ausschliesslich auf eine einzelne Marktnische. Falls Ihre Unternehmung mehrere Nischen bearbeitet, wählen Sie die aus Ihrer Sicht eindeutigste Marktnische aus und beziehen Sie Ihre Antworten stets auf die ausgewählte Marktnische.

Bei den Fragen 3 – 5 geht es um spezifische Merkmale der ausgewählten Marktnische.

3. Welche der folgenden Aussagen trifft auf die von Ihnen ausgewählte Marktnische zu:

(Bitte nur eine Aussage ankreuzen)

1☐ Unsere Unternehmung hat die Marktnische neu entdeckt und aufgebaut, wobei zum Zeitpunkt des Markteintritts *keine Unternehmungen* diese Marktnische bearbeitet haben.

2☐ Unsere Unternehmung hat den Eintritt in die Marktnische vollzogen, welche zum Zeitpunkt des Markteintritts *ausschliesslich von Gesamtmarktanbietern* (Konkurrenten, die den Gesamtmarkt bedienen) bearbeitet wurde.

3☐ Unsere Unternehmung hat den Eintritt in die Marktnische vollzogen, welche zum Zeitpunkt des Markteintritts bereits von *Nischenanbietern* bearbeitet wurde. (Inwieweit auch Gesamtmarkt-anbieter bereits in dieser Marktnische tätig waren, ist hier nicht von Bedeutung).

4. Bei der Bearbeitung der Marktnische beschränkt sich Ihre Unternehmung auf einen Teil des Marktes. Wie ausgeprägt ist dabei die Beschränkung auf:

	sehr gering	**gering**	**mittel**	**stark**	**sehr stark**
eine Kundengruppe	1☐	2☐	3☐	4☐	5☐
eine Produktgruppe	1☐	2☐	3☐	4☐	5☐
ein geografisches Gebiet	1☐	2☐	3☐	4☐	5☐

5. Marktnischen zeichnen sich oft dadurch aus, dass sie über einen gewissen Schutz vor Gesamtmarktanbietern verfügen. Inwieweit treffen die folgenden Aussagen zum Schutz vor Gesamtmarktanbietern in der ausgewählten Marktnische zu:

	trifft nicht zu	**trifft eher nicht zu**	**weder noch**	**trifft eher zu**	**trifft zu**
Die ausgewählte Marktnische ist für Gesamtmarktanbieter *wirtschaftlich unattraktiv*	1☐	2☐	3☐	4☐	5☐
Die Gesamtmarktanbieter verfügen nicht über die *spezifischen Fähigkeiten*, die zur Bearbeitung der ausgewählten Nische notwendig sind	1☐	2☐	3☐	4☐	5☐

Die sechste Frage dient dem Vergleich zwischen der Attraktivität der ausgewählten Marktnische und der Attraktivität des dazugehörigen Gesamtmarktes.

6. Beantworten Sie bitte die folgenden Fragen zur Attraktivität der ausgewählten Marktnische.

a) Wie hoch ist das *Marktwachstum* der Marktnische im Vergleich zum Gesamtmarkt?

1☐ viel tiefer 2☐ tiefer 3☐ gleich hoch 4☐ höher 5☐ viel höher

b) Wie hoch ist die *Rentabilität* der Marktnische im Vergleich zum Gesamtmarkt?

1☐ viel tiefer 2☐ tiefer 3☐ gleich hoch 4☐ höher 5☐ viel höher

c) Wie hoch ist die *Wettbewerbsintensität* der Marktnische im Vergleich zum Gesamtmarkt?

1☐ viel tiefer 2☐ tiefer 3☐ gleich hoch 4☐ höher 5☐ viel höher

d) Wie hoch ist die *konjunkturelle Abhängigkeit* der Marktnische im Vergleich zum Gesamtmarkt?

1☐ viel tiefer 2☐ tiefer 3☐ gleich hoch 4☐ höher 5☐ viel höher

e) Wie ausgeprägt ist die *internationale Tätigkeit* der Unternehmen, welche die ausgewählte Marktnische bearbeiten im Vergleich zu den Gesamtmarktanbietern?

1☐ viel geringer 2☐ geringer 3☐ gleich stark 4☐ stärker 5☐ viel stärker

f) Wie gross ist der *Bedarf an finanziellen Mitteln* in der Marktnische im Vergleich zum Gesamtmarkt?

1☐ viel geringer 2☐ geringer 3☐ gleich gross 4☐ grösser 5☐ viel grösser

g) Wie gross sind die *technologischen Veränderungen* durch Innovationen in der Marktnische im Vergleich zum Gesamtmarkt?

1☐ viel geringer 2☐ geringer 3☐ gleich gross 4☐ grösser 5☐ viel grösser

Die Fragen 7 – 10 beziehen sich auf die Marktposition und die Vorteile Ihrer Unternehmung in der ausgewählten Marktnische.

7. Über welchen *Marktanteil* verfügt Ihre Unternehmung in der ausgewählten Marktnische?

1☐ 0 – 20% 2☐ 21 – 40% 3☐ 41 – 60% 4☐ 61 – 80% 5☐ 81 – 100%

8. Eine Unternehmung kann gegenüber Konkurrenten über verschiedenste Angebotsvorteile und -nachteile verfügen. Inwieweit weist Ihre Unternehmung in der ausgewählten Marktnische die folgenden Angebotsvorteile bzw. -nachteile gegenüber den Gesamtmarktanbietern auf?

(Bitte beantworten Sie die Frage vollständig, auch wenn einzelne Vorteile für Ihre Produkte bzw. Dienstleistungen von geringer Bedeutung sind).

	Nachteil	**eher Nachteil**	**weder noch**	**eher Vorteil**	**Vorteil**
Produkt-/Dienstleistungsqualität	1☐	2☐	3☐	4☐	5☐
Produktdesign	1☐	2☐	3☐	4☐	5☐
Sortimentstiefe	1☐	2☐	3☐	4☐	5☐
Innovationsgrad der Produkte/Dienstleistungen	1☐	2☐	3☐	4☐	5☐
Kundendienst	1☐	2☐	3☐	4☐	5☐
Image	1☐	2☐	3☐	4☐	5☐
Bekanntheit	1☐	2☐	3☐	4☐	5☐
Preis	1☐	2☐	3☐	4☐	5☐
Qualität des Vertriebs	1☐	2☐	3☐	4☐	5☐
Intensität des Vertriebs	1☐	2☐	3☐	4☐	5☐
Lieferbereitschaft bzw. Leistungsbereitschaft	1☐	2☐	3☐	4☐	5☐
Verlässlichkeit der Lieferungs- bzw. Leistungsbereitschaft	1☐	2☐	3☐	4☐	5☐

9. Eine Unternehmung kann gegenüber Konkurrenten Vorteile oder Nachteile bezüglich vorhandener Mittel bzw. Ressourcen aufweisen. Inwieweit verfügt Ihre Unternehmung in der ausgewählten Marktnische über die folgenden Ressourcenvorteile bzw. –nachteile gegenüber den Gesamtmarktanbietern?

(Bitte beantworten Sie die Frage vollständig, auch wenn einzelne Vorteile für Ihre Produkte bzw. Dienstleistungen von geringer Bedeutung sind).

	Nachteil	eher Nachteil	weder noch	eher Vorteil	Vorteil
Finanzielle Ressourcen	1☐	2☐	3☐	4☐	5☐
Organisationsstrukturen (bspw. flache Hierarchie)	1☐	2☐	3☐	4☐	5☐
Planungs-, Informations-, und Kontrollsysteme	1☐	2☐	3☐	4☐	5☐
Informationen (bspw. über Kunden, Konkurrenz)	1☐	2☐	3☐	4☐	5☐
Rechte (Patente, Lizenzen)	1☐	2☐	3☐	4☐	5☐
Anzahl Mitarbeiter	1☐	2☐	3☐	4☐	5☐
Fähigkeiten der Mitarbeiter	1☐	2☐	3☐	4☐	5☐
Motivation der Mitarbeiter	1☐	2☐	3☐	4☐	5☐
Einfühlungsvermögen der Mitarbeiter gegenüber Kunden	1☐	2☐	3☐	4☐	5☐
Unternehmenskultur	1☐	2☐	3☐	4☐	5☐
Kompetenzen im Einkaufsprozess	1☐	2☐	3☐	4☐	5☐
Kompetenzen im Produktionsprozess	1☐	2☐	3☐	4☐	5☐
Kompetenzen im Marketing- und Verkaufsprozess	1☐	2☐	3☐	4☐	5☐

10. Inwieweit treffen folgende Aussagen auf die von Ihnen ausgewählte Marktnische zu:

	trifft nicht zu	trifft eher nicht zu	weder noch	trifft eher zu	trifft zu
Die *Gesamtmarktanbieter sind* nicht in der Lage, die Bedürfnisse der Nachfrager in der Marktnische genügend zu befriedigen	1☐	2☐	3☐	4☐	5☐
Unsere Unternehmung ist in der Lage, die Bedürfnisse der Nachfrager in der Marktnische besser als die Gesamtmarktanbieter zu befriedigen	1☐	2☐	3☐	4☐	5☐

Bei den Fragen 11 – 13 sind Merkmale des Gesamtmarktes, in dem Ihre ausgewählte Marktnische angesiedelt ist, von Interesse. Es ist gut möglich, dass Sie nicht über die genauen Zahlen zum Gesamtmarkt verfügen. Versuchen Sie bitte trotzdem die folgenden Fragen mittels Schätzungen zu beantworten.

11. Wie gross schätzen Sie das Marktvolumen dieses Gesamtmarktes?

1☐ < 1 Mio. 2☐ 1 – 50 Mio. 3☐ 51 – 500 Mio. 4☐ ≥ 500 Mio.

12. Als wie hoch schätzen Sie die jährlichen Nachfrageschwankungen in diesem Gesamtmarkt ein?

1☐ sehr gering 2☐ gering 3☐ mittel 4☐ hoch 5☐ sehr hoch

13. Gibt es in diesem Gesamtmarkt eine oder mehrere interessante Marktnische/-n?

1☐ eine 2☐ eine beschränkte Zahl 3☐ viele

Bei den Fragen 14 und 15 ist von Interesse, weshalb Ihre Unternehmung die ausgewählte Marktnische bearbeitet und welche Ziele mit der Nischenbearbeitung verfolgt werden.

14. Der Entscheid einer Unternehmung, eine Marktnische zu bearbeiten, kann unter Umständen auch auf Marktzwänge und Unternehmenszwänge zurückgeführt werden. Inwieweit treffen die folgenden Aussagen auf Ihre Unternehmung zu:

	trifft nicht zu	**trifft eher nicht zu**	**weder noch**	**trifft eher zu**	**trifft zu**
Unsere Unternehmung bearbeitet die ausgewählte Marktnische, weil der *Gesamtmarkt stagniert bzw. schrumpft*	1☐	2☐	3☐	4☐	5☐
Unsere Unternehmung bearbeitet die ausgewählte Marktnische, weil im Gesamtmarkt ein *intensiver Wettbewerb* herrscht.	1☐	2☐	3☐	4☐	5☐
Unsere Unternehmung bearbeitet die ausgewählte Marktnische, weil mit den *vorhandenen Mit-arbeitern und den finanziellen Mitteln* die Be-arbeitung des Gesamtmarktes nicht möglich ist.	1☐	2☐	3☐	4☐	5☐

15. Mit der Bearbeitung einer Marktnische können unterschiedliche Ziele verfolgt werden. Inwieweit treffen die folgenden Aussagen auf Ihre Unternehmung zu:

Unser Ziel der Bearbeitung der ausgewählten Marktnische ist...	**trifft nicht zu**	**trifft eher nicht zu**	**weder noch**	**trifft eher zu**	**trifft zu**
...die Erzielung einer *höheren Rendite* in der ausgewählten Marktnische als im Gesamtmarkt	1☐	2☐	3☐	4☐	5☐
...das Erreichen von *Wachstumszielen* in der ausgewählten Marktnische	1☐	2☐	3☐	4☐	5☐
...der Aufbau einer *marktbeherrschenden Position* in der ausgewählten Marktnische	1☐	2☐	3☐	4☐	5☐
...*das Ausweichen vor der Konkurrenz* im Gesamtmarkt	1☐	2☐	3☐	4☐	5☐
...*die Abwehr von Konkurrenten*, welche in die ausgewählte Marktnische eintreten wollen	1☐	2☐	3☐	4☐	5☐

Bei den Fragen 16 und 17 interessiert, welche Bedeutung Ihre Unternehmung den einzelnen Zielen beimisst und inwieweit Ihre Unternehmung in der ausgewählten Marktnische die gesetzten Ziele erreicht hat.

16. Welche Bedeutung misst Ihre Unternehmung der Erreichung folgender Ziele für die ausge-wählte Marktnische bei?

	sehr gering	**gering**	**mittel**	**gross**	**sehr gross**
Gewinnziele	1☐	2☐	3☐	4☐	5☐
Marktanteilsziele	1☐	2☐	3☐	4☐	5☐
Positionierungsziele	1☐	2☐	3☐	4☐	5☐
Kundenzufriedenheits- und Kundenbindungsziele	1☐	2☐	3☐	4☐	5☐
Sicherstellung der langfristigen Wettbewerbsfähigkeit	1☐	2☐	3☐	4☐	5☐

17. Inwieweit hat Ihre Unternehmung im letzten Jahr in der ausgewählten Marktnische die folgenden selbst gesetzten Ziele erreicht?

	völlig verfehlt	**teilweise verfehlt**		**teilweise erreicht**	**völlig erreicht**
Gewinnziele	1☐	2☐	3☐	4☐	5☐
Marktanteilsziele	1☐	2☐	3☐	4☐	5☐
Positionierungsziele	1☐	2☐	3☐	4☐	5☐
Kundenzufriedenheits- und Kundenbindungsziele	1☐	2☐	3☐	4☐	5☐
Sicherstellung der langfristigen Wettbewerbsfähigkeit	1☐	2☐	3☐	4☐	5☐

Zum Schluss bitte ich Sie noch um einzelne Angaben zu Ihrer Unternehmung.

18. Wie viele Mitarbeiter (Vollzeitstellen) zählte Ihre Unternehmung im Jahr 2004 im Durchschnitt?

1☐ 1 - 10 2☐ 11 - 50 3☐ 51 - 500 4☐ > 500

19. Wie hoch ist der Umsatz (in CHF), der Ihre Unternehmung im Jahr 2004 erzielte?

1☐ < 5 Mio. 2☐ 5 – 25 Mio. 3☐ 26 – 250 Mio. 4☐ > 250 Mio.

20. In welchem Wirtschaftssektor ist Ihre Unternehmung hauptsächlich tätig?

1☐ Konsumgüter 2☐ Industriegüter 3☐ Dienstleistungen

21. Welche Funktion bzw. welche Stelle üben Sie in Ihrer Unternehmung aus?

1☐ Geschäftsführer/In 2☐ Führungsfunktion Marketing 3☐ Marketingmitarbeiter/In

4☐ Andere: ....

Herzlichen Dank für Ihre wertvolle Mitarbeit!

Bei allfälligen Fragen stehe ich Ihnen jederzeit gerne zur Verfügung.

Tel.: 031/631'80'30 oder E-mail: trachsel@imu.unibe.ch

****

Anhang 3: Korrelationsmatrix der aktiven Clustervariablen

Korrelationen nach Pearson

	Markt-volumen GM	Wachstum	Rentabilität	Finanz. Mittel	Techn. Veränd.	W'intensität	Konj. Abhäng.	Markt-anteil	Beschränkung KG	Beschränkung PG	Beschränkung GG	Faktor P/DL-Vorteil	Faktor Komm.-Vorteil
Marktvolumen GM	1	-0.01	-0.06	-0.08	0.01	0.06	-0.02	-0.17 **	-0.07	-0.02	0.11 *	-0.03	-0.09
Wachstum Nische		1	0.28 **	0.18 **	0.30 **	0.08	-0.11 *	0.06	-0.13 *	0.05	-0.02	0.16 **	0.06
Rentabilität Nische			1	0.09	0.14 **	-0.15 **	-0.13 *	0.08	0.01	0.14 **	-0.06	0.15 **	0.02
Finanz. Mittel Nische				1	0.33 **	0.07	0.11 *	0.03	-0.06	-0.02	-0.01	0.03	0.13 **
Techn. Veränd. Nische					1	0.03	0.02	0.00	-0.10	-0.04	-0.03	0.19 **	0.00
W'intensität Nische						1	0.06	-0.17 **	-0.08	-0.09	0.10	-0.10	0.05
Konj. Abhäng. Nische							1	-0.04	-0.06	0.00	0.05	-0.09	0.04
Marktanteil in Nische								1	0.08	0.04	-0.05	0.21 **	0.25 **
Beschränkung KG									1	0.14 **	-0.06	0.05	0.04
Beschränkung PG										1	-0.09	-0.01	0.09
Beschränkung GG											1	-0.16 **	-0.03
Faktor P/DL-Vorteil												1	0.25 **
Faktor Komm.-Vorteil													1

** Signifikanzniveau: $p < 0.01$
* Signifikanzniveau: $p < 0.05$

Korrelationen nach Pearson

	Faktor Distr.-Vorteil	Preis-vorteil	Faktor Leist.-Vorteil	Service-vorteil	R-Vorteil Finanzen	R-Vorteil Mitarbeiter	R-Vorteil Org.Struktur	R-Vorteil Systeme	R-Vorteil Inform.	R-Vorteil Rechte	R-Vorteil Human Soft	R-Vorteil Human Mgmt
Marktvolumen GM	-0.02	-0.04	-0.01	-0.03	-0.04	-0.08	0.08	-0.03	-0.10 *	0.01	0.05	-0.15 **
Wachstum Nische	0.06	0.07	0.02	-0.13 *	0.01	-0.02	0.01	0.09	0.00	0.11 *	0.00	0.05
Rentabilität Nische	0.12 *	0.02	0.06	0.02	0.13 **	0.06	0.10 *	0.02	0.04	0.12 *	0.09	0.11 *
Finanz. Mittel Nische	0.02	0.04	-0.03	-0.02	-0.03	0.00	-0.03	0.00	0.00	-0.08	-0.02	0.04
Techn. Veränd. Nische	-0.01	0.03	0.00	-0.03	-0.05	-0.06	0.05	0.10	0.04	0.00	0.03	0.00
W'intensität Nische	0.01	0.05	0.02	0.01	0.00	0.07	-0.01	0.14 **	0.04	-0.05	-0.05	0.01
Konj. Abhäng. Nische	0.00	-0.05	-0.03	-0.09	-0.06	0.06	-0.06	-0.04	-0.04	0.03	-0.10	-0.05
Marktanteil in Nische	0.06	-0.03	0.06	0.02	0.10	0.07	0.06	0.06	0.18 **	0.09	0.11 *	0.17 **
Beschränkung KG	0.10 *	0.00	0.01	-0.01	0.20 **	0.03	-0.01	0.08	0.14 **	0.05	0.08	0.06
Beschränkung PG	-0.05	0.00	-0.02	-0.02	-0.01	-0.10	-0.10 *	-0.04	-0.02	0.08	0.02	0.01
Beschränkung GG	-0.02	0.09	0.06	0.02	-0.08	0.00	0.02	-0.05	-0.01	-0.13 *	-0.06	-0.10 *
Faktor P/DL-Vorteil	0.22 **	-0.01	0.24 **	0.24 **	0.08	0.03	0.12 *	0.16 **	0.10 *	0.16 **	0.36 **	0.32 **
Faktor Komm.-Vorteil	0.29 **	0.08	0.20 **	0.29 **	0.20 **	0.19 **	0.05	0.12 *	0.25 **	0.19 **	0.27 **	0.28 **
Faktor Distr.-Vorteil	1	0.15 **	0.38 **	0.33 **	0.22 **	0.23 **	0.11 *	0.19 **	0.33 **	0.17 **	0.28 **	0.39 **
Preisvorteil		1	0.10	0.02	0.06	0.08	0.11 *	0.26 **	0.16 **	0.12 *	0.07	0.19 **
Faktor Leist.-Vorteil			1	0.40 **	0.16 **	0.15 **	0.19 **	0.17 **	0.11 *	0.06	0.38 **	0.38 **
Servicevorteil				1	0.08	0.04	0.16 **	0.12 *	0.16 **	-0.04	0.39 **	0.30 **
R-Vorteil Finanzen					1	0.35 **	0.06	0.21 **	0.28 **	0.19 **	0.12 *	0.37 **
R-Vorteil Mitarbeiter						1	0.12 *	0.21 **	0.26 **	0.16 **	0.14 **	0.24 **
R-Vorteil Org.Struktur							1	0.25 **	0.06	0.07	0.28 **	0.16 **
R-Vorteil Systeme								1	0.37 **	0.19 **	0.22 **	0.35 **
R-Vorteil Inform.									1	0.29 **	0.18 **	0.39 **
R-Vorteil Rechte										1	0.06	0.24 **
R-Vorteil Human Soft											1	0.38 **
R-Vorteil Human Mgmt												1

** Signifikanzniveau: $p < 0.01$
* Signifikanzniveau: $p < 0.05$

Anhang 4: Auszug aus dem Dendrogramm der Single-Linkage-Clusteranalyse

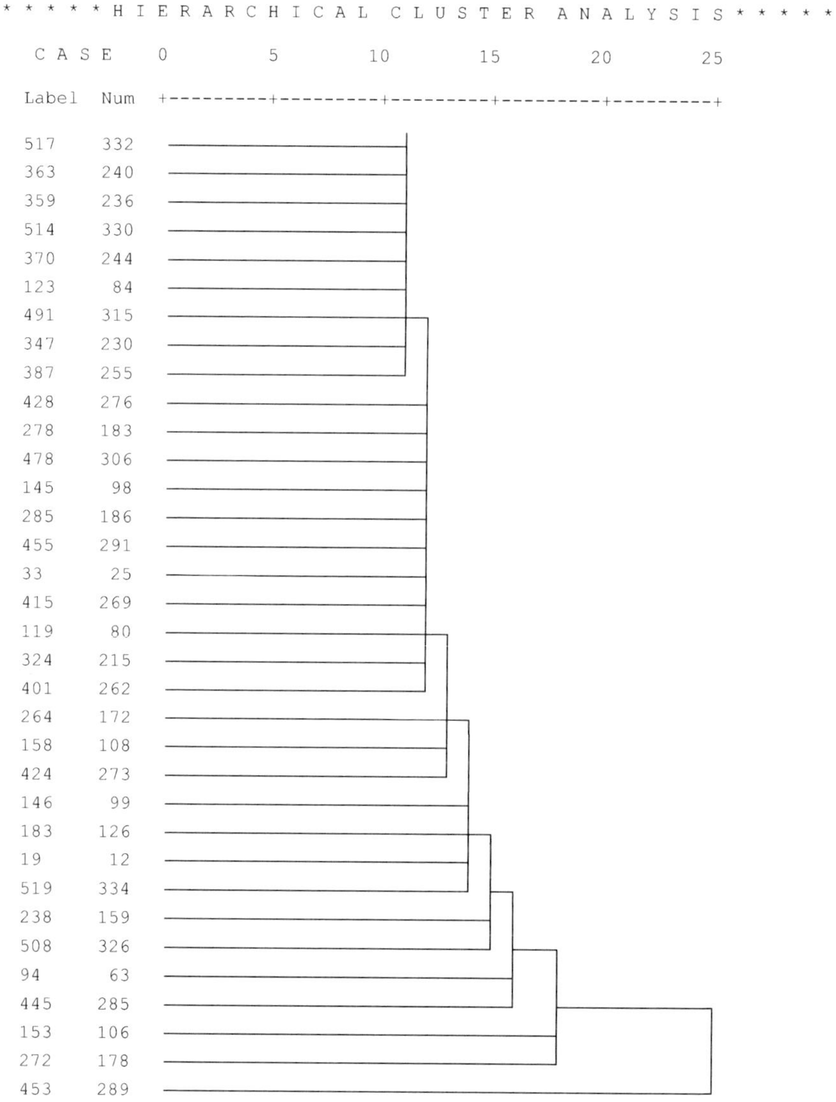

Anhang 5: Streudiagramm Nischenrentabilität-Distributionsvorteile

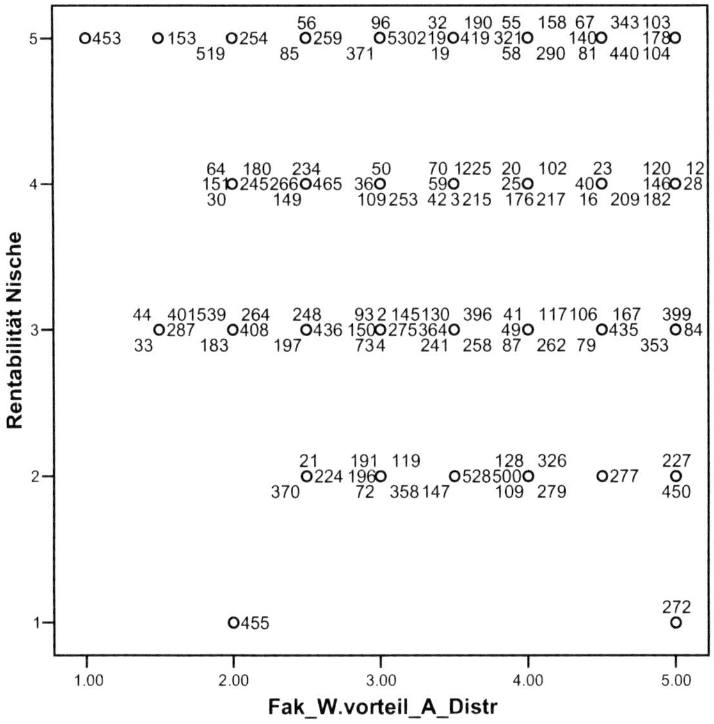

Anhang 6: Boxplot Nischenrentabilität-Distributionsvorteile

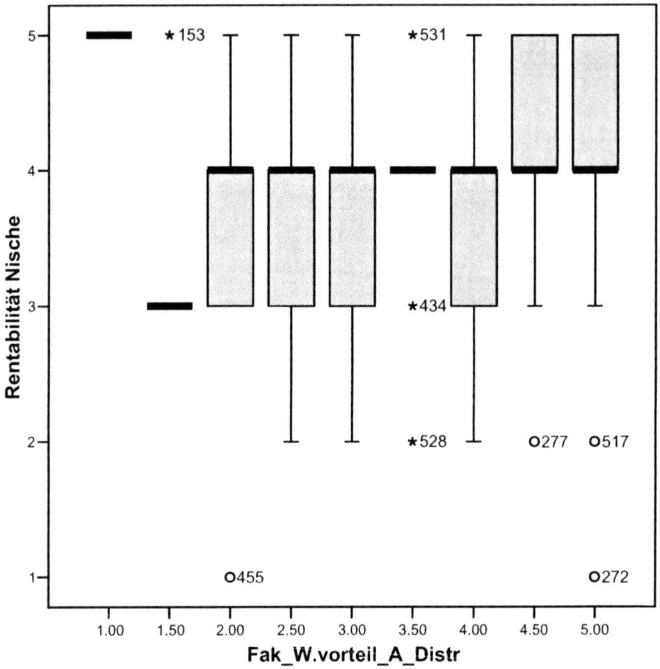

Anhang 7: Auszug aus der Zuordnungsübersicht der Ward-Clusteranalyse (quadr. Eukl. Distanz)

Schritt	Zusammengeführte Cluster		Koeffizienten	Erstes Vorkommen des Clusters		Nächster Schritt
	Cluster 1	Cluster 2		Cluster 1	Cluster 2	
1	75	109	2.631	0	0	10
2	143	309	6.543	0	0	73
3	4	159	10.735	0	0	82
4	139	292	15.114	0	0	70
5	28	222	19.840	0	0	29
6	87	197	24.590	0	0	12
7	124	266	29.574	0	0	161
8	5	314	34.699	0	0	94
9	36	106	40.104	0	0	93
...	...	...	...	...	...	...
308	4	42	5049.750	273	243	315
309	25	59	5094.696	204	280	327
310	30	43	5140.998	283	258	332
311	3	66	5187.844	290	234	323
312	40	76	5234.813	272	274	329
313	7	122	5282.343	284	287	335
314	32	51	5332.449	294	215	325
315	4	181	5383.005	308	265	338
316	18	38	5434.760	269	285	323
317	28	41	5487.153	295	242	327
318	62	63	5541.573	277	300	328
319	2	83	5597.236	301	286	328
320	9	17	5660.126	289	303	336
321	21	47	5725.055	297	299	330
322	1	24	5791.025	296	306	332
323	3	18	5858.427	311	316	326
324	6	29	5929.172	305	298	333
325	32	77	6000.815	314	291	330
326	3	52	6076.257	323	302	338
327	25	28	6156.927	309	317	337
328	2	62	6238.208	319	318	334
329	20	40	6320.408	304	312	336
330	21	32	6405.451	321	325	335
331	12	37	6492.355	307	293	333
332	1	30	6580.831	322	310	334
333	6	12	6681.326	324	331	337
334	1	2	6783.987	332	328	339
335	7	21	6896.096	313	330	341
336	9	20	7014.896	320	329	342
337	6	25	7141.049	333	327	340
338	3	4	7290.023	326	315	339
339	1	3	7483.056	334	338	340
340	1	6	7716.714	339	337	341
341	1	7	8034.285	340	335	342
342	1	9	8550.000	341	336	0

Anhang 8: Struktogramme der Ward-Clusteranalyse (quadr. Eukl. Distanz)

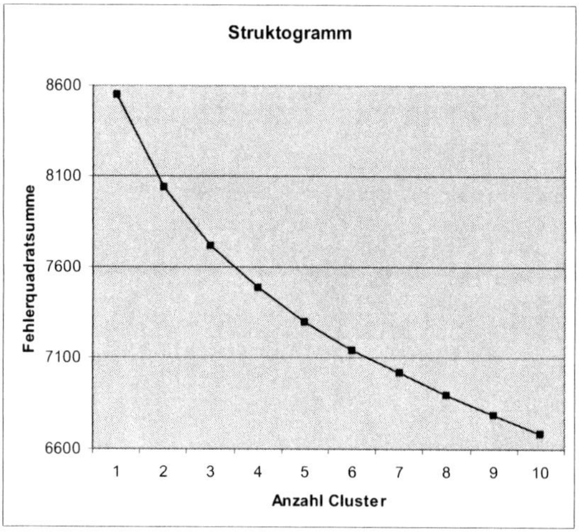

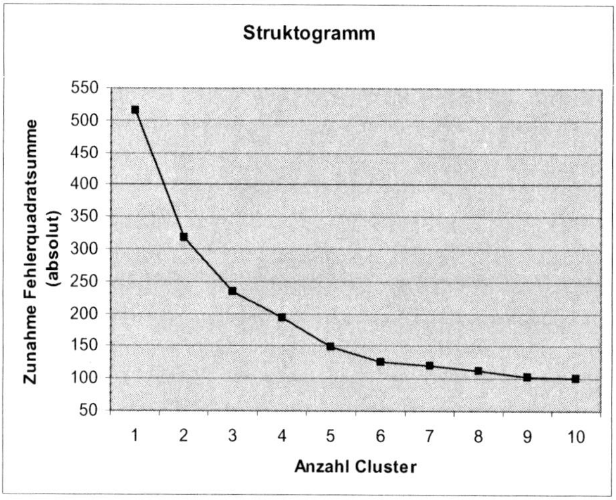

Anhang 9: Auszug der Zuordnungsübersicht der Ward-Clusteranalyse (CHI-Quadr. Distanz)

	Zusammengeführte Cluster			Erstes Vorkommen des Clusters		
Schritt	Cluster 1	Cluster 2	Koeffizienten	Cluster 1	Cluster 2	Nächster Schritt
1	75	109	.407	0	0	154
2	139	292	.867	0	0	98
3	47	237	1.338	0	0	183
4	35	159	1.837	0	0	57
5	4	18	2.354	0	0	23
6	124	266	2.875	0	0	185
7	5	314	3.399	0	0	50
8	87	160	3.935	0	0	62
9	21	218	4.490	0	0	130
...	...	...	...	...	...	...
308	21	86	302.555	294	285	318
309	24	134	304.547	286	252	331
310	30	63	306.566	207	265	329
311	40	66	308.650	251	291	327
312	3	5	310.748	274	296	329
313	2	64	312.856	305	267	334
314	10	129	315.018	300	255	320
315	1	27	317.186	289	281	333
316	4	6	319.366	204	302	323
317	13	31	321.629	275	288	332
318	21	104	323.903	308	279	325
319	41	77	326.188	266	268	326
320	10	23	328.477	314	293	332
321	20	95	330.860	307	284	330
322	8	19	333.308	303	276	330
323	4	15	335.862	316	290	336
324	7	47	338.469	306	287	328
325	21	37	341.115	318	304	334
326	41	43	343.780	319	301	338
327	9	40	346.535	292	311	335
328	7	12	349.304	324	295	339
329	3	30	352.304	312	310	333
330	8	20	355.312	322	321	336
331	24	36	358.338	309	297	335
332	10	13	361.847	320	317	338
333	1	3	365.702	315	329	337
334	2	21	369.559	313	325	337
335	9	24	373.922	327	331	339
336	4	8	378.655	323	330	341
337	1	2	383.654	333	334	342
338	10	41	388.767	332	326	340
339	7	9	393.971	328	335	340
340	7	10	402.830	339	338	341
341	4	7	413.339	336	340	342
342	1	4	424.935	337	341	0

Anhang 10: Homogenitätsvergleich der Clusterlösungen anhand der F-Werte

	F-Werte der 3-Clusterlösung			F-Werte der 6-Clusterlösung					
Variablen	**Cluster 1**	**Cluster 2**	**Cluster 3**	**Cluster 1**	**Cluster 2**	**Cluster 3**	**Cluster 4**	**Cluster 5**	**Cluster 6**
Marktvolumen Gesamtmarkt	**1.038**	**1.050**	0.794	**1.003**	0.974	0.854	**1.029**	0.992	0.805
Wachstum Marktnische	**1.233**	0.870	0.862	0.837	0.516	0.990	**1.294**	0.646	0.845
Rentabilität der Marktnische	**1.138**	**1.114**	0.805	**1.280**	0.759	**1.040**	0.926	**1.028**	0.816
Kapitalbedarf in Marktnische	0.917	**1.238**	0.940	0.796	**1.304**	0.675	0.777	0.916	0.925
Technologische Veränderungen in MN	0.907	**1.023**	0.997	**1.162**	0.779	0.930	0.694	0.896	0.979
Wettbewerbsintensität in MN	0.884	0.968	**1.072**	0.870	0.804	0.646	**1.279**	0.992	**1.228**
Konjunkturelle Abhängigkeit der MN	**1.172**	**1.075**	0.759	**1.232**	**1.096**	0.769	**1.252**	**1.029**	0.648
Marktanteil in Marktnische	0.986	0.670	0.934	0.438	0.747	0.977	0.794	0.739	**1.032**
Beschränkung Produktgruppe	0.813	**1.230**	0.959	0.959	0.994	0.270	0.704	**1.377**	0.932
Beschränkung Kundengruppe	0.670	0.705	0.908	0.966	0.799	0.740	0.695	0.818	0.842
Beschränkung geogr. Bereich	0.774	**1.137**	0.886	0.843	0.554	0.567	0.819	**1.166**	0.334
Produkt-/Dienstleistungsvorteile	0.997	**1.062**	0.712	**1.212**	0.807	0.809	0.734	**1.025**	0.628
Kommunikationsvorteile	0.813	**1.070**	0.472	0.868	0.988	0.840	0.568	**1.035**	0.483
Distributionsvorteile	0.897	0.887	0.647	0.919	0.703	0.818	0.830	0.624	0.718
Preisvorteile	0.875	0.857	**1.088**	0.870	0.927	0.846	0.625	0.798	**1.080**
Leistungserstellungsvorteile	0.985	**1.090**	0.546	0.872	0.505	**1.173**	0.840	**1.080**	0.567
Servicevorteile	0.945	**1.313**	0.429	0.655	0.786	**1.007**	0.494	**1.414**	0.482
Vorteile bzgl. finanzieller Ressourcen	0.860	0.799	0.576	0.672	0.850	0.786	0.968	0.880	0.531
Vorteile bzgl. Anzahl Mitarbeiter	0.804	**1.087**	0.790	0.961	0.782	0.598	**1.078**	0.927	0.834
Vorteile bzgl. Organisationsstruktur	**1.107**	0.983	0.602	0.772	0.584	**1.368**	0.847	**1.085**	0.622
Vorteile bzgl. Informationssysteme	0.773	0.941	0.665	0.952	0.730	0.720	0.784	0.897	0.756
Informationsvorteile	0.782	0.916	0.585	0.872	0.664	0.579	0.821	0.709	0.554
Rechtliche Vorteile	0.993	0.796	0.914	0.774	0.714	0.939	0.816	0.858	0.890
HR-Vorteile Mitarbeiter / Kultur	0.861	0.886	0.800	0.639	0.689	0.873	0.676	**1.105**	0.699
HR-Vorteile Management	0.693	0.873	0.589	0.672	0.476	0.797	0.706	0.735	0.700

Anhang 11: Kreuztabellen verschiedener Clusterlösungen zur Beurteilung der Stabilität über mehrere Methoden hinweg

Two-Stage-Methode * Ward's Methode

		Clusterzugehörigkeit nach Ward's Methode						
	Cluster Nr.	1	2	3	4	5	6	Gesamt
Clusterzugehörigkeit nach Two-Stage-Methode	1	**44**	5	1	4	1	6	61
	2	7	**30**	0	9	6	10	62
	3	11	9	**26**	5	5	0	56
	4	1	2	2	**39**	3	7	54
	5	4	0	0	10	**43**	0	57
	6	2	10	0	5	0	**36**	53
	Gesamt	69	56	29	72	58	59	343

Two-Stage-Methode * Average-Linkage-Methode

		Clusterzugehörigkeit nach Average-Linkage (Within Group)						
	Cluster Nr.	1	2	3	4	5	6	Gesamt
Clusterzugehörigkeit nach Two-Stage-Methode	1	**18**	19	0	9	1	14	61
	2	8	**4**	2	16	2	30	62
	3	0	15	**23**	7	0	11	56
	4	1	2	11	**17**	1	22	54
	5	7	10	6	9	**25**	0	57
	6	0	2	3	2	0	**46**	53
	Gesamt	34	52	45	60	29	123	343

Two-Stage-Methode * K-Means-Methode

		Clusterzugehörigkeit nach K-Means						
	Cluster Nr.	1	2	3	4	5	6	Gesamt
Clusterzugehörigkeit nach Two-Stage-Methode	1	**24**	13	6	3	11	4	61
	2	19	**13**	2	14	0	14	62
	3	15	0	**32**	1	6	2	56
	4	7	5	33	**8**	1	0	54
	5	5	10	0	4	**38**	0	57
	6	1	0	2	12	0	**38**	53
	Gesamt	71	41	75	42	56	58	343

Anhang 12: Standardisierte Residuen zur Analyse von Clusterunterschieden hinsichtlich der nominalskalierten Variable „Unternehmensbereich"

Unternehmensbereich		Cluster 1	Cluster 2	Cluster 3	Cluster 4	Cluster 5	Cluster 6
Ein	Anzahl	17	9	15	7	11	13
	Erwartete Anzahl	13.13	12.73	11.93	11.34	11.54	11.34
	Standardisierte Residuen	1.07	-1.05	0.89	-1.29	-0.16	0.49
Mehrere	Anzahl	31	32	35	26	25	29
	Erwartete Anzahl	32.45	31.47	29.50	28.03	28.52	28.03
	Standardisierte Residuen	-0.26	0.09	1.01	-0.38	-0.66	0.18
Alle	Anzahl	18	23	10	24	22	15
	Erwartete Anzahl	20.42	19.80	18.56	17.64	17.94	17.64
	Standardisierte Residuen	-0.54	0.72	-1.99	1.52	0.96	-0.63

Anmerkung:

Signifikante Abweichungen zwischen den beobachteten und den erwarteten Häufigkeiten sind dann vorhanden, wenn die standardisierten Residuen den Wert I 2 I oder grösser ($p < 0.05$) bzw. I 2.6 I oder grösser annehmen ($p < 0.01$) (vgl. Bühl, A.; Zöfel, P. 2005, S. 205, 246).

Im vorliegenden Fall können keine signifikanten Unterschiede festgestellt werden.

Anhang 13: Ergebnisse der Diskriminanzanalyse

Gleichheitstest der Gruppenmittelwerte

	Wilks-Lambda	F	df1	df2	Signifikanz
Marktvolumen Gesamtmarkt	.916	6.657	5	365	.000
Wachstum Nische	.803	17.923	5	365	.000
Rentabilität Nische	.904	7.745	5	365	.000
Finanz. Mittel Nische	.836	14.365	5	365	.000
Techn. Veränd. Nische	.847	13.202	5	365	.000
W'intensität Nische	.924	6.000	5	365	.000
Konj. Abhäng. Nische	.967	2.522	5	365	.029
Marktanteil in Nische	.733	26.524	5	365	.000
Beschränkung PG	.816	16.486	5	365	.000
Beschränkung KG	.792	19.170	5	365	.000
Beschränkung GG	.706	30.444	5	365	.000
Fak_W.vorteil_A_ProduDL	.848	13.115	5	365	.000
Fak_W.vorteil_A_Komm	.790	19.433	5	365	.000
Fak_W.vorteil_A_Distr	.727	27.432	5	365	.000
Angebotsvort. Preis	.863	11.589	5	365	.000
Fak_W.vorteil_A_Proz. Leisterst	.822	15.851	5	365	.000
Angebotsvort. Kundendienst	.776	21.017	5	365	.000
Ressourcenvort. Finanziell	.763	22.622	5	365	.000
Ressourcenvort. Anz. MA	.841	13.846	5	365	.000
Ressourcenvort. Org. struktur	.858	12.052	5	365	.000
Ressourcenvort. Systeme	.790	19.426	5	365	.000
Ressourcenvort. Informationen	.698	31.551	5	365	.000
Ressourcenvort. Rechte	.852	12.656	5	365	.000
Fak_W.vorteil_R_Human_soft	.778	20.880	5	365	.000
Fak_W.vorteil_R_Human_Mgmtfkt	.694	32.134	5	365	.000

Eigenwerte

Funktion	Eigenwert	% der Varianz	Kumulierte %	Kanonische Korrelation
1	2.283[a]	44.1	44.1	.834
2	1.222[a]	23.6	67.7	.742
3	.815[a]	15.7	83.5	.670
4	.580[a]	11.2	94.7	.606
5	.275[a]	5.3	100.0	.464

a. Die ersten 5 kanonischen Diskriminanzfunktionen werden in dieser Analyse verwendet.

Wilks' Lambda

Test der Funktion(en)	Wilks-Lambda	Chi-Quadrat	df	Signifikanz
1 bis 5	.038	1163.926	125	.000
2 bis 5	.123	742.461	96	.000
3 bis 5	.274	459.399	69	.000
4 bis 5	.497	248.156	44	.000
5	.784	86.044	21	.000

Standardisierte kanonische Diskriminanzfunktionskoeffizienten

	Funktion				
	1	2	3	4	5
Marktvolumen Gesamtmarkt	.015	.160	-.001	.409	.080
Wachstum Nische	.027	.039	.414	-.169	-.045
Rentabilität Nische	.138	.013	.163	-.086	-.007
Finanz. Mittel Nische	.157	-.061	.426	.068	-.199
Techn. Veränd. Nische	.117	.301	.193	-.223	-.199
W'intensität Nische	.153	.155	-.169	-.114	-.170
Konj. Abhäng. Nische	-.012	-.158	.072	.300	-.160
Marktanteil in Nische	.246	-.453	.321	.213	-.035
Beschränkung PG	.121	-.385	.246	-.250	.357
Beschränkung KG	.311	-.402	-.194	.176	.216
Beschränkung GG	-.058	.598	.405	.044	.558
Fak_W.vorteil_A_ ProduDL	.096	-.030	.017	.245	-.021
Fak_W.vorteil_A_Komm	.132	-.010	.271	-.006	-.010
Fak_W.vorteil_A_Distr	.307	.128	.052	.050	.142
Angebotsvort. Preis	.201	.108	-.257	-.361	-.020
Fak_W.vorteil_A_Proz. Leisterst	.203	.067	-.198	-.150	.006
Angebotsvort. Kundendienst	.228	.092	-.110	.413	.150
Ressourcenvort. Finanziell	.314	.099	-.208	-.164	-.285
Ressourcenvort. Anz. MA	.240	.037	-.151	.199	.282
Ressourcenvort. Org. struktur	.040	.228	.052	.224	-.348
Ressourcenvort. Systeme	.166	.212	-.014	-.176	.072
Ressourcenvort. Informationen	.322	-.151	-.043	-.089	.040
Ressourcenvort. Rechte	.254	-.103	-.125	-.284	-.044
Fak_W.vorteil_R_ Human_soft	.095	.033	.071	.209	-.369
Fak_W.vorteil_R_ Human_Mgmtfkt	.132	.120	.074	-.018	.221

Struktur-Matrix

	Funktion 1	2	3	4	5
Fak_W.vorteil_R_ Human_Mgmtfkt	.433*	.094	-.015	.020	.070
Ressourcenvort. Informationen	.429*	-.010	-.051	-.099	.116
Fak_W.vorteil_A_Distr	.387*	.135	-.005	.103	.151
Ressourcenvort. Finanziell	.337*	.033	-.211	-.121	-.122
Fak_W.vorteil_A_Komm	.309*	-.051	.220	.102	.000
Ressourcenvort. Systeme	.293*	.199	-.090	-.152	-.079
Fak_W.vorteil_A_Proz. Leisterst	.269*	.170	-.088	.133	.032
Ressourcenvort. Anz. MA	.257*	.062	-.164	.103	.143
Fak_W.vorteil_A_ ProduDL	.237*	-.005	.136	.215	-.184
Marktanteil in Nische	.199	-.362*	.333	.197	-.035
Beschränkung KG	.193	-.336*	-.165	.100	.211
W'intensität Nische	.061	.208*	-.093	-.119	-.146
Wachstum Nische	.069	.092	.454*	-.299	-.130
Finanz. Mittel Nische	.097	.010	.432*	-.034	-.287
Rentabilität Nische	.157	-.006	.228*	-.114	-.014
Angebotsvort. Kundendienst	.257	.160	-.065	.412*	.119
Angebotsvort. Preis	.134	.164	-.133	-.348*	.031
Fak_W.vorteil_R_ Human_soft	.293	.097	.026	.322*	-.254
Ressourcenvort. Rechte	.225	-.091	-.072	-.271*	-.057
Marktvolumen Gesamtmarkt	-.061	.186	-.023	.262*	.038
Konj. Abhäng. Nische	-.041	-.075	.067	.177*	-.085
Beschränkung GG	-.070	.445	.283	.075	.590*
Techn. Veränd. Nische	.070	.158	.317	-.212	-.337*
Beschränkung PG	.056	-.320	.217	-.206	.334*
Ressourcenvort. Org. struktur	.134	.232	.008	.240	-.301*

Gemeinsame Korrelationen innerhalb der Gruppen zwischen Diskriminanzvariablen und standardisierten kanonischen Diskriminanzfunktionen
Variablen sind nach ihrer absoluten Korrelationsgröße innerhalb der Funktion geordnet.

*. Größte absolute Korrelation zwischen jeder Variablen und einer Diskriminanzfunktion

Klassifizierungsergebnisse(a)

		Clusterzug. Two-Stage (k-means 6 Cl)	Vorhergesagte Gruppenzugehörigkeit 1	2	3	4	5	6	Gesamt
Original	Anzahl	1	64	1	2	0	2	0	69
		2	1	62	0	2	0	1	66
		3	0	0	58	1	1	1	61
		4	0	0	2	55	0	1	58
		5	1	0	0	0	59	0	60
		6	0	0	2	1	0	54	57
	%	1	92.8	1.4	2.9	0	2.9	0	100
		2	1.5	93.9	0	3.0	0	1.5	100
		3	0	0	95.1	1.6	1.6	1.6	100
		4	0	0	3.4	94.8	0	1.7	100
		5	1.7	0	0	0	98.3	0	100
		6	0	0	3.5	1.8	0	94.7	100

a 94.9% der ursprünglich gruppierten Fälle wurden korrekt klassifiziert.

Anhang 14: Korrelationsanalysen zu den aktiven und deskriptiven Gestaltungsvariablen

Korrelationen

		Wachstum Nische	Ziel Wachstum	Rentabilität Nische	Ziel Rendite
Wachstum Nische	Korrelation nach Pearson	1	.424**	.327**	.190**
	Signifikanz (2-seitig)		.000	.000	.000
	N	377	377	376	376
Ziel Wachstum	Korrelation nach Pearson	.424**	1	.246**	.389**
	Signifikanz (2-seitig)	.000		.000	.000
	N	377	377	376	376
Rentabilität Nische	Korrelation nach Pearson	.327**	.246**	1	.532**
	Signifikanz (2-seitig)	.000	.000		.000
	N	376	376	376	375
Ziel Rendite	Korrelation nach Pearson	.190**	.389**	.532**	1
	Signifikanz (2-seitig)	.000	.000	.000	
	N	376	376	375	376

**. Die Korrelation ist auf dem Niveau von 0,01 (2-seitig) signifikant.

Korrelationen

		Grund stagn. Gesamtmarkt	Grund Wettbewerb Gesamtmarkt	Ziel Wettbewerbs-position	Ziel Ausweichen v. Konkurrenz	Ziel Abwehr v. Konkurrenten
Grund stagn. Gesamtmarkt	Korrelation nach Pearson	1	.504(**)	-0.05	.283(**)	.150(**)
	Signifikanz (2-seitig)		0.000	0.334	0.000	0.004
	N	376	376	376	376	376
Grund Wettbewerb Gesamtmarkt	Korrelation nach Pearson	.504(**)	1	-0.039	.439(**)	.195(**)
	Signifikanz (2-seitig)	0.000		0.448	0.000	0.000
	N	376	376	376	376	376
Ziel Wettbewerbs-position	Korrelation nach Pearson	-0.05	-0.039	1	0.074	.412(**)
	Signifikanz (2-seitig)	0.334	0.448		0.152	0.000
	N	376	376	377	377	377
Ziel Ausweichen v. Konkurrenz	Korrelation nach Pearson	.283(**)	.439(**)	0.074	1	.311(**)
	Signifikanz (2-seitig)	0.000	0.000	0.152		0.000
	N	376	376	377	377	377
Ziel Abwehr v. Konkurrenten	Korrelation nach Pearson	.150(**)	.195(**)	.412(**)	.311(**)	1
	Signifikanz (2-seitig)	0.004	0.000	0.000	0.000	
	N	376	376	377	377	377

** Die Korrelation ist auf dem Niveau von 0,01 (2-seitig) signifikant.

Anhang 15: Einfaktorielle Varianzanalyse ANOVA mit F-Tests und Brown-Forsythe-Tests der intervallskalierten Kontextvariablen

ONEWAY ANOVA

		Quadrat-summe	df	Mittel der Quadrate	F	Signifikanz
Wettbewerbsintensität GM	Zwischen den Gruppen	18.403	5	3.681	5.145	0.000
	Innerhalb der Gruppen	241.084	337	0.715		
	Gesamt	259.487	342			
Nachfrageschwank. Gesamtmarkt	Zwischen den Gruppen	4.365	5	0.873	1.424	0.215
	Innerhalb der Gruppen	205.400	335	0.613		
	Gesamt	209.765	340			

Test der Homogenität der Varianzen

	Levene-Statistik	df1	df2	Signifikanz
Wettbewerbsintensität GM	2.497	5	337	.031
Nachfrageschwank. Gesamtmarkt	.566	5	335	.726

Robuste Testverfahren zur Prüfung auf Gleichheit der Mittelwerte

		Statistik[a]	df1	df2	Sig.
Wettbewerbsintensität GM	Brown-Forsythe	5.085	5	308.631	.000
Nachfrageschwank.	Brown-Forsythe	1.431	5	332.043	.213

a. Asymptotisch F-verteilt

Anhang 16: Berechnung von Eta² der intervallskalierten Kontextvariablen

	Eta²
Wettbewerbsintensität GM abhängig	**7.09%**
Clusterzug. Two-Stage (k-means 6 Cl) abhängig	3.27%

	Eta²
Nachfrageschwankungen GM abhängig	**2.08%**
Clusterzug. Two-Stage (k-means 6 Cl) abhängig	1.82%

Anhang 17: Kruskal Wallis H-Test und Mann-Whitney U-Test für ordinalskalierte Kontextvariablen

Statistik für Kruskal Wallis H-Test			
	Fak_Unternehmensgrösse	Marktvolumen Gesamtmarkt	Anz. Nischen Gesamtmarkt
Chi-Quadrat	5.90	28.46	9.95
df	5.00	5.00	5.00
Asymptotische Signifikanz	**0.316**	**0.000**	**0.077**

a Kruskal Wallis-Test

b Gruppenvariable: Clusterzug. Two-Stage (k-means 6 Cl)

Cluster	α
Cluster 1 - Cluster 2	0.105
Cluster 1 - Cluster 3*	**0.000**
Cluster 1 - Cluster 4	0.163
Cluster 1 - Cluster 5	0.094
Cluster 1 - Cluster 6*	**0.001**
Cluster 2 - Cluster 3*	**0.001**
Cluster 2 - Cluster 4	0.901
Cluster 2 - Cluster 5	0.939
Cluster 2 - Cluster 6	0.073
Cluster 3 - Cluster 4*	**0.001**
Cluster 3 - Cluster 5*	**0.001**
Cluster 3 - Cluster 6	0.083
Cluster 4 - Cluster 5	0.845
Cluster 4 - Cluster 6	0.071
Cluster 5 - Cluster 6	0.090

*** Signifikant auf $p < 0.05$**

Bonferoni-Korrektur der α-Fehler-Kumulation:
$\alpha' = \alpha / m = 0.05/25 = 0.002$

Anhang 18: Kreuztabelle des Kontextfaktors „Unternehmensgrösse“ und der Nischenbearbeitung

Faktor Unternehmensgrösse (Perzentile) * Nischenbearbeitung Kreuztabelle

			Nischenbearbeitung	
			Ja	Nein
Faktor Unternehmensgrösse (Perzentile)	klein	Anzahl	56	27
		Erwartete Anzahl	63	20
		% von Faktor Unternehmensgrösse	**67%**	**33%**
	klein-mittel	Anzahl	150	35
		Erwartete Anzahl	141	44
		% von Faktor Unternehmensgrösse	**81%**	**19%**
	mittel	Anzahl	70	22
		Erwartete Anzahl	70	22
		% von Faktor Unternehmensgrösse	**76%**	**24%**
	gross	Anzahl	99	34
		Erwartete Anzahl	101	32
		% von Faktor Unternehmensgrösse	**74%**	**26%**
	Gesamt	Anzahl	375	118
		Erwartete Anzahl	375	118
		% von Faktor Unternehmensgrösse	**76%**	**24%**

Anmerkung:

Aufgrund der z-standardisierten Faktorwerte ist zur Veranschaulichung eine Aufteilung der Unternehmen in die vier Gruppen „klein“, „klein-mittel“, „mittel“ und „gross“ vorgenommen worden. Die Gruppen entsprechen den Perzentilen nach Unternehmensgrösse: 0-25% (klein), 25-50% (klein-mittel), 50-75% (mittel), 75-100% (gross).

Chi-Quadrat-Tests

	Wert	df	Asymptotische Signifikanz (2-seitig)
Chi-Quadrat nach Pearson	6.12	3	0.106
Likelihood-Quotient	6.03	3	0.110
Zusammenhang linear-mit-linear	0.08	1	0.779
Anzahl der gültigen Fälle	493		

0 Zellen haben eine erwartete Häufigkeit kleiner 5. Die minimale erwartete Häufigkeit ist 19.87.

Anhang 19: Kreuztabelle des Kontextfaktors „Unternehmensgrösse“ und des Marktvolumens des Gesamtmarktes

Faktor Unternehmensgrösse Mediansplit * Marktvolumen Gesamtmarkt Kreuztabelle						
		Marktvolumen Gesamtmarkt				
Kontext U'grösse Mediansplit		< 1 Mio.	1-50 Mio.	51-500 Mio.	> 500 Mio.	Gesamt
Gruppe 1 (klein)	Anzahl	3	100	50	34	187
	Erwartete Anzahl	5.5	81.7	51.9	47.9	187
	% von Kontext U'grösse Mediansplit	1.6%	53.5%	26.7%	18.2%	100%
Gruppe 2 (gross)	Anzahl	8	62	53	61	184
	Erwartete Anzahl	5.5	80.3	51.1	47.1	184
	% von Kontext U'grösse Mediansplit	4.3%	33.7%	28.8%	33.2%	100
Gesamt	Anzahl	11	162	103	95	371
	Erwartete Anzahl	11	162	103	95	371
	% von Kontext U'grösse Mediansplit	3.0%	43.7%	27.8%	25.6%	100

Chi-Quadrat-Tests			
	Wert	df	Asymptotische Signifikanz (2-seitig)
Chi-Quadrat nach Pearson [1]	18.92	3	0.000
Likelihood-Quotient	19.20	3	0.000
Zusammenhang linear-mit-linear	10.51	1	0.001
Anzahl der gültigen Fälle	371		

[1] 0 Zellen haben eine erwartete Häufigkeit kleiner 5. Die minimale erwartete Häufigkeit ist 5.46.

Anhang 20: Kreuztabelle des Kontextfaktors „Anzahl Marktnischen im Gesamtmarkt“ und des Marktvolumens des Gesamtmarktes

Anzahl Marktnischen im GM * Marktvolumen Gesamtmarkt Kreuztabelle

Anzahl Marktnischen im GM		Marktvolumen Gesamtmarkt < 1 Mio.	1-50 Mio.	51-500 Mio.	> 500 Mio.	Gesamt
eine	Anzahl	2	10	2	2	16
	Erwartete Anzahl	0.5	7.1	4.3	4.0	16
	% von Anzahl MN im GM	12.5%	62.5%	12.5%	12.5%	100%
beschränkte Zahl	Anzahl	10	146	85	62	303
	Erwartete Anzahl	9.1	135.3	82.4	76.3	303
	% von Anzahl MN im GM	3.3%	48.2%	28.1%	20.5%	100%
viele	Anzahl	0	23	22	37	82
	Erwartete Anzahl	2.5	36.6	22.3	20.7	82
	% von Anzahl MN im GM	0%	28.0%	26.8%	45.1%	100%
Gesamt	Anzahl	12	179	109	101	401
	Erwartete Anzahl	12	179	109	101	401
	% von Anzahl MN im GM	3.0%	44.6%	27.2%	25.2%	100%

Chi-Quadrat-Tests

	Wert	df	Asymptotische Signifikanz (2-seitig)
Chi-Quadrat nach Pearson [1]	32.44	6	0.000
Likelihood-Quotient	31.62	6	0.000
Zusammenhang linear-mit-linear	27.82	1	0.000
Anzahl der gültigen Fälle	401		

[1] 4 Zellen (33.3%) haben eine erwartete Häufigkeit kleiner 5. Die minimale erwartete Häufigkeit ist 0.48.

Anhang 21: Kontextfaktoren mit signifikant moderierenden Wirkungen auf den Zusammenhang zwischen Nischenstrategie-Typen und den Erfolgsindikatoren

Ergebnisse der linearen Regressionsanalyse

Erfolgsindikator	Cluster 1	Cluster 2	Cluster 3	Cluster 4	Cluster 5	Cluster 6
Gewinn				W'intensität Gesamtmarkt*	_NF-Schwank._ _Gesamtmarkt*_ Anzahl Nischen*	Marktvolumen Gesamtmarkt*
Marktanteil	U'grösse***					
Positionierung						U'grösse*
Kundenzufriedenheit/ Kundenbindung						
Sicherung Wettbewerbsfähigkeit	Marktvolumen Gesamtmarkt*			_NF-Schwank._ _Gesamtmarkt*_		
Gesamterfolg						

Anmerkung:

Negative Zusammenhänge sind in *kursiver* Schrift, positive in gerader Schrift dargestellt.

Signifikanzniveau: * ($p < 0.05$), ** ($p < 0.01$), *** ($p < 0.001$)

Anhang 22: Bildung von Dimensionen im Rahmen der grafischen Umsetzung der Taxonomie

	Nischen-strategie-Typ 1	Nischen-strategie-Typ 2	Nischen-strategie-Typ 3	Nischen-strategie-Typ 4	Nischen-strategie-Typ 5	Nischen-strategie-Typ 6
Marktposition						
Marktattraktivität	-0.74	-0.74	-0.61	-0.76	-0.83	-0.82
Wettbewerbsstärke	1.51	1.85	2.56	3.38	1.75	2.58
Summe	**0.77**	**1.11**	**1.95**	**2.62**	**0.93**	**1.76**
Wettbewerbsvorteile						
im Angebot	3.73	4.00	3.61	3.86	3.27	4.25
bzgl. Ressourcen	3.43	3.64	3.40	3.45	2.94	4.13
Arithm. Durchschnitt	**3.58**	**3.82**	**3.50**	**3.65**	**3.10**	**4.19**
Art der Marktbeschränkung						
Produktgruppe	**3.07**	**3.70**	**4.61**	**4.14**	**3.50**	**3.54**
Kundengruppe	**3.20**	2.62	**3.93**	**3.57**	2.27	**3.56**
Geogr. Bereich	2.46	**3.64**	1.64	2.43	2.33	1.60
Erfolg						
Gesamterfolgswert	**61.95**	**65.07**	**63.96**	**68.85**	**60.91**	**73.06**

Dabei setzen sich die folgenden Faktoren wie folgt zusammen:[920]

Marktattraktivität: Wachstum der Marktnische
Rentabilität der Marktnische
Kapitalbedarf in der Marktnische
Technologische Veränderung in der Marktnische
Wettbewerbsintensität in der Marktnische
Konjunkturelle Abhängigkeit der Marktnische

Wettbewerbsstärke: Marktanteil in der Marktnische

Wettbewerbsvorteile im Angebot: Produkt-/Dienstleistungsvorteile
Kommunikationsvorteile
Distributionsvorteile
Preisvorteile
Leistungserstellungsvorteile
Servicevorteile

Wettbewerbsvorteile bzgl. Ressourcen: Finanzielle Ressourcen
Anzahl Mitarbeiter
Organisationsstruktur
Informationssysteme
Informationen
Rechte
HR-Vorteile Mitarbeiter / Kultur
HR-Vorteile Management

[920] Dabei gehen die Faktoren jeweils gleich stark gewichtet in die Bildung der Dimensionen ein.

Literaturverzeichnis

Aaker, D.A. (1988): Developing Business Strategies, 2. Auflage, New York usw. 1988.

Abell, D.F.; Hammond, J.S. (1979): Strategic Market Planning, New Jersey 1979.

Albach, H. (1987): Investitionspolitik erfolgreicher Unternehmen, in: Zeitschrift für Betriebswirtschaft, Vol. 57, Nr. 7 /1987, S. 636-661.

Aldenderfer, M.S.; Blashfield, R.K. (1984): Cluster Analysis, Beverly Hills, London, New Delhi 1984.

Alsem, K.J.; Hoekstra, J.C.; van der Heide, B. (1996): Generic marketing strategies: how generic are they?, 25th European Marketing Academy Conference, Budapest, S. 1351-1359.

Anderson, C.R.; Paine, F.T. (1978): PIMS: a reexamination, in: Academy of Management Review, Vol. 3, Nr. 3 /1978, S. 602-612.

Anderson, C.R.; Zeithaml, C.P. (1984): Stage of the product life cycle, business strategy, and business performance, in: Academy of Management Journal, Vol. 27, Nr. 1 /1984, S. 5-24.

Andrews, K.R. (2003): The concept of corporate strategy, in: Mintzberg, H. et al. (Hrsg.): The strategy process, Harlow 2003, S. 72-79.

Armstrong, J.S.; Overton, T.S. (1977): Estimating nonresponse bias in mail surveys, in: Journal of Marketing Research, Vol. 14, Nr. 3 /1977, S. 396-402.

Arroyo, A. (2000): Emerging communications technology niche players, in: Equities, Vol. 48, Nr. 2 /2000, S. 50-52.

Backhaus, K. (1999): Industriegütermarketing, 6. Auflage, München 1999.

Backhaus, K.; Büschken, J.; Voeth, M. (2001): Internationales Marketing, 4. Auflage, Stuttgart 2001.

Backhaus, K. et al. (2003): Multivariate Analysemethoden, 10. Auflage, Berlin, Heidelberg, New York 2003.

Bailey, K.D. (1994): Typologies and taxonomies: an introduction to classification techniques, Thousand Oaks (CA) 1994.

Bain, J.S. (1959): Industrial organization, New York 1959.

Barnett, W.P.; Greve, H.R.; Park, D.Y. (1994): An evolutionary model of organizational performance, in: Strategic Management Journal, Vol. 15, 1994, S. 11-28.

Barney, J. (1991): Firm resources and sustained competitive advantage, in: Journal of Management, Vol. 17, Nr. 1 /1991, S. 99-120.

Barney, J.B. (1996): The resource-based theory of the firm, in: Organization Science, Vol. 7, Nr. 5 /1996, S. 469.

Beare, N.V. (2003): David and Goliath: smaller paper firms can survive with "super niche" strategy, in: Pulp & Paper, Vol. 77, Nr. 8 /2003, S. 32-34.

Becker, J. (2000): Der Strategietrend im Marketing, 1. Auflage, München 2000.

Begon, M.; Townsend, C.R.; Harper, J.L. (1998): Ökologie, Heidelberg, Berlin 1998.

Belz, C. (1986): Marketing in stagnierenden Märkten: Zerstörung oder Aufbau?, in: Belz, C. (Hrsg.): Realisierung des Marketing, St. Gallen 1986, S. 331-354.

Belz, C. (1990): Vom Gemischtwarenanbieter zum Spezialisten, in: Thexis, Vol. 7, Nr. 4 /1990, S. 52-55.

Benkenstein, M. (1997): Strategisches Marketing, Stuttgart, Berlin, Köln 1997.

Berekoven, L.; Eckert, W.; Ellenrieder, P. (2001): Marktforschung, 9. Auflage, Wiesbaden 2001.

Berndt, R.; Altobelli, C.F.; Sander, M. (1999): Internationales Marketing-Management, Berlin usw. 1999.

Besanko, D.; Dranove, D.; Shanley, M. (2000): Economics of strategy, 2. Auflage, New York usw. 2000.

Biermann, T. (2000). Kundenbindung durch Innovation, in: Bruhn, M.; Stauss, B. (Hrsg.): Dienstleistungsmanagement Jahrbuch 2000: Kundenbeziehungen im Dienstleistungsbereich, Wiesbaden 2000, S. 307-322.

Biggadike, R. (1979): The risky business of diversification, in: Harvard Business Review, Vol. 57, Nr. 3 /1979, S. 103-111.

Black, J.A.; Boal, K.B. (1994a): Strategic resources: traits, configurations and paths to sustainable competitive advantage, in: Strategic Management Journal, Vol. 15, Nr. 5 /1994a, S. 131-148.

Black, J.A.; Boal, K.B. (1994b): Strategic resources: traits, configurations and paths to sustainable competitive advantage, in: Strategic Management Journal, Vol. 15, 1994b, S. 131-148.

Boal, K.B.; Bryson, J.M. (1987): Representation, testing and policy implications of planning processes, in: Strategic Management Journal, Vol. 8, Nr. 3 /1987, S. 211-231.

Böckem, S. (1993): Marktnischen oder Trendprodukte?, in: Zeitschrift für betriebswirtschaftliche Forschung, Vol. 45, Nr. 6 /1993, S. 535-547.

Böhler, H. (1977): Methoden und Modelle der Marktsegmentierung, Stuttgart 1977.

Böhler, H. (2004): Marktforschung, 3. Auflage, Stuttgart 2004.

Bollmann, R. (1990): adidas: vom Pionier zum Marktführer und zum Konkurrenzkampf gegen neue Nischenanbieter, in: Thexis, Vol. 7, Nr. 4 /1990, S. 25-28.

Bortz, J. (1999): Statistik für Sozialwissenschaftler, 5. Auflage, Berlin usw. 1999.

Bortz, J.; Döring, N. (2002): Forschungsmethoden und Evaluation, 3. Auflage, Berlin, Heidelberg, New York 2002.

Bösiger, W. (1990): Porsche - ein Kultobjekt, in: Thexis, Vol. 7, Nr. 4 /1990, S. 59-61.

Bowman, E.H.; Helfat, C.E. (2001): Does corporate strategy matter?, in: Strategic Management Journal, Vol. 22, 2001, S. 1-23.

Broom, H.N.; Longenecker, J.G. (1971): Small Business Management, 3. Auflage, Cincinnati usw. 1971.

Bühl, A.; Zöfel, P. (2005): SPSS 12: Einführung in die moderne Datenanalyse unter Windows, 9. Auflage, München 2005.

Bunn, M.D. (1993): Taxonomy of buying decision approaches, in: Journal of Marketing, Vol. 57, Nr. 1 /1993, S. 38-56.

Burns, A.C.; Bush, R.F. (2000): Marketing research, 3. Auflage, Upper Saddle River, NJ 2000.

Büschken, J.; von Thaden, C. (1999): Clusteranalyse, in: Herrmann, A.; Homburg, C. (Hrsg.): Marktforschung, Wiesbaden 1999, S. 339-380.

Buyck, C. (2001): The niche player, in: Air Transport World, Vol. 38, Nr. 6 /2001, S. 73-77.

Buzzell, R.D.; Gale, B.T. (1987): The PIMS-Principles, New York 1987.

Buzzell, R.D.; Gale, B.T. (1989): Das PIMS-Programm, Wiesbaden 1989.

Buzzell, R.D.; Gale, B.T.; Sultan, R.G. (1975): Market share: a key to profitability, in: Harvard Business Review, Nr. Jan-Feb /1975, S. 97-106.

Byrne, J.A. (2001): The real confessions of Tom Peters, in: Business Week, Nr. 3760, 3. Dezember /2001, S. 46.

Campbell-Hunt, C. (2000): What have we learned about generic competitive strategy? A meta-analysis, in: Strategic Management Journal, Vol. 21, 2000, S. 127-154.

Carper, W.B.; Snizek, W.E. (1980): The nature and types of organizational taxonomies: an overview, in: Academy of Management Review, Vol. 5, Nr. 1 /1980, S. 65-75.

Carter, N.M. et al. (1994): New venture strategies: theory development with an empirical base, in: Strategic Management Journal, Vol. 15, Nr. 1 /1994, S. 21-41.

Cavalloni, C. (1991): Mehr Mut zur Marktnische: Leitfaden zur Entwicklung einer gewinnträchtigen Nischenstrategie, Zürich 1991.

Cavalloni, C.; Tschirky, H. (1991): Nischen - erfolgsträchtige Marktsegmente, in: Industrie-Organisation Management Zeitschrift, Vol. 60, Nr. 4 /1991, S. 27-30.

Caves, R.E. (1980): Industrial organization, corporate strategy and structure, in: Journal of Economic Literature, Vol. 18, Nr. 1 /1980, S. 64-92.

Chamberlin, E.H. (1939): The theory of monopolistic competition, 3. Auflage, Cambridge, MA 1939.

Chrisman, J.J.; Hofer, C.W.; Boulton, W.R. (1988): Toward a system for classifying business strategies, in: Academy of Management Review, Vol. 13, Nr. 3 /1988, S. 413-428.

Churchill, G.A.; Iacobucci, D. (2002): Marketing research, 8. Auflage, Mason (Ohio) 2002.

Collis, D.J. (1991): A resource-based analysis of global competition: the case of the bearings industry, in: Strategic Management Journal, Vol. 12, 1991, S. 49-68.

Conant, J.S.; Mokwa, M.P.; Varadarajan, P.R. (1990): Strategic types, distinctive marketing competencies and organizational performance: a multiple measures-based study, in: Strategic Management Journal, Vol. 11, Nr. 5 /1990, S. 365-383.

Cool, K.; Schendel, D. (1988): Performance differences among strategic group members, in: Strategic Management Journal, Vol. 9, Nr. 3 /1988, S. 207-223.

Cooper, A.C.; Willard, G.E.; Woo, C.Y. (1986): Strategies of high-performing new and small firms: A reexamination of the niche concept, in: Journal of Business Venturing, Vol. 1, 1986, S. 247-260.

Cornelssen, I. (1995): Chancen und Risiken im Nischenmarketing, in: Meyer, P.W.; Meyer, A. (Hrsg.): Nischenmarketing - Chance oder Risiko, München 1995, S. 31-32.

Corsten, H. (1998): Grundlagen der Wettbewerbsstrategie, Stuttgart-Leipzig 1998.

Covin, J.G.; Slevin, D.P. (1989): Strategic management of small firms in hostile and benign environments, in: Strategic Management Journal, Vol. 10, 1989, S. 75-87.

Dalgic, T.; Leeuw, M. (1994): Niche marketing revisited: Concept, applications and some european cases, in: European Journal of Marketing, Vol. 28, Nr. 4 /1994, S. 39-55.

Daniel, R.D. (1961): Management information crisis, in: Harvard Business Review, Vol. 39, Nr. 5 /1961, S. 111-121.

Danner, M. (2002): Strategisches Nischenmanagement, Diss. Universität Giessen, Wiesbaden 2002.

D'Aveni, R.A. (1995): Hyperwettbewerb, Frankfurt a.M., New York 1995.

Day, D.L.; DeSarbo, W.S.; Oliva, T.A. (1987): Strategy maps: a spatial representation of intra-industry competitive strategy, in: Management Science, Vol. 33, Nr. 12 /1987.

De Saint-Seine, S. (2002): Europe's niche players have highest returns, in: Automotive News, Vol. 76, Nr. 5973 /2002, S. 23.

Demsetz, H. (1973): Industry structure, market rivalry, and public policy, in: Journal of Law and Economics, Vol. 16, Nr. 1 /1973, S. 1-10.

Dess, G.G.; Davis, P.S. (1984): Porter's (1980) generic strategies as determinants of strategic group membership and organizational performance, in: The Academy of Management Journal, Vol. 27, Nr. 3 /1984, S. 467-488.

Dess, G.G.; Rasheed, A.M. (1992): Commentary to D. Miller's Generic Strategies, in: Advances in Strategic Management, Vol. 8, 1992, S. 409-416.

Dess, G.G.; Robinson, R.B. (1984): Measuring organizational performance in the absence of objective measures: the case of the privately-held firm and conglomerate business unit, in: Strategic Management Journal, Vol. 5, Nr. 3 /1984, S. 265-273.

DeVellis, R.F. (1991): Scale Development, Newbury Park, London, New Delhi 1991.

Diamantopoulos, A.; Winklhofer, H.M. (2001): Index construction with formative indicators: an alternative to scale development, in: Journal of Marketing Research, Vol. 38, Nr. 2 /2001, S. 269-277.

Dibb, S. et al. (2001): Marketing: concepts and strategies, Boston, New York 2001.

Diekmann, A. (1997): Empirische Sozialforschung, 3. Auflage, Hamburg 1997.

Diekmann, A.; Jann, B. (2001): Anreizformen und Ausschöpfungsquoten bei postalischen Befragungen. Eine Prüfung der Reziprozitätshypothese, in: ZUMA-Nachrichten, Vol. 25, Nr. 48 /2001, S. 18-27.

Dirrheimer, M. (1986): Marketingstrategien in schrumpfenden Märkten, in: Wieselhuber, N.; Töpfer, A. (Hrsg.): Handbuch Strategisches Marketing, Landsberg am Lech 1986, S. 330-334.

Doty, H.D.; Glick, W.H. (1994): Typologies as a unique form of theory building: Toward improved understanding and modeling, in: Academy of Management Review, Vol. 19, Nr. 2 /1994, S. 230-251.

Douglas, S.P.; Rhee, D.K. (1989): Examining Generic Competitive Strategy Types in U.S. and European Markets, in: Journal of International Business Studies, Vol. 20, Nr. 3 /1989, S. 437-463.

Ebbinghaus, M. (1996): Ein Verfahren zur Formulierung der Wettbewerbsstrategie auf der Basis der kritischen Erfolgsfaktoren, Diss. Universität Freiburg, Freiburg 1996.

Edmondson, G.; Reinhardt, A. (2001): From niche player to goliath, in: Business Week, Nr. 3723 /2001, S. 94.

Eggert, A.; Fassott, G. (2003): Zur Verwendung formativer und reflektiver Indikatoren in Strukturgleichungsmodellen, http://www.pfingsttagung.unizh.ch/Papers/Eggert-Fassott.pdf, August, 2005.

Engelhardt, T. (1990): Nischen durch Partnerschafts-Systeme besetzen, in: Thexis, Vol. 7, Nr. 4 /1990, S. 20-23.

Erfmann, M. (1988): Wettbewerbsstrategien in reifen Märkten, Diss. Universität Berlin, Frankfurt a.M. usw. 1988.

FEW (2003): Analysen zur Betriebszählung 2001, in: BfS (Hrsg.), Neuenburg 2003.

Fiegenbaum, A.; Karnani, A. (1991): Output flexibility - a competitive advantage for small firms, in: Strategic Management Journal, Vol. 12, 1991, S. 101-114.

Fierman, J. (1993): The fine art of niche picking, in: Fortune, Vol. 128, Nr. 13 /1993, S. 80.

Foss, N.J. (1996): Research in strategy, economics, and Michael Porter, in: Journal of Management Studies, Vol. 33, Nr. 1 /1996, S. 1-24.

Freter, H. (1983): Marktsegementierung, Stuttgart usw. 1983.

Fritz, W. (1990): Marketing - ein Schlüsselfaktor des Unternehmenserfolges?, in: Marketing ZFP, Vol. 12, Nr. 2 /1990, S. 91-110.

Fritz, W. (1992a): Marktorientierte Unternehmensführung und Unternehmenserfolg, Stuttgart 1992a.

Fritz, W. (1992b): Marktorientierte Unternehmensführung und Unternehmenserfolg: Grundlagen und Ergebnisse einer empirischen Untersuchung, Stuttgart 1992b.

Fritz, W. et al. (1988): Unternehmensziele und strategische Unternehmensführung, in: Die Betriebswirtschaft, Vol. 48, Nr. 5 /1988, S. 567-586.

Galbraith, C.; Schendel, D. (1983): An Empirical Analysis of Strategy Types, in: Strategic Management Journal, Vol. 4, Nr. 2 /1983, S. 153-173.

Gälweiler, A. (1987): Strategische Unternehmensführung, Frankfurt a.M.; New York 1987.

Garda, R.A. (1981): A strategic approach to market segmentation, in: The McKinsey Quarterly, Nr. 3 /1981, S. 16-29.

Gordon, A.D. (1996): Hierarchical classification, in: Arabie, P.; Hubert, L.J.; De Soete, G. (Hrsg.): Clustering and classification, Singapore 1996, S. 65-122.

Grant, R.M. (1989): Competing against low cost cutlery imports, in: Long-Range Planning, Vol. 22, Nr. 5 /1989, S. 59-68.

Grasshoff, J. (2003): Nischenstrategien im Kreditwesen, 1. Auflage, Wiesbaden 2003.

Grünig, R.; Heckner, F.; Zeus, A. (1996): Methoden zur Identifikation strategischer Erfolgsfaktoren, in: Die Unternehmung, Vol. 50, Nr. 1 /1996, S. 3-12.

Grünig, R.; Kühn, R. (2002): Methodik der Strategischen Planung: ein prozessorientierter Ansatz für Strategieplanungsprojekte, 2. Auflage, Bern, Stuttgart, Wien 2002.

Grünig, R.; Kühn, R. (2004): Entscheidungsverfahren für komplexe Probleme, Berlin usw. 2004.

Grünig, R.; Kühn, R. (2005): Methodik der strategischen Planung, 3. Auflage, Bern, Stuttgart, Wien 2005.

Haedrich, G.; Gussek, F.; Tomczak, T. (1989): Differenzierte Marktbearbeitung und Markterfolg im Reiseveranstaltermarkt der Bundesrepublik Deutschland, in: Marketing ZFP, Vol. 11, Nr. 1 /1989, S. 11-18.

Haedrich, G.; Jenner, T. (1996): Strategische Erfolgsfaktoren in Konsumgütermärkten, in: Die Unternehmung, Vol. 50, Nr. 1 /1996, S. 13-26.

Halliday, J. (1997): Porsche goes beyond status as niche player, in: Advertising Age, Vol. 68, Nr. 48 /1997, S. 50.

Hambrick, D.C. (1980): Operationalizing the concept of business-level strategy in research, in: Academy of Management Review, Vol. 5, Nr. 4 /1980, S. 567-575.

Hambrick, D.C. (1983a): High profit strategies in mature capital goods industries: a contingency approach, in: Academy of Management Journal, Vol. 26, Nr. 4 /1983a, S. 687-707.

Hambrick, D.C. (1983b): Some tests of the effectiveness and functional attributes of Miles and Snow's strategic types, in: Academy of Management Journal, Vol. 26, Nr. 1 /1983b, S. 5-26.

Hambrick, D.C. (1984): Taxonomic approaches to studying strategy: some conceptual and methodological issues, in: Journal of Management, Vol. 10, Nr. 1 /1984, S. 27-41.

Hambrick, D.C.; Lei, D. (1985): Toward an empirical prioritization of contingency variables for business strategy, in: Academy of Management Journal, Vol. 28, Nr. 4 /1985, S. 763-788.

Hamermesh, R.G.; Silk, S.B. (1979): How to compete in stagnant industries, in: Harvard Business Review, Nr. 5 /1979, S. 161-168.

Hanan, M. (1976): Venturing corporations - think small to stay strong, in: Harvard Business Review, Vol. 54, Nr. 3 /1976, S. 139-148.

Hansen, G.S.; Wernerfelt, B. (1989): Determinants of firm performance: the relative importance of economic and organizational factors, in: Strategic Management Journal, Vol. 10, Nr. 5 /1989, S. 399-411.

Harrigan, K.R. (1983): Research methodologies for contingency approaches to business strategy, in: The Academy of Management Review, Vol. 8, Nr. 3 /1983, S. 398- 405.

Harrigan, K.R. (1985): An application of clustering for strategic group analysis, in: Strategic Management Journal, Vol. 6, Nr. 1 /1985, S. 55-73.

Harrigan, K.R. (1989): Unternehmensstrategien für reife und rückläufige Märkte, Frankfurt a.M., New York 1989.

Henderson, R.; Cockburn, I. (1994): Measuring competence? Exploring firm effects in pharmaceutical research, in: Strategic Management Journal, Vol. 15, Nr. 1 /1994, S. 63-84.

Hessler, A. (1998): Wachstum aus der Nische, in: Absatzwirtschaft, Vol. 1, 1998, S. 46-47.

Hetzel, H. (2004): Niederländer wollen Porsche konkurrenzieren, in: Finanz und Wirtschaft, Nr. 23 vom 24. März /2004, S. 33.

Hill, C.W.; Deeds, D.L. (1996): The importance of industry structure for the determination of profitability: a neo-austrian perspective, in: Journal of Management Studies, Vol. 33, Nr. 4 /1996, S. 429-451.

Hill, C.W.; Jones, G.R. (1992): Strategic Management: an integrated approach, Boston 1992.

Hinder, W. (1986): Strategische Unternehmensführung in der Stagnation, München 1986.

Hinder, W.; Bartosch, S. (1987): Strategisches Wettbewerbsverhalten in stagnierenden Märkten, in: Freter, H. (Hrsg.): Marktorientierte Unternehmensführung, Frankfurt a.M. usw. 1987.

Hinkin, T.R. (1995): A review of scale development practices in the study of organizations, in: Journal of Management, Vol. 21, Nr. 5 /1995, S. 967-988.

Hinterhuber, H.H. (1989): Strategische Unternehmungsführung, 4. Auflage, Berlin, New York 1989.

Hofer, C.W. (1975): Toward a contingency theory of business strategy, in: The Academy of Management Journal, Vol. 18, Nr. 4 /1975, S. 784-810.

Hofer, C.W.; Sandberg, W.R. (1987): Improving new venture performance: Some guidelines for success, in: American Journal of Small Business, Vol. 12, Nr. 1 /1987, S. 11-25.

Hofer, C.W.; Schendel, D.E. (1978): Strategy Formulation: Analytical Concepts, St. Paul 1978.

Homburg, C.; Giering, A. (1996): Konzeptualisierung und Operationalisierung komplexer Konstrukte, in: Marketing ZFP, Vol. 18, Nr. 1 /1996, S. 5-24.

Homburg, C.; Herrmann, A.; Pflesser, C. (1999): Methoden der Datenanalyse im Überblick, in: Herrmann, A.; Homburg, C. (Hrsg.): Marktforschung, Wiesbaden 1999, S. 103-125.

Homburg, C.; Krohmer, H. (2003): Marketingmanagement, Wiesbaden 2003.

Homburg, C.; Workman, J.P.; Jensen, O. (2002): A Configurational Perspective on Key Account Management, in: Journal of Marketing, Vol. 66, Nr. 2 /2002, S. 38-60.

Hooley, G.J.; Beracs, J.; Kolos, K. (1993): Marketing strategy typologies in Hungary, in: European Journal of Marketing, Vol. 27, Nr. 11 /1993, S. 80-101.

Hooley, G.J.; Lynch, J.E.; Jobber, D. (1992): Generic marketing strategies, in: International Journal of Research in Marketing, Vol. 9, Nr. 1 /1992, S. 75-89.

Hosmer, A.W. (1957): Small manufacturing enterprises, in: Harvard Business Review, Vol. 35, Nr. 6 /1957, S. 111-122.

Hünerberg, R. (1993): Nischenstrategien im Europäischen Marketing - eine aktuelle Neubewertung eines klassischen Konzeptes, in: Betriebswirtschaftliche Forschung und Praxis, Nr. 6 /1993, S. 666-684.

Hunt, S.D. (2002): Foundations of marketing theory, 1. Auflage, New York, London 2002.

Hutchinson, G.E. (1957): Concluding remarks, in: Cold Spring Harbour Symposium on Quantitative Biology, Nr. 22 /1957, S. 415-427.

Jacobsen, R. (1988): The persistence of abnormal returns, in: Strategic Management Journal, Vol. 9, 1988, S. 415-430.

Janssen, J.; Laatz, W. (2003): Statistische Datenanalyse mit SPSS für Windows, 4. Auflage, Berlin, Heidelberg, New York 2003.

Jarvis, C.B.; Mackenzie, S.B.; Podsakoff, P.M. (2003): A critical review of construct indicators and measurement model misspecification in marketing and consumer research, in: Journal of Consumer Research, Vol. 30, Nr. 2 /2003.

Jenner, T. (1999): Determinanten des Unternehmenserfolges, Habil.-Schr. Universität Bern, Stuttgart 1999.

Jenner, T. (2000): Angebotspositionierung im Zielmarkt, in: von der Oelsnitz, D. (Hrsg.): Markteintritts-Management, Stuttgart 2000, S. 121-136.

Jennings, S.L.; Levine, J. (1994): Niches within a niche, in: Forbes, Vol. 153, Nr. 9 /1994, S. 122.

Jeschke, B. (1993): Konfliktmanagement und Unternehmenserfolg, Wiesbaden 1993.

Joas, A. (1995): Fünf Thesen Pro und Contra Nischenmarketing im Investitionsgüterbereich, in: Meyer, P.W.; Meyer, A.: 18. Augsburger Marketingtage: Nischenmarketing - Chance oder Risiko, S. 33-46.

Johnson, G.; Scholes, K. (2002): Exploring corporate strategy, 6. Auflage, Harlow usw. 2002.

Jones, G.R.; Butler, J.E. (1988): Costs, revenue, and business-level strategy, in: Academy of Management Review, Vol. 13, Nr. 2 /1988, S. 202-213.

Kachadourian, G.; Sedgwick, D. (2002): Niche player has low-risk strategy, in: Automotive News, Vol. 76, Nr. 5973 /2002, S. 32.

Kamlage, K. (2001): Erfolgreiche Markteintrittsstrategien im Konsumgüterbereich, Wiesbaden 2001.

Kammel, A. (2000): "Competing on Capabilities": Kernkompetenzen als Chance und Barriere des Markteintritts, in: von der Oelsnitz, D. (Hrsg.): Markteintritts-Management, Stuttgart 2000, S. 162-176.

Kara, A.; Kaynak, E. (1997): Markets of a single customer: exploiting conceptual developments in market segmentation, in: European Journal of Marketing, Vol. 31, Nr. 11-12 /1997, S. 873-895.

Kepper, G. (1994): Qualitative Marktforschung, Wiesbaden 1994.

Kerlinger, F.N.; Lee, H.B. (2000): Foundations of behavioral research, 4. Auflage, Singapore usw. 2000.

Keuper, F. (2001): Strategisches Management, München, Wien 2001.

Kim, L.; Lim, Y. (1988): Environment, generic strategies, and performance in a rapidly developing country: A taxonomic approach, in: Academy of Management Journal, Vol. 31, Nr. 4 /1988, S. 802-827.

Kimberly, J.R. (1976): Organizational size and the structuralist perspective: a review, critique, and proposal, in: Administrative Science Quarterly, Vol. 21, Nr. 4 /1976, S. 571-598.

Klages, H. (1984): Wertorientierung im Wandel, Frankfurt a.M., New York 1984.

Klebnikov, P. (1997): Mercedes-Benz's bold niche strategy, in: Forbes, Vol. 160, Nr. 5 /1997, S. 68-74.

Knoblich, H. (1972): Die typologische Methode in der Betriebswirtschaftslehre, in: Wirtschaftswissenschaftliches Studium, Vol. 1, Nr. 4 /1972, S. 141-147.

Kotha, S.; Vadlamani, B.L. (1995): Assessing generic strategies: an empirical investigation of two competing typologies in descrete manufacturing industries, in: Strategic Management Journal, Vol. 16, Nr. 1 /1995, S. 75-83.

Kotler, P.; Bliemel, F. (1995): Marketing-Management, 8. Auflage, Stuttgart 1995.

Kotler, P.; Bliemel, F. (1999): Marketing-Management, 9. Auflage, Stuttgart 1999.

Kreikebaum, H. (1997): Strategische Unternehmensplanung, 6. Auflage, Stuttgart, Berlin, Köln 1997.

Kreilkamp, E. (1987): Strategisches Management und Marketing, 1. Auflage, Berlin, New York 1987.

Kretschmer, H. (1983): Strategien in reifen Märkten, in: Die Unternehmung, Vol. 37, Nr. 1 /1983, S. 95-105.

Kreutzer, R.T. (1990): Individual-Marketing mit privaten Haushalten, in: Thexis, Vol. 7, Nr. 4 /1990, S. 38-42.

Kreuzer, M. (2005): Die praktische Relevanz von Mass Customization, Diss. Universität Bern, Bern, Stuttgart, Wien 2005.

Kroeber-Riel, W. (1984): Zentrale Probleme auf gesättigten Märkten, in: Marketing ZFP, Nr. 3 /1984, S. 210-214.

Kühn, R. (1980): Wenn Ihr Markt in die Reifephase kommt, in: Marketing Journal, Nr. 4 /1980, S. 350-353.

Kühn, R.; Fankhauser, K. (1996): Marktforschung, Bern, Stuttgart, Wien 1996.

Kühn, R.; Fasnacht, R. (2002): Dienstleistungsmarketing, Zürich 2002.

Kühn, R.; Grünig, R. (2000): Grundlagen der strategischen Planung, 2. Auflage, Bern, Stuttgart, Wien 2000.

Kühn, R.; Jucken, H. (1990): Positionierungslücken-Analyse: Ein Verfahren zur Entdeckung und Bewertung von Marktnischen, in: Thexis, Vol. 7, Nr. 4 /1990, S. 12-17.

Kühn, R.; Vifian, P. (2003): Marketing, Analyse und Strategie, 9. Auflage, Zürich 2003.

Leidecker, J.K.; Bruno, A.V. (1984): Identifying and using critical success factors, in: Long-Range Planning, Vol. 17, Nr. 1 /1984, S. 23-32.

Li, H. (2001): How does new venture strategy matter in the environment - performance relationship?, in: Journal of High Technology Management Research, Vol. 12, Nr. 2 /2001, S. 183-204.

Lieberman, M.B.; Montgomery, D.B. (1991): Strategy of market entry: to pioneer or follow?, in: Glass, H.E. (Hrsg.): Handbook of business strategy, Boston 1991, S. 21.1-21.29.

Lima, E.P. (2002): A niche player spreads its wings, in: Air Transport World, Vol. 39, Nr. 11 /2002, S. 65-66.

Linnemann, R.E.; Stanton, J.L.j. (1992): Nischenmarketing, Frankfurt a.M., New York 1992.

MacCarthy, E.J. (1975): Basic Marketing, 5. Auflage, Homewood (Illinois) usw. 1975.

MacMillan, I.C.; Day, D.L. (1987): Corporate ventures into industrial markets: dynamics of aggressive entry, in: Journal of Business Venturing, Vol. 2, 1987, S. 29-39.

Magrath, A.J. (1986): When marketing services, 4 Ps are not enough, in: Business Horizons, Vol. 29, Nr. 3 /1986, S. 44-50.

Malhotra, N.K. (1999): Marketing research, 3. Auflage, Upper Saddle River 1999.

Mason, E.S. (1949): The current state of the monopoly problem in the US, in: Harvard Law Review, Vol. 62, 1949, S. 1265-1285.

Mathew, J. (2000): Central sales soar on niche strategy, in: Electronic News, Vol. 46, Nr. 34 /2000, S. 18.

McDaniel, C.; Gates, R. (2002): Marketing research: the impact of the internet, 5. Auflage, New York 2002.

McDougall, P. et al. (1994): The effects of industry growth and strategic breadth on new venture performance and strategy content, in: Strategic Management Journal, Vol. 15, Nr. 7 /1994, S. 537-554.

McDougall, P.; Robinson, R.B. (1990): New venture strategies: an empirical identification of eight "archetypes" of competitive strategies for entry, in: Strategic Management Journal, Vol. 11, 1990, S. 447-467.

McGee, J.; Thomas, H. (1986): Strategic groups: Theory, research and taxonomy, in: Strategic Management Journal, Vol. 7, Nr. 2 /1986, S. 141-160.

McGrath, R.G.; MacMillan, I.C.; Venkataraman, S. (1995): Defining and developing coompetence: a strategic process paradigm, in: Strategic Management Journal, Vol. 16, Nr. 4 /1995, S. 251-275.

McKelvey, B. (1975): Guidelines for the empirical classification of organizations, in: Administrative Science Quarterly, Vol. 20, Nr. 4 /1975, S. 509-525.

McKenna, R. (1989): Marketing im Zeitalter der Vielfalt, in: Harvard Manager, Vol. 11, Nr. 2 /1989, S. 92-99.

McWilliams, A. (1993): Efficiency v. structure-conduct-performance: implications for strategy research and practice, in: Journal of Management, Vol. 19, Nr. 1 /1993, S. 63-78.

Meffert, H. (1980a): Marktführer in gesättigten Märkten, in: Absatzwirtschaft, Vol. 23, Nr. 7 /1980a, S. 54-59.

Meffert, H. (1980b): Strategische Planung in gesättigten, rezessiven Märkten, in: Absatzwirtschaft, Nr. 6 /1980b, S. 89-97.

Meffert, H. (1984): Thesen zur marktorientierten Führung in stagnierenden und gesättigten Märkten, in: Marketing ZFP, Vol. 6, Nr. 3 /1984, S. 215-220.

Meffert, H. (1985): Wettbewerbsorientierte Marketingstrategien im Zeichen schrumpfender und stagnierender Märkte, in: Raffée, H.; Wiedmann, K.P. (Hrsg.): Strategisches Marketing, Stuttgart 1985, S. 475-490.

Meffert, H. (1988): Strategische Unternehmungsführung und Marketing, Wiesbaden 1988.

Meffert, H. (1998): Marketing: Grundlagen marktorientierter Unternehmensführung, 8. Auflage, Wiesbaden 1998.

Meli, C. (2005): Taxonomie von Markenarchitekturen, Diss. Universität Bern, noch unveröffentlicht, Bern 2005.

Meyer, P.W. (1995): Schlusswort, in: Meyer, P.W.; Meyer, A. (Hrsg.): Nischenmarketing - Chance oder Risiko, München 1995, S. 45-46.

Miles, R.E. et al. (1978): Organizational strategy, structure, and process, in: Academy of Management Review, Vol. 3, Nr. 3 /1978, S. 546-562.

Miller, A.; Camp, B. (1985): Exploring determinants of success in corporate ventures, in: Journal of Business Venturing, Vol. 1, 1985, S. 87-105.

Miller, A.; Dess, G.G. (1993): Assessing Porter's (1980) model in terms of its generalizability, accuracy and simplicity, in: Journal of Management Studies, Vol. 30, Nr. 4 /1993, S. 553-585.

Miller, A.; Dess, G.G. (1996): Strategic Management, 2. Auflage, New York usw. 1996.

Miller, D. (1986): Configurations of Strategy and Structure: Towards a Synthesis, in: Strategic Management Journal, Vol. 7, Nr. 3 /1986, S. 233-249.

Miller, D. (1987): The structural and environmental correlates of business strategy, in: Strategic Management Journal, Vol. 8, Nr. 1 /1987, S. 55-76.

Miller, D. (1992): Generic strategies: Classification, combination and context, in: Advances in Strategic Management, Vol. 8, 1992, S. 391-408.

Miller, D.; Friesen, P.H. (1978): Archetypes of Strategy Formulation, in: Management Science, Vol. 24, Nr. 9 /1978, S. 921-933.

Miller, D.; Shamsie, J. (1996): The resource-based view of the firm in two environments: the hollywood film studios from 1936 to 1965, in: Academy of Management Journal, Vol. 39, Nr. 3 /1996, S. 519-543.

Milligan, G.W. (1996): Clustering validation: results and implications for applied analyses, in: Arabie, P.; Hubert, L.J.; De Soete, G. (Hrsg.): Clustering and classification, Singapur 1996, S. 341-375.

Mintzberg, H.; Ahlstrand, B.; Lampel, J. (2002): Strategy Safari, Frankfurt, Wien 2002.

Mintzberg, H. et al. (2003): The strategy process: concepts, contexts, cases, 4. Auflage, Harlow 2003.

Morrison, A.J.; Roth, K. (1992): A taxonomy of business-level strategies in global industries, in: Strategic Management Journal, Vol. 13, Nr. 6 /1992, S. 399-417.

Müller-Stewens, G.; Lechner, C. (2001): Strategisches Management, Stuttgart 2001.

Murray, A.I. (1988): A contingency view of Porter's "Generic Strategies", in: Academy of Management Review, Vol. 13, Nr. 3 /1988, S. 390-400.

Nicolai, A.; Kieser, A. (2002): Trotz eklatanter Erfolglosigkeit: Die Erfolgsfaktorenforschung weiter auf Erfolgskurs, in: Die Betriebswirtschaft, Vol. 62, Nr. 6 /2002, S. 579-596.

Nieschlag, R.; Dichtl, E.; Hörschgen, H. (2002): Marketing, 19. Auflage, Berlin 2002.

Nunnally, J.C.; Bernstein, I.H. (1994): Psychonometric theory, 3. Auflage, New York usw. 1994.

o.V. (1997): Gabler-Wirtschafts-Lexikon, 14. Auflage, Wiesbaden 1997.

o.V. (2001): Global market has room for large and niche players, in: Best's Review, Vol. 101, Nr. 11 /2001, S. 18.

o.V. (2002a): AnswerTree, Leibniz-Rechenzentrum, http://www.lrz-muenchen.de/services/software/statistik/answertree, 04.11.2005.

o.V. (2002b): Unternehmen - Arbeitsstätten - Beschäftigte. Die Betriebszählung 2001 in Kürze, Neuchatel, Bundesamt für Statistik.

Oberender, P. (1994): Industrieökonomik, in: Wissenschaftliches Studium, Nr. 2 /1994, S. 65-73.

Otto, S.R. (1999): Eintritt in Neue Märkte - Eine fallbezogene Untersuchung am Beispiel schweizerischer Unternehmungen in Vietnam, Diss. Universität St. Gallen, Bamberg 1999.

Parker, B.; Helms, M.M. (1992): Generic strategies and firm performance in a declining industry, in: Management International Review, Vol. 32, Nr. 1 /1992, S. 23-39.

Parnell, J.A. (1997): New Evidence in the Generic Strategy and Business Performance Debate: A Research Note, in: British Journal of Management, Vol. 8, Nr. 2 /1997, S. 175-181.

Parry, M.E. (2002): Strategic marketing management, New York 2002.

Pearce, J.A.; Robinson, P.J. (2000): Formulation, implementation, and control of competitive strategy, 7. Auflage, Boston usw. 2000.

Perlitz, M.; Seger, F. (2000): Konzepte internationaler Markteintrittsstrategien, in: von der Oelsnitz, D. (Hrsg.): Markteintritts-Management, Stuttgart 2000, S. 89-120.

Peteraf, M.A. (1993): The cornerstones of competitive advantage: a resource-based view, in: Strategic Management Journal, Vol. 14, 1993, S. 179-191.

Peters, T.J.; Waterman, R.H. (1982): In search of excellence, New York 1982.

Peterson, R.A. (1994): A meta-analysis of cronbach's coefficient alpha, in: Journal of Consumer Research, Vol. 21, Nr. 2 /1994, S. 381-391.

Porter, M.E. (1983): Wettbewerbsstrategie, Frankfurt a.M. 1983.

Porter, M.E. (1986): Wettbewerbsvorteile, Frankfurt a.M, New York 1986.

Porter, M.E. (1996): What is Strategy?, in: Harvard Business Review, 1996, S. 61-78.

Porter, M.E. (1998): Competitive Strategy, New York usw. 1998.

Porter, M.E. (2000): Das strategische Rüstzeug, um in neuen Märkten zu gewinnen, in: Absatzwirtschaft, Vol. 4, 2000, S. 50-57.

Prescott, J.E. (1986): Environments as moderators of the relationship between strategy and performance, in: Academy of Management Journal, Vol. 29, Nr. 2 /1986, S. 329-346.

Profeta, E. (2002): Kein Phantom verteidigen, S. 23.

Przybiliski, M. (2002): Marketing im Mittelstand: Der lange, lohnende Weg in die Nische, in: Absatzwirtschaft, Nr. 6 /2002, S. 38-42.

Ptacek, M. (2000): Online banks develop niche strategies, in: American Banker, Vol. 165, Nr. 196 /2000, S. 3-4.

Punj, G.; Stewart, D.W. (1983): Cluster analysis in marketing research: review and suggestions for application, in: Journal of Marketing Research, Vol. 20, Nr. May /1983, S. 134-148.

Raffée, H.; Effenberger, J.; Fritz, W. (1994): Strategieprofile als Faktoren des Unternehmenserfolgs, in: Die Betriebswirtschaft, Vol. 54, Nr. 3 /1994, S. 383-396.

Raffée, H.; Fritz, W. (1992): Dimensionen und Konsistenz der Führungskonzeption von Industrieunternehmen, in: Zeitschrift für betriebswirtschaftliche Forschung, Vol. 44, Nr. 4 /1992, S. 303-322.

Rasche, C.; Wolfrum, B. (1994): Ressourcenorientierte Unternehmensführung, in: Die Betriebswirtschaft, Vol. 54, Nr. 4 /1994, S. 501-517.

Raynor, M.E. (1992): The pitfalls of niche marketing, in: The Journal of Business Strategy, Vol. 13, Nr. 2 /1992, S. 29-32.

Remmerbach, K.-U. (1988): Markteintrittsentscheidungen, Wiesbaden 1988.

Rich, P. (1992): The organizational taxonomy: definition and design, in: Academy of Management Review, Vol. 17, Nr. 4 /1992, S. 758-781.

Robinson, R.B.; McDougall, P.; Herron, L. (1988): Toward a new venture strategy typology, in: Academy of Management Proceedings, 1988, S. 74-78.

Robinson, R.B.; Pearce, J.A. (1988): Planned patterns of strategic behavior and their relationship to business-unit performance, in: Strategic Management Journal, Vol. 9, Nr. 1 /1988, S. 43-60.

Rockart, J.F. (1979): Chief executives define their own data needs, in: Harvard Business Review, Vol. 57, Nr. 2 /1979, S. 81-93.

Romanelli, E. (1989): Environments and strategies of organization start-up: Effects on early survival, in: Administrative Science Quarterly, Vol. 34, 1989, S. 369-387.

Rosenbaum, M.C. (1999): Chancen und Risiken von Nischenstrategien, Diss. Universität Wuppertal, Wiesbaden 1999.

Rosenbaum, M.C. (2000): Wie Sie die richtige Nische finden, Teil 1, in: Absatzwirtschaft, Vol. 1-2, 2000, S. 53-56.

Ruekert, R.W.; Walker, O.C.; Roering, K.J. (1985): The organization of marketing activities: a contingency theory of structure and performance, in: Journal of Marketing, Vol. 49, Nr. 1 /1985, S. 13-25.

Rühli, E. (1994): Die Resource-based View of Strategy, in: Gomez, P. et al. (Hrsg.): Unternehmerischer Wandel, Wiesbaden 1994, S. 31-57.

Rumelt, R.P. (1991): How much does industry matter?, in: Strategic Management Journal, Vol. 12, Nr. 3 /1991, S. 167-185.

Rupp, M. (1980): Erfolgreiche Strategien für Klein und Mittelbetriebe, in: Industrie-Organisation Management Zeitschrift, Vol. 49, Nr. 5 /1980, S. 273-276.

Rupp, M. (1983): Produkt-, Marktstrategien, 2. Auflage, Zürich 1983.

Sanchez, J.C. (1993): The long and thorny way to an organizational taxonomy, in: Organization Studies, Vol. 14, Nr. 1 /1993, S. 73-92.

Sandberg, W.R. (1986): New venture performance, Massachusetts, Toronto 1986.

Schmalensee, R. (1985): Do markets differ much?, in: American Economic Review, Vol. 75, Nr. 3 /1985, S. 341-351.

Schreyögg, G. (1984): Unternehmensstrategie, Berlin, New York 1984.

Shani, D.; Chalasani, S. (1992): Exploiting niches using relationship marketing, in: The Journal of Consumer Marketing, Vol. 9, Nr. 3 /1992, S. 33-42.

Simon, H. (1997): Die heimlichen Gewinner, 4. Auflage, Frankfurt a.M., New York 1997.

Simon, H. (2000): Das grosse Handbuch der Strategiekonzepte, Frankfurt a.M. 2000.

Smith, J. (1998): Strategies for start-ups, in: Journal of Long Range Planning, Vol. 31, Nr. 6 /1998, S. 857-872.

Snow, C.C.; Hrebiniak, L.G. (1980): Strategy, distinctive competence, and organizational performance, in: Administrative Science Quarterly, Vol. 25, Nr. 2 /1980, S. 317-336.

Sonderegger, R.A. (1990): Zur Nische im High-Tech-Markt: eine Fallstudie, in: Thexis, Vol. 7, Nr. 4 /1990, S. 29-33.

Spanos, Y.E.; Lioukas, S. (2001): An examination into the causal logic of rent generation: contrasting Porter's competitive strategy framework and the resource-based perspective, in: Strategic Management Journal, Vol. 22, Nr. 10 /2001, S. 907-934.

Speringer, H.-P. (1990): Tiba Holzenergie-Systeme: zurück zur Nische und angestammten Stärken, in: Thexis, Vol. 7, Nr. 4 /1990, S. 34-37.

Spiegel, B. (1990): Nische - ein Begriff aus der theoretischen Biologie im Marketing, in: Thexis, Vol. 7, Nr. 4 /1990, S. 3-10.

SPSS-Inc. (Hrsg.) (2001): AnswerTree 3.0 Benutzerhandbuch, Chicago 2001.

Stahr, G.R. (1995): Der Nischendetektor: das Finden von Wachstumsmärkten in Europa, München 1995.

Stigler, G.L. (1968): The organization of industry, Homewood, IL 1968.

Stippel, P. (2003): Wir haben verstanden!, in: Absatzwirtschaft, Nr. 11 /2003, S. 16-18.

Streuli, F. (1990): Tissot: Produktpersönlichkeiten im mittleren Preissegment, in: Thexis, Vol. 7, Nr. 4 /1990, S. 43-45.

Taylor, J.H. (1991): Niche player, in: Forbes, Vol. 147, Nr. 7 /1991, S. 70.

Thietart, R.A.; Vivas, R. (1984): An Empirical Investigation of Success Strategies for Businesses along the Product Life Cycle, in: Management Science, Vol. 30, Nr. 12 /1984, S. 1405-1423.

Thompson, A.A.; Strickland, A.J. (1999): Strategic management: concepts and cases, 11. Auflage, Boston usw. 1999.

Thompson, J.L. (2001): Strategic Management, 4. Auflage, London 2001.

Trummer, A. (1990): Strategien für strategische Geschäftseinheiten in stagnierenden und schrumpfenden Märkten, Frankfurt a.M., Thun 1990.

Tscheulin, D.K. (2004): Halo-Effekt, in: Tscheulin, D.K.; Helmig, B. (Hrsg.): Gabler Lexikon Marktforschung, Wiesbaden 2004.

Van de Ven, A.H.; Hudson, R.; Schroeder, D.M. (1984): Designing new business startups: Entrepreneurial, organizational, and ecological considerations, in: Journal of Management, Vol. 10, Nr. 1 /1984, S. 87-107.

Varadarajan, P.R.; Dillon, W.R. (1982): Intensive growth strategies: a closer examination, in: Journal of Business Research, Vol. 10, 1982, S. 503-522.

Venkatraman, N.; Grant, J.H. (1986): Construct measurement in organizational strategy research: a critique and proposal, in: Academy of Management Review, Vol. 11, Nr. 1 /1986, S. 71-87.

Venkatraman, N.; Ramanujam, V. (1986): Measurement of business performance in strategy research: A comparison of approaches, in: Academy of Management Review, Vol. 11, Nr. 4 /1986, S. 801-814.

von der Oelsnitz, D. (2000): Strategische Interaktionen zwischen Eintrittszeitpunkt und Eintrittsbarrieren, in: von der Oelsnitz, D. (Hrsg.): Markteintritts-Management, Stuttgart 2000, S. 137-160.

Vossebein, U. (2000): Grundlegende Bedeutung der Marktsegmentierung für das Marketing, in: Pepels, W. (Hrsg.): Marktsegmentierung: Marktnischen finden und besetzen, Heidelberg 2000, S. 19-46.

Wehrle, F. (2004): Wir bauen starke Marken aus, in: Absatzwirtschaft, Nr. 2 /2004, S. 68-69.

Weinhold-Stünzi, H. (1990): Nischenmarketing - Vor- und Nachteile, in: Thexis, Vol. 7, Nr. 4 /1990, S. 1-2.

Weis, H.C.; Steinmetz, P. (2002): Marktforschung, 5. Auflage, Ludwigshafen 2002.

Wernerfelt, B. (1984): A resource-based view of the firm, in: Strategic Management Journal, Vol. 5, Nr. 2 /1984, S. 171-180.

White, R.E. (1986): Generic business strategies, organizational context and performance: An empirical investigation, in: Strategic Management Journal, Vol. 7, Nr. 3 /1986, S. 217-231.

Winter, D. (1999): Cadillac destined to be a niche player, in: Ward's Auto World, Vol. 35, Nr. 9 /1999, S. 7.

Winterling, K. (1986): Marketingstrategien in stagnierenden Märkten, in: Wieselhuber, N.; Töpfer, A. (Hrsg.): Handbuch Strategisches Marketing, Landsberg am Lech 1986, S. 313-330.

Woo, C.Y. (1983): Evaluation of the strategies and performance of low ROI market share leaders, in: Strategic Management Journal, Vol. 4, Nr. 2 /1983, S. 123-135.

Woo, C.Y.; Cooper, A.C. (1981): Strategies of effective low share businesses, in: Strategic Management Journal, Vol. 2, Nr. 3 /1981, S. 301-318.

Wright, P. (1986): The strategic options of least-cost, differentiation, and niche, in: Business Horizons, Nr. March-April /1986, S. 21-26.

Wright, P. (1987): Research notes and communications: a refinement of Porter's strategies, in: Strategic Management Journal, Vol. 8, Nr. 1 /1987, S. 93-101.

Wyss, W. (1991): Marktforschung von A-Z, Adligenswil 1991.

Zajac, E.J.; Shortell, S.M. (1989): Changing generic strategies: Likelihood, direction, and performance implications, in: Strategic Management Journal, Vol. 10, Nr. 5 /1989, S. 413-430.

Zeithaml, V.A.; Parasuraman, A.; Berry, L. (1985): Problems and strategies in services marketing, in: Journal of Marketing, Vol. 49, Nr. 1 /1985, S. 33-46.

Zikmund, W.G. (2003): Business research methods, 7. Auflage, Mason (Ohio) 2003.